U0925087

学术引领系列

国家科学思想库

中国学科发展战略

生物学

中国科学院

科学出版社
北京

图书在版编目(CIP)数据

中国学科发展战略·生物学/中国科学院编.—北京：科学出版社，2013.2
（中国学科发展战略）
ISBN 978-7-03-036452-4

Ⅰ.①中… Ⅱ.①中… Ⅲ.①生物学－学科发展－发展战略－中国
Ⅳ.①Q-12

中国版本图书馆 CIP 数据核字（2013）第 008316 号

丛书策划：侯俊琳　牛　玲
责任编辑：牛　玲　裴　璐 / 责任校对：邹慧卿
责任印制：赵德静 / 封面设计：黄华斌
编辑部电话：010-64035853
E-mail：houjunlin@mail. sciencep. com

科学出版社 出版
北京东黄城根北街 16 号
邮政编码：100717
http：//www. sciencep. com

中国科学院印刷厂 印刷

科学出版社发行　各地新华书店经销
*
2013 年 3 月第　一　版　开本：B5（720×1000）
2013 年 3 月第一次印刷　印张：21
字数：350 000

定价：89.00 元
（如有印装质量问题，我社负责调换）

中国学科发展战略

指 导 组

组　长： 白春礼

副组长： 李静海　秦大河

成　员： 詹文龙　朱道本　陈　颙
陈宜瑜　李　未　顾秉林

工 作 组

组　长： 周德进

副组长： 王敬泽　刘春杰

成　员： 马新勇　林宏侠　张　恒
申倚敏　薛　淮　张家元
钱莹洁　傅　敏　刘伟伟

中国学科发展战略·生物学

专 家 组

组　长：林其谁

成　员：吴家睿　赵国屏　施一公
张　旭　周　琪　丁　健
张启发　张亚平　吴仲义
徐　涛

工 作 组

组　长：于建荣

成　员：申倚敏　袁牧红　熊　燕
徐　萍　王　玥

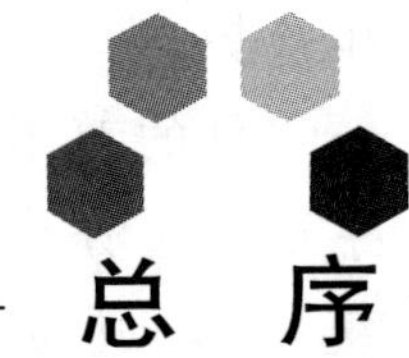

总　序

九层之台，起于累土[①]

白春礼

近代科学诞生以来，科学的光辉引领和促进了人类文明的进步，在人类不断深化对自然和社会认识的过程中，形成了以学科为重要标志的、丰富的科学知识体系。学科不但是科学知识的基本的单元，同时也是科学活动的基本单元：每一学科都有其特定的问题域、研究方法、学术传统乃至学术共同体，都有其独特的历史发展轨迹；学科内和学科间的思想互动，为科学创新提供了原动力。因此，发展科技，必须研究并把握学科内部运作及其与社会相互作用的机制及规律。

中国科学院学部作为我国自然科学的最高学术机构和国家在科学技术方面的最高咨询机构，历来十分重视研究学科发展战略。2009 年 4 月与国家自然科学基金委员会联合启动了“2011～2020 年我国学科发展战略研究”19 个专题咨询研究，并组建了总体报告研究组。在此工作基础上，为持续深入开展有关研究，学部于 2010 年底，在一些特定的领域和方向上重点部署了学科发展战略研究项目，研究成果现以“中国学科发展战略”丛书形式系列出版，供大家交流讨论，希望起到引导之效。

根据学科发展战略研究总体研究工作成果，我们特别注意到学

① 题注：李耳《老子》第 64 章：“合抱之木，生于毫末；九层之台，起于累土；千里之行，始于足下。”

科发展的以下几方面的特征和趋势。

一是学科发展已越出单一学科的范围，呈现出集群化发展的态势，呈现出多学科互动共同导致学科分化整合的机制。学科间交叉和融合、重点突破和“整体统一”，成为许多相关学科得以实现集群式发展的重要方式，一些学科的边界更加模糊。

二是学科发展体现了一定的周期性，一般要经历源头创新期、创新密集区、完善与扩散期，并在科学革命性突破的基础上螺旋上升式发展，进入新一轮发展周期。根据不同阶段的学科发展特点，实现学科均衡与协调发展成为了学科整体发展的必然要求。

三是学科发展的驱动因素、研究方式和表征方式发生了相应的变化。学科的发展以好奇心牵引下的问题驱动为主，逐渐向社会需求牵引下的问题驱动转变；计算成为了理论、实验之外的第三种研究方式；基于动态模拟和图像显示等信息技术，为各学科纯粹的抽象数学语言提供了更加生动、直观的辅助表征手段。

四是科学方法和工具的突破与学科发展互相促进作用更加显著。技术科学的进步为激发新现象并揭示物质多尺度、极端条件下的本质和规律提供了积极有效手段。同时，学科的进步也为技术科学的发展和催生战略新兴产业奠定了重要基础。

五是文化、制度成为了促进学科发展的重要前提。崇尚科学精神的文化环境、避免过多行政干预和利益博弈的制度建设、追求可持续发展的目标和思想，将不仅极大促进传统学科和当代新兴学科的快速发展，而且也为人才成长并进而促进学科创新提供了必要条件。

我国学科体系由西方移植而来，学科制度的跨文化移植及其在中国文化中的本土化进程，延续已达百年之久，至今仍未结束。

鸦片战争之后，代数学、微积分、三角学、概率论、解析几何、力学、声学、光学、电学、化学、生物学和工程科学等的近代科学知识被介绍到中国，其中有些知识成为一些学堂和书院的教学内容。1904 年清政府颁布“癸卯学制”，该学制将科学技术分为格致科（自然科学）、农业科、工艺科和医术科，各科又分为诸多学科。1905 年清朝废除科举，此后中国传统学科体系逐步被来自西方的新学科体系取代。

民国时期现代教育发展较快，科学社团与科研机构纷纷创建，现代学科体系的框架基础成型，一些重要学科实现了制度化。大学引进欧美的通才教育模式，培育各学科的人才。1912 年詹天佑发起成立中华工程师会，该会后来与类似团体合为中国工程师学会。1914 年留学美国的学者创办中国科学社。1922 年中国地质学会成立，此后，生理、地理、气象、天文、植物、动物、物理、化学、机械、水利、统计、航空、药学、医学、农学、数学等学科的学会相继创建。这些学会及其创办的《科学》、《工程》等期刊加速了现代学科体系在中国的构建和本土化。1928 年国民政府创建中央研究院，这标志着现代科学技术研究在中国的制度化。中央研究院主要开展数学、天文学与气象学、物理学、化学、地质与地理学、生物科学、人类学与考古学、社会科学、工程科学、农林学、医学等学科的研究，将现代学科在中国的建设提升到了研究层次。

中华人民共和国建立之后，学科建设进入了一个新阶段，逐步形成了比较完整的体系。1949 年 11 月新中国组建了中国科学院，建设以学科为基础的各类研究所。1952 年，教育部对全国高等学校进行院系调整，推行苏联式的专业教育模式，学科体系不断细化。1956 年，国家制定出《十二年科学技术发展远景规划纲要》，该规划包括 57 项任务和 12 个重点项目。规划制定过程中形成的“以任务带学科”的理念主导了以后全国科技发展的模式。1978 年召开全国科学大会之后，科学技术事业从国防动力向经济动力的转变，推进了科学技术转化为生产力的进程。

科技规划和“任务带学科”模式都加速了我国科研的尖端研究，有力带动了核技术、航天技术、电子学、半导体、计算技术、自动化等前沿学科建设与新方向的开辟，填补了学科和领域的空白，不断奠定工业化建设与国防建设的科学技术基础。不过，这种模式在某些时期或多或少地弱化了学科的基础建设、前瞻发展与创新活力。比如，发展尖端技术的任务直接带动了计算机技术的兴起与计算机的研制，但科研力量长期跟着任务走，而对学科建设着力不够，已成为制约我国计算机科学技术发展的“短板”。面对建设创新型国家的历史使命，我国亟待夯实学科基础，为科学技术的持续发展与创新能力的提升而开辟知识源泉。

反思现代科学学科制度在我国移植与本土化的进程，应该看到，20 世纪上半叶，由于西方列强和日本入侵，再加上频繁的内战，科学与救亡结下了不解之缘，新中国建立以来，更是长期面临着经济建设和国家安全的紧迫任务。中国科学家、政治家、思想家乃至一般民众均不得不以实用的心态考虑科学及学科发展问题，我国科学体制缺乏应有的学科独立发展空间和学术自主意识。改革开放以来，中国取得了卓越的经济建设成就，今天我们可以也应该静下心来思考“任务”与学科的相互关系，重审学科发展战略。

现代科学不仅表现为其最终成果的科学知识，还包括这些知识背后的科学方法、科学思想和科学精神，以及让科学得以运行的科学体制，科学家的行为规范和科学价值观。相对于我国的传统文化，现代科学是一个“陌生的”、“移植的”东西。尽管西方科学传入我国已有一百多年的历史，但我们更多地还是关注器物层面，强调科学之实用价值，而较少触及科学的文化层面，未能有效而普遍地触及到整个科学文化的移植和本土化问题。中国传统文化以及当今的社会文化仍在深刻地影响着中国科学的灵魂。可以说，迄 20 世纪结束，我国移植了现代科学及其学科体制，却在很大程度上拒斥与之相关的科学文化及相应制度安排。

科学是一项探索真理的事业，学科发展也有其内在的目标，探求真理的目标。在科技政策制定过程中，以外在的目标替代学科发展的内在目标，或是只看到外在目标而未能看到内在目标，均是不适当的。现代科学制度化进程的含义就在于：探索真理对于人类发展来说是必要的和有至上价值的，因而现代社会和国家须为探索真理的事业和人们提供制度性的支持和保护，须为之提供稳定的经费支持，更须为之提供基本的学术自由。

20 世纪以来，科学与国家的目的不可分割地联系在一起，科学事业的发展不可避免地要接受来自政府的直接或间接的支持、监督或干预，但这并不意味着，从此便不再谈科学自主和自由。事实上，在现当代条件下，在制定国家科技政策时充分考虑“任务”和学科的平衡，不但是最大限度实现学术自由、提升科学创造活力的有效路径，同时也是让科学服务于国家和社会需要的最有效的做法。这里存在着这样一种辩证法：科学技术系统只有在具有高度创造活力的情形下，才能在创新型国家建设过程中发挥最大作用。

在全社会范围内创造一种允许失败、自由探讨的科研氛围；尊重学科发展的内在规律，让科研人员充分发挥自己的创造潜能；充分尊重科学家的个人自由，不以“任务”作为学科发展的目标，让科学共同体自主地来决定学科的发展方向。这样做的结果往往比事先规划要更加激动人心。比如，19 世纪末德国化学学科的发展史就充分说明了这一点。从内部条件上讲，首先是由于洪堡兄弟所创办的新型大学模式，主张教与学的自由、教学与研究相结合，使得自由创新成为德国的主流学术生态。从外部环境来看，德国是一个后发国家，不像英、法等国拥有大量的海外殖民地，只有依赖技术创新弥补资源的稀缺。在强大爱国热情的感召下，德国化学家的创新激情迸发，与市场开发相结合，在染料工业、化学制药工业方面进步神速，十余年间便领先于世界。

中国科学院作为国家科技事业“火车头”，有责任提升我国原始创新能力，有责任解决关系国家全局和长远发展的基础性、前瞻性、战略性重大科技问题，有责任引领中国科学走自主创新之路。中国科学院学部汇聚了我国优秀科学家的代表，更要责无旁贷地承担起引领中国科技进步和创新的重任，系统、深入地对自然科学各学科进行前瞻性战略研究。这一研究工作，旨在系统梳理世界自然科学各学科的发展历程，总结各学科的发展规律和内在逻辑，前瞻各学科中长期发展趋势，从而提炼出学科前沿的重大科学问题，提出学科发展的新概念和新思路。开展学科发展战略研究，也要面向我国现代化建设的长远战略需求，系统分析科技创新对人类社会发展和我国现代化进程的影响，注重新技术、新方法和新手段研究，提炼出符合中国发展需求的新问题和重大战略方向。开展学科发展战略研究，还要从支撑学科发展的软、硬件环境和建设国家创新体系的整体要求出发，重点关注学科政策、重点领域、人才培养、经费投入、基础平台、管理体制等核心要素，为学科的均衡、持续、健康发展出谋划策。

2010年，在中国科学院各学部常委会的领导下，各学部依托国内高水平科研教育等单位，积极酝酿和组建了以院士为主体、众多专家参与的学科发展战略研究组。经过各研究组的深入调查和广泛研讨，形成了“中国学科发展战略”丛书，纳入“国家科学思想库—学术引领系列”陆续出版。学部诚挚感谢为学科发展战略研究付出心血的院士、专家们！

按照学部“十二五”工作规划部署，学科发展战略研究将持续开展，希望学科发展战略系列研究报告持续关注前沿，不断推陈出新，引导广大科学家与中国科学院学部一起，把握世界科学发展动态，夯实中国科学发展的基础，共同推动中国科学早日实现创新跨越！

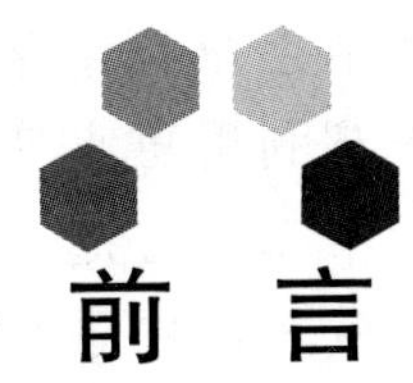

前 言

“生物学学科发展战略研究”作为中国科学院学部研究部署的系列学科发展战略研究项目，于2010年10月经中国科学院生命科学和医学学部常委会审议立项，由林其谁院士负责，以中国科学院上海生命科学研究院（中国科学院上海生命科学信息中心）为依托单位，成立了由10余位院士专家组成的专家组，以及负责项目具体实施的工作组。经过近两年的研究和讨论，完成了《中国学科发展战略·生物学》一书。

本书分为10个领域（章节），包括系统生物学、合成生物学、结构生物学、转化医学（神经科学）、干细胞与再生医学、药学科学、生物育种、生物进化、生物信息学、新技术新方法。每个领域相应的负责专家分别为：吴家睿、赵国屏、施一公、张旭、周琪、丁健、张启发、张亚平、吴仲义、徐涛。参与本书撰写或提供资料的其他人员包括：中国科学院上海生命科学信息中心王玥、王小理、徐萍、王慧媛、熊燕和于建荣等提供了系统生物学章节的部分资料；中国科学院上海生命科学信息中心熊燕、刘晓、陈大明为合成生物学章节提供资料并参与撰写；中国科学院动物研究所李伟、董明珠、冯春敬、夏宝龙、张顺、桑励思参与了干细胞与再生医学章节的撰写；中国科学院上海药物研究所蒋华良、谢欣、李子艳、李亚平、果得安、丁侃、李佳、耿美玉、高柳滨、吴慧，温州医学院李校堃、姜潮、王晓杰参与了药学科学章节的撰写；华中农业大学作物遗传改良国家重点实验室王功伟、吴昌银、陈浩、牟同敏参与了生物育种章节的撰写；中国科学院昆明动物研究所遗传资源与进化国家重点实验室的施鹏、车静、王国栋，中国科学院北京基因组研究所的吕雪梅，中山大学生命科学学院的施书华，云南大学省部共建生物多样性资源保护与利用重点实验室的于黎参与了生物进化章节的撰写；清华大学张学工、鲁志，中国科学院上海生命科学研究院计算生物学研究所韩敬东，中国科学院遗传与发育生物学研究所王秀杰，复旦大学生物统计研究所田卫东，中国科学院北京基因组研究所张治华、蔡军、翟巍巍、黄颖、阮珏参与了生物信息学章节的撰写；中国科学院生物物理研究所毕利军、樊勇、范祖森、冯巍、杭海英、胡云、蒋太交、李国红、李佳、李岩、娄继忠、马秋云、马跃、潘聪燕、施立楠、石娜、王江云、王艳丽、向桂林、徐平勇、杨福全、杨薇、叶盛、张荣光、郑丽、朱平、朱岩，北京大学陈良怡，中国科学院北京基因组研究所于军提供了新技术新方法章节的资料或参与撰写。

2012 年 2 月底，在生命科学和医学学部常委会会议上，与会院士对本书框架初稿进行了审议，提出了中肯的意见和建议。会后，工作组专门召开会议，针对院士们的意见和建议进行了认真的修改和补充，总体上增加了绪论——生命科学发展概述。此后，工作组又邀请生物学领域的院士和专家对本书具体内容做了进一步评审，工作组根据评审意见又做了修改和完善。

由于体量有限，且生命科学的发展非常迅速，所以本书不可能涵盖生命科学的所有热点领域，因此，项目组将持续开展研究，针对生命科学发展中的前沿热点和重大问题，将报告分为第一部、第二部、第三部……延续下去，以更好地为相关的科研和管理提供咨询参考。

林其谁

2012 年 10 月

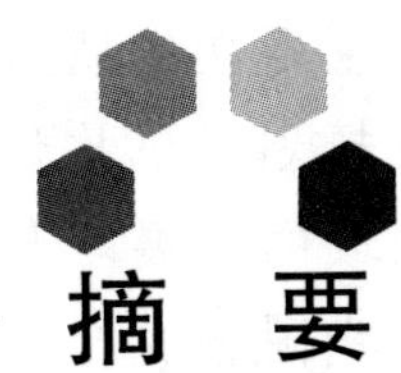

摘　要

生物学是以生物的结构、功能、发生和发展的规律，以及生物与周围环境的关系为研究对象的一门学科。随着研究的不断深入，生物学研究逐渐呈现出向着更微观和更宏观、最基本和最复杂的两极化发展。

本书首先对生物学领域的发展态势进行了总体的介绍，并选取了其中10个前沿、热点主题，包括系统生物学、合成生物学、结构生物学、转化医学（神经科学）、干细胞与再生医学、药学科学、生物育种、生物进化、生物信息学、新技术新方法。邀请了10余位专家对这些主题领域中国内外的科技规划、最新进展等进行了归纳、提炼，从宏观角度对这些领域的发展态势进行了分析，对未来的发展做出了预测，同时提出了针对性的发展建议，以期发挥学术引领作用，为科研人员确定未来研究方向提供支持，同时也作为管理人员制定科研决策的参考依据。

系统生物学是后基因组时代的新兴交叉学科，并正在逐渐成为当前国际生命科学研究的一个主流学科，在人口健康领域得到了高度的重视和广泛的应用。系统生物学主题梳理了美国、英国等国近年来制定的政策规划及机构构建情况，分析了这些国家在系统生物学领域的发展战略，并与我国的发展现状进行了对比，指出了我国在系统生物学发展中存在的问题，并针对性地提出了未来发展的建议。

合成生物学是一门生物学与工程学交叉的新兴学科，自诞生至今，已在医药、能源、环境、农业等多个领域展现出巨大的应用前景和发展潜力。合成生物学主题在阐明合成生物学的概念、特点和发展历程的基础上，从政策规划、机构设置及科研进展等多个角度阐述了国内外合成生物学领域的发展现状；同时分析了合成生物学所面临的机遇与挑战，以及我国合成生物学发展中存在的问题，并对未来的发展提出建议。

结构生物学是现代生命科学的一个重要分支，对于理解生命现象背后的分子基础具有不可替代的作用。结构生物学还为新药的设计及优化提供了重要线索。结构生物学主题就国际及国内结构生物学发展现状及趋势进行了分析，指出了我国在结构生物学研究中的优势领域，同时针对结构生物学研究的现状提出了我国在该领域中所面临的问题，并相应提出了未来发展的建议。

转化医学是医学研究的一个分支，其核心是将医学生物学基础研究成果迅速有效地转化为可在临床实际应用的理论、技术、方法和药物。在转化医学主题内，选取了神经科学作为代表。从神经元的分子细胞生物学、神经环路的形成和信息处理、认知的神经基础、神经系统疾病防治与精神心理健康、人工智能、活体研究方法与技术等多个层面对神经科学的发展态势进行了分析。

干细胞是一类兼具自我更新能力和形成分化细胞能力的细胞，在个体发育和疾病发生中扮演重要的角色，也是再生治疗过程中重要的“种子”细胞。干细胞主题从胚胎干细胞、成体干细胞、诱导多能干细胞、干细胞相关伦理和法律建设等多个方面对国际干细胞领域发展的总体态势和国内外的发展现状进行了详细分析，并在此基础上提出了我国在干细胞与再生医学领域发展中存在的问题和相应建议。

药学科学是研究药物及其作用规律的科学，是国际科技和经济竞争的重要战略制高点之一，是提升人口健康质量水平的重要支撑。药学主题详细阐述了当前药学学科的前沿领域，包括网络药理学、糖类药物、G蛋白偶联受体靶向药物、老药新用、微小RNA（microRNA）药物、单克隆抗体药物、新型基因工程重组蛋白质及多肽药物、复方药物、生物标志物与个性化治疗的国内外科研现状，分析了我国在各个前沿领域中存在的问题，并就各个领域提出了合理化、科学化的发展建议。

生物育种对于应对全球粮食危机、发展现代绿色农业、保障国家种业安全具有十分重要的战略地位。生物育种主题从基因组研究进展、转基因研发及产业化、全基因组选择育种技术、种质资源创新与新基因发掘、育种目标的发展与可持续发展、设计育种等方面系统地分析了生物育种相关领域的国际发展态势，阐述了国际和国内科研发展现状，总结了我国分子育种领域存在的问题，并提出了相关建议。

生物进化是指在自然选择的作用下，生物适应特定的环境，且适应性的遗传变异延续下来的过程。生物进化主题从系统发育、家养动物驯化机制、系统地理、适应机制等四个方面阐述了国际上开展生物进化研究的最新动态，同时针对我国在生物进化领域的发展现状，提出了我国存在的问题及发展建议。

大规模、高通量实验的发展产生了大量的生物学数据，理解大量生物学数据所包含的生物学意义已成为后基因组时代极其重要的课题，而生物信息学这一交叉学科将在其中扮演重要的角色。生物信息学领域的一些核心研究课题包括编码区域基因/非编码区域RNA信息结构分析、基因组和表观基因组学生物信息分析、生物大分子的结构预测、基因网络的生物信息学，以及群体基因组信息学。随着新一代测序技术的发展，测序相关的生物信息学新理论与新方法也成为生物信息学研究的核心课题之一。生物信息学主题则针对这些核心研究方向的总体发展趋势和国内外的发展现状进行了分析，并对生物信息学领域发展中存在的问题和未来发展方向提出了一些意见和建议。

生命科学的发展离不开技术方法的创新，方法技术上的重大突破将带动学科的发展。新技术主题从技术方法的总体发展趋势、国际科研发展现状、我国发展现状、我国在该领域发展中存在的问题，以及未来发展的建议等五个方面对生命领域新技术、新方法的研究发展进行了阐述。文中主要关注的技术方法包括基因操作技术、蛋白质研究技术、结构生物学技术、单分子技术、细胞技术、成像技术、计算与系统生物学技术，以及合成生物学技术等八个方面。同时，也阐述了这些技术在我国发展的趋势、优势单位和亮点工作。

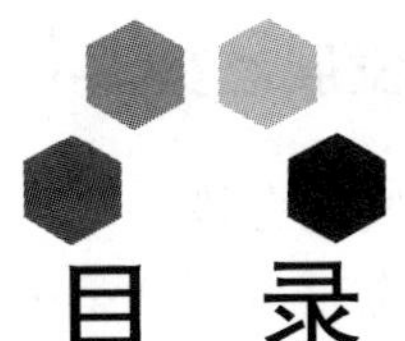

目录

绪 论 生命科学发展概述

科学技术的飞速发展带动了超速计算、新材料、合成生命等新方法、新技术在生命科学研究上的日益广泛应用，使得系统科学、计算机科学、数学、物理学、化学、遥感科学、工程学等学科与生命科学深度交叉融合，推动了生命科学研究在微观、宏观的深度和广度快速拓展。生命科学研究已逐步深入到揭示高级生命的活动机理，使人类对生命世界的认识水平和改造能力正在发生质的飞跃，并扩展到太空、海洋、极端环境下生命规律的研究和探索，改变了人类自身和整个社会发展的进程，成为21世纪最重要、发展最快、综合交叉涉及面最广的学科之一。同时，基因组学、蛋白质组学、干细胞技术、转基因技术、生物成像技术、合成生物技术等不断取得重大突破，新成果不断应用于生产实践，在医药、农业、环境、能源等领域产生了巨大的经济和社会效益。

一、各国生命科学重要领域投入力度稳步提高

正是看到生命科学和生物技术在提高公众健康、保障粮食安全、缓解能源短缺压力、改善生态环境、维护国家安全和促进经济发展等方面已经显现和正在孕育的巨大潜力，越来越多的国家将发展生命科学和生物技术列为国家战略。

1. 美国

美国在生物医药领域的公共研发资金继续保持高强度投入趋势。2011财年，美国联邦政府生命科学领域预算约为330亿美元。其中，面向生命医药领域研究资助的美国国立卫生研究院（NIH）增加了10亿美元预算用于支持

一些新兴科研领域的研究，包括脱氧核糖核酸（DNA）测序、成像和计算生物学在内的高通量创新技术等。即使受美国财政预算紧缩影响，2012 财年 NIH 生物医药领域预算总计也达到了 319.87 亿美元，重点支持计算生物学、蛋白组学、基因组学、代谢组学、单细胞生物学、干细胞生物学和环境生物学技术，以及新型成像技术等新的技术开发和应用，推进转化型研究。面向非医学生命科学领域（包括环境生物学）基础研究资助的美国国家科学基金会（NSF）生命科学学部（BIO），2012 财年的总预算为 7.94 亿美元，与 2010 财年实际执行预算额相比增长 11.2%，重点支持部署以下方面的研究：①生物学、数学和物理学交叉科学研究项目（BioMaPS）；②在生物化学、分子和细胞水平上对动态和复杂的生物系统开展基础研究；③作为复杂整合系统的生物体研究，包括生物系统与社会和环境因素相互作用，以及进化适应性的研究；④植物基因组基础研究；⑤复杂的生态和进化动态研究；⑥生物学基础设施；⑦生命科学领域“21 世纪科学和工程信息基础构架框架（CIF21）”研究；⑧美国国家生态观测站网络（NEON）运作的监督和管理等。

2. 欧盟

欧盟以“第七研发框架计划”（FP7）为主体，推动医药健康的高强度研发，总投资强度预计将达到 61 亿欧元。欧盟“第七研发框架计划”健康研究优先领域包括以下两方面。

（1）工具与技术。包括：①高通量研究；②整合分子和细胞生物学、生理学、遗传学、物理、化学、生物医学工程、纳米技术、微系统、设备和信息技术等研究领域的多学科综合治疗手段；③非侵入性或最小侵入性和定量方法的研究，以及个性化的诊断和监测技术的发展；④移植、干细胞研究和靶向核酸输送。

（2）人类健康的转化研究。包括：①整合生物数据与流程；②大规模数据收集、系统生物学；③大脑及相关疾病、人体发育与衰老的研究；④主要传染疾病的转化研究，发布首个泛欧神经退行性疾病研究战略。

此外，欧盟正式确定“人类脑计划”（Human Brain Project）和“医学的 IT 未来”（IT Future of Medicine）两个先导性项目为欧盟“未来和新兴技术”旗舰计划备选项目。

英国生命科学办公室通过与工业部门、国家卫生服务体系（NHS）、学术界及政府部门合作，于 2009 年 7 月制定了《英国生命科学蓝图》。2011

年，英国发布了新一轮研究战略框架，部署分层医学、合成生物学、细胞治疗、生物信息学等重点领域。英国医学研究理事会（MRC）2010年公布的未来4年战略研究的创新性研究计划包含五大战略领域，即神经科学（每年1.2亿英镑）、再生医学（共1.3亿英镑）、转化医学（共2.5亿英镑）、个性化医学（共0.6亿英镑）和老龄化医学（共1.5亿英镑）。

健康与生物技术领域是法国研究与创新的战略优先领域之一。"健康与生物技术"项目将向该领域投入15.5亿欧元，其中第一轮资助3.83亿欧元，第二轮资助3.8亿欧元。资助方向包括纳米生物技术、生物信息学、生物系统与生态技术、个性化医学、脑科学，以及创建大规模人群队列的公共卫生研究等。

德国将21世纪作为生命科学的世纪。德国联邦政府于2010年11月启动了"生物经济2030国家研究战略"和"健康研究框架计划（2011～2014）"。"生物经济2030国家研究战略"投资25亿欧元，主要部署营养、可持续农业生产、健康食品等领域应用研究。"健康研究框架计划（2011～2014）"规划投资55亿欧元，重点关注生命科学基础研究、常见重大疾病治疗、个性化医药、疾病预防和营养、健康科学研究全球合作等。在生命科学基础研究方面则主要发展医学基因组、系统生物学、计算神经科学和干细胞研究。

3. 亚洲

日本在2011财年的预算中，与生物技术产业相关的概算总额为2631亿日元（约33.8亿美元）。与生命科学创新有关的主要领域包括电子化医疗信息、医疗器械开发、癌症研究、临床基地建设和加速转化研究的计划、脑科学研究、干细胞研究等。

韩国2010年生命科学与生物产业相关的政府预算投入达到1.438万亿韩元（约13.23亿美元），与2009年相比增幅达23.6%，主要投资项目包括脑科学战略，海洋生物技术项目开发，干细胞、癌症和罕见疾病研究等。

二、面向重大生命科学领域，部署重大项目、建立研究机构

近年来，一些传统生物学领域随着计算、高通量等工具和技术的引进再次兴起研究高潮，转化医学、个性化医学、合成生物学等学科或方向正变成新的研究热点领域，生物科学注重交叉、注重应用的发展趋势更加明显。在这些战略领域的科技布局已经列入若干国家的科技发展规划中，并通过实施重大项目、组建新型研究机构和优化科研布局，加强重点突破。

1. 美国

为发展转化医学，经过两年多的筹备，美国NIH于2011年12月正式组建国家转化科学推动中心。该中心未来年度预算总额将达到7.22亿美元，主要负责推动转化医学的研究，提升临床研究资源管理水平。在再生医学领域，美国NIH在2010财年扩大NIH医学研究路线图/共同基金资助项目范围，新增“NIH诱导性多能干细胞（iPS）中心”项目，提出在NIH院内研究项目下建立一个国家级诱导性多能干细胞中心，推动干细胞生物学科学知识转化为新的治疗方法。

2. 英国

英国围绕转化医学、个性化医学、细胞治疗、合成生物学等新兴研究领域，组建新型研究机构或联合实施重大项目。例如，为发展转化医学和跨学科研究，英国2010年宣布投资2.5亿英镑，建设英国弗朗西斯·克里克研究所（原英国医学研究创新中心UKCMRI），作为其医药创新、引领未来经济发展的重要机构。在个性化医学领域，英国卫生部、英国技术战略委员会（TSB）等6家机构共同出资5000万英镑，资助“分层医学创新平台”（Stratified Medicines Innovation Platform）重大项目，集中在以下两个领域进行创新研发：①肿瘤筛选分析，早期重点放在乳腺癌、肺癌、结肠癌、前列腺癌、卵巢癌和皮肤癌及相关技术的研究上；②配套的生物标记物开发，用于预测具有重大临床和商业价值的已上市药物或临床试验阶段药物的患者应答。在干细胞领域，英国宣布在2011～2014年投资2亿英镑，创建一个世界一流的细胞治疗技术创新中心，开展细胞治疗及其他先进疗法的开发与商业化。

3. 法国

法国推动科研机构联合，优化科技机构布局。由法国国家科学研究中心（CNRS）、国家健康与医学研究院（INSERM）、巴斯德研究所等8家大型机构联合成立了法国国家生命科学与健康联盟（Aviesan）。该联盟旨在通过新型组织和管理形式，加强不同科研机构间的对话与协调，优化和集中健康领域的科研布局，强化法国生命科学研究的国际战略定位，提升法国在生命科学领域的国际竞争力。为此，将由多家机构共建10个具有新型组织形式的主题研究所（ITMOs）来共同实现这些目标。2010年6月，Aviesan正式发布了下属十大主题研究所各自的研究主题和发展战略，明确各自的科技挑战和相应的科研发展方向。

4. 德国

德国在新的国家生物医学研究战略中，提出面向重大疾病进行研究机构重新布局，并成立 6 家国家级健康研究中心进行重点资助。这 6 家国家级健康研究中心分别是国家神经退行性疾病研究中心、国家糖尿病研究中心、国家心血管疾病研究中心、国家传染性疾病研究中心、国家癌症转化研究联盟、国家肺病研究中心。平均每个研究中心的 5 年资助额达到 1 亿欧元。此外，德国联邦教育与研究部还提出疾病导向的生物科学资助模式。

三、基础设施建设在生命科学领域发展中的作用越来越突出

目前，在学科深化发展和交叉发展的背景下，生物学研究与应用的深度和广度都有深层次拓展，对硬件设施和相关资源配套的需求也越来越高，生物医药领域科研和临床基础设施在生物医药创新中的作用日渐突出。各国对生物科学研究的基础设施和相关大型研究平台的建设力度不断加大。

1. 欧盟

截至 2011 年 5 月，欧盟共分三批规划部署了 13 项生物医学研究基础设施，包括生物库和生物分子资源研究基础设施（BBMRI）、欧洲先进医学转化研究基础设施（EATRIS）、欧洲临床研究基础设施网络（ECRIN）、欧洲生物信息基础设施（ELIXIR）、欧洲海洋生物资源中心（EMBRC）、欧洲化学生物开放筛选平台基础设施（EU-Openscreen）、欧洲生物医学图像基础设施（Euro-Biolmaging）、欧洲高致病性因子研究基础设施（ERINHA ）、欧洲模式哺乳动物基因组表型和归档基础设施（INFRAFRONTIER）、欧洲整合结构生物基础设施（INSTRUCT ）、生态系统分析与实验设施（ANAEE）、欧洲系统生物学设施（ISBE）和欧盟微生物资源研究设施（MIRRI）。

英国对重大研究项目和基础设施的投入也进一步加大。英国健康研究院生物医学中心启动 7.75 亿英镑投资规模的转化型研究合作伙伴关系项目，加强临床研究基础设施；资助剑桥科学和创新集群中的重大研究基础设施、转基因小鼠基础设施建设；投资 7500 万英镑，参与欧洲生命科学生物信息基础设施项目（ELIXIR）等。

法国政府通过“投资未来”经济刺激一揽子计划，在2011～2020年投入2.6亿欧元建设9项国家级医疗和生命科学研究基础设施和两个生物技术展示项目。基础设施包括结构生物学国家级平台、小鼠疾病模型基础设施、生物医学成像设施、生物样本库设施、海洋生物资源中心、临床研究设施、基因组设施、蛋白质组设施和病毒研究设施等；展示项目包括基因治疗载体项目和跨学科生物技术项目。

2. 澳大利亚

澳大利亚2011年7月公布的研究基础设施战略路线图草案明确了在新兴研究领域所需的基础设施，指出未来5～10年在生物科学领域需要在集成生物学发现、生物样本与生物银行、综合性生物安全、人口健康研究平台、转化研究等领域加强投资，发展研究创新能力。

3. 日本

日本厚生劳动省在2011年推出5年促进计划，通过改进临床试验的基础设施，建立由10家国家级临床中心和30家中心医院组成的临床研究网络，提高日本参与全球临床试验的能力。

4. 巴西

巴西也加大生命科学基础研究设施的投入，包括在2009年资助成立8家干细胞研究实验室，2010年成立国家细胞治疗网络干细胞研究中心（RNTC）。

四、重要进展和重大突破不断涌现

近年来，生命科学和生物技术取得了许多重要的进展和突破。2009～2011年，《科学》（*Science*）杂志评出的十大科学突破中，有超过一半属于生命科学和生物技术领域，主要集中在人类起源进化、新一代基因组学、合成生物学、结构生物学、疾病预防及治疗研究等领域。下文仅对近年来在基因组学、系统生物学、神经科学、合成生物学、结构生物学、干细胞生物学、转化医学，以及疾病防治研究等领域的国内外的一些代表性成果进行回顾。

1. 基因组学研究

“国际人类基因组单体型图联合项目组”是为绘制人类基因组单体型图以描述DNA序列变化的共同模式而成立的。在第一、第二单体型图的基础上，

2010 年，第三个人类基因组单体型图（HapMap3）完成。HapMap3 确定了来自 11 个全球人群的 1184 个个体的大约 160 万个共同单核苷酸多态性（SNP）基因型，并且 10 个 100kbp 的区域也在这些个体的 692 个当中被测序。国际“千人基因组计划”（The 1000 Genomes Project）2010 年 10 月 28 日在《自然》（*Nature*）杂志上发表了该计划有关人类基因多态性图谱的第一篇论文，测试了通过高通量平台进行全基因组测序的三个不同策略。

我国深圳华大基因研究院启动的“炎黄计划”项目，计划在 3 年内完成对 100 个中国（东亚）人的测序，建立东亚人种特异性的高密度、高分辨医学遗传图谱，更好地了解亚洲人的基因与复杂疾病的关系。2010 年，研究人员发表了中国人全基因组 DNA 甲基化图谱。以深圳华大基因研究所为首的 26 家中外科研机构联合对块茎作物马铃薯的基因组进行了测序及分析，为马铃薯的遗传学研究及分子育种提供了非常有价值的资源。中国科学院昆明动物研究所与深圳华大基因研究院、中国科学院植物研究所、云南农业科学院，以及美国伯克利大学和康奈尔大学等的科学家合作，通过深度测序一批代表性亚洲野生稻和栽培稻的基因组，找到了近 1500 万个 SNP 位点，以及一大批基因组结构变异。

2. 系统生物学研究

哈佛医学院与纽约和罗马的两个科研团队，发现了存在新的作用巨大的核糖核酸（RNA）网络的证据，并且展示了这些网络推动癌症发展或正常发育的可能方式。这些研究结果对了解癌症及人类健康的遗传学机理具有重要意义。

p53 基因是迄今发现与人类肿瘤相关性最高的基因。正常 p53 蛋白的生物功能好似“基因组卫士”，在 G1 期检查 DNA 损伤点，监视基因组的完整性。如果 DNA 有损伤，p53 蛋白阻止 DNA 复制，以提供足够的时间使损伤 DNA 修复；如果修复失败，p53 蛋白则引发细胞凋亡。南京大学的科学家构建了一个 p53 信号网络四单元模型，并将网络动态与电离辐射后的细胞反应联系起来。

3. 神经科学研究

科学家长久以来认为大脑是一种具有自上而下的等级性的组织，最晚进化出来的部分（如新皮层）处于命令链的顶端。近来的研究显示大脑存在一个反馈网络回路，同时研究人员应用的一种回路追踪技术，显示其用于构建整个神经系统的连线图的可能。美国弗雷德·哈钦森癌症研究中心研究人员描述了小鼠大脑发育时神经元细胞的迁移模式，并确定出参与细胞极性化的一些基因，细胞极性化有助于形成大脑皮层的那部分大脑区域的径向分布模式的发生。另外，美国加利福尼亚大学圣地亚哥分校的科学家将未充分发育的神经元（来自即将出生的胎鼠的神经元）植入到新生小鼠的脑中，表明抑制性神经元的植入也许可为人们提供一种修复受损脑回路的方法。

偏好行为是动物的最基本行为之一，但是人们对其神经元回路决定机制的了解却相对很少。中国科学院生物物理研究所龚哲峰等研究人员发现果蝇幼虫中央脑的两对神经元足以调节果蝇幼虫对于不同光强条件的偏好行为。这项工作是在偏好行为的神经回路研究中第一次将神经元回路延伸到第三级神经元，为揭示果蝇幼虫光偏好行为乃至其他偏好行为的神经元机制奠定了重要基础。

4. 合成生物学研究

2010 年 5 月 20 日，美国文特尔研究所（J. Craig Venter Institute，JCVI）在《科学》杂志上发表论文，宣布创造了世界首例由人造基因控制的细胞。这是首个完全由人造基因指令控制的细胞。该细胞的出现是人造生命研究历程中的关键一步。该成果一经报道立即引起了科学界、哲学界的轰动，合成生物学这一新兴学科也因此再次引起了人们的高度关注。

2011 年，来自美国约翰·霍普金斯医学院等的研究人员首次人工合成了一种真核生物——酵母的部分基因组，这标志着真核生物大规模基因组工程又进了一大步。美国普林斯顿大学研究人员领导的研究团队首次使用人造基因合成出了能维持活细胞生长的人造蛋白质，其功能与自然界中存在的蛋白质一样，新突破有助于研究人员研制出新的生物系统。除此之外，来自耶鲁大学的研究组成功完成了对细菌中蛋白质合成机制进行遗传学改造的研究，并将这一成果公布在《科学》杂志上，这是合成生物学研究中一项重要进展，也将为未来疾病治疗提供新思路。

5. 干细胞生物学研究

鉴于 iPS 细胞存在的一系列不确定性风险，研究人员一直都在致力于开发更加高效、更加安全的 iPS 细胞诱导技术。2010 年，美国波士顿儿童医院（Children's Hospital Boston）和哈佛大学等机构的科研人员共同研发出以信使 RNA（mRNA）作为载体的新型高效 iPS 细胞重编程技术。这一成果被美国《时代》（*Time*）周刊选入“2010年十大医学突破”，被《科学》杂志评选为“2010年十大科学突破”。剑桥大学的研究人员在世界上首次培育出了哺乳动物的单倍体胚胎干细胞，这项成果将会极大推动基因研究。日本京都大学的研究人员成功将实验鼠胚胎干细胞转化为健康精子，并最终培育出健康且具生殖能力的小老鼠。

由国际干细胞论坛资助的“国际干细胞计划”（International Stem Cell Initiative）取得了重大成果，构建了全球最大规模的人类胚胎干细胞（hESC）遗传变异图谱，加深了对hESC及其遗传稳定性的认识，对于开发干细胞疗法具有重要意义。

6. 结构生物学

膜蛋白的结构生物学研究一直以来是结构生物学领域公认的重点及难点。清华大学结构生物学中心在过去两年间相继报道了3个新型膜蛋白的4个晶体结构。2010年12月，清华大学与普林斯顿大学的研究人员共同阐明了一种重要的转运因子的蛋白结构，这一发现对于了解核黄素（维生素B_2）的运输，以及进一步拓展其生物学结构具有重要意义。2011年，美国加利福尼亚大学旧金山分校和英国MRC剑桥分子生物学实验室的研究人员第一次获得最大的细胞支架动力蛋白dynein的晶体结构，提供了一些关于这个巨大的蛋白沿着微管“行走”的数据线索。来自加利福尼亚大学伯克利分校、SLAC国家加速器实验室等机构的研究人员比对了多种不同蛋白的不同温度分析数据，提出常温中获得的X射线衍射数据能更好地分析蛋白的催化机制和功能。

7. 转化医学研究

医生们一直希望寻找一种理想的帕金森病诊断方法。过去几年，可在症状出现前识别疾病的生物标志物方面的研究已经取得较大进展。2011年8月，英国Lancaster大学的研究人员分离出一种血液生物标志物，它有可能用于进行性神经退行性疾病的一种简单血液测试。帕金森疾病的血液测试意味着能在症状出现前发现处于患病危险中的人，这将有助于大脑保护药物的开发，使老人具有更好的生活质量与健康。

及时、准确地鉴定药物不良反应事件（adverse drug events，ADEs）对公众健康非常重要。研究人员开发出一种称为预测安全药理网络（predictive pharmacosafety networks，PPNs）的新方法，用于预测ADEs。

8. 疾病防治研究

（1）外显子测序与疾病基因。美国国家心肺血液研究所与其他研究机构合作，成功地对 12 名对象的基因外显子进行了测序，从而证明了使用外显子测序方法确定罕见致病变异基因的可行性和应用价值。美国华盛顿大学的研究人员首次成功地利用“外显子测序”（exome sequencing）技术，发现了一个与孟德尔疾病（单基因疾病）相关的基因。深圳华大基因研究院与中南大学湘雅医院等单位合作研究利用全外显子组测序技术，发现了小脑共济失调新的致病基因 *TGM6* 对促进单基因疾病的研究具有重要意义。

（2）三氧化二砷治疗急性早幼粒细胞性白血病分子机制。上海交通大学医学院附属瑞金医院上海血液学研究所的研究人员在三氧化二砷（俗称砒霜）治疗急性早幼粒细胞性白血病（APL）分子机制方面取得研究成果，这一成果丰富了 APL 靶向治疗的理论，对推动其他类型白血病和实体瘤的分子靶向治疗研究也具有十分重要的指导意义。

（3）艾滋病防治。美国 NIH 疫苗研究中心、南加利福尼亚大学等研究机构的科学家研究了利用改造的干细胞控制艾滋病病毒（HIV）感染的新方法。此外，美国 NIH 过敏与传染病研究所（NIAID）疫苗研究中心则从 HIV 感染者血液中分离出两个自然产生的能够中和约 90%已知 HIV 毒株的强力抗体。这项新发现为改良 HIV 疫苗设计和其他疾病的抗体治疗，带来突破性发展。美国北卡罗来纳州立大学及其一个国际性团队临床试验显示，抗反转录病毒药物（ARVs）不仅能帮助患者对抗艾滋病，还能帮助未受感染的健康人预防 HIV 的感染。

（4）疟疾疫苗。疟疾是发展中国家最致命的一种疾病，每年有大约 78 万人被疟疾夺去性命。英国葛兰素史克公司的科学家发现了一种名为 RTS. S（或称为 Mosquirix）的疟疾疫苗候选对象，临床试验显示出该疫苗的作用非常显著，使儿童感染疟疾的概率降低了 50%。

（5）神经药物突破血脑屏障。将药物递送入大脑细胞内一直是医生治疗脑神经疾病时面临的重大挑战。英国科学家研发出了一种能将药物直接递送入大脑细胞内的方法，攻克了治疗阿尔茨海默病、帕金森病和肌肉萎缩症的重大障碍。

五、新兴热点领域的前瞻战略研究不断涌现

随着生物学科的深入发展，在拓展研究和应用领域同时，新的重大问题

和新兴研究热点、交叉领域不断涌现，预示着生物科学发展前沿的新走向。美国和欧盟的官方机构和核心科技咨询团队（以美国国家科学院、欧洲科学院、欧洲自然基金会等机构为代表），始终重视新兴热点的战略研究，前瞻生物科学发展突破领域。这些战略研究和规划，也反过来影响着生物科学的学科发展走势。

美国国家科学院发布的《迈向精确医学：构建生物医学研究知识网络和新的疾病分类体系》报告指出，生物医学研究的新信息和概念不能以最佳的方式整合到目前的疾病分类体系中，从而错失了更精确地定义疾病、辅助医疗决策的机会；新的分类将带来更好的医疗，应建立一个能集成多种分子数据、临床数据、环境数据和动态医疗效果的新疾病分类体系，从而实现精确医学。此外，美国政府重视气候变化对人类健康影响，2010 年发布《气候变化对健康影响》白皮书，启动研究项目探索气候变化对健康的影响。

欧盟加强规划个性化基因组学、传染病转化医学、新药创制、纳米生物医学、海洋生物技术等重要科技领域发展战略。例如，组织“个性化医疗中的各种组学”研讨会，共同探讨各种组学技术在实现个性化医疗进程中的作用，同时对 2020 年远景展开规划，并确定实现这一远景的中期研究和投入需求。欧洲科学院科学咨询委员会（EASAC）发表的有关传染病防治政策的报告，对建立公共卫生战略科学基础的优先事项进行分析，制订了未来 5 年应对致病菌耐药性行动计划等。欧洲创新药物计划（IMI）修订了科学研究议程，新增药物遗传学与人类疾病分类学、罕见病与分层治疗、药物研究中的系统方法、超越高通量筛选-分子水平的药理学相互作用、药物化合物开发技术（API）、先进剂型、用于药物开发和毒性筛选的干细胞、将成像技术整合到药物研究等 8 个优先领域。此外，欧盟委员会及下属规划、资助机构还发布有《纳米医学路线图》《海洋生物技术：欧洲愿景和战略》《RNA：生物医学研究新前沿》等战略前瞻报告。

六、学科交叉深入，推动学科汇聚

生命科学各子学科重新整合并与其他学科广泛交叉，将引发生物医学发展的“第三次革命”——生物医学汇聚。学科汇聚（convergence）的理念和分析方法将推动新的研究方法的出现，未来工程师、物理学家、生物学家及临床医生将共同参与解决生物医学领域的难题。

2009 年，美国国家科学院研究理事会（National Research Council，NRC）在发布的《21 世纪新生物学：确保美国领导即将来临的生物变革》

中，强调生物学子学科的重新整合，以及物理、化学、计算机、工程学和数学与生物学的交叉。2010年1月，美国国家科学院又推出《生命科学与物理学的交叉前沿研究》报告，通过对目前交叉学科基本特征的解剖，着重分析了近期交叉领域发展面临的最基本挑战和可能成功实现的五大领域。

目前，很多令人兴奋的科学研究结果，多源于分子和细胞生物学与基因组学、工程学及物理学等的结合。2011年1月，在由美国科学促进会（AAAS）主办的论坛上，美国麻省理工学院（MIT）的研究人员发表题为《第三次革命：生命科学、物理学和工程学的汇聚》的报告。报告指出，“汇聚”作为新的科研模式，包括了生命科学、物理学和工程学的融合，将为生物医学和其他科学领域带来革命性进步。

汇聚技术的突飞猛进，不仅依赖对于不同学科具有共同发展空间的新建研究所，而且也依赖于参与其中的不同学科科研人员的合作。例如，计算生物学应用于免疫应答、成像技术应用于失明防治，纳米技术应用于靶向化疗、脑移植治疗脑部疾病和损伤，循环肿瘤细胞（CTC）芯片技术应用于检测癌症转移等代表案例，充分说明了汇聚技术的优势。

目前，“汇聚”的影响已经在多个领域显现。正如信息技术、材料科学、成像技术、纳米技术及其相关领域的研究进展已经改变了物理学一样，计算、建模和仿生等科学的进展也将开始改变生命科学，其结果是出现诸如生物工程、计算生物学、合成生物学和组织工程等重要的新兴生命科学相关领域。

第一章 系统生物学领域发展态势分析*

第一节 系统生物学的由来与总体发展趋势

20 世纪 80 年代末期，美国科学家率先提出了人类基因组计划（Human Genome Project）。在人类基因组计划实施的同时，以“组学”（-omics）构成的学科迅速地在生命科学界诞生。最早出现的是与 DNA 序列相关的“基因组学”（genomics），其核心内容是通过全基因组测序和分析，揭示物种的全部遗传信息。2001 年，人类基因组草图的完成，这是基因组学研究也是现代生命科学研究的一个新的里程碑。在人类基因组计划进行的同时，对其他物种的全基因组测序也在积极进行，也同样极大地推动了生命科学的研究。随后，又产生了许多与各种生物大分子或小分子相关的“组学”，如“蛋白质组学”（proteomics），“转录组学”（transcriptomics），“代谢组学”（metabolomics），等等。“组学”的核心思想是整体性研究，即以某一类物质如细胞内全部基因或蛋白质为对象进行完整的研究。组学的兴起打破了过去生命科学领域只关注单个的基因或蛋白质的“碎片化”研究方式。

随着组学技术和其他高通量生物学研究技术的快速发展，有关核酸、蛋白质序列和结构数据、基因表达谱等各种生物学数据量以指数级数的速度迅猛增长，由此引出了生物信息学（bioinformatics）的出现。更重要的是，生物学数据量的增加导致了生物学问题复杂度的增加。研究者不再满足于对单个基因和蛋白质的结构与功能进行研究，而是希望能够对生物复杂网络进行

---

* 本书参考了大量的英文文献，文献作者姓名保留英文形式，不作翻译。

全面的认识。这些新的研究需求导致了计算生物学（computational biology）的诞生，即采用数学建模和计算等方法研究生物学问题。此外，计算机和互联网技术的快速发展为生物信息的存储、组织和传递和计算提供了硬件基础和便利，更加推动了生物信息学、计算生物学和相关技术的发展。

随着人类基因组计划的完成，生命科学进入了后基因组时代。在这样一个时代，研究者面临的是生命复杂性带来的巨大挑战。2010 年，《自然》杂志为纪念人类基因组计划实施 10 年，组织一批专家写了一组文章，第一篇文章（Erika，2010）谈的就是生命的复杂性。这组文章给读者传递了一个信息：尽管现在已经把人类基因组 32 亿个碱基序列的排列基本搞清楚了，但是人类距离真正理解生命还很遥远，因为生命的复杂程度远远超出了人们的想象。为了迎接生命复杂性的挑战，在 21 世纪初诞生了一门新兴学科——系统生物学（systems biology）。这是一门建立在分子生物学、组学、生物信息学和计算生物学等基础上的一门交叉科学。从系统生物学角度来看，生命活动不是依靠个别生物分子就能够完成的，生物体内各种各样的基因和蛋白质之间通过广泛的相互作用形成了复杂网络，所有的生理或病理活动都基于这种复杂分子网络的结构和动力学机制之上。对于人类等高级生物来说，生命活动涉及的不仅是分子层次，而且还有细胞、组织和器官等不同层次。因此我们需要研究的是复杂网络，是不同层次的活动，以及将这些组织在一起的完整的生物复杂系统。所以说，系统生物学以生命复杂系统为研究对象，采用实验和理论相互交融的全新研究框架和研究方式开展整体性研究。

作为后基因组时代的新兴学科，系统生物学与基因组学、蛋白质组学等各种“组学”的不同之处在于，它是一种整合型大科学。首先，它要把系统内不同性质的构成要素（基因、信使 RNA、蛋白质、生物小分子等）整合在一起进行研究。对于多细胞生物而言，系统生物学要实现从基因到细胞、组织、个体的各个层次的整合。系统生物学整合性还体现在研究思路和方法的整合。经典的分子生物学研究是一种假设驱动的研究，即在提出科学问题的基础上进行研究；组学则通常是以发现生物系统的各种元件和组分为目标，被认为主要是发现型研究。而系统生物学的特点就是要把问题型研究和发现型研究整合起来。系统生物学最重要的整合特点是“干”研究（计算机模拟和理论分析）和“湿”研究（实验室内的研究）的结合。“湿”与“干”实验的完美整合才是真正的系统生物学。系统生物学研究的核心是建立一个理想模型，实现对生物系统行为的预测，其中重要部分就是进行数学建模。为了描述生物复杂系统的结构和动力学过程，研究者必须在实验数据的基础上利用微分方程和统计理论等各种数学工具构造相关的数学模型。一个成功的数学模型不仅能够定量地刻画生物复杂系统，而且能够很好地预测生物复杂系统行为。系统生物学使得生命科学研究开始迈出从纯粹实验科学向理论科学转变，从定性科学向定量科学转变的关键一步。

现代医学在数百年的发展过程中，经历了个体生理病理学、细胞生理病理学、分子生物医学等不同时代，目前已经进入了“复杂疾病分子调控网络”研究的全新时代（Erika，2010)。受 20 世纪生命科学发展的影响，过去医学界的主流在疾病的诊断和治疗方面采用的也是“碎片化”方式，即关注个别基因或蛋白质的致病机理和防治效果。随着人类疾病谱从以传染病为主变成以肿瘤和代谢性疾病等慢性病为主，研究者面临的主要挑战是：我们怎样才能有效地抗击这些非常复杂的慢性病。系统生物学就是 21 世纪研究人类健康和抗击复杂性疾病的重要武器，系统生物学的理论和技术在生物医学研究领域已经得到越来越多的应用。

当前，一场生物学的革命正在展开，生命科学的研究手段由传统的生物学方法扩展至化学、物理、生物、信息科学、材料科学等众多的学科和领域；物理学家、化学家、计算机科学家、工程师、数学家和其他的科学家参与到生命科学领域，成为解决人口健康领域的重大问题的核心力量。为此，美国国家科学院研究理事会邀请了 16 位杰出的生命科学领军人才和技术专家组成一个研究团队，深入分析了在技术迅速发展形势下的生命科学未来。该团队的研究报告于 2009 年 9 月发布，题为“21 世纪的新生物学：确保美国领导即将来临的生物学变革”（*A New Biology for the 21st Century：Ensuring the United States Leads the Coming Biology Revolution*)。报告指出：当今的科学世界正处于生物学变革关键阶段，随着物理学、数学、计算科学和工程科学等学科新概念、新方法带来的创新性技术整合，生命科学研究已经处于革命性变化的前沿。报告阐述了新生物学的概念，提出新生物学的本质是生物学与其他学科的整合。报告认为，系统生物学就是新生物学变革的核心。

第二节 国际系统生物学发展现状

2000 年是系统生物学诞生之年，其标志是在美国西雅图成立了世界上第一个系统生物学研究所（The Institute for Systems Biology），以及在日本东京召开了首届国际系统生物学大会。从此，系统生物学正式作为一个独立的学科，进入了生命科学研究领域。但是，系统生物学的发展并不是一帆风顺的。分子生物学等经典的实验生物学建立在还原论的研究理念上，要使基于系统论观点的系统生物学研究策略得到研究者的理解和接受并非易事。此外，针对生物复杂系统的研究技术也是比较匮乏的，使得相关的研究工作难以开展。经过十多年的发展，系统生物学才逐渐地被国际生命科学界所接受，进入了主流研究领域，并成为当前生命科学的研究热点。2011 年 3 月 18 日，国际生命科学著名刊物《细胞》（*Cell*）发表了整整一期介绍系统生物学现状、研究进展和面临的挑战的评论文章；其中一篇文章的标题就是“系统生物学：已进化成为主流”（Macilwain，2011）。

一、国际系统生物学的主要研究机构及其发展态势

（一）国际系统生物学的主要研究机构

1. 美国主要的系统生物学研究机构

美国是系统生物学研究的发源地之一，也是系统生物学研究的大本营。除了坐落在西雅图的著名的系统生物学研究所以外，还有美国国家系统生物学研究中心遍布美国各地。这些中心是在美国国立卫生研究院（National Institute of Health，NIH）的支持下，由国立医学科学研究所（National Institute of General Medical Science，NIGMS）资助建立的，其主要任务是促进多学科研究，并进行系统生物学研究的培训和推广。目前，已经建立了 14 个主要从事系统生物学研究的中心（表 1-1）。

表 1-1　NIGMS 资助建立的系统生物学中心

中心名称	成立时间	地点	研究方向
复杂生物系统研究中心	2001 年成立，2007 年加入 NIGMS	加州大学欧文分校	模式生物中生物学系统如何处理发育过程中的位置信息、细胞内信号传导和细胞增殖；开发计算工具及光学工具，动态系统测量和建模
细胞动力学中心	2002 年	华盛顿大学	分子相互作用可视化，高分辨率图像技术，通过计算机来模拟无脊椎动物中发生的模式建成，细胞骨架动态和细胞周期调控的系统特征
整合代谢系统模拟中心	2002 年	克利夫兰州立大学	细胞代谢和生理应答的定量化
细胞决定研究中心	2003 年	麻省理工学院	哺乳动物细胞凋亡和增殖过程的信号传导网络的数值模型开发和测试
量化生物学研究中心	2004 年	普林斯顿大学 Lewis-Sigler 研究所	利用计算机方法理解生物体内的分子与环境的互动
基因组和动力学研究中心	2006 年	Jackson 实验室	遗传变异长期范围内出现和维持的模式；通过基因表达模式确定基因组如何影响表型

续表

中心名称	成立时间	地点	研究方向
系统生物学研究中心	2006 年	华盛顿西雅图系统生物学研究所	致力于明确复杂生物过程的调控过程
分子生物学研究中心	—	哈佛大学	解释生物学一般原则，集结大型研究团体致力于跨学科生物学研究
纽约系统生物学研究中心	2007 年	纽约	开发和公开细胞内调节网络中分子是如何相互作用的，从而了解组织器官的生理功能；治疗药物如何影响细胞调控网络，从而改变病理生理学状态
杜克系统生物学研究中心	2007 年	杜克大学	描述并了解生物网络的动态过程，包括网络动态、网络不同部分的分子浓度变化、网络结构的动态变化、在进化过程中网络遗传突变增多的组成变化和相互作用
芝加哥系统生物学研究中心	2008 年	芝加哥大学	研究一次十几个甚至几百个的多种基因或蛋白如何构成网络来发挥作用，以调节生命的基本活动
新墨西哥细胞信号时空模型研究中心	2009 年	新墨西哥大学	研究膜受体和信号蛋白的时空邻近、动态、相互作用和生化修饰，确定相互作用的细胞信号网络复合体对免疫功能和癌症发生过程中的作用
系统与合成生物学研究中心	2010 年	加利福尼亚大学旧金山分校	结合正向和反向生物技术工程，以获得对细胞网络在信号转导和调控方面解决生理学问题机制的进一步理解
圣地亚哥分子应激反应的系统生物学研究中心	2010 年	加利福尼亚大学圣地亚哥分校	结合自上而下和自下而上的系统生物学方法，细胞如何控制对 DNA 损伤及病原体应激反应的调控网络功能

注：—表示时间不明确

2. 英国主要的系统生物学研究机构

英国是非常重视系统生物学研究的国家。在系统生物学领域，英国生物技术与生物科学研究理事会（Biotechnology and Biological and Biological Sciences Research Council，BBSRC）联合了英国工程和自然科学研究理事会（Engineering and Physical Sciences Research Council，EPSRC），共同出资在 6 所大学中建立了 6 个整合系统生物学中心（Centers for Integrative and Systems Biology，CISB），旨在将传统独立的学科（如生物学、化学、计算科学、工程学、数学和物理学）整合为定量的系统生物学研究。这些整合系统生物学中心汇聚了包括生物科学、工程学、数学、物理学、化学和计算科学的各学科研究专家，共同致力于某个生物学主题的研究（表 1-2）。

表 1-2　英国 BBSRC 和 EPSRC 联合资助的整合系统生物学研究中心

中心名称	依托单位	研究对象
帝国理工学院整合系统生物学中心	帝国理工学院	宿主与病原体的相互作用
曼彻斯特整合系统生物学中心	曼彻斯特大学	酵母与哺乳动物细胞生物学定量建模；培养下一代系统生物学研究人员
衰老与营养整合系统生物学中心	纽卡斯尔大学	老龄化与营养
爱丁堡系统生物学中心	爱丁堡大学	RNA 代谢、干扰素通道及生理节奏
牛津整合系统生物学中心	牛津大学	细菌与真核微生物的信号传导网络系统
整合系统生物学中心	诺丁汉大学	用于控制植物根系生长的整合生物学研究

此外，目前英国还有很多大学建立了独立于 BBSRC 和 EPSRC 的系统生物学研究中心，并有各自的研究特色。例如，剑桥大学系统生物学中心主要是利用系统学方法研究模式生物果蝇的信号通路；伦敦大学学院数学和物理应用生命科学和实验生物学研究中心从细胞水平及更微观的多个层次模拟人类肝脏；Cardiff 系统生物学研究中心则将生物多样性、细胞组学和转录组学预测作为主要研究课题。还有一些研究中心已经尝试将系统学方法应用到组织、器官和生物体的研究中。例如，诺丁汉大学医学整合系统生物学研究中心，利用系统生物学等方法来解决临床相关问题，如高血压、败血症、肌肉萎缩等。并非所有大学都采取建立系统生物学研究中心的方式来发展系统生物学。目前，利物浦大学正计划建立一个生物复杂性虚拟研究中心，将其下属的 6 个学院中的 4 个纳入其中。

3. 德国主要的系统生物学研究机构

德国是欧洲系统生物学研究领先国家之一。系统生物学作为德国联邦政府高科技战略的一部分，一直都受到高度的重视。德国联邦教育与研究部（Federal Ministry of Education and Research，BMBF）在 2007 年启动了“系统生物学研究单位”（FORSYS）项目，主要目标是改善现有的基础设施，为这一前沿分支研究领域的进一步发展奠定理想的研究基础。通过该项目，德国建立了 4 所系统生物学研究中心，分别为位于弗赖堡大学的 FRISYS 中心、海德堡大学的 MaCS 中心、马格德堡大学的 GoFORSYS 中心、波茨坦大学的 VIROQUANT 中心。这些中心的一个重要任务就是资助青年科学家开展系统生物学研究，并对学生和博士候选人进行系统生物学方面的教育和培训。除了政府的大力支持，德国其他独立研究组织也对系统生物学研究进行资助。例如，亥姆霍兹联合会（Helmholtz Association）资助建立了一个生物信息学网络项目，以协调相关资源的获取和提供；马普学会（Max Planck

Society）是另一个支持系统生物学的重要组织，其下设的马普植物生理研究所、马普分子遗传学研究所和马普复杂技术系统动力学研究所都有系统生物学研究中心或研究平台。德国国内各州也有相关的研究机构，如巴登-弗腾堡州的生物系统分析中心。

（二）各国系统生物学研究机构的共同特征和发展态势

对各国的系统生物学研究机构进行比较分析，可以发现存在以下几个方面的共同特征和发展态势。

（1）系统生物学具有很强的基础性和探索性。因此，这些从事系统生物学的研究机构大都为国家资助。

（2）系统生物学是一个多学科交叉的研究领域，在进行相关研究中，需要多学科的科研人员之间相互协作，才能够真正形成系统生物学研究的体系。因此，国外的这些科研机构在人员设置上也体现出了多学科交叉的特性，涵盖了从生物学、工程学、数学、物理学、化学到计算机科学等一系列学科领域。

（3）系统生物学涉及生命科学研究的各个方面，研究技术也非常多样。因此，有条件时应该建立不同类型和不同研究方向的系统生物学研究单元。例如，美国通过国立普通医学研究所（NIGMS）建立了 14 个系统生物学分中心，每个研究中心的研究方向各有侧重；英国的 BBSRC 也建立了 6 个整合系统生物学研究中心，研究方向也都各有自己的特色。系统生物学作为生命科学领域的新兴学科，涉及从实验研究到理论分析的各种技能。因此，中心还应该注意进行系统生物学方面的教育、普及和推广工作。从上面的介绍来看，很多系统生物学研究中心都提供了相关的功能或者服务。

二、主要国际系统生物学研究计划和项目及其共同特征和发展态势

（一）主要国际系统生物学研究计划和项目

1. 美国系统生物学研究计划和项目

2001 年，美国科学家、诺贝尔奖得主吉尔曼（Gilman A.）领导的世界上第一个大型的系统生物学研究项目——“信号转导联合体”（Alliance for Cellular Signaling）正式启动（Gilman et al.，2002）。该项目由来自美国、加拿大和英国的 50 多个研究组共同参与，其主要目标是“尽可能完整地把在

时空变化中的细胞信号转导对应的输入和输出之关系给揭示出来”。“信号转导联合体”项目体现出“整合效应”（integration），即围绕着 G 蛋白介导的信号转导，把各式各样相关的研究内容全部整合在一起。

2002 年 7 月，美国能源部推出了一个系统生物学计划——“从基因组到生命”（Genome to Life——Systems Biology for Energy and Environment），旨在充分认识生物系统，开发生物系统的预测和计算模型，利用植物和微生物系统，为解决生物燃料生产、环境治理和气候问题奠定生物学基础。计划的中心任务是在其后十年里完成国家的系统生物学基础设施建设，包括规模化蛋白质表达与纯化设备、蛋白质组研究设备与分析技术、生命过程的多信息融合和可视化技术体系、高性能计算能力和网格（grid）技术体系、生物学数据分析和模拟的技术体系。为了管理和有效利用项目实施过程中产生的日渐庞大多样的数据，该项目的研究人员开发了 DOE 系统生物学知识库。2009 年 3 月，该项目颁布了关于建立 DOE 系统生物学知识库的报告。知识库被视为一个开放的综合了系统生物学数据、分析软件和计算机模型工具的公共网络基础设施。

在人类基因组计划完成了 32 亿个碱基序列的测量后，研究者需要进一步去揭示这些序列的功能。为此，美国 NIH 下属的人类基因组研究所在 2003 年 9 月提出了名为“DNA 元件的百科全书”（Encyclopedia of DNA Elements，ENCODE）的研究计划。该计划希望找出人类基因组序列中所有的结构和功能元件，形成一个完整的人类基因组的“元件目录”，包括编码蛋白质的基因、非编码蛋白质的基因、转录调控元件，以及其他调节染色体结构和动态活动的功能序列。2007 年 ENCODE 研究计划发表了有关人类基因组的 1%的功能元件的研究结果（the ENCODE Project Consortium，2007）。

2. 欧盟系统生物学研究计划和项目

欧盟的科学管理层非常重视系统生物学及其相关的研究。欧盟委员会早在“第五研发框架计划”（Fifth Framework Programme of Research，FP5）中，就根据系统生物学的特点对协议进行了修订，增加了 3000 万欧元以支持生命科学的“整合型项目”（integrated projects）。欧盟“第六研发框架计划”（FP6）则提出了一项名为 SysBioMed 的计划，主要目的是挖掘系统生物学在医学研究、治疗和药物开发中的潜力。此外，2005 年 11 月在欧盟第六框架协议下启动了一个由欧洲各国 17 个研究机构参与的系统生物学项目“酵母系统生物学网络”（The Yeast Systems Biology Network，YSBN），希望在细胞整体水平上认识酵母的各种功能系统的组成元件和相互关系，并通过计算工具和数学对酵母细胞的动力学反应和生物学过程进行建模。而当前正在实施的欧盟“第七研发框架计划”（FP7）则在健康主题下，强调了对系统生物学研究的资助（表 1-3）。

表 1-3 欧盟“第七研发框架计划”中所涉及的系统生物学的项目

领域	目标	项目	研究内容	资助计划
大规模的数据采集	利用高通量技术获得数据，以便阐明重要生物过程复杂网络中的基因、基因产物，及其相互作用	小鼠功能基因组的大规模研究，确定基因的功能及其与疾病的关系	促进小鼠突变资源的增值，使之可作为生物医学界的一个极有价值且全面的工具，用于研究每个基因在发育、健康和疾病中的作用。研究包括：所有蛋白编码基因，或转录调节元件和非编码元件发生高品质条件突变的胚胎干细胞全球资源库的建立；促使突变在每种组织中有条件表达的小鼠品系的构建和特征描述	合作项目（大型综合项目）：600 万～1200 万欧元，支持一个项目
		大规模数据收集标准的协调行动	协调各种组学的研究，开发和应用数据收集、数据储藏和数据交换的标准和运作程序，同时确保公众对这些数据最优的获取和使用	协调和支持行动（协调活动）：每个项目最高资助 200 万欧元，支持一个或多个项目
系统生物学	整合多种生物学数据，开发和应用系统的方法了解和模拟所有相关生物和所有水平组织的生物过程	通过系统生物学的方法应对人类疾病	涵盖从基础到临床、从实验到计算模型的多学科交叉研究，利用系统生物学的整体方法去获得对疾病机制的认识。在实验室生成和整合大规模定量数据集的基础上，利用这些方法将可能获得可靠且有效的疾病模型	合作项目（大型综合项目）：每个项目资助 600 万～1200 万欧元，支持一个或多个项目
		奠定人类健康相关的复杂生物学过程的系统生物学研究基础	建立必要的常用工具、资源和方法，为目前尚缺乏必要系统生物学方法框架的基本生物学过程领域奠定基础。收集多学科的专业知识，并鼓励这些不同学科间的交流	卓越网络项目（NoE）：每个项目最高资助 1200 万欧元，支持一个或多个项目
		开发系统生物学新的数学算法，同时改进现有的数学算法	致力于设计模拟复杂生物系统的运算法则。这些运算法则应该普遍适用于系统生物学领域，还应利用适当的健康相关模型进行彻底的检测	具体的国际协作行动（SICA）合作项目（中小规模的重点研究项目）：最高 300 万欧元，支持一个项目

ERASysBio 计划是欧盟另外一项重要的支持系统生物学发展的跨国计划，用于支持欧洲研究区（European Research Area，ERA）的系统生物学研究网络建设。ERASysBio 聚集了来自 13 个国家（德国、奥地利、比利时、芬兰、法国、意大利、荷兰、斯洛文尼亚、西班牙、英国、俄罗斯、以色列

和挪威）的 16 个资助机构，同时卢森堡和瑞士的两个机构也以合作伙伴的角色参与进来。该计划的目标是协调各国的系统生物学研究国家资助项目，达成一项共同的欧洲系统生物学研究议程，使欧洲系统生物学领域的研究水平获得整体的提升。该计划的第一阶段从 2006 年启动，持续至 2009 年。2010 年 5 月，ERASysBio 计划开始启动第二阶段的项目资助（ERASysBio$^+$），对 16 个项目进行资助，涉及 14 个国家的 85 个研究团队，研究经费预算组为成员国提供 1850 万～2400 万欧元，通过欧盟委员会“ERA-NET plus 框架”提供 550 万欧元。在参与国家方面，成员国减少到 10 个（奥地利、德国、西班牙、芬兰、法国、以色列、卢森堡、斯洛文尼亚、荷兰和英国等），而合作伙伴国则增加到 4 个（意大利、冰岛、美国和南非）。

2005 年 10 月，欧洲科学基金会（European Science Foundation，ESF）发布了题为“系统生物学：欧洲的大挑战”（*System Biology：A Grand Challenge for Europe*）的政策简报，谈到了 ESF 针对系统生物学制订的行动计划。报告指出，由于没有任何一个国家或企业能够独立管理如此大规模的行动，必须推出一个欧洲协调一致的行动计划。ESF 建议从以下 7 个方面推进系统生物学领域的研究。

（1）建立一个包括主要利益相关者在内的小型工作小组，制定未来 10 年和 20 年欧洲系统生物学研究路线图。

（2）建立欧洲参考实验室（ERLs），提供系统生物学相关的核心知识。

（3）构建合理的产业、学术和慈善机构之间的合作体系。

（4）开展工作，使应对欧洲系统生物学研究挑战的策略获得公众认可。

（5）开展交叉学科的培训和教育工作。

（6）建立合理的财政筹资途径。

（7）成立欧洲系统生物学办公室（ESBO），协调研究机构间、学科间的合作。

3. 英国系统生物学研究计划和项目

2002 年，英国原贸工部（DTI）生物科学组（BioScience Unit）发起了一项名为“Beacon”的项目，旨在通过促进大学和企业之间的合作，在系统生物学领域取得重要成果。该项目的预算经费约为 800 万英镑，涉及下列领域的研究。

（1）疾病影像学。物理学家与医学研究人员及其他多学科的科研人员合作，旨在将功能成像技术平台，用于解决一系列生物医学、医药和临床问题，包括实时诊断和监测疾病。

(2) 用于计算生理学研究的虚拟器官。生物学家、数学家、工程学家和计算机科学家共同实现建立肝脏的虚拟模型，为生理和病理研究提供全新的方法和技术。

(3) 检测疾病的快速新方法。物理学、化学、生物技术和电子工程学相结合，开发基于能够对电子或生物化学信号产生应答，并能够整合入虚拟芯片的 DNA 仪器生产的平台技术，从而为未来开发能够实现疾病的体内检测和预防的仪器奠定基础。

(4) 检测毒性的计算模型。从事计算和结构生物信息学及代谢研究的专家共同开发计算工具 Metalog，用以预测毒性，帮助毒性物质的筛选，从而实现药物研发过程的转变。

4. 德国系统生物学研究计划和项目

早在 2001 年，德国联邦教育与研究部（Federal Ministry of Education and Research，BMBF）就启动了系统生物学领域的基金资助计划“生命系统——系统生物学”（Living Systems：Systems Biology）。其试点项目“肝细胞系统生物学”（HepatoSys）现已经发展为国家级的专业网络，得到了国际认可。在此后的几年中，BMBF 又陆续开展了一系列系统生物学研究项目，包括 2005 年启动的重点科研项目“通过定量分析描述生命系统的动态过程”（Quant-Pro）、2007 年启动的“系统生物学研究单位”（FORSYS）项目，以及 2008 年初发布的资助措施“医学系统生物学”（MedSys）。这些项目的开展将德国的系统生物学领域推向了一个更高的水平。

除了大力支持本国的系统生物学研究，BMBF 还积极参与欧洲水平的系统生物学研究项目。例如，2006 年 6 个欧洲伙伴国共同开展了跨国资助措施——微生物系统生物学（SysMO），作为 ERA-Net ERASYSBIO 项目的一部分。此外，还有一项正在筹划中的 ERASYSBIO 项目，主要的资助来源是德国和英国。通过这些资助方式，BMBF 正在向其目标迈进，即通过国际网络，提高德国系统生物学科研水平，并促进系统生物学中心之间的合作。在经费方面，BMBF 每年投入系统生物学国家和国际研究的资金总额达到 3700 万欧元。

5. 瑞士系统生物学研究计划和项目

SystemsX 是瑞士目前正在进行的规模最大的系统生物学研究项目。该项目由苏黎世联邦理工学院（ETH Zurich）、巴塞尔大学（University of Basel）和苏黎世大学（University of Zurich）共同创立，由 9 所大学和 3 个研究机构组成了联合团队参与研究。2008～2011 年，瑞士政府提供了 1 亿瑞士法郎的预算资助，加上配套资金，SystemsX 项目总经费至少有 2 亿瑞士法郎。该项目对 5 种类型的课题进行了支持。

（1）研究、技术和发展（RTD）是 SystemsX 的主要支持课题。

（2）特别设立跨学科博士课题，每个学生由两名导师带领。

（3）跨学科试验性课题（IPP），资助传统渠道不大可能赞助的试探性或者高风险的系统生物学研究课题。

（4）产业桥（BIP），鼓励学术研究与产业伙伴相结合。

（5）产业人员学术机构进修（ISA）。

（二）各国系统生物学研究计划和项目的共同特征及发展态势

各国都非常注重进行系统生物学研究现状调研和发展趋势分析。在系统生物学发展之际，美国国家科学基金会（National Science Foundation，NSF）就委托世界技术评价中心（World Technology Evaluation Center，Inc）开展了详细的调查和评估，并于 2005 年发表了名为“系统生物学方面的国际研究和发展”（*International Research and Development in Systems Biology*）的调查报告（World Technology Evaluation Center，2005）。2007 年，英国皇家工程院和英国医学科学院也发表了一个系统生物学发展的报告——“系统生物学：一个工程和医学的新视角”（*Systems Biology*：*A Vision for Engineering and Medicine*）。这些调研报告为各有关国家开展系统生物学研究和制定相关的战略规划提供了基本信息和建议。

对各国的系统生物学研究项目和计划进行比较分析，可以发现存在以下几个方面的共同特征和发展态势。

（1）系统生物学表现出了不同于基因组学、蛋白质组学等组学研究的特征——整合性。也就是说，基因组学或蛋白质组学体现出来的主要是单纯的“规模效应”（large-scale），从若干个基因到所有的基因，从若干个蛋白质到全体蛋白质；而系统生物学的研究计划则要研究成千上万的基因、蛋白质和代谢小分子之间的相互作用，并且要利用计算生物学等方法将这些不同种类的信息整合起来。例如，“信号转导联合体”和“DNA 元件的百科全书”研究项目就是典型的整合型研究。

（2）系统生物学研究的开展建立在海量信息和数据的基础之上。为了满足研究需求，世界各国纷纷重视建立各种生物学数据库，收集和存储海量信息和数据，同时也建立了一系列生物银行，对组织样本进行存储。这些数据库和样本库的建立实现了对信息、数据和样本的标准化管理，科研人员可以随时获取其中的数据和样本，在很大程度上促进了系统生物学的发展，数据和样本标准化的实现也为系统生物学用于疾病治疗的研发进程起到了推动作用。为了避免数据的重复，并实现国家间数据的共享，一些数据库还建立了国际合作关系，如美国 GenBank、日本 DDBJ 和欧洲 EMBL 三个数据库建立了国际核苷酸序列联合数据库，实现了数据的交换与共享，大大提高了科研人员可获取数据的数量。

(3) 系统生物学研究的主要对象是生物复杂系统，其研究的进行和发展离不开研究方法和研究技术的推动。因此，世界各国都非常重视对系统生物学研究技术和方法的支持。例如，美国能源部的系统生物学计划“从基因组到生命”的中心任务就是进行系统生物学研究技术和平台的建设。

三、国际人口健康领域的系统生物学研究

20 世纪分子生物学奠定的生命统一图像深刻地影响着人们对疾病的认识。过去医学界主流在疾病的诊断和治疗方面采用的是“碎片化”方式，即个别基因或者蛋白质的异常变化是疾病发生发展的主要原因，由此形成了“一基因，一疾病”的观点。在后基因组时代，人们意识到，生命是一个复杂的非线性系统，不论是正常的生理活动还是异常的病理活动，都是由众多的生物分子相互作用来实现的。越来越多的证据表明，多种生物分子之间的相互作用才是导致疾病发生发展的推动力。这些新概念正在改变着传统的疾病观。英国《自然》杂志 2008 年 6 月登载的一篇文章就明确提出“一基因，一疾病的时代已经一去不复返了”。随着人类疾病谱从以传染病为主转变成以肿瘤、代谢性疾病和神经退行性疾病等复杂的慢性非传染性疾病为主，研究者面临的主要挑战是：怎样才能深刻地揭示并有效地应对这些复杂性疾病。系统生物学正是未来抗击复杂性疾病的一种新思路。

当前，在复杂性疾病的诊断方面，人们已经开始尝试采用系统性的多因素综合诊断方法。在针对复杂性疾病的药物研发方面，研究者已经意识到传统的药物研发和治疗采用的单药靶分子的药物策略的局限性，提出了针对生物大分子相互作用的网络药理学（network pharmacology）（Hopkins，2008）。此外，研究人员也提出了一种新的药物研发观点，即药物的有效性是通过调节多个靶蛋白而非仅作用于单一靶点来实现。越来越多的研究表明，一个药

物可以作用于多个靶点。不久前，研究人员创立了一门新型的药理学——多靶药理学（polypharmacology），专门研究一个小分子化合物结合两个或者多个分子靶标及其药效。显然，系统生物学是开展这些新型诊断与治疗研究的有力武器。

1. 美国人口健康领域方面的系统生物学研究计划和项目

美国 NIH 作为目前世界上最大的生物医学研究的资助机构，对于系统生物学在人口健康领域的研究项目给予了高度的重视和支持。在 2003 年发布的“国立卫生研究院路线图”（*NIH Roadmap*）中，采用系统生物学的方法和策略开展复杂生物系统的生理和病理研究被列为这份中长期规划主要任务。根据这个规划，NIH 启动了一系列相关的系统生物学研究项目。

美国国家癌症研究所（NCI）在 2003 年启动了一项“整合癌症生物学项目”，旨在通过系统生物学的方法推进对癌症发生和发展机制的了解。研究内容主要基于开发和运用计算模型，模拟与癌症预防、诊断和治疗相关的进程。该项目将临床和基础癌症研究人员，以及数学、物理学、信息技术、成像科学和计算科学等学科的科学家召集起来，共同开展癌症生物学关键问题的研究。NCI 通过“整合癌症生物学项目”的施行，建立了 9 个系统生物学研究中心。这些中心在癌症研究的各个领域采用综合性和多学科的方法，构建计算和数学模型，从而模拟复杂的癌症发展进程，并解释癌症发展过程的所有阶段，从基本的细胞进程到肿瘤生长和转移。

2010 年，NIH 将“整合基于网络调控的细胞表征库构建项目”（library of integrated network-based cellular signatures program，LINCS）列入他们 2010 财政年度“共同基金资助重大科技项目”中。该项目旨在通过研究、整合复杂疾病如肿瘤、神经退行性疾病、糖尿病等网络调控的组成单元如基因、蛋白、代谢产物等在系统网络调控中的变化特性，并观察这些组成元件在不同干预环境下转归的分子机制与细胞特征行为；希望通过这些系统性的研究来理解复杂疾病发生和发展的本质，为发展新的干预策略和治疗模式提供重要的理论依据。

2. 欧盟人口健康领域方面的系统生物学研究计划和项目

欧盟“第六研发框架计划”提出了一项名为 SysBioMed 的计划，核心目的是挖掘系统生物学在医学研究、治疗和药物开发中的潜力。2008 年，SysBioMed项目召集了一系列相关领域的专家，共同确定并优化了系统生物学在医学科学中适用的领域。同年 12 月，欧洲科学基金会发布了名为“促进系统生物学的医疗应用”（*Advancing Systems Biology for Medical Applications*）的政策简报。该政策简报共提出了 6 个系统生物学适用的医学研究领域，包括癌症、癌症与衰老之间的关联、炎症性疾病、糖尿病、时间生物学和时间治疗学，以及中枢神经系统紊乱，并针对各领域分别提出了研究建议（表 1-4）。

表 1-4 《促进系统生物学的医疗应用》中提出的系统生物学适用领域及研究建议

医学领域	建议
癌症	①针对几类重要癌症类型（如结肠直肠癌），利用包含多时空尺度和数据集的模型，更好地了解治疗应答； ②启动利用多尺度数学模型，结合生物力学和流体动力学效应，研究肿瘤诱导性血管生成的系统生物学项目； ③资助结肠直肠癌建模的进一步研究，阐明涉及正常肠道组织再生的生物化学网络间的相互影响，了解这些生物化学网络在癌症发生过程的早期阶段是如何失控的； ④资助项目包括动物模型比较、已建立的细胞株和人体样本。这些研究将需要重新考虑欧盟水平的现有大型项目资助计划
癌症与衰老之间的关联	①启动跨学科的系统生物学研究项目，研究衰老过程中由分子和细胞逐步发生损伤引起的衰老进程，从而带来的暂时的、累积的整体影响； ②利用数学模型来阐明细胞老化对机体的衰老和恶性转化的影响，同时特别关注干细胞衰老和与年龄有关的基质变化； ③定量阐述关键分子通路对癌症发生和衰老过程的重要作用； ④开发利用系统生物学的方法来研究热量限制对衰老、癌症发生和肿瘤生长的影响
炎症性疾病	①研发调控 T 淋巴细胞和其他炎症反应相关细胞增殖、归巢、细胞功能和存活的细胞因子网络的多尺度计算模型，预测药物治疗和细胞治疗的效果； ②创建组织特异性体外和体内模型，阐明细胞信号和细胞组织在炎症反应和癌症发展过程中相互影响的时空动态变化
糖尿病	①建立一个与体内代谢平衡相关的综合计算模型，其中包括对胰岛素信号通路和细胞与组织相互作用的定量描述； ②将胰岛 β 细胞的三维结构、转录组、进化途径、胰岛素分泌机制、细胞内胰岛素信号生成、生长因子、胰高血糖素样肽-1（GLP-1）和其他调节因子，以及细胞凋亡的相关数据整合到虚拟的胰岛 β 细胞中； ③使用虚拟的 3D 胰岛 β 细胞来了解胰岛 β 细胞对使其进入临界稳定性的进程的具体问题，探讨胰岛 β 细胞对药物的反应
时间生物学和时间治疗学	①针对单细胞、外周组织和患者个体三个层面，对昼夜节律进行定量测定； ②利用系统生物学方法，建立细胞代谢和药物解毒作用昼夜节律调控的动态模型； ③通过模拟慢性治疗时间表，优化优先药物名单的治疗指数
中枢神经系统紊乱	①启动大规模的数据收集，主要关注实验设备的建设，以获取中脑多巴胺神经元、纹状体-黑质（D1）中等多刺神经元和纹状体-黑质（D2）中等多刺神经元三大细胞群中蛋白质含量的标准化信息； ②应用系统化的方法，研究帕金森病和药物成瘾

此外，在欧盟“第七研发框架计划”中，系统生物学研究重点也主要是

放在人口健康领域，主要有三大研究项目：通过系统生物学的方法应对人类疾病；奠定人类健康相关的复杂生物学过程的系统生物学研究基础；开发适用于健康相关模型的系统生物学的新数学算法（表 1-3）。

复杂性疾病是机体长期使用而导致的功能退化或损伤。这是生命过程中一个自然发生的现象。对付复杂性疾病的最佳策略应该是对个体健康的过程随时进行监控，一旦发现异常变化就要及时采取相应的防护措施，而不是要等疾病已经发生或者发展了才去进行治疗。根据复杂性疾病的特点，人们提出了被称为“3P”的健康医学新观念，旨在有效地抗击复杂性疾病。第一个 P 是指 personalized——个体，即个体化医学，包括个体化诊断和个体化治疗。第二个 P 是指 predictive——预测，即预测疾病的发生和发展，重点是进行疾病前的早期监测，及时预测个体的健康状态和变化趋势。第三个 P 是指 preemptive——干预，即对疾病的发生和发展过程进行人为的干预，包括药物干预、营养干预或者是行为干预。显然，系统生物学是“3P”的健康医学相关研究能够顺利开展的基础，而系统生物学的方法和技术也有可能直接转化到“3P”健康医学的实践中去。

第三节　我国系统生物学发展现状

我国生命科学的发展与国际生命科学的发展基本是同步的，尤其是在基因组学、蛋白质组学等后基因组时代的新兴学科方面。20 世纪 80 年代末，我国科学家就开展了水稻基因组研究，并紧随着开展了人类基因组研究。这两项研究后来都分别成为国际水稻基因组研究计划和国际人类基因组研究计划的一部分。1992 年，首个以大规模基因组测序为主的中国科学院国家基因研究中心在上海建立；20 世纪 90 年代末又分别相继在上海和北京成立了国家人类基因组南方研究中心、国家人类基因组北方研究中心和华大基因组研究中心。我国科学家对蛋白质组学研究也同样给予了很高的重视。由我国科学家倡导并领衔的国际人类肝脏蛋白质组计划在国际蛋白质组研究领域有着很大的影响；2007 年成立的蛋白质组学国家重点实验室则在推动我国蛋白质学研究方面发挥了巨大的作用。

随着组学研究工作的进行，生物信息学和计算生物学在我国也得到了很好的发展。生物信息学最初的工作主要是 DNA 序列和蛋白质序列的比对和分析。随着生物学数据量和数据类型的迅速增加，人们开始关注基于体系或系统的信息研究，如分析蛋白质分子或代谢途径间的相互作用、发现生物复杂网络的最小构成单元及其调控规律。这些工作和由此发展出的相关研究技术，为系统生物学研究的深入发展提供了方法和理论基础，为系统生物学在我国的推广和发展奠定了很好的基础，也为开展系统生物学研究提供了基本的研究条件和相关的人才队伍。

一、我国主要的系统生物学研究机构

中国科学院上海生命科学研究院和上海交通大学合作，于 2003 年在上海交通大学成立了国内首个系统生物学研究所。同年，中国科学院生物物理研究所成立了系统生物学研究中心。2006 年，上海大学系统生物技术研究所、上海系统科学研究院系统生物学研究中心等研究机构陆续成立。2007 年，中国科学院系统生物学重点实验室在中国科学院上海生命科学研究院成立。这一系列系统生物学研究机构的成立，为我国开展系统生物学研究打下了良好的基础。此外，我国科学家还在不同的研究领域利用系统生物学开展研究工作。例如，在农学研究领域，2007 年西南大学成立了蚕学与系统生物学研究所。该研究所设立了家蚕产业、基因图谱和基因发现等三个研究平台，并牵头进行了中国家蚕基因组计划。

我国科学家还充分注意到系统生物学在人口健康领域的重要性。2005 年，上海系统生物医学中心在国家发展和改革委员会和上海市政府的支持下在上海交通大学成立。2007 年，在清华大学校友、香港信兴集团主席兼董事长蒙民伟先生的支持下，清华大学成立了蒙民伟医学系统生物学研究所。2010 年，北京大学医学部也成立了系统生物医学研究所，计划开展肿瘤、心脑血管疾病、代谢性疾病等复杂性疾病的系统生物学研究。此外，上海中医药大学在 2006 年成立了中医方证与系统生物学研究中心，希望通过与系统生物学的结合来推进传统医学的现代化。

为了培养未来的系统生物学人才，中国科学院上海生命科学研究院与中国科学技术大学合作组建的国内第一个系统生物学系在中国科学技术大学正式挂牌。此外，华中科技大学也成立了系统生物学系。这两个系统生物学系的成立，为我国从本科生到研究生的系统生物学人才培养提供了保障。此外，在我国许多大学建立的交叉研究中心也都是以系统生物学的研究和教育为主要目标，其中比较著名的有 2001 年成立的北京大学理论生物学中心。该中心组织了各种理论与系统生物学方面的跨学科研究，并进行了相关的研究生及博士后培养。

二、我国主要的系统生物学研究计划和项目

我国科学界在系统生物学相关的研究方面已经有了一定的认识，并且能够反映在国家的有关科学规划中。在《国家中长期科学和技术发展规划纲要（2006—2020年）》中就专门提出了“生命过程的定量研究和系统整合”的科学前沿问题；科技重大专项——“重大新药创制”中也有多项内容涉及复杂性疾病的网络特点的研究。例如，在“新药研究开发关键技术研究”中提出“建立药物药效评价及作用机理研究的新技术和新方法，为揭示药物多环节、多靶点等新作用特点及新作用机理，以及研究开发具有新作用机理的药物另辟蹊径，发展适用于具有多靶点作用特点的药物作用机理研究的分子药理学新技术和新方法；开展由药物副作用等新角度研究开发具有新作用特点和作用机理药物的新技术的研究；应用新数学模型和计算生物学等新技术方法开展药效评价及作用机理的研究”。

中国科学院在2009年出版的《中国至2050年人口健康科技发展路线图》中明确提出，系统生物学是研究慢性病和研发新药的关键技术之一（中国科学院人口健康领域战略研究组，2009）。2011年，国家自然科学基金委员会发布了《国家自然科学基金“十二五”发展规划》，其中系统生物学得到了很高的重视：在“学科发展战略”中，系统生物学被列为需要关注的新的学科生长点；在“跨科学部优先发展领域”中也列入了系统生物学，并明确提出其核心科学问题是“生物系统的网络基本元件的构建和参数确定及生物系统网络模型的建立；生物系统的网络分析理论与方法；生物信息的整合与分析；生物系统动力学；生物环路的模拟与构建”。

国家重点基础研究发展计划（“973”计划）在人口健康领域的研究项目规划近年来也开始关注复杂性疾病的系统生物学研究。2004年启动的“973”计划项目“多基因复杂性状疾病的系统生物学研究”，应用系统生物学的理论和方法，以具有我国特点的神经精神性疾病、心血管疾病、恶性肿瘤和代谢性疾病等多基因复杂性状疾病为研究对象，整合由基因组、转录物组、蛋白质组、代谢物组研究获得的生物信息数据，鉴定与疾病表型相关的生物化学途径、信号通路及分子网络结构，阐明其调控机理，模拟疾病的分子和细胞模型。2009年，科技部支持了两个针对特定疾病的“973”计划项目——“基于系统生物医学基础的白血病临床转化研究”项目和“银屑病的系统生物学研究”项目。此外，科技部也将系统生物学和计算生物学等相关研究领域列入国家重大科学研究计划——“蛋白质研究计划”中；并在2006年资助了

“模式生物与细胞等功能系统的系统生物学研究”项目，2010年资助了“代谢生理活动与病理过程中信号转导网络的系统生物学研究”项目。这些项目的实施，不仅推动了我国的系统生物学研究，也培养了一批系统生物学研究人才。

2010年，国家自然科学基金委员会启动了一个重大研究计划——“非可控性炎症恶性转化的调控网络及其分子机制”。这是我国系统生物学方面的第一个大型研究项目。该项目关注的核心是病理过程中的分子调控网络，其拟定的科学目标是：充分发挥医学、生命科学和信息科学等学科的特点，以及学科交叉的优势，引入系统生物学倡导的整合性、信息化的研究策略。该重大研究计划的实施时间是8～9年，由此可以预期此研究计划将成为我国最有影响的系统生物学研究计划。

第四节　我国在系统生物学领域发展中存在的问题

我国系统生物学目前的情况与国际上相比，还存在一定的差距，主要表现在以下几个方面。

1. 系统生物学相关的研究体系零散，缺乏系统性和协调性

虽然我国在系统生物学领域已经开展了许多研究工作，研究机构或大学也设立了许多系统生物学相关的研究单元，但是，我们缺乏系统生物学研究的整体布局和顶层设计；跨部门、跨机构、跨地区的整合及合作不够；各部门之间的系统生物学研究缺乏协调。从科研总体上来看，我国符合系统生物学研究规律的研究管理体制和运行机制尚未建立起来。

2. 从事多学科交叉的科研人员队伍薄弱，系统生物学研究的机制需要完善

在科研人员的设置上，我国大部分系统生物学研究机构中还存在人员学科组成单一的问题，有些机构偏重于生物学实验研究，有的则偏重与数据分析和计算等理论研究，缺乏系统生物学最需要的、整合了实验生物学和理论生物学研究方式的研究。此外，虽然我国建立了各种“组学”中心（如国家人类基因组南方研究中心和国家人类基因组北方研究中心），但是，由于“组学”研究中心的技术平台通常只是采用单一技术对单一类型生物分子进行分

析，缺乏对生物复杂系统内不同种类生物分子同时进行分析和整合的能力。

3. 缺乏系统生物学相关的大型生物学数据库，相关研究成果没有形成公共数据资源

系统生物学研究项目通常都会产生大量的研究数据。支撑系统生物学研究的基础是海量生物学数据。虽然在系统生物学相关数据库的建设方面，我国一些机构也分别建立了一系列数据库，但是缺少像美国GenBank这样国家级的大型公共数据库，从而很难得到科学界的广泛获取和共享。我国科研部门虽然支持了许多系统生物学的研究项目，但是却没有充分地注意收集这些在研究过程获取的海量研究数据并进行标准化，更没有进行相关的数据资源的整合与集成。

4. 我国研究人员独创的系统生物学相关的研究方法和技术匮乏

系统生物学的开展依赖于各种生物学试验技术和理论分析技术。国外的科研机构不仅重视把各种研究技术应用在系统生物学研究上，而且在科研方向设置上比较重视相关的技术和科研设施的开发，注重发展系统生物学的适宜技术和专门技术。而我国系统生物学研究基本上都是采用国外的研究方法和技术，无论在实验研究技术还是理论分析技术方面都缺乏独创性或者自主知识产权。此外，我国还缺乏国家级系统生物学研究基础设施。而这国家级的研究基础设施不仅能够对我国系统生物学研究提供技术支撑和技术服务，而且能够建立相关的技术规范和数据标准。

第五节　对我国系统生物学领域未来发展的建议

1. 加强生命活动的定量化研究

为了完整地、深入地理解生命复杂系统，系统生物学除了重视规模化实验方法以外，还需要大力开展定量化实验研究和理论分析。因此，系统生物学未来的一个重要工作是：把规模化研究思路和定量化方法进行结合，对生命活动的分子机制进行整体的、动态的描述（如基因调控和蛋白质行为、代谢调控的分子动力学过程等），从而研究真正“活”的生命。此外，生命系统各种分子之间不是独立作用的，在各个“组”之间存在着广泛的相互作用和相互调控，构成生命活动的复杂网络和动态平衡。系统生物学

的重要任务就是发展整合这些组学研究模式和海量数据，通过不同层次和不同种类系统构件之间的信息的定量分析，阐明生命复杂系统及其调控模式。

2. 提升生命科学研究的理论分析能力

系统生物学的理想就是要得到一个尽可能接近真正生物复杂系统的理论模型，建模过程贯穿在系统生物学研究的每一个阶段。离开了数学和计算机科学，就不会有真正的系统生物学。值得强调的是，在系统生物学研究中，生物信息学和计算生物学的研究和应用不仅可以分析、挖掘海量数据，更有可能提出新的理论模型和作用模式，实现生命科学研究的突破。因此，系统生物学不是一个单纯的数据驱动的发现的科学，而是一个由数据和假设共同驱动的科学。因此，要大力发展系统生物学的基本原理和理论分析能力，推动生命科学研究从纯粹实验科学向理论科学转变。

3. 发展系统生物学相关研究技术

系统生物学是一门技术驱动的学科。首先要大力发展各种组学研究技术，包括第二代高通量测序技术和第三代单分子测序技术、蛋白质组定量和修饰分析技术、代谢组定量分析技术等。此外，还要发展用于生物系统功能研究的各种高通量表型分析技术、分子影像技术、单分子操纵和分析技术。更重要的是，为了开展海量生物学数据的分析和生物系统理论建模研究，需要大力发展高性能计算技术，发展能够整合和分析不同组学数据的新型算法和软件，发展适用于分析复杂网络结构及其动力学特征的数学理论和方法，发展组学数据与临床相关数据相结合的技术和方法。

4. 加强生物学数据库和生物医学数据库建设

系统生物学研究的开展离不开各种生物学数据库的支持，同时系统生物学的研究工作也常常会产生海量生物学数据。未来的系统生物学乃至整个生命科学都将建立在信息化的基础上。我国目前的生物学数据库基础比较薄弱，急需加强建设。需要建立大型、有国际影响的综合或专门生物数据库，开发具有特色功能的大型生物学数据库、分析平台和搜索引擎；建立多个物种的基因组学、蛋白质组学等各种组学数据库系统及其相应通用数据标准。此外，还需要建立国家级的健康医学和临床医学数据库，发展能够将生物学数据库和医学数据库对接的软件和整合技术平台，从而为开展基于系统生物学的转化型研究提供技术支持和数据保障。

5. 加强针对系统生物学的多学科人才队伍建设

系统生物学的核心是生命科学与数理化和其他学科的交叉，其研究工作成功的保证是要有一支由不同学科研究人员紧密互动和合作的团队。尽管我国科学界已经意识到了学科交叉的重要性，但是在学科交叉的人才培养方面还是比较薄弱。不仅需要大力加强各高校对系统生物学的人才培养工作，而且从事系统生物学研究的相关研究机构也应该加强系统生物学的普及和培训工作并加强相关的人才队伍建设。

6. 构建基于系统生物学研究设施的转化医学研究平台

当前，转化医学已经成为临床研究的主要发展趋势。在转化医学的研究过程中，以系统生物学的高通量、规模化关键技术和大型仪器/设备为核心的大科学研究设施是重要的技术保障平台。为适应转化医学研究的要求，需要大力加强我国系统生物学研究设施建设，并在此基础上整合相关的临床研究的资源。通过这一创新性举措，构筑起有中国特色的基于"大科学"的转化医学研究平台，从而增强我国的医学创新能力。

7. 促进系统生物学与中医药物研究的结合

在以系统生物学为代表的后基因组时代，我国传统中医药理论迎来了新的发展机遇。一方面，从某种的意义上说，系统生物学的基本思路与中医整体观相一致。因此，我们需要在系统生物学的理论基础上推进中医药学的现代化，发展中医药学的理论研究。另一方面，中医使用复方药物治疗疾病，即将含有众多化学小分子成分的多味天然药材组成复合方剂，然后应用这个复杂的药物体系来对付生物系统的多种分子靶标，以达到控制复杂性疾病的目的。由此，应该充分发挥系统生物学技术的特点，开展中药复方的药理机制的定性和定量研究，从而使系统生物学的理论和技术成为中药复方现代化的重要理论基础和研究工具。

参考文献

中国科学院人口健康领域战略研究组．2009. 中国至 2050 年人口健康科技发展路线图．北京：科学出版社．

Erika C H. 2010. Life is complicated. Nature，464：664-667.

Gilman A，et al. 2002. Overview of the alliance for cellular signaling. Nature，420：703-706.

Hopkins A L. 2008. Network pharmacology：the next paradigm in drug discovery. Nature Chem Biol，4：682-690.

Macilwain C. 2011. Systems biology：evolving into the mainstream. Cell，144：839-841.

Paolini G V，et al. 2006. Global mapping of pharmacological space. Nature Biotech，24：805-815.

The ENCODE Project Consortium. 2007. Identification and analysis of functional elements in 1% of the human genome by the E pilot project. Nature，447：799-816.

第二章

合成生物学领域发展态势

第一节　合成生物学总体发展态势

一、合成生物学的概念与内涵

合成生物学（synthetic biology）是一门涉及生物学、工程学、物理学、化学及计算机科学等的交叉学科，目前尚无统一的定义。2009 年 12 月，《自然·生物技术》（*Nature Biotechnology*）在其专辑中就合成生物学的定义发表了 20 位专家的看法，例如，美国加利福尼亚大学伯克利分校的 Jay Keasling 认为，合成生物学正在用“生物学”进行工程化，就像用“物理学”进行“电子工程”，用“化学”进行“化学工程”一样。欧盟“第六研发框架计划”（FP6）的新兴工程科技专家组指出，合成生物学就是生物学工程，是将工程学的思想应用到生物结构的各个层次，从单个分子到整个细胞、组织以及生物有机体，合成自然界尚不存在的具有新功能的复杂生物系统。英国皇家工程院则认为，合成生物学旨在设计和构建生物部件、装置与系统，并重新设计现有的天然生物系统。“合成生物学组织”网站上的定义是，合成生物学包括两条路线：新的生物部件、装置和系统的设计与建造；对现有的、天然的生物系统的重新设计。

2010 年，美国生物伦理委员会的报告汇总了科学家的讨论后指出：合成生物学是一门科学，其依赖于化学合成的 DNA，通过标准化和自动化过程，创造具有全新的或增强了特征或性能的生物体，以满足人类的需要。

合成生物学的特点在于工程学思想与生物学研究的充分融合。它遵循工程设计的原理：将标准化—设计—建模/模拟—实施—测试的工程学思想核心引入生物系统的设计与构建中。合成生物学的基本出发点之一是将复杂的生命系统拆分为各个功能元件，通过对生物元件（parts）进行标准化、模块化定义，以实现对生物元件的逐级组装（devices），直至构建一个新的功能系统（systems）（张柳燕等，2010），包括根据人类的意愿从头设计合成新的生命过程或生命体，以及对现有生物体进行重新设计。如果说系统生物学工具使人们可以最大限度地利用细胞的合成潜能，那么合成生物学的发展则可使人们利用与物理学方法类似的模块构建和组装形成新的生命有机体，从而人工设计新的高效生命系统。因此，合成生物学的核心是按照工程学的方法设计和改造生命系统，它具有三个基本要素：第一，采用从自然界分割出来的、经过人类表征鉴定，可被修饰、重组乃至设计创造的、标准的生物学元件；第二，依据基因组和系统生物学的知识，设计生物学网络乃至调控装置，对元件进行理性的重组、设计；第三，采用现代生物技术和相关物理、化学知识与技术，人工设计并建造优化的生物系统，乃至获得新的生命（生物体）。

二、合成生物学的发展历程

合成生物学一词最早出现在法国物理化学家斯特凡·勒迪克（Stephane Leduc）于1911年所著的《生命的机理》（*The Mechanism of Life*）一书中，但受限于当时的生物学研究和工程技术水平，合成生物学还仅仅是个概念。20世纪中期以来，基因组学、遗传学、分子生物学、细胞生物学、系统生物学等相关研究加深了人类对生命系统的认识，为合成生物学的发展提供了雄厚的知识储备（“认识生命”）；生物信息学、计算机科学为合成生物学的设计、建模与模拟提供了强有力的理论及技术支持（“设计生命”）；基因工程、代谢工程等技术工具和方法被应用于合成生物学对生物模块和生物系统的操作过程中，也为生物学与工程学的交叉综合奠定了基础。

1953年，沃森和克里克发现了DNA双螺旋结构，开启了分子生物学时代，使遗传学研究深入到分子水平，人们清楚地了解了遗传信息的构成和传递途径。此后，研究者从分子角度清晰地阐明了一个又一个的生命奥秘，并在此基础上发展了DNA重组技术。重组技术是生物学与工程学交叉融合的初次尝试，开辟了生命科学和生物技术的新领域。1972年，斯坦福大学的生物化学家保罗·伯格（Paul Berg）博士通过将噬菌体的DNA拼接到猿猴病毒SV40.1中，创建了首例重组DNA分子。两年后，科学家们又将外源

DNA 引入小鼠胚胎，创建了首例转基因哺乳动物。1978 年，诺贝尔生理学或医学奖颁给发现 DNA 限制性核酸内切酶的纳森斯（Daniel Nathans）、亚伯（Werner Arber）与史密斯（Hamilton Smith），《基因》（*Gene*）杂志就此评论道：限制酶技术将带领我们进入合成生物学的新时代。1980 年，Hobom B. 开始用合成生物学的概念来表述基因重组技术。

此后，聚合酶链式反应（PCR）技术快速发展，成为生物学研究中的极为重要的工程技术，基因测序技术也由此得以进步。20 世纪 90 年代初，测序技术的发展和信息技术的引入，使 DNA 自动测序仪在人类基因组计划（HGP）中得到应用。随着大规模基因组测序技术和序列分析方法的成熟，生命科学研究进入基因组时代，大量的研究结果为合成生物学的产生奠定了基础（熊燕等，2011）。

国际人类基因组计划完成后，纳米技术越来越多地融入生命科学研究中，不仅进一步推动了生命科学研究的进步，也促进了工程学思想应用于生命科学研究。2000 年，Gardner 等（2000）在大肠杆菌中成功设计并构建了一个合成的双稳态基因调控网络，称为基因“拨动开关”（toggle switch）。同年，Elowitz 等（2000）构建出第一个合成的阻遏振荡器（repressilator），这两件事件标志着合成生物学的正式诞生。自此，合成生物学步入蓬勃发展时期。2002 年，美国纽约州立大学 Wimmer 带领的小组制造了历史上第一个人工合成的病毒——脊髓灰质炎病毒（poliovirus），开辟了利用已知基因组序列，不需要天然模板，从化学单体合成感染性病毒的道路（Cello，2002）。2004 年，合成生物学被美国麻省理工学院（MIT）出版的《技术评论》（*Technology Review*）评为“将改变世界的十大新技术之一”。自 2006 年起，合成生物学的发展进入了新阶段，研究主流从单一生物部件的设计，快速发展到对多种基本部件和模块进行整合。研究人员通过设计多部件之间的协调运作建立复杂的系统，并对代谢网络流量进行精细调控从而构建人工细胞来实现药物、功能材料与能源替代品的大规模生产。2010 年 5 月，Gibson 等（2010）宣布成功创造了世界上首个人造生命 JCVI-syn1.0，即人工合成的 1.08 Mbp 蕈状支原体（*Mycoplasma mycoides*）基因组在山羊支原体（*Mycoplasma capricolum*）细胞中成功表达，使这一新产生的生命能自我生长、繁殖，这是合成生物学发展史上的里程碑，标志着人工制造生命体的技术已进入了一个新的时代。2010 年 12 月，合成生物学被《科学》杂志评为十大科学突破之一。图 2-1 简要列出了 2000 年以来合成生物学领域的重大事件。

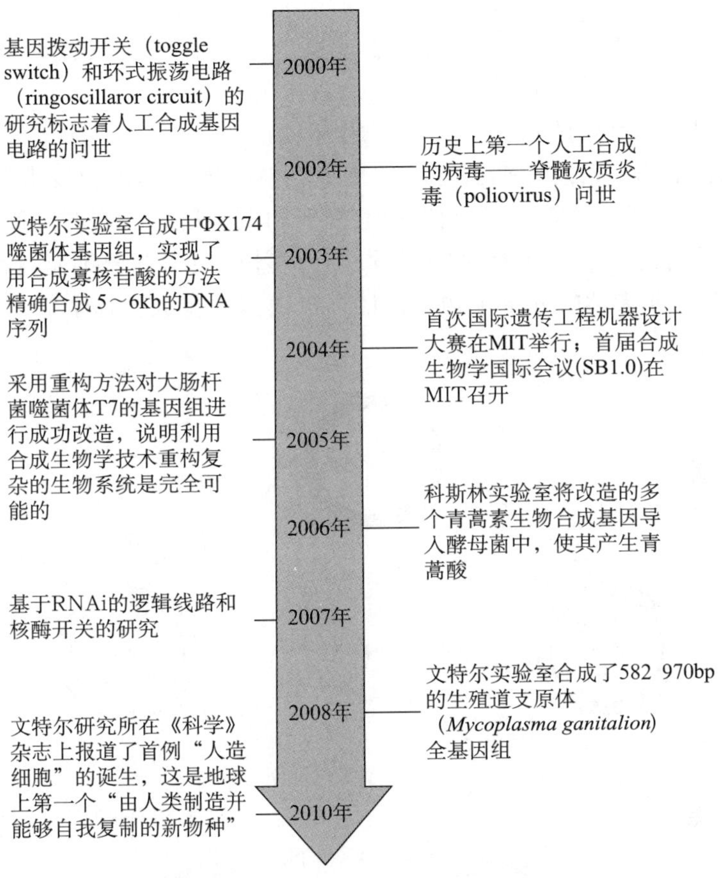

图 2-1　2000 年以来合成生物学领域的重大事件

三、合成生物学的研究策略与重点方向

合成生物学的研究基于工程化的策略，采用标准化的生物元件，构建通用型的生物学模块，在人工设计的指导下，构建具有特定新功能的人工生命系统。它将“自上而下”（top-down）和“自下而上”（bottom-up）的研究理念相结合。“自上而下”是在“组学”基础上建立的，对现有生物或基因序列进行重新设计，去掉不必要的零件，或取代或添加特定的零件，逐步缩减基因组的规模，构建简化或最小化基因组细胞。“自下而上”是指人们利用非生命组分作为原材料来构建生命系统。采用“自下而上”进行合成生物学研究的工作有很多，其中突出的工作是构建具有各种功能的标准元件、基因调控线路及装置等。

目前，合成生物学的研究主要朝两个方向发展。一个方向是设计、建造具有生物功能的组件，如生物分子或反应系统、生物装置和基因网络、多组件组成的功能单位及其更高级复杂系统的组装等。另一个方向是开发建立生物制造所需要的技术，如基因组合成技术、生物功能组件的分析与测试技术、生物体信息的捕获与处理技术、系统模拟与控制技术等。但是，无论是哪一个方向，都需要基础理论的创新和工程技术的创新。目前，合成生物学的研究途径主要包括生物工程、合成基因组学、原细胞（protocell）合成生物学、非天然的分子生物学、计算机模拟的合成生物学等，其相互关系见图 2-2。

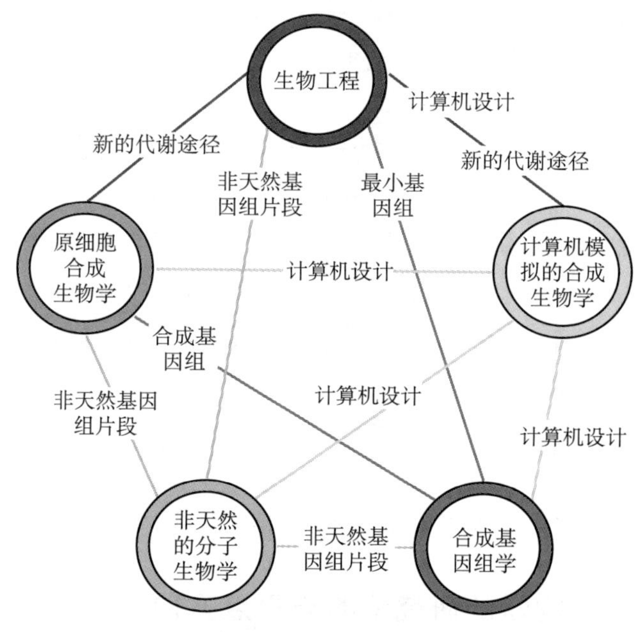

图 2-2 合成生物学研究途径间的相互关系

德国研究基金会（DFG）、德国科学与工程学院，以及德国 Leopoldina 科学院在 2009 年联合发布的报告中指出，目前合成生物学研究的重要方向主要包括：①核酸的合成与分析技术；②通过合成或缩减基因组构建最小细胞（minimal cells）；合成具有活细胞特性的原细胞；通过对单个的代谢功能进行模块化组装生产新型生物分子；构建对外部刺激进行响应的监控线路（circuits）；设计“正交系统”（orthogonal systems），改良细胞体系，生产新型生物聚合物等。

第二节 国际合成生物学发展现状

近年来，合成生物学在医药、能源、环境、农业等方面所展现的巨大应用前景已引起欧美国家和地区的高度重视。美国、英国、德国等发达国家纷纷制订各种发展规划，建立相关研发机构，投入巨资，有组织、有计划地开展合成生物学研究，以抢占合成生物学研究和发展的先机。据美国伍德罗·威尔逊国际学者中心（Woodrow Wilson International Center for Scholars）2010 年 6 月发布的调查报告显示，2005 年以来，美国已投入约 43 亿美元资助合成生物学相关研究；欧盟委员会及 3 个欧洲国家（德国、英国、荷兰）资助合成生物学研究的经费也达 16 亿美元（图 2-3）。

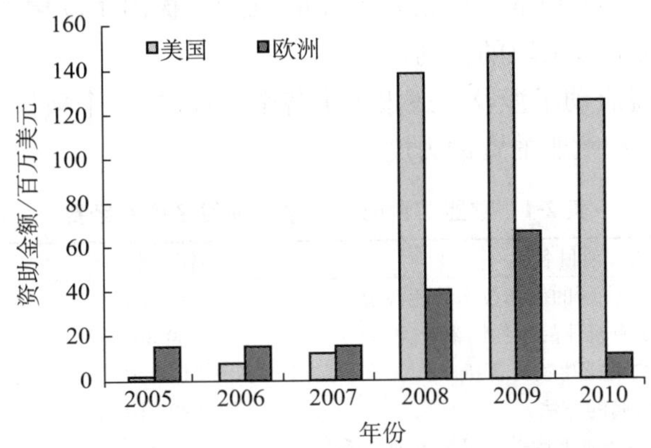

图 2-3 2005～2010 年，美国和欧洲对合成生物学相关研究的资助情况
（欧洲仅包含欧盟及德国、英国、荷兰 3 个国家）

资料来源：Synthetic Biology Project. 2010. http：//www. synbioproject. org/library/publication/archive/researchfunding/

一、国际合成生物学研究计划和项目

国际人类基因组计划完成后，美国能源部启动了“从基因组到生命”计划，其中就设立了“合成基因组研究项目”，包括“从可编程的 DNA 微芯片进行精确的、低成本的基因合成”、“构建一个合成的基因组”等研究。

欧洲方面，欧盟委员会在“第六研发框架计划”中发布了《合成生物学——将工程应用于生物学》的项目报告（European Commission，2005），并于 2007 年启动了“合成生物学——新出现的科学技术”先导项目共 18 项

(European Commission，2007)；英国生物技术与生物科学理事会（BBSRC）在2008年就将合成生物学列为优先资助的研究领域。2009年6月，英国皇家工程院发布《合成生物学：范围、应用和意义》报告，对合成生物学的基础技术、发展现状进行了综述，对未来5年、10年、25年的应用及其对技术、经济和社会的影响进行了展望，明确了若干关键的政策问题（The Royal Academy of Engineering，2009）。

1. 欧盟"合成生物学"计划

2005年，欧盟在"第六研发框架计划"中发表了《合成生物学——将工程应用于生物学》的报告。该报告提供了合成生物学清晰的定义及范围；展望了合成生物学未来10～15年在生物医药、小分子药物的体内合成、生命化学的拓展、可持续的化学工业、环境与能源、智能材料及生物材料等方面的前景，分析了合成生物学的回报及存在的风险，提出了欧盟在研究、支撑条件和教育等方面应该采取的行动。

2007年欧盟启动了涉及上述报告中各个方面的18个项目。表2-1是项目名称、所需经费和欧盟的资助力度。

表2-1　欧盟"合成生物学"项目名称及经费　（单位：欧元）

项目名称	所需经费	资助力度
Biomodular H2：能产生新的生物技术的能源项目	2 482 622	1 998 495
与计算机配套的生物有机体的生物纳米开关	2 680 380.72	1 992 609.80
Cell Comput：在体内制造生物计算机	1 716 480	1 716 480
COBIO：解决疑难疾病的方法	2 582 710	2 064 275
EMERGENCE：协调合成生物学发展的各种关系	1 520 234	1 500 000
EUROBIOSYN：生产糖类的最佳方法	2 742 200	1 260 300
FuSyMEM：模仿天然细胞膜合成实用的人造膜	1 400 000	1 400 000
HIBLIB：又快又简单地生产单克隆抗体	3 585 820	1 999 525
NANOMOT：根据人类的要求改造天然的纳米发动机	2 400 660	2 250 000
NEONUCLEI：合成细胞核类似物	2 464 667	1 949 000
NETSENSOR：为检测和防御癌症，联合基因研究	1 989 840	1 320 320
ORTHOSOME：人造核酸，调控微生物遗传工程	1 587 901	982 829
PROBACTYS：设计细菌催化剂的过程	2 541 200	1 900 000
SYNBIOCOMM：打破未来的学科界限	264 600	264 600
SYNBIOLOGY：欧洲对合成生物学的观点	226 200	226 200
SYNBIOSAFE：合成生物的安全和伦理	245 153	236 002
SYNTHCELLS：最简化的生命，揭示生命的本质	1 804 678	1 420 739
TESSY：欧洲合成生物学的基础建设	232 208	232 208

2. 欧洲分子生物学组织合成生物学发展路线图

2009 年 7 月 27 日，欧洲分子生物学组织（European Molecular Biology Organization）发布了《发展合成生物学——欧洲合成生物学发展战略》（Silylle et al.，2009）的报告。报告概述了欧洲合成生物学的发展现状，介绍了欧洲发展合成生物学的路线图（图 2-4）。路线图清晰地揭示了合成生物学基础技术的科学发展和里程碑式的研究过程，例如，高通量分析和合成方法等的发展年表等。

3. 欧盟“第七研发框架计划”中所包含的合成生物学相关主题

2010 年 12 月 15 日，欧盟委员会公布的“第七研发框架计划”（FP7）2011 年“食品、农业、渔业和生物技术”主题工作计划，在“生物技术新兴发展趋势”主题中规划了 6 项新兴生物技术项目，其中包括 4 项合成生物学相关研究项目（表 2-2）。

表 2-2　FP7 2011 年工作计划中的合成生物学项目

项目名称	资助经费要求	预期影响
合成生物学标准化	欧盟资助不超过 600 万欧元	为合成生物学的标准、使用和应用创造一个适当的国际对话平台。工业伙伴尤其是中小企业的积极参与将带来重要影响
合成生物学原理在细胞工厂概念中的应用	欧盟资助不超过 300 万欧元	通过有针对性地设计和构建人造微生物，开发工程化生物学系统，在欧洲工业生物技术应用方面具有巨大潜力，可以应用到蛋白设计和生产、代谢工厂、碳固定、生物质生产、生物催化、生物燃料和生物治理等多个领域
确保合成生物学应用安全	欧盟资助不超过 100 万欧元	提高欧盟合成生物学的伦理学接受度，促进此项技术的长期高效开发
合成生物学-欧洲研究领域-网络（ERA-NET）	申请者需遵照欧盟委员会科学与新技术领域伦理学研究小组的第 25 号意见——合成生物学的伦理学	此主题项目旨在加强欧盟和参与国家研究活动的整合，巩固合成生物学领域的合作基础，以协同的方式探索研究活动的资助和实施过程中国家活动和集中资源之间的互补性

资料来源：European Commission，2011

4. 英国-欧盟合成生物学工程项目

2010 年 5 月 19 日，英国生物技术与生物科学研究理事会（BBSRC）公布了 4 个合成生物学新项目，旨在开发一些新的生物学方法，为抗生素生产、新药研制和细胞生物学的新技术开发等提供新的途径。这些项目是通过 BBSRC 与英国工程和物理科学研究理事会（Engineering and Physical Sciences

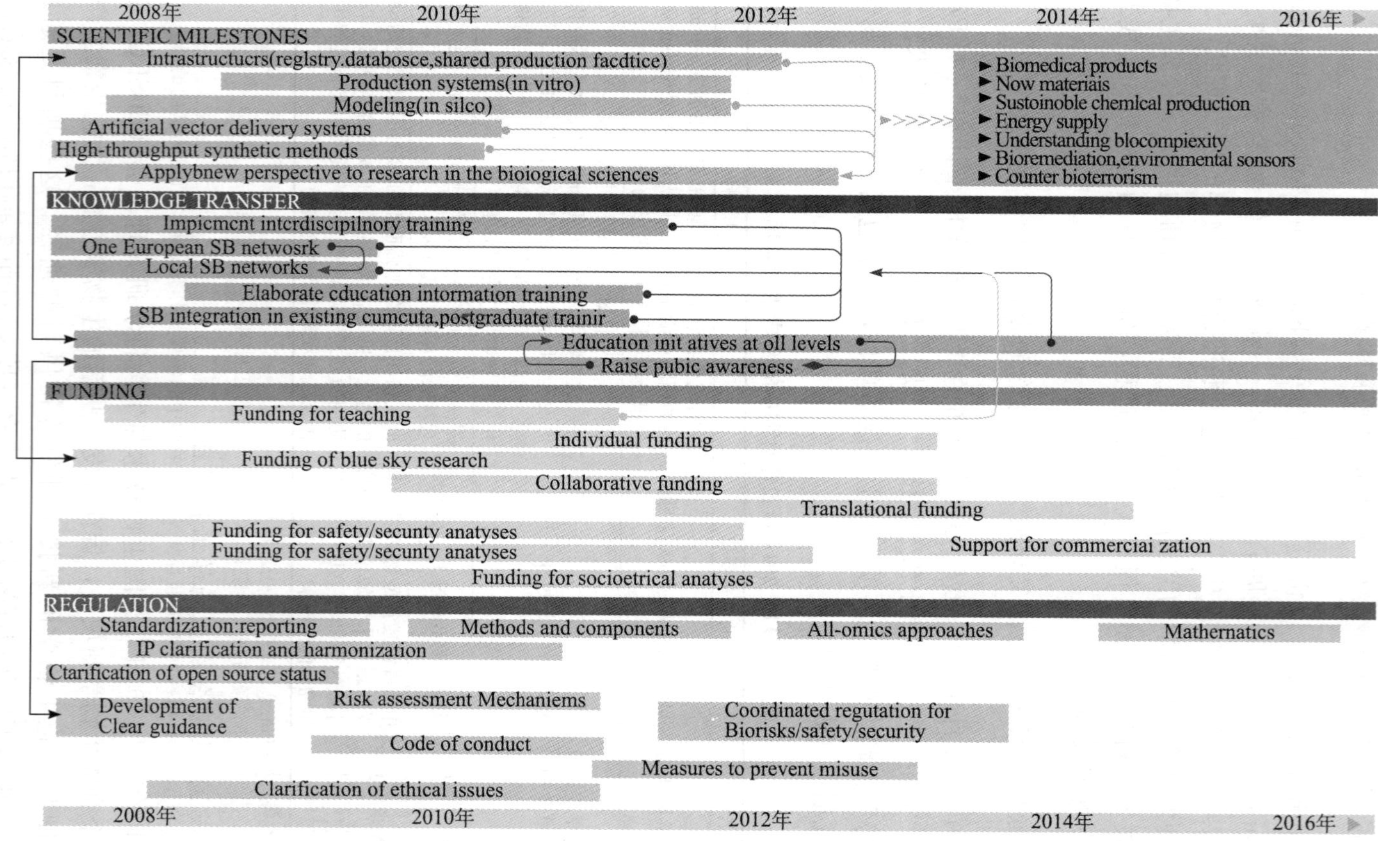

图2-4 欧洲合成生物学路线图

资料来源：Silylle et al.,2009

Research Council，EPSRC）在欧洲科学基金会欧洲合作研究框架（EUROCORES）的子项目 EuroSYNBIO 来资助的，资助金额总计 150 万英镑。研究团队主要由来自英国和欧洲其他地区的科研人员组成。他们将利用合成生物学方法设计具有生物工程学特性的系统，或利用工程学方法研究复杂的生物学进程。除了上述 4 个项目，EuroSYNBIO 项目还资助了一个合作项目，该项目由挪威科技工业研究院（SINTEF）领导，已经有 5 个欧洲资助机构对其进行了投资。

5. 美国科学院合成生物学相关项目

2010 年 5 月 3 日，美国国家科学院“Keck 未来计划”（Keck Futures Initiative）宣布最新一轮未来基金（Futures Grants）的资助项目。获得资助的 13 个研究项目（表 2-3）代表了第七届 Keck 未来计划年度会议的议题——合成生物学研究中的各种方法。

表 2-3 美国国家科学院未来基金资助合成生物学相关项目

项目负责机构	参与机构	项目名称
布朗大学	美国国家航空航天局（NASA）艾姆斯研究中心；美国布朗大学	合成生物学在 NASA 任务中的潜在作用
华盛顿大学	霍华德休斯医学研究所和科罗拉多大学博尔德分校	功能宏基因组学—利用宏基因组扩增技术从超低容量样本中发现酶的新功能
哈佛大学	麻省理工学院；威斯康星大学	利用纸层（layers of paper）生产人造微生物菌落：一种研究细胞间通信过程和促进基础研究间的合作并实现科学进教室的简单新方法
斯坦福大学		利用趋旋光性原理研究光驱动组织细胞群体
西北大学	范德比尔特医学院	用于药物发现与生命合成的核糖体合成
西北大学	伦斯勒理工学院	开发新型平台，用于微生物跨界通信（inter-kingdom communication）的工程设计
加州大学		iGEM 项目：将合成生物学应用扩大到教育生物学领域
纽约州立大学	橡树岭国家实验室	能生产生物燃料的基于蛋白的细胞器合成
加州理工学院	Ginkgo BioWorks 公司；麻省理工学院；华盛顿大学	CAGEN：遗传工程网络竞争力的评估
埃默里大学	美国疾病预防与控制中心（CDC）	合成生物学中的实验操作伦理和以社区为基础的参与研究训练计划
耶鲁大学	南加利福尼亚大学	哺乳动物活细胞内功能环境设计
科罗拉多大学博尔德分校	斯坦福大学	通过合理设计和定向演化的方法进行膜蛋白抑制剂工程学研究
伊利诺伊大学		利用合成生物学方法在基因组内寻找新型天然产物

资料来源：National Academy of Sciences，2010

二、国际合成生物学的主要研究机构

2006年，美国国家科学基金会（NSF）投入2000万美元资助建立了合成生物学工程研究中心。另外，基因组研究所（TIGR）、先进基因组学研究中心（TCAG）、克雷格·文特尔科学基金会、联合技术中心和生物替代能源研究所（IBEA）等机构也于2006年组建了克雷格·文特尔研究所（JCVI）。2008年12月，英国成立合成生物学与创新研究中心；德国马普学会也在2010年1月成立了“合成微生物学研究中心”。下面仅对其中几个研究机构作简要介绍。

1. 美国合成生物学工程研究中心

美国NSF投入2000万美元资助建立的合成生物学工程研究中心（Synthetic Biology Engineering Research Center，SynBERC）由加利福尼亚大学伯克利分校、哈佛大学、麻省理工学院、加利福尼亚大学旧金山分校等共同组建。SynBERC是NSF联合美国各大学、与产业保持紧密联系的工程研究中心。它汇聚了美国合成生物学顶级研究机构的生命科学领域的科学家和工程师，目标是构建生物元件，并组装成可完成一些特定任务的综合系统，从而发展基础知识和开发技术，培训一批合成生物学的工程师，并对公众进行有关合成生物学的利益和潜在风险的教育。

SynBERC希望通过把其他工程领域的概念引入生物领域，实现从生物学到工程学的转变，包括通过标准连接随时获得现成的元件和设备，在底盘上可以组装元件和设备并为装置提供能量，标准化的基本元件能够随时整合成为大型的功能系统等。这些技术的发展将使生物工程更加容易和更具预见性。

2. 英国合成生物学与创新研究中心

2008年12月22日，在EPSRC提供的800万英镑资金的资助下，伦敦帝国理工学院（Imperial College London）和伦敦政治经济学院（London School of Economics and Political Science，LSE）共同建立了英国合成生物学与创新研究中心（Centre for Synthetic Biology and Innovation）。该中心的工程人员将与分子生物学家们合作，通过DNA修饰操作、生产生物元件，并将这些元件组装成生物学装置，用于疾病的早期诊断或抵抗有害细菌的感染。中心在全球范围内招募人才，开展合作研究，开发并转让知识产权，并通过建立子公司，在新型产业的催化过程中发挥重要作用。

3. 克雷格·文特尔研究所

克雷格·文特尔研究所（J. Craig Venter Institute，JCVI）建立于2006年10月，通过合并几个附属机构和分公司组建而成。目前，JCVI已发展成为一个大型的、多学科的、以基因组学为重点的研究机构，拥有400名科学家和工作人员，超过250 000平方英尺①的实验场地，以及位于洛克维尔、马里兰州和加利福尼亚州圣地亚哥的多个基地。JCVI主要致力于人类、微生物、植物和环境基因组学的研究，以及合成生物学、生物能源、生物信息学和软件工程的研发，通过基因组学的研究寻找替代能源，并对基因组学引起的社会和道德问题进行探讨。

4. 杰伊·科斯林实验室

2003年7月，加利福尼亚大学伯克利分校建立了世界上首个合成生物学研究机构——杰伊·科斯林（J. Keasling）实验室，其目标是了解和设计生物系统及其组成，以应对自然发生机制不能解决的一系列问题。目前，领导这一团队的是加利福尼亚大学伯克利分校劳伦斯·伯克利国家实验室的教授杰伊·科斯林。

Keasling的实验室在生产青蒿二烯的研究堪称合成生物学应用到医药领域的典范。2003年，该实验室在大肠杆菌中成功构建了崭新的青蒿二烯合成途径，使青蒿二烯的产量达到122毫克/升。2006年，该实验室又以酵母菌为宿主，通过基因优化等，将青蒿二烯产量稳步提高到153毫克/升。在此基础上，研究人员又设计了人工蛋白支架，对大肠杆菌内已构建的模块进行优化，使其产量达到740毫克/升。随后，通过以金黄色葡萄球菌中的相关酶基因代替大肠杆菌的 *HMGS* 及 *tHMGR* 基因，青蒿二烯最终产量达到27.4克/升（Tsuruta et al.,2009），显著降低了青蒿酸的合成成本，为治疗疟疾做出了卓越贡献。此外，该实验室在生物燃料研究上也具有众多研究成果。2010年，Steen等（2010）成功地在大肠杆菌中实现了多功能模块集成，使大肠杆菌能同时合成脂肪酸酯、脂肪醇，并能利用五碳糖为底物，非常有利于降低生物柴油生产成本。

三、国际合成生物学主要研究进展

近几年来，合成生物学以空前的方式在基础和应用研究、技术方法等方

① 1平方英尺≈0.093平方米

面取得很大的进展。下文仅对合成生物学在 DNA 合成，基因线路，最小基因组研究、基因组的设计、合成与组装等方面的主要进展作简要介绍。

1. DNA 合成

DNA 合成技术是支撑合成生物学发展的重要技术之一，其在基因及调控元件的合成、基因线路和生物合成途径的重新设计组装，以及基因组的人工合成等方面都具有重要的应用。1970 年，Agarwal 等首次用化学方法人工合成含有 77 个核苷酸对的酵母丙氨酸结构基因。此后，DNA 合成技术获得了快速的发展。21 世纪以来，基因组测序和 DNA 从头合成技术取得了里程碑性的突破。更为重要的是，利用可编程的 DNA 微芯片，可实现精确的多通道基因合成，从而可在短时间内合成大的 DNA 片段，而且错误率很低，使 DNA 的合成成本大大降低。2010 年 12 月，哈佛大学的 George Church 的研究团队利用高通量焦磷酸测序技术进行识别，并对经过验证的 DNA 进行检索，从而可进行高保真度基因合成。在此基础上，利用取自高保真微阵列 DNA 库的选择性扩增，可以进行可扩展的基因合成，可使合成一个核苷酸的成本低于 1 美分（Matzas et al.，2010）。

2. 基因线路

基因线路（gene circuit）是合成生物学的重要组成部分。由各种调节元件和被调节的基因组合成的遗传装置（genetic device），在给定条件下可调、可定时、定量地表达基因产物。利用转录水平、转录后水平等的控制机制，可以合理组合转录基元、基础基因线路、基因模块的拓扑结构。这些研究不仅可更深入了解生命的构成方式和调控原理，还可设计具有所需功能的基因元件，进而构建合成生物系统。另外，基因线路的研究也是进行生物分子计算的基础。迄今为止，合成生物学家已经构建了具有各种功能的基因线路，主要包括反馈器和开关、逻辑门（logicgate）、基因振荡器、计数器和通用性的 RNA 元件等（赵学明等，2011）。

2008 年，Stricker 等在大肠杆菌中构建了一个可快速持续振荡的具有鲁棒性（robustness）的基因振荡器，在其控制下，几乎所有的细胞都展现出大振幅的荧光振动（Stricker et al.，2008）。2009 年，Tigges 等合成了一种可调的哺乳动物细胞振荡器，首次在哺乳动物细胞中实现了对基因表达的周期性控制（Tigges et al.，2009）。Culler 等构建了一种可以感应细胞内特定蛋白质浓度而调节基因表达水平的 RNA 元件（Culler et al.，2010）。为了展示这些元件的应用潜力，他们将该元件作为预先编程的基因调控系统，植入细胞内来检测与疾病相关的蛋白质信号分子，使细胞可以根据蛋白质信号分子的浓度，自动调节治疗基因的表达。通过特定的 RNA 元件，对细胞中天然的基因表达调节网络进行重新接线，从而赋予细胞新的行为或控制细胞的行为，这在细胞天然途径和网络的改造中具有极大的应用价值。

3. 最小基因组

基因组的适度精简，可使细胞代谢途径得以优化，改善细胞对底物、能量的利用效率，大大提高细胞生理性能的预测性和可控性。最小基因组（minimal genome）是基于一种理想假设，即假设细胞在能维持正常生命功能的前提下所含有一套数量最少的基因集合。最小基因组研究的核心是确定基因对于维持细胞正常生命活动的必需性。用于研究必需基因的方法主要有比较基因组学、大规模基因失活实验和基于代谢网络的预测方法等。1995 年，生殖道支原体全基因组测序完成，这种支原体拥有自然界自由生长的微生物中最小的基因组，长度只有 580 kbp，编码约 480 个基因。这激发了众多研究者去进一步探索可以维持一个细胞正常生存的最小基因组。同时，科学家们也期望从最小基因组和最小细胞的研究中探索生命进化和起源的奥秘。截至目前，关于支原体、大肠杆菌、枯草芽孢杆菌、谷氨酸棒杆菌、酿酒酵母等模式生物最小化基因组的研究已相继报道。其中，有关大肠杆菌的研究工作相对较多。

在基因组精简研究方面，目前的研究方法主要有基于自杀质粒的同源重组方法、基于线性 DNA 的同源重组方法、基于位点特异性重组酶的方法和基于转座子的方法。Kobayashi（2003）等根据前人的研究及预测，并结合单基因敲除试验，最终确定 271 个基因是枯草芽孢杆菌在丰富培养环境生长所必需的；在必需基因中，功能未知的基因占 4%。该项工作为基因组简化的研究奠定了基础。关于酿酒酵母、粟酒裂殖酵母基因组简化研究相对较少。2006 年，《科学》杂志发表了大肠杆菌基因组工程的研究。该研究依据必需基因及非必需基因等指导原则，对基因组精确删除 15%以上，结果使菌种电转化效率提高、稳定性增强。2008 年，日本花王公司发表了枯草芽孢杆菌基因组工程的研究工作：通过合理设计删除了 20%的基因，结果增强了重组蛋白的生产能力。同年，日本协和发酵公司发表了利用基因组简化的大肠杆菌生产 *L*-苏氨酸的研究工作：与野生大肠杆菌相比，利用基因组敲除约 25%的大肠杆菌作为宿主菌使 *L*-苏氨酸的产量增加了 2.4 倍，菌体最终密度比野生菌高 1.5 倍，且菌体生长速度无明显变化。Sugiyama 等通过软件分析，排除了已知必需基因及某些因删除可能致死或有不利性状的基因，利用 PCR 介导染色体分裂技术，经过多步操作敲除了酿酒酵母染色体目标片段区域，获得了缺失 5%（531.5 kbp）的基因组简化菌株。

4. 基因组的合成与组装

多年来，JCVI 的研究团队一直在进行合成基因组的工作。早在 1995 年，在文特尔（J. Craig Venter）的领导下，其团队成功完成了对流感嗜血菌（*Hemophilus influenzae*）和生殖道支原体的基因图谱和生殖道支原体的全基因组的测序工作。事实上，生殖道支原体的基因组是迄今为止能够在实验室条件下生长的最小的基因组，也是自由生长的细胞中最小的基因组。于是，J. Craig Venter 团队萌生了制造一个最小细胞的想法，并开始了他们的合成基因组学的研究。2003 年，由合成的寡核苷酸，通过整个基因组组装，得到一个合成 ΦX174 噬菌体基因组（Smith et al.，2003）。2006 年，研究人员对具有最小基因组的生殖支原体进行了最小基因组必需基因的研究，为后来对基因组的操作奠定了基础（Glass et al.，2006）。2007 年，将蕈状支原体的整个基因组分离为“裸露”的 DNA 并将其移植到山羊支原体中，实现了在细菌中的基因组移植——将一种物种变为另一种物种（Lartigue et al.，2007）。2008 年，在酵母中得到完全的化学合成、组装、克隆的生殖道支原体基因组，这是第一个人工合成的细菌基因组（Gibson et al.，2008）。2009 年，为了进一步利用酵母中的细菌基因组来构建活的微生物细胞，JCVI 的研究人员实现了基因组从酵母到其他物种的高效转移，打通了人工合成细胞的最后一步。2010 年，他们报告了从数字化的基因组信息开始，设计、合成和组装了一个具有 1.08Mbp 的蕈状支原体基因组，将其移植进一个山羊支原体受体细胞，从而创造了一个仅由合成染色体控制的新的蕈状支原体细胞。新细胞内仅有的 DNA 具有预期设计合成的 DNA 序列的表型性质，有连续自我复制的能力。在“合成细胞”的过程中，研究人员先后攻克了三大技术难关：①以化学合成的方式从头合成，并自组装成一个完整的基因组；②细胞间全基因组移植（包括原核细胞间，以及原核细胞与真核细胞之间），使受体细胞完全由植入的天然基因组所控制；③将化学合成的基因组移植入受体细胞中，并由植入的合成基因组控制细胞的生命活动。

为了特定目的而对全基因组进行遗传改造是合成生物学研究的重要工作，其中包括：遗传系统设计、遗传材料的合成、启动所设计的遗传操作系统以使整个基因组运行、调试检查和排除障碍等步骤。2005 年，MIT 的生物工程学家德鲁·恩迪（Drew Endy）课题组采用重构方法对大肠杆菌噬菌体 T7 的基因组进行改造，在不改变基因组外部功能的基础上，去除基因重叠。重构的噬菌体 T7.1 成功地存活下来，说明利用合成生物学的技术重构复杂进化的生物系统是完全可能的（Chan et al.，2005）。2009 年，丘奇研究组开发了一种大尺度修改和进化细胞基因组的多元自动化基因组工程（MAGE）技术。该技术将大量人工合成的具有各种突变的单链 DNA 库导入宿主细胞进行重组，可以快速高效地得到各种突变株（Wang et al.，2009）。虽然该技术目前只能应用于大肠杆菌，但它使得快速高效地在全基因尺度上对菌株的基因组序列进行设计和修饰成为可能，并极大地加快了细胞优化的进程。

合成生物学未来可能将在以下几个方面取得重要进展。

（1）在高通量、低成本、高保真的 DNA 合成技术基础上，进一步发展 DNA 片段的拼接、染色体的改造和重建技术。

（2）更多的合成生物学元件及模块会得到表征及标准化，更复杂、更精细的合成基因线路会在原核生物及真核生物中得以应用。

（3）“合成细胞”会进一步发展。在原有基因组基础上，通过增加或减少基因组的组成，了解新“合成细胞”的功能，为将来真正“自下而上”从头设计生命奠定基础，并促进对生命本能，生命起源、进化，以及组织发育、形态建成等自然规律的认识。

（4）在合成生物学思想的指导下，针对人类面临的环境、资源、能源、人口健康等问题，将有可能人工设计构建的高效生命系统，克服生物燃料发展的技术瓶颈，模拟乃至设计出更简单、高效的生物过程，合成出更多的有机化工产品。

第三节　我国合成生物学发展现状

合成生物学的兴起，在中国的科技界迅速引起反响，也引起了社会各界的广泛重视。2008 年 2 月，在天津大学张春霆院士、中国科学院微生物研究所魏江春院士和清华大学孙之荣教授主持下召开了以“合成生物学”为主题的第 322 次香山科学会议，来自国内外的 40 多位专家就“重塑生命”的相关话题展开了热烈讨论。2009 年 12 月，上海交通大学与中国科学院上海生命科学研究院合作承办了东方科技论坛“合成生物学基础前沿问题”研讨会，与会专家围绕合成生物学基础前沿问题的中心议题开展了热烈、深入的讨论。与会专家提出了很多真知灼见，在合成生物学的发展趋势、我国合成生物学发展框架建议等方面达成了多项共识。2010 年 7 月，在中国科学技术协会的支持下，中国科学院北京生命科学研究院在苏州组织召开了“合成生物学的伦理问题与生物安全”学术研讨会。中国科学家参与了中国、英国、美国三国六院（科学院和工程院）合成生物学系列研讨会，并由中国科学院和中国工程院在上海举办了第二届研讨会。

一、我国合成生物学研究主要计划和项目

2009 年 6 月，中国科学院在《创新 2050：科技革命与中国的未来》系列报告中提出了影响我国现代化进程的 22 个战略性科技问题，“人造生命和合成生物学”即是其中之一。2010 年 2 月 26 日，时任中国科学院院长路甬祥在全国人大常委会专题学习会的报告中也指出，一些重要的基本科学也正孕育着重大突破……合成生物学的出现打开了从非生命的物质向人造生命转化的大门，为探索生命起源和进化开辟了新途径。

目前，我国合成生物学的研发经费主要是通过“863”计划、“973”计划项目和国家自然科学基金委员会金等资助。例如，2008 年，新一代工业生物技术被列入科技部“863”计划的生物和医药技术领域中，工业酶技术获得重点支持。

2010 年 10 月，科技部对合成生物学研究进行具体部署，将合成生物学列入“973”计划重大科学问题之一，先后设立了“人工合成细胞工厂”、“新功能人造生物器件的构建与集成”和“微生物药物创新与优产的人工合成体系”等重大研究项目。

二、我国主要的合成生物学研究机构

近年来，我国一些科研单位和高校已经相继成立了合成生物学的相关研究机构。例如，天津大学与爱丁堡大学合作建立的系统生物学与合成生物学联合研究中心、中国科学院成立的合成生物学重点实验室、清华大学成立的合成与系统生物学研究中心，军事医学科学院成立的合成生物学与生物信息学研究室，上海交通大学成立的分子酶学和合成生物学研究室，等等。下文仅对其中的几个研究中心（实验室）作简要介绍。

1. 天津大学系统生物学与合成生物学研究中心

在能源问题日趋严重的今天，利用木质纤维素作为丰富而廉价的原料来

源制取燃料酒精是解决原料来源和降低成本的主要途径之一。2007 年 11 月，天津大学化工学院与爱丁堡大学合作建立了系统生物学与合成生物学研究中心。目前，相关研究人员主要应用合成生物学的方法，探索木质纤维素水解过程中产生的抑制物对发酵的抑制机制，为低成本工业化制取燃料酒精奠定基础。另外，他们在红豆杉细胞悬浮培养技术的基础上，利用合成生物学的思想和许多新兴的人工调控手段，深入研究诱导子的作用机理和紫杉醇的合成，为最终达到人工调控紫杉醇的生产和微生物合成紫杉醇奠定基础。

2. 中国科学院合成生物学重点实验室

中国科学院合成生物学重点实验室于 2008 年 12 月批准成立，其前身是 1995 年成立的微生物次生代谢分子调控研究开放实验室，2004 年更名为分子微生物学开放实验室。

实验室定位于合成生物学的应用基础研究，以发展合成生物学的理论和方法，建立合成生物学的关键技术平台，重点针对能源、健康和环境等国家重大需求，聚焦若干重要的生物学体系，在分子、细胞和微生物菌落等层次上，进行合成生物学的研究和技术开发；并通过工业生物技术中心有效地将研究成果向社会和企业进行转让和转化。其研究方向主要包括：①在系统生物学理论的指导下，通过整体分析和全面鉴定不同水平的生物学体系来发展合成生物学的理论；②利用合成生物学的工具来整合系统生物学的理论，以指导通过改造或合成新型的或改良的生物学体系（细胞工厂和分子机器）来生产生物材料、生物医药及生物燃料；③合成生物学技术的革新、将前沿创新的核心技术转化为工程导向的平台，以及相关的资源数据库，为科学研究和实际应用提供服务。

3. 清华大学合成与系统生物学研究中心

清华大学信息科学与技术国家实验室合成与系统生物学研究中心于 2010 年 8 月正式成立，由清华大学自动化系、生物医学工程系、环境系、医学院和生命学院的相关人员组成，旨在通过学科间的交叉合作，共同发展合成生物与系统生物的科学与技术。主要研究方向包括：①高通量组学的生物信息学；②复杂疾病的网络调控；③细胞编程和重编程的表观遗传机制；④生物环境、生物能源与合成生物学。

三、我国合成生物学的研究进展

近年来，我国科学家已开展了很多合成生物学相关研究，并取得了一些研究进展。例如，清华大学教育部生物信息学重点实验室将控制理论和逆向工程学原理运用到通路动态设计中，实现了代谢通路的逆向工程设计，一方面模拟了大肠杆菌的趋化行为，另一方面也为理解通路的设计原理提供了帮助。天津大学生物信息学中心建立了必需基因数据库（Database of Essential Genes，DEG），系统收集整理已发表的实验必需基因数据并提供序列比对服务；系统生物工程重点实验室利用两个群体感应信号转导回路设计并构建了一个合成的生态系统，改变该系统的环境因素将形成不同的群体效应，如灭绝、强制互利共生、兼性互利共生和偏利共生。中国科学院合成生物学重点实验室解析了丁醇发酵微生物的木糖代谢途径，鉴定了与之相关的关键基因，并通过代谢工程手段使其能同时、同等程度地利用葡萄糖和木糖两种底物生产丁醇等溶剂，从而克服了木质纤维素生物转化制造丁醇中的一个重要技术瓶颈，等等。下文仅简要介绍 DNA 合成、基因路线、最小基因组、代谢工程的优化等方面的研究进展。

1. DNA 合成

目前，合成的方法主要基于 PCR 和连接酶反应的 DNA 的合成。加强新的合成与组装技术的研发，可满足合成生物学不断发展的需求。我国也有一批研究团队致力于该领域的研究。例如，上海市农业科学院生物技术研究所熊爱生课题组在重叠延伸 PCR 合成基因方法的基础上，建立了一种基于两步 PCR 的简单高效合成长 DNA 序列的方法（PCR-based two-step DNA synthesis，PTDS)。该方法主要涉及两个步骤：首先将 12 个长度为 60 个核苷酸（nt）且有 20 个核苷酸重叠的寡核苷酸，使用高保真的 DNA 聚合酶合成 4 个长度为 500 个碱基对左右的 DNA 片段；其次将第一步 PCR 产物作为模板，使用最外侧的引物和高保真 DNA 聚合酶进行第二步的 PCR 扩增，从而合成完整的目的基因。该方法的成功在国际上引起了较大的反响，对基因合成领域起到了一定的推动作用。

除了 DNA 合成的研究，密码子优化是我国研究人员关注的另一个领域。木聚糖酶是可以降解线性多糖 β-1，4-木聚糖为木糖的一种酶，其水解产品已广泛应用于食品加工行业。付晓燕等合成了来自链霉菌 S38、密码子优化重组的木聚糖酶基因，并使其在毕赤酵母（*P. pastoris*）的细胞外进行表达。

2. 基因线路

天津大学元英进教授课题组通过基因线路的构建，实现了两株工程化大肠杆菌相互交流、互利生存等的生态模式。北京大学欧阳颀教授课题组根据合成生物学的基本原理，以理论生物学为指导，设计并合成了一个由多个模块组成的新的遗传时序逻辑线路——按钮式开关（push-on push-off switch）。该按钮式开关由一个双稳态开关存储模块和一个双抑制启动子或非门模块组成，能够根据自身内部状态对同样的输入产生不同的输出，并能够“记忆”这个输出。中国科技大学研究人员开发并论证了一种人工转录元件的通用化设计策略，为合成生物学基本元件的重复利用和组合设计提供了依据。

3. 最小基因组

2007年，中国科学院心理研究所王晶研究员领衔的课题组与德国亥姆霍兹感染研究中心（HZI）合作开展合成生物学研究，作为7个项目参与方中的唯一一个来自非欧洲国家的研究团队，参与了欧盟“第六研发框架计划”合成生物学前沿研究——“可编程的细菌催化剂”（PROBACTYS）的研究，在重要微生物全基因组水平代谢网络重构方面做出了重要贡献。同时，王晶研究员还主持了国家自然科学基金有关基因组最小化的研究项目，建立了细菌细胞全基因组代谢网络重构和计算机水平基因组最小化研究的方法学框架，这些研究为设计改造代谢网络、实现特定菌种的基因组简化、得到服务于特定生产和生活需要的“细胞工厂”提供了重要基础。

天津大学张春霆院士的课题组通过“Zcurve”方法对多种细菌及真菌进行必需基因检索，完成了10多种微生物必需基因数据的建库，并处于持续更新中。必需基因的信息对于合成生物学有重大的意义，既为合成生物学底盘生物“由下至上”的构建过程提供了强有力的基因信息支撑，又为“从上而下”途径中合理的大规模基因敲除提供了依据和保障。

4. 代谢工程的优化

代谢工程的优化是合成生物学的重要研究内容，我国在这方面的研究工作已受到国家的重视和资助，并取得了一些成果。例如，清华大学关于生物催化和生物转化的研究、中国科学院关于生物炼制细胞工厂的研究、北京化工大学关于工业生物技术的生物过程研究等，都受到国家基础研究项目支持。中国科学院微生物研究所的研究人员在“973”计划、中国科学院知识创新工程重要方向项目和中国科学院创新团队国际合作伙伴计划资助下，获得了一株能够在丁醇浓度提高50%的胁迫环境下正常生长的突变株，还建立了梭菌属的第一张蛋白质组参考图谱，为梭菌属的蛋白质组学研究提供了基础数据。

此外，我国的在校大学生也积极投身合成生物学的学习和研究中。近几年来，北京大学、清华大学、中国科学技术大学、天津大学、上海交通大学等学校的在校学生积极参与了由美国麻省理工学院发起和组织的国际遗传工程机器设计大赛（iGEM），并在这一合成生物学创新设计大赛中取得了骄人的成绩，这为中国合成生物学未来的发展培养了年轻力量。

表 2-5 简要列出了我国合成生物学研究的主要领域、研究主题及其潜在应用。

表 2-5　我国合成生物学的主要研究领域

研究领域	主要研究主题	潜在应用
基因线路	①乙醇生物合成途径的基因修饰，丁醇和脂肪酸生产； ②芳香烃和精细化工产品（核黄素、琥珀酸等）的生物合成途径； ③生物传感器检测和/或减少杀虫剂、重金属等的使用； ④遗传调控元件，未标记基因修饰、报告基因突变筛选的方法	生物燃料生产 来自可再生资源的化学品 生物修复 基础研究
最小基因组	①建立微生物代谢数据库、生理功能的基因元件； ②认识减少工程生物基因组的重要性，如大肠杆菌、恶臭假单胞菌等	合理设计的生物信息学 底盘生物
化学合成生物	①非天然蛋白的特殊结构； ②包括非天然氨基酸的蛋白	基础研究 有设计特性的分子
原细胞	①利用基本类型的原细胞研究能量转换； ②原细胞上基于 DNA 的纳米孔	基础研究 药物发现系统
DNA 的合成	①改善 DNA 合成的方法； ②密码子	促进合成生物学研究与商业化应用 提高分子间的相互活动

资料来源：Pei，et al.，2011

第四节　我国在合成生物学领域发展中存在的问题

中国科学家是合成生物学起步的先驱，早在 20 世纪 60 年代，曾做出过人工合成胰岛素、转运 RNA（tRNA）等举世闻名的成就。我国的科学技术发展已经使得我们具备开展合成生物学研究的基础和优势。例如，通过参加 1%人类基因组计划，在短短的 10 年中已使我国在基因组研究领域跃居国际前列，为提高我国在合成生物学研究领域的国际竞争力奠定了坚实的基础；

我国蛋白质组学和蛋白质结构研究也已跻身国际前沿行列；在干细胞方面的基础和应用研究，取得了公认的成就。此外，在基因多联密码、肽核酸、新型多肽等生命基本物质的人工合成或制造技术上我国的科研人员也都进行了很有成效的探索。生物信息学、系统生物学、基因组学等各种组学研究、基因工程、代谢工程等技术广泛应用于生物能源、生物材料、生物基化学品、生物催化剂等工业生物技术领域，并已取得了一系列重要的成果，已经建立的微流控和纳米等前沿工程技术也为合成生物学的发展提供了坚实的工程技术基础。

总之，我国已具备合成生物学研究发展的技术、人才优势，但与国际上合成生物学的飞速发展相比，我国在合成生物学方面的研究还处于起步阶段，在国际上有影响的相关重大成果仍不多见。在合成生物学领域的重大科学问题和核心技术开发方面存在源头创新不足、整合创新能力薄弱、支持平台尚未形成、研发人才和队伍有待提高等问题。

第五节　对我国合成生物学领域未来发展的建议

作为一门新兴的学科，合成生物学还处在快速成长期，仍会面临很多问题。2010 年，《自然》杂志发表的题为“合成生物学面临的五大挑战”的文章，指出合成生物学进一步发展面临着技术创新和技术整合的瓶颈，需要克服 5 个方面的挑战，这些挑战可能导致人工合成的生命体系最终崩溃，因而需要采取相应的应对措施，以解决可能出现的问题（表 2-6）。

表 2-6　合成生物学面临的挑战及可能的应对措施

挑战	说明	应对措施
无法准确描述组件	生物组件可以是从编码特定蛋白的 DNA 序列到能增强基因表达基因序列（启动子）的任何东西，但它们在不同类型的细胞中或不同的实验条件下表现不同：这些组件的作用与组件何时出现，通常检测不出来	设立专门的机构专业从事新的组件开发及对已有组件鉴定的工作
基因网络难以预测	每个组件功能已知，但多个组件组装工作时，并不一定达到预期设想	发展电脑模拟、定向进化技术
复杂性难以处理	基因网络变得越来越大，基因网络的建设和测试过程也变得更加艰巨	研发自动化程序来组装基因组件、研发可让细菌来做工作的系统
很多组件不兼容	合成的基因网络构建好放入细胞后，可能对其宿主细胞产生无法预期的影响	开发独立运转、不依赖细胞本身机制的“正交”系统
系统不稳定	合成生物学家必须确保基因网络功能的可靠性	开发物理隔绝合成的基因网络

合成生物学早期的研究工作主要专注于构筑基因线路、工程化与标准化的生物元件组装和功能模块设计与制造，而当前合成生物学的研究已上升至系统水平，将推动对简化底盘微生物的研究及功能分析、合成，并为新技术、新方法带来更加广阔的应用前景（杜瑾等，2011）。这些可能会给中国研究者带来重要机遇。面对合成生物学未来的机遇和挑战，提出如下建议。

1. 加强国家发展战略的研究和规划

合成生物学研究在我国处于起步阶段，相关的研究迫切需要政策、资金的扶持。应结合国家重大需求，不断加强该领域国家发展战略的研究和规划，继续加大投入，通过机制创新加快我国合成生物学的发展，提高竞争力，使我国早日进入国际领先行列。

2. 重视基础研究

目前，国际合成生物学发展飞速，但总体尚处于初级发展时期，我国在生命科学与生物技术领域已积累了相当的研究基础，近年来更是呈迅猛发展之势，应充分利用现有的研究与技术基础，聚集核心科学问题，进一步开展与化学、物理学和数字相关的基础研究，以期在前沿领域取得创新优势。

3. 强调学科交叉

合成生物学是一门集合生物学、物理学、化学、数学、信息学、工程学等多个学科的新兴学科，我国在其发展过程中必须深化学科交叉。应整合优势，抓住关键环节，实施有限目标、集中力量，争取有重大突破。

4. 建立关键技术平台

应针对合成生物学面临的问题和挑战，加强关键技术和工程平台建设，系统建立我国合成生物学技术体系。

5. 形成信息和资源共享协作网络

应通过建立标准化的元件 、模块库和网络构建、底盘体系、调控数据库，形成信息交流、平台共建和成果共享的机制。

6. 加强国际合作

合成生物学要取得长足发展，需要各相关方之间持续的对话与密切交流。

跨国界的国际资助与科学家国际网络的建立，对合成生物学的发展起到重要的推动作用。我国各领域科学家应加强国际交流与合作，在合成生物学领域开拓出具有中国特色的研究道路，并在实践探索中逐步实现我国合成生物学研究与国际的接轨和进一步超越。

7. 注重队伍建设

我国已有一支从事基因组学、蛋白质组学、代谢工程、基因工程的研究队伍，可通过建立国家重点实验室等措施，引进、培养和锻炼更多、更强的科学创新和技术开发队伍，并注重跨学科人才的培养，不断促进合成生物学在我国的发展。

8. 加强监管

虽然JCVI已成功在实验室中“人工合成生命细胞”，但在实验室里从零件组装单个的细胞与在自然界中建立可进行有效、有序的相互作用的有机体的挑战完全不同。许多实际存在的或“人造的”细胞内和细胞间的相互作用，以及细胞与其所在环境的相互作用仍然未知。合成或人造能在自然环境中生存的有机体的设计可能更具挑战性，而且在控制设置中很难有把握预测一个合成的有机体将如何对新的自然环境做出反应并相互作用，这就更增加了对该领域中的应用风险。2010年12月，美国生物伦理研究委员会发表的《新方向：合成生物学和新出现技术的伦理》的研究报告指出：在看到合成生物学提供的美好前景的同时，也要特别认真应对潜在的风险，要做负责任的管理者，周到地考虑对人类、其他物种、自然界及环境的影响。

合成生物学未来的发展，必然将接受各种社会、伦理及道德的审查，其管理和规范也将随之而进一步完善。目前我国尚无针对合成生物学社会和伦理影响审查的权威机构，这将在一定程度上影响未来我国合成生物学研究的成果在国际上的推广。因此，要坚持“大力发展、加强监管”的原则。首先，相关部门应正确地加以评估并科学地管理，包括法律上的管理；其次，科学家要履行责任，防止对这一技术的误用；最后，要加强宣传，使公众对合成生物学有全面而真实的了解，以促进合成生物学得到更快、更好、更健康的发展。

参考文献

杜瑾，刘夺，赵广荣等.2011. 合成生物学学科发展概况. 中国科学基金，3：144-147.

熊燕，陈大明，杨琛等 . 2011. 合成生物学发展现状与前景 . 生命科学，23（9）：826-837.

张柳燕，常素华，王晶 . 2010. 从首个合成细胞看合成生物学的现状与发展 . 科学通报，55（36）：3477-3488.

赵国屏，王文，熊燕等 . 2011. 至 2050 年重大交叉前沿科技领域发展路线图战略研究报告——生命起源、进化和人造生命 . 北京：科学出版社 .

赵学明，陈涛 . 2011. 合成生物学：进展与展望 . 见：中国科学院 . 2011 科学发展报告 . 北京：科学出版社：14-27

Cello J，Paul A V，Wimmer E. 2002. Chemical synthesis of poliovirus cDNA：Generation of infectious virus in the absence of natural template. Science，297：1016-1018.

Chan L Y，Kosuri S，Endy D. 2005. Refactoring bacteriophage T7. Molecular Systems Biology，1：0018.

Culler S J，Hoff K G，Smolke C D. 2010. Reprogramming cellular behavior with RNA controllers responsive to endogenous proteins. Science，330（6008）：1251-1255.

Dueber J E，Wu G C，Malmirchegini G R，et al. 2009. Synthetic protein scaffolds provide modular control over metabolic flux. Nature Biotechnology，27：753-U107.

Dymond J S，Richardson S M，Coombes C E，et al. 2011. Synthetic chromosome arms function in yeast and generate phenotypic diversity by design. Nature，477：471-U124.

Elowitz M B，Leibler S. 2000. A synthetic oscillatory network of transcriptional regulators. Nature，403：335-338.

European Commission. 2005. Synthetic biology：Applying engineering to biology. ftp：//ftp. cordis. europa. eu/pub/nest/docs/syntheticbiology _ b5 _ eur21796 _ en. pdf [2010-11-15].

European Commission. 2007. Synthetic biology：a nest pathfinder initiative. ftp：//ftp. cordis. europa. eu/pub/nest/docs/5-nest-synthetic-080507. pdf [2010-11-15].

European Commission. 2011. Food，agriculture and fisheries，and biotechnology. Cordis europa. eu/fp7/kbbe/home _ en. html [2011-11-15].

Gardner T S，Cantor C R，Collins J J. 2000. Construction of a genetic toggle switch in Escherichia coli. Nature，403：339-342.

Gibson D G，Benders G A，Andrews P C，et al. 2008. Complete chemical synthesis，assembly，and cloning of a *Mycoplasma genitalium* genome. Science，319（5867）：1215-1220.

Gibson D G，Glass J I，Lartigue C，et al. 2010. Creation of a bacterial cell controlled by a chemically synthesized genome. Science，329：52-56.

Glass J I，Assad-Garcia N，Alperovich N，et al. 2006. Essential genes of a mimimal bacterium. Proceeding of the national academy of sciences of the United States of America，103（2）：425-430.

Kobayashi K, Ehrlich S D, Albertini A, et al. 2003. Essential *Bacillus subtilis* genes. Proceedings of the national academy of sciences of the United States of America, 100 (8): 4678-4683.

Kwok R. 2010. Five hard truths for synthetic biology. Nature, 463: 288-290.

Lartigue C, Glass J I, Alperovich N, et al. 2007. Genome transplantation in bacteria: changing one species to another. Science, 317 (5838): 632-638.

Lartigue C, Vashee S, Algire M A, et al. 2009. Creating bacterial strains from genomes that have been cloned and engineered in yeast. Science, 325 (5948): 1693-1696.

Martin V J, Pitera D J, Withers S T, et al. 2003. Engineering a mevalonate pathway in *Escherichia coli* for production of terpenoids. Nat Biotechnol, 21: 796-802.

Matzas M, Stahler P F, Kefer N, et al. 2010. High-fidelity gene synthesis by retrieval of sequence-verified DNA identified using high-throughput pyrosequencing. Nature Biotechnology, 28 (12): 1291-U101.

National Academy of Sciences, National Academy of Engineering, et al. Kech futures initiative towards $1.25 milliom for 13 research projects. http: //www8. nationalacademies. org/onpinews/newstiem. aspx? RecordID=05032010 [2010-11-15].

National Academy of Sciences, National Academy of Engineering, et al. 2009. http: //www8. nationalacademies. org/onpinews/newsitem. aspx? RecordID=05032010 [2010-11-15].

Pei L, Schmidt M , Wei W, et al. 2011. Synthetic biology: An emerging research field in China. Biotechnology Advances, 29 (6): 804-814.

Presidential Commission for the Study of Bioethical Issues. 2010. New directions: The ethics of synthetic biology and emerging technologies. http: //www. bioethics. gov/documents/synthetic-biology/PCSBI-Synthetic-Biology-Report-12. 16. 10. pdf [2010-11-15].

Ro D K, Paradise E M, Ouellet M, et al. 2006. Production of the antimalarial drug precursor artemisinic acid in engineered yeast. Nature, 440: 940-943.

Silylle G, Thomas R, Astrid L, et al. 2009. Making the most of synthetic biology: strategies for synthetic biology development in Europe. http: //www. ncbi. nlm. nih. gov/pmc/articles/PMC2726001/pdf/embor2009118. pdf [2010-11-15].

Smith H O, Hutchison C A, Pfannkoch C, et al. 2003. Generating a synthetic genome by whole genome assembly: phi X174 bacteriophage from synthetic oligonucleotides. Proceeding of the national academy of sciences of the United States of America, 100: 15440-15445.

Steen E J, Kang Y S, Bokinsky G, et al. 2010. Microbial production of fatty-acid-derived fuels and chemicals from plant biomass. Nature, 463: 559-U182.

Stricker J, Cookson S, Bennett M R, et al. 2008. A fast, robust and tunable synthetic gene oscillator. Nature, 456: 516-U39.

Sugiyama M, Nakazawa T, Murakami K, et al. 2008. PCR-mediated one-step deletion of targeted chromosomal regions in haploid *Saccharomyces cerevisiae*. Applied Microbiology and Biotechnology, 80 (3): 545-553.

Synthetic Biology Project. 2010. Trends in synthetic biology research founding in the United States and Europe. http: //www. synbioproject. org/process/assets/files/6420/final _ synbio _ funding _ web2. pdf? [2011-10-15].

The Royal Academy of Engineering. 2009. Synthetic biology: scope, applications and implications. http: //www. raeng. org. uk/societygov/policy/current _ issues/synthetic _ biology/pdf/Synthetic _ biology. pdf [2010-11-15].

Tigges M, Marquez-Lago T T, Stelling J, et al. 2009. A tunable synthetic mammalian oscillator. Nature, 457: 309-312.

Tsuruta H, Paddon C J, Eng D, et al. 2009. High-Level production of amorpha-4, 11-diene, a precursor of the antimalarial agent artemisinin, in Escherichia coli. Plos One, 4: e4489.

Wang H H, Isaacs F J, Carr P A, et al. 2009. Programming cells by multiplex genome engineering and accelerated evolution. Nature, 460: 894-U133.

第三章 结构生物学领域发展态势分析

第一节 总体发展趋势

作为现代生命科学重要分支之一的结构生物学对于理解生物大分子的构造与功能机理发挥了无可替代的重要作用。进入 21 世纪以来，随着大型同步辐射、冷冻电镜、核磁共振（NMR）等硬件设备与设施的快速发展和升级换代，物理、化学、分子生物学等技术的革新，特别是具有更广泛专业背景的优秀科学家的加入，结构生物学展现出前所未有的活力，做出了一系列优秀成果。2003～2012 年的 10 年中，诺贝尔化学奖 4 次颁发给了与结构生物学相关的研究成果，凸显了结构生物学在理解基本生命过程中的重要性。

结构生物学的总体发展趋势包括以下几个方面。

1. 研究对象

目前结构生物学有几大研究热点与难点，包括膜蛋白的结构与机理研究、生物大分子机器的构造与组装、亚细胞器的结构、信号传递过程中的生物大分子相互作用及瞬间构象变化捕获、基于生物大分子结构的药物设计与优化，等等。在未来 5 年，预计以上内容仍将是结构生物学研究的主导前沿方向。

2. 研究方法

结构生物学主要的研究手段包括 X 射线晶体衍射学、电镜技术、核磁共振，此外，X 射线小角散射、原子力显微镜、荧光共振等生物物理技术也可以间接提供重要的结构信息。在各种研究手段中，X 射线晶体衍射仍为获取生物大分子结构的最主要研究方法，在药物综合数据库（PDB数据库）中收录的8万多个结构中，大约有90%是通过该方法获得。近两年来开始应用的X射线自由电子激光将有可能引发X射线晶体衍射学的革命性进展（Boutet et al.，2012；Schlichting et al.，2012），冷冻电镜技术、二维晶体的电子衍射在近年也获得了长足进步。冷冻电镜获取病毒颗粒结构已经达到3.3埃这一亚原子分辨率水平（Zhang et al.，2010），利用电子衍射研究膜蛋白水通道的二维晶体也获得了高达1.9埃的高分辨率原子结构（Gonen et al.，2005）。NMR一直以来是生物大分子动态研究的重要手段，而其近年一个亮点是直接对细胞体内标记蛋白的结构与动态研究（Inomata et al.，2009）。预计这些重要的研究方法在未来几年还将不断完善，获得更广泛的应用，可能会对结构生物学研究产生前所未有的促进。

3. 研究群体

经过数十年的发展，结构生物学特别是X射线晶体衍射学在一般性的实验操作、数据采集、结构解析上技术难度降低，使具有更广泛专业背景的科学家得以加入到这一领域，从而促进了该领域的发展。例如，2003年和2012年诺贝尔化学奖获得者罗德里克·麦金龙（Roderick MacKinnon）教授和布雷恩·科比卢尔（Brian Kobilka）教授原来都不是传统意义上的结构生物学家，而是因为其各自的专业领域研究需要慢慢学习、进入到结构生物学领域，做出了重要突破，也同时成为杰出的结构生物学家。这种专业交叉、融合还将继续，有利于结构生物学领域的整体提升。

第二节　国际结构生物学发展现状

自从20世纪50年代，DNA双螺旋结构的发现及血红蛋白和肌红蛋白结构的解析确立结构生物学这一研究领域以来，结构生物学在研究手段上不断提高，在研究对象上不断突破。特别是过去十几年，结构生物学更是取得了若干具有历史意义的突破。如前文简述，自从2003年开始，至2012年共有4次诺贝尔化学奖颁给了与结构生物学相关的成果。而这4次诺贝尔奖的工作内容也正代表了当今国际结构生物学发展的趋势与前沿。

1. 膜蛋白结构生物学

人类编码蛋白的所有基因中约有30%是编码膜蛋白的（Wallin et al.，

1998)，这些膜蛋白在各种生命过程中起着关键作用，其功能与许多严重疾病直接相关。1985 年，第一个膜蛋白晶体结构被解析（Deisenhofer et al.，1985)，三位科学家因此分享了 1988 年的诺贝尔化学奖。时至今日，我们所发现的来自所有物种的膜蛋白晶体结构不过 1150 个，其中还不乏同源蛋白或同一个蛋白的各种突变体。因此，我们对于绝大多数膜蛋白的结构知之甚少，任何一个新型膜蛋白的结构的解析也就弥足珍贵。2003 年的诺贝尔化学奖获奖人之一是洛克菲勒大学的罗德里克·麦金农（Roderick MacKinnon）教授，他于 1998 年在世界上第一个解析了钾离子通道的三维晶体结构（Doyle et al.，1998)，这也是科学家第一次利用重组蛋白的方法获得一个内膜蛋白的晶体结构。从此，利用重组表达手段研究膜蛋白三维结构的序幕被拉开。2012 年，诺贝尔化学奖再一次颁给了膜蛋白结构生物学，来自斯坦福大学的布雷恩·科比尔卡（Brian Kobilka）教授因为对 G 蛋白耦联受体（GPCR）的结构生物学研究，特别是捕获了 GPCR 与下游 G 蛋白复合物在信号传导瞬间的晶体结构而名至实归地获此殊荣（Rosenbaum et al.，2007；Rasmussen et al.，2011)。膜蛋白的结构生物学在过去 15 年及今后若干年都是结构生物学的前沿热点与难点。

2. 生物大分子机器的构造、组装、与功能机理

细胞内有许多由多个蛋白及核酸等生物大分子构成的稳定或瞬时的复合物，它们通常分子量巨大、组成复杂、结构精美、调控巧妙。它们在细胞生长发育的各个阶段，包括 DNA 和 RNA 的复制、蛋白质合成和降解、能量转换、细胞内物质的传递与运输、细胞凋亡等多个生理过程中发挥了重要的作用。如果生物大分子机器发生突变、缺失或调控异常往往会引起严重的生理后果，与许多恶性疾病直接相关。由于样品的难以获取，对于生物大分子机器的结构生物学研究长期以来主要依赖于电镜技术。近年来，X 射线晶体衍射在大分子机器的结构生物学研究中逐步发挥重要作用。

2006 年的诺贝尔化学奖授予了斯坦福大学的罗杰·科恩伯格（Roger Kornberg）教授，奖励他在真核转录的分子基础研究领域所作出的杰出贡献，即对于 RNA 合成酶的结构生物学与工作机理的研究。2009 年的诺贝尔化学奖授予了文卡特拉曼·拉马克里希南（Venkatraman Ramakrishnan）、托马斯·施泰茨（Thomas Steitz）和阿达·尤纳斯（Ada Yonath）这三位在核糖体的晶体结构研究中做出重要贡献的结构生物学家。

3. 生物大分子的动态研究

长期以来，结构生物学特别是X射线晶体衍射，只能提供生物大分子静态的结构信息。生命在于运动，科学家们越来越不满足于这些静态构象，而是要努力观测到目标分子的动态变化，或者不同分子间的动态相互作用。为此，科学家们尝试了多种方法，例如通过对目标分子的改造捕获该分子的多个构象（Gao et al.，2010；Krishnamurthy et al.，2012），或者利用动态模拟等计算手段来获取动态信息。近年来，NMR技术的发展则使得观测目标蛋白的动态变化，甚至是它们在体内的动态变化成为可能（Inomata，et al.，2009）。此外，过去3年迅速发展、应用的X射线自由电子激光（XFEL）可以在飞秒（10^{-15}秒）这一时间尺度上获得衍射数据，从而为捕获生物分子的瞬时变化提供了可能（Boutet et al.，2012；Schlichting and Miao，2012）。

总之，当今国际结构生物学正在经历着一个激动人心的阶段，不论是在研究手段的变革与突破，还是研究对象的重要性与技术挑战性上，其进展之快、成果之多可谓前所未有。然而，美国、欧洲一些国家由于经济情况的恶化导致基础科研经费投入的削减，也许会对包括结构生物学在内的诸多基础科研造成负面影响，导致人才外流、研究中心地域上的变迁等。这种情况可能发生，但需要相当一段时间才会显现。

第三节　我国结构生物学发展现状

经过几代人坚持不懈的努力，结构生物学目前属于我国的优势学科，在国际上占有重要的一席之地。我国的结构生物学研究具有优良的传统和历史，老一辈科学家在艰苦的条件下就曾做出举世瞩目的重要成果，特别是中国科学院生物物理研究所、中国科学技术大学等研究单位在过去数十年为中国的结构生物学研究储备了一大批优秀人才。进入21世纪，中国的结构生物学实验室数量迅速增加，并取得了一系列具有国际水平的杰出成果。2004年，中国科学院生物物理研究所常文瑞院士课题组首次解析了菠菜捕光复合物Ⅱ（light harvesting complex Ⅱ，LHCⅡ）的晶体结构（Liu et al.，2004），该工作被《自然》杂志以长篇论文（research article）的形式发表并配以封面重点介绍，实现了中国结构生物学在《自然》、《科学》、《细胞》这三大学术期刊上零的突破。2005 年，由饶子和院士领导的清华大学生物物理所结构生物学联合研究小组报道了线粒体呼吸链膜蛋白复合物Ⅱ（complex Ⅱ）的晶体结构（Sun et al.，2005），该工作发表在《细胞》杂志并已入选多版生化教科书。2009 年之后，来自清华大学、中国科学院生物物理研究所、北京生命科学研究所等研究单位的实验室几乎每年都有重要的结构生物学研究成果发表在国际顶级学术期刊，中国的结构生物学引起世界广泛关注与赞誉。特别值得一提的是，2009 年上海同步辐射光源（SSRF）的顺利建成并成功运行极大地促进了我国 X 射线晶体衍射结构生物学的科研进展。

我国的结构生物学在以下研究领域基本处于国际前沿或优势地位。

1. 重要膜蛋白的结构与功能研究

继捕光复合物的一系列结构生物学研究（Liu et al.，2004；Yan et al.，2007；Pan et al.，2011）及呼吸链复合物Ⅱ（Sun et al.，2005）的结构研究之后，我国继续在膜蛋白的结构生物学研究领域做出重要成果。2009 年，清华大学施一公研究组发表了氨基酸异向共转蛋白 AdiC 的晶体结构，这是氨基酸-多胺-有机阳离子（amino acidpolyamine organocation，APC）这个重要膜转运蛋白超家族的第一个晶体结构，也是我国利用蛋白重组表达技术发表的第一个膜蛋白结构（Gao et al.，2009）。此后，施一公及中国科学院生物物理研究所的江涛研究组又在 APC 超家族的结构与功能研究中做出了一系列重要工作（Gao et al.，2010；Tang et al.，2010；Ma et al.，2012）；清华大学颜宁研究组在主要协助转运蛋白超家族（major faccilitator superfamily，MFS）这一超家族的结构与机理研究中获得了一系列重要成果（Dang et al.，2010；Sun et al.，2012）。颜宁研究组还解析了核苷碱基：阳离子共转运蛋白（nucleobasei cation symporter，NAT）家族的第一个结构——尿嘧啶转运蛋白 UraA 的晶体结构，第一次揭示了内膜蛋白跨膜区中 β-折叠片的存在，改变了长期以来对内膜蛋白的结构理解（Lu et al.，2011）。在通道研究方面，施一公与颜宁研究组合作解析了甲酸离子通道的结构（Wang et al.，2009），首次揭示了具有水通道蛋白折叠方式的非水通道家族蛋白；颜宁研究组捕获了电压门控钠离子通道蛋白在失活状态的结构（Zhang et al.，2012）；中国科学院北京生命科学研究所的柴继杰研究员（现清华大学教授）与北京大学王克威教授合作探索钾离子通道的调节机理（Wang et al.，2007）。此外，施一公研究组在 2012 年首次揭示了与老年痴呆密切相关的早老素（pre-senilin）的细菌同源蛋白，并首次揭示早老素的折叠方式（Li et al.，2012）；

清华大学杨茂君教授解析了线粒体呼吸链上2型NADH脱氢酶（NDH-2）的结构与功能，为针对NDH-2的抗疟疾及肺结核的药物设计提供了线索（Feng et al.，2012）。以上述工作为代表的一系列成果标志着我国在膜蛋白的结构生物学研究领域处于国际优势地位。

2. 病毒及病原菌的结构与致病机理研究

各种各样的病毒、病菌不仅威胁人及畜牧、农林作物的健康，还可能带来严重的社会问题。这些病毒、病菌的致病机理一直以来都是科学家们关注的重要研究方向。在我国，以饶子和院士为代表的结构生物学家在病毒的结构生物学研究领域做出了一系列重要工作，例如，针对SARS病毒、口蹄疫病毒（Wang et al.，2011）等结构的分析；饶子和院士与中国科学院生物物理研究所刘迎芳研究员合作针对流感病毒（He et al.，2008；Yuan et al.，2009）的研究不仅可以揭示这些威胁健康的病毒的致病机理，还有可能为新药设计提供靶点。在病原菌的研究方面，中国科学院北京生命科学研究所的邵峰研究员独辟蹊径，融合结构生物学、生物化学等手段在致病微生物与宿主互作的分子机理研究方面做出了一系列十分出色的工作（Li et al.，2007；Cui et al.，2010；Zhao et al.，2011；Dong et al.，2012；Zhang et al.，2012）；柴继杰教授领导的研究组则在植物病菌及其他病原微生物与宿主互作的结构与机理研究中做出了一系列的重要成果（Xing et al.，2007；Huang et al.，2009；Liu et al.，2012）。施一公研究组与颜宁研究组合作研究植物病菌效应蛋白转录激活样效应因子（transcripti activator-like effector，TALE）识别宿主DNA序列的分子机理（Deng et al.，2012），为转录激活子样效应因子核酸酶（TALEN）这一重要生物技术工具的发展提供了清晰的分子基础。以上杰出的工作显示出我国结构生物学在病毒及病原菌领域的研究在国际上亦处于优势地位。

3. 生物大分子机器的组装与功能机理

生物大分子机器在细胞中发挥着重要的作用，长期以来，由于其组装亚基多、表达纯化困难，成为结构生物学研究中的一个难点。可喜的是，我国结构生物学家近年来在针对生物大分子机器的结构生物学研究中利用冷冻电镜、X射线晶体衍射等技术取得了一系列重要成果。清华大学生命科学学院隋森芳院士领导的研究组于2008年、2009年先后报道了大肠杆菌分子伴侣DegP蛋白的结构与功能研究（Jiang et al.，2008；Shen et al.，2009），通过冷冻电镜技术及生化分析，该研究组发现 DegP 是一个十分特殊的分子，当它与底物结合时，DegP 会从没有活性的六聚体状态转变成有活性的 24 聚体的笼状结构（Shen et al.，2009）；该研究首次发现了底物诱导的蛋白质寡聚结构转变及激活的独特方式。2010 年，清华大学施一公研究组报道了细胞凋亡研究模式生物秀丽线虫（*Caenorhabditis elegans*）中细胞凋亡小体 CED-4 的晶体结构，初步揭示了 CED-4 激活 CED-3 的分子机理（Qi et al.，2010），这是在细胞凋亡分子机理的研究中具有十分重要意义的工作。2011 年 3 月，施一公研究组首次报道了枯草芽孢杆菌内蛋白酶体调节亚基 MecA-ClpC 复合物的 3 个相关晶体结构，结合大量的生化实验数据，揭示了六聚体 MecA-ClpC 复合物的组装方式，阐明了 MecA 介导 ClpC 激活的分子机理，并提供了 MecA-ClpC 执行功能的结构基础（Wang et al.，2011），为研究真核生物内更为复杂的泛素-蛋白酶体系统提供了方法论和实验基础。这一系列重要成果标志着我国针对生物大分子机器的结构生物学探索也处于国际前沿水平。

4. 其他

除以上三个重要研究领域以外，我国的结构生物学近年来在细胞信号转导（Li et al.，2009；Yin et al.，2009；Han et al.，2010；She et al.，2011）、表观遗传学（Han et al.，2006；Liu et al.，2010；Hu et al.，2011）、RNAi 的分子机理（Li et al.，2006；Duan et al.，2009；Lin et al.，2011）等领域不乏获得国际认可的重要成果，在此不一一列举。

第四节　我国在结构生物学领域发展中存在的问题

尽管我国在结构生物学领域取得了一系列重要成果，具有相当的国际竞争力，我们也应该清醒地认识到我们在该领域中的问题，主要有以下几个方面：

1. 许多研究存在较为严重的跟风倾向

国内相当一批结构生物学实验室没有发挥自己的特长或中国独特的优势，也没有在国际上建立起在其特定研究领域的一席之地；相反，热衷于跟踪研究热点领域、盲目追求相对容易发表高影响因子的研究课题或方向。事实上，当一个研究领域在国际上炙手可热、人尽皆知的时候，往往已经错过了进入这一研究领域的黄金时机，盲目跟风的做法是不可取的。尽管也可以做出一定的贡献，甚至发表高影响因子的论文，但很难取得原创性的重要贡献，也很难在世界科学史上留下深远影响。我国在某些生物学研究领域具有一些得天独厚的优势，结构生物学实验室应该学习田忌赛马的经验，扬长避短，寻找契机。在这方面，2004 年的菠菜主要捕光蛋白研究和 2005 年的呼吸链复合物Ⅱ的研究正是杰出代表。

2. 方法学贡献相对有限

中国科学院物理研究所的范海福院士对于晶体学方法的发展做出了重要的贡献，并培养了一批优秀的人才。然而遗憾的是，我国目前从事结构生物学方法学发展的青年人才相对偏少，例如，在 X 射线晶体衍射学的方法学研究领域仅有中国科学院生物物理研究所的刘志杰研究员和清华大学的王佳伟研究员等为数不多的几位中青年科学家仍在坚持方法学的研究。这导致我国整体对于方法学的贡献与取得的结构生物学研究成果尚不成比例。而形成这种现象的原因之一可能是方法学发表的学术论文，除个别文章外，整体影响因子偏低。由于我国目前在经费申请、职务晋升等领域还是过于注重论文的影响因子，所以在一定程度上抑制了科研人员发展方法学的积极性，而使他们更愿意从事相对更容易出成果的结构解析。希望有关部门可以通过小同行评审等方式，鼓励年轻人才积极探索结构生物学的方法学发展。

3. 硬件设施自主研发能力差

结构生物学的主要研究手段（如 X 射线晶体衍射、电镜、NMR）都依赖昂贵的大型仪器，目前所有相关仪器设备几乎毫无例外全部依赖进口。这种格局不仅仅使得国家研发经费大量外流，更在某种程度上限制了结构生物学的发展。例如，在欧洲、美国和日本等发达国家和地区，其发达的精密仪器制造可以根据科学家的需要随时开发新仪器或升级现有设备。在 GPCR 的结构研究过程中，为了收集微晶的 X 射线衍射数据，欧洲和美国的同步辐射都专门开发了微聚焦的光源（microbeam）及配套的软硬件自动操作系统，从而令使用传统方法不可能解析的结构最终面世。而在主要依赖于购买进口设备的中国，这种仪器改造即便可能，也要花费大量时间，严重阻碍研究进展。2009 年建成的上海同步辐射光源投入使用之后，尽管对中国的结构生物学研究起到了重要的推动作用，然而相比于国外已经运行多年的同步辐射光源，上海同步辐射光源在精密度和配套软硬件方面都有待进一步提高和完善。要解决这些问题，需要我国精密仪器制造业自身研发能力的提高，以及与科学家更多的交流和参与。

4. 软件、数据库开发不足

与我国结构生物学的国际地位不相称的是我们对于国际结构生物学数据库的开发与维护基本没有贡献。尽管 PDB 是目前国际最通用的结构生物学数据库，然而其在使用、分类上也有诸多缺陷。随着大分子结构数量的激增，科学家们也需要分类更为系统、查询更为方便的大分子结构数据库，如膜蛋白结构数据库（Craig et al.，2011），等等。此外，在结构生物学中国际上常用的许多商业化或非商业化的结构解析、观测、分析软件中，很少有来自中国的贡献，这比较遗憾。

5. 科普工作缺乏

DNA 双螺旋这一美丽又经典的大分子结构使得生物学进入了普通民众的世界。结构生物学中经常有既美观又有趣的结果出现，恰好是向民众科普生物学知识的一个纽带。然而令人遗憾的是，结构生物学往往只有专业人员可以理解，甚至非结构生物学的科研人员都望结构而生畏。中国的结构生物学集体也许可以有意识地做些面向其他科研人员或普通民众的科普工作。

第五节　对我国结构生物学领域未来发展的建议

我国的结构生物学目前具备优秀的人才队伍与人才储备，国家对于基础科研投入的稳步提高为结构生物学发展提供了必要的经费支持。此时，中国的结构生物学同仁正应把握时机，不畏挑战，争取做出在世界科学史上留下重要影响的工作。结构生物学未来几年内的研究重点可能包括以下几个方面。

1. 膜蛋白特别是真核膜蛋白的结构生物学研究

在美国食品药品管理局（FDA）批准的药物中，有一半以上直接作用于膜蛋白；而在数量众多的膜蛋白中，绝大多数尚没有结构信息。对于膜蛋白的结构生物学研究在未来若干年里仍将是结构生物学的前沿与难点。在过去将近 30 年的研究基础上，笔者预测未来针对膜蛋白的研究将主要关注以下几个方面：

（1）真核膜蛋白。由于技术操作上的巨大反差，目前已明确结构的真核生物膜蛋白结构，除了来自于内源性的蛋白，相比于原核蛋白可谓凤毛麟角。通过重组手段获得真核膜蛋白结构是未来的热点与难点。但需要特别指出的是，解析真核膜蛋白结构只是更有助于应用（比如制药），在根本的科学概念上原核与真核都极为重要，一味跟风并非正确策略。

（2）膜蛋白在磷脂中的结构。膜蛋白的晶体学结构研究过程中需要用去污剂置换掉磷脂以获取蛋白晶体。然而，膜蛋白在磷脂双分子层中与磷脂的相互作用也是其结构与功能的重要调节因素。获得膜蛋白在磷脂中的结构将是一个重要方向。目前已经应用的方法包括在脂立方（lipidic cubic phase，LCP）中结晶，这种方法“成就”了诸多的 GPCR 结构（Caffrey et al.，2012），如在由磷脂和去污剂共同组成的 bicelle 中结晶（Payandeh et al.，2011），或者利用电子晶体学研究在磷脂层中生长的膜蛋白二维晶体（Gonen，et al. 2005）。

（3）膜蛋白复合物。目前已知结构的重组膜蛋白绝大多数为单体或由同一蛋白组成的同寡聚体。而在生物膜中许多重要的膜蛋白是以复合体形式存在并发挥功能的，比如 γ-secretase 复合体。对于膜蛋白复合物的结构研究也将是未来的一个重要方向。

2. 生物大分子机器、瞬时蛋白复合物的结构生物学研究

对于生物大分子机器的研究体现了我们对生命结构更高层次认知的向往。从单结构域的球形蛋白，到简单组合的蛋白复合物，到复杂的生物大分子机器，到这些复杂复合体的动态研究。随着我们对于生物大分子基本结构理解的加深，必然要向更为复杂的系统探索。这些大的复合物既是冷冻电镜的目标，也逐渐成为晶体学的重要方向。XFEL 对于微晶的数据收集能力可能对解决此类复合物难以获取大量样品的难题有所帮助。

3. 结构生物学研究方法的进一步突破

生命科学是一个严重依赖交叉学科发展的学科。物理技术、计算机科学等其他学科的进步不断更新着生命科学的研究手段。如前所述，我国在结构生物学研究手段和研究方法上在近年来对于整个领域贡献不多。国内很多高校、科研院所都在提倡交叉学科，我们可以利用这个契机，努力推动结构生物学在方法技术以及研究软硬件上的革新。笔者认为，由于扎实的数理基础

训练，发展结构生物学的理论和方法应该是我国的强项和优势，而不该是短板。

4. 结构生物学的组织与布局

我国的结构生物学在国际上已经取得的优势地位体现在多个重要的研究领域。鉴于中国对基础研究的投入不断加大、国内结构生物学实验室数目迅速增加，现在也许是要宏观布局、加强组织沟通的时候了。这方面的内涵很多，不仅包括研究领域的地域性相对集中、研究手段和方法的交流集成，也包括世界范围内中国在某些重要研究领域率先突破的布局计划。笔者坚信，中国有实力在今后 10～15 年之内做出多项有可能问鼎诺贝尔奖的结构生物学工作，但现在需要体制和资金的支持，以及结构生物学群体的宏观布局。

参考文献

Boutet S，et al. 2012. High-resolution protein structure determination by serial femtosecond crystallography. Science，337（6092）：362-364.

Caffrey M，et al. 2012. Membrane protein structure determination using crystallography and lipidic mesophases：recent advances and successes. Biochemistry，51（32）：6266-6288.

Craig et al. 2011. Membrane proteins of known 3D structure. http：//blanco. biomol. uci. edu/mpstruc/listAll/list. UC Irvine，Stephen H. White Laboratory.

Cui J，et al. 2010. Glutamine deamidation and dysfunction of ubiquitin/NEDD8 induced by a bacterial effector family. Science，329（5996）：1215-1218.

Dang S，et al. 2010. Structure of a fucose transporter in an outward-open conformation. Nature，467（7316）：734-738.

Deisenhofer J，et al. 1985. Structure of the protein subunits in the photosynthetic reaction centre of Rhodospeudomonas viridis at 3 Å resolution. Nature，318：618-624.

Deng D，et al. 2012. Structural basis for sequence-specific recognition of DNA by TAL effectors. Science，335（6069）：720-723.

Dong N，et al. 2012. Structurally distinct bacterial TBC-like GAPs link Arf GTPase to Rab1 inactivation to counteract host defenses. Cell，150（5）：1029-1041.

Doyle D A，et al. 1998. The structure of the potassium channel：molecular basis of K^+ conduction and selectivity. Science，280（5360）：69-77.

Duan J，et al. 2009. Structural mechanism of substrate RNA recruitment in H/ACA RNA-guided pseudouridine synthase. Mol Cell，34（4）：427-439.

Feng Y, et al. 2012. Structural insight into the type-II mitochondrial NADH dehydrogenases. Nature, 491 (7424): 478-482.

Gao X, et al. 2009. Structure and mechanism of an amino acid antiporter. Science, 324 (5934): 1565-1568.

Gao X, et al. 2010. Mechanism of substrate recognition and transport by an amino acid antiporter. Nature, 463 (7282): 828-832.

Gonen T, et al. 2005. Lipid-protein interactions in double-layered two-dimensional AQP0 crystals. Nature, 438 (7068): 633-638.

Han Z, et al. 2006. Structural basis for the specific recognition of methylated histone H3 lysine 4 by the WD-40 protein WDR5. Mol Cell, 22 (1): 137-144.

Han Z, et al. 2010. Crystal structure of the FTO protein reveals basis for its substrate specificity. Nature, 464 (7292): 1205-1209.

He X, et al. 2008. Crystal structure of the polymerase PA (C) -PB1 (N) complex from an avian influenza H5N1 virus. Nature, 454 (7208): 1123-1126.

Hu H, et al. 2011. Structure of a CENP-A-histone H4 heterodimer in complex with chaperone HJURP. Genes Dev, 25 (9): 901-906.

Huang Z, et al. 2009. Structural insights into host GTPase isoform selection by a family of bacterial GEF mimics. Nat Struct Mol Biol, 16 (8): 853-860.

Inomata K, et al. 2009. High-resolution multi-dimensional NMR spectroscopy of proteins in human cells. Nature, 458 (7234): 106-109.

Jiang J, et al. 2008. Activation of DegP chaperone-protease via formation of large cage-like oligomers upon binding to substrate proteins. PNAS, 105 (33): 11939-11944.

Krishnamurthy H, et al. 2012. X-ray structures of LeuT in substrate-free outward-open and apo inward-open states. Nature, 481 (7382): 469-474.

Li H, et al. 2007. The phosphothreonine lyase activity of a bacterial type III effector family. Science, 315 (5814): 1000-1003.

Li L, et al. 2006. Crystal structure of an H/ACA box ribonucleoprotein particle. Nature, 443 (7109): 302-307.

Li S, et al. 2009. Efalizumab binding to the LFA-1 alphaL I domain blocks ICAM-1 binding via steric hindrance. PNAS. 106 (11): 4349-4354.

Li X, et al. 2012. Structure of a presenilin family intramembrane aspartate protease. Nature, 493 (7430): 56-61.

Lin J, et al. 2011. Structural basis for site-specific ribose methylation by box C/D RNA protein complexes. Nature, 469 (7331): 559-563.

Liu H, et al. 2010. Structural basis for methylarginine-dependent recognition of Aubergine by Tudor. Genes Dev, 24 (17): 1876-1881.

Liu T, et al. 2012. Chitin-induced dimerization activates a plant immune receptor. Science,

336 (6085): 1160-1164.

Liu Z, et al. 2004. Crystal structure of spinach major light-harvesting complex at 2.72 A resolution. Nature, 428 (6980): 287-292.

Lu F, et al. 2011. Structure and mechanism of the uracil transporter UraA. Nature, 472 (7342): 243-246.

Ma D, et al. 2012. Structure and mechanism of a glutamate-GABA antiporter. Nature, 483 (7391): 632-636.

Pan X, et al. 2011. Structural insights into energy regulation of light-harvesting complex CP29 from spinach. Nat Struct Mol Biol, 18 (3): 309-315.

Payandeh J, et al. 2011. The crystal structure of a voltage-gated sodium channel. Nature, 475 (7356): 353-358.

Qi S, et al. 2010. Crystal structure of the Caenorhabditis elegans apoptosome reveals an octameric assembly of CED-4. Cell, 141 (3): 446-457.

Rasmussen S G, et al. 2011. Crystal structure of the beta2 adrenergic receptor-Gs protein complex. Nature, 477 (7366): 549-555.

Rosenbaum D M, et al. 2007. GPCR engineering yields high-resolution structural insights into beta2-adrenergic receptor function. Science, 318 (5854): 1266-1273.

Schlichting I, et al. 2012. Emerging opportunities in structural biology with X-ray free-electron lasers. Curr Opin Struct Biol, 22 (5): 613-626.

She J, et al. 2011. Structural insight into brassinosteroid perception by BRI1. Nature, 474 (7352): 472-476.

Shen Q T, et al. 2009. Bowl-shaped oligomeric structures on membranes as DegP's new functional forms in protein quality control. PNAS, 106 (12): 4858-4863.

Sun F, et al. 2005. Crystal structure of mitochondrial respiratory membrane protein complex II. Cell, 121 (7): 1043-1057.

Sun L, et al. 2012. Crystal structure of a bacterial homologue of glucose transporters GLUT1-4. Nature, doi: 10.1038/nature11524.

Tang L, et al. 2010. Crystal structure of the carnitine transporter and insights into the antiport mechanism. Nat Struct Mol Biol, 17 (4): 492-496.

Wallin E, et al. 1998. Genome-wide analysis of integral membrane proteins from eubacterial, archaean, and eukaryotic organisms. Protein Sci, 7: 1029-1038.

Wang F, et al. 2007. Structure and mechanism of the hexameric MecA-ClpC molecular machine. Nature, 471 (7338): 331-335.

Wang H, et al. 2007. Structural basis for modulation of Kv4 K+ channels by auxiliary KChIP subunits. Nat Neurosci, 10 (1): 32-39.

Wang X, et al. 2011. A sensor-adaptor mechanism for enterovirus uncoating from structures of EV71. Nat Struct Mol Biol, 19 (4): 424-429.

Wang Y，et al. 2009. Structure of the formate transporter FocA reveals a pentameric aquaporin-like channel. Nature，462（7272）：467-472.

Xing W，et al. 2007. The structural basis for activation of plant immunity by bacterial effector protein AvrPto. Nature，449（7159）：243-247.

Yan H，et al. 2007. Two lutein molecules in LHCII have different conformations and functions：Insights into the molecular mechanism of thermal dissipation in plants. Biochem Biophys Res Commun，355（2）：457-463.

Yang H，et al. 2003. The crystal structures of severe acute respiratory syndrome virus main protease and its complex with an inhibitor. PNAS，100（23）：13190-13195.

Yin P，et al. 2009. Structural insights into the mechanism of abscisic acid signaling by PYL proteins. Nat Struct Mol Biol，16（12）：1230-1236.

Yuan P，et al. 2009. Crystal structure of an avian influenza polymerase PA（N）reveals an endonuclease active site. Nature，458（7240）：909-913.

Zhang L，et al. 2012. Cysteine methylation disrupts ubiquitin-chain sensing in NF-kappaB activation. Nature，481（7380）：204-208.

Zhang X，et al. 2010. 3. 3 Å cryo-EM structure of a nonenveloped virus reveals a priming mechanism for cell entry. Cell，141（3）：472-482.

Zhang X，et al. 2012. Crystal structure of an orthologue of the NaChBac voltage-gated sodium channel. Nature，486（7401）：130-134.

Zhao Y，et al. 2011. The NLRC4 inflammasome receptors for bacterial flagellin and type III secretion apparatus. Nature，477（7366）：596-600.

第四章 神经科学发展趋势的思考

神经科学是多学科汇合的研究领域，是研究认知与智能的本质与规律的科学。它的核心科学问题是认知、智力和创造性的本质，以及意识的起源，研究包括较为初级的感觉、知觉，以及较为高级的记忆、注意、语言、决策、思维与意识等各个层面的认知机制。神经生物学逐渐与认知科学和心理学密切结合，在认知本质和规律、人脑与智力和创造性等方面开展研究，而信息科学与技术的发展为神经科学研究提供了新的方法与技术手段。近年来，神经科学与基因组学、蛋白质组学等各种“组学”结合，在分子、细胞、神经环路、系统和整体水平上多层次整合研究脑功能和脑疾病机理。与此同时，高时空分辨和活体实时脑功能检测技术的快速发展推进了人类对脑高级功能机制的了解。

第一节　神经元的分子细胞生物学

神经元是组成神经系统的基本功能单位。由于神经元具有与功能相关的形态多样性、神经元之间选择性地形成连接和环路、神经递质表型和分泌途径多样性等特点，神经元也是研究分子细胞生物学基本问题的最佳细胞类型。因此，无论是现在还是将来，神经元的分子细胞生物学研究都是神经科学和分子细胞生物学等学科交叉研究的重点方向。

一、神经元发育与极性的建立

神经元的特点是有多个树突和单个轴突。树突接受来自于其他神经元的突触传入信息，经过整合在轴突起始处产生动作电位并传导至神经元的各个部位，完成信息的传出。轴突和树突不仅在形态上有明显的区别，而且在受体、离子通道等蛋白组成上也存在显著的差异。这种差异是轴突、树突不同功能的分子基础，称为神经元的极性。有趣的是，分布在神经系统不同区域的神经元可以有不同的极性调控机制，例如，位于感觉神经节中的初级感觉神经元为假单极神经元，即从细胞体生长出一根突起，然后由该突起再发出一个外周支和一个中枢支，它们分别走行于外周神经和脊髓的背根中，投射至皮肤等外周组织和脊髓。已发现有些受体等膜蛋白和信号分子可以选择性地运输至外周神经终末或者脊髓内的传入神经纤维终末，但是体外培养的初级感觉神经元则完全失去了它们在体内的极性特征，目前仍然不知道形成这类神经元极性的调控机制。神经元发育与极性建立的机理是理解神经系统构筑的最基本的科学问题，因此，建立神经元极性的分子机制是多年来神经生物学研究的重要方向。

在未来数年内有关树突和轴突发育和调控的分子机制的研究仍将是研究热点，新的突破点可能在于发现新的轴突导向分子、形成选择性神经连接的机制、神经干细胞分化与极性建立的关系、成年脑中新生神经元的极性建立与调控机制等。有关表观遗传控制基因功能和非编码核酸调控参与神经元极性发育的调控机制研究将形成新的研究方向。

二、神经元内的物质转运和精确定位

神经元内的物质转运主要是通过囊泡包裹的膜转运系统完成，囊泡运输参与神经递质的释放及信息传递等多种神经基本活动，其障碍会导致多种功能紊乱，并与许多重大疾病如神经退行性疾病、精神分裂症等疾病的发生、发展有关。因此，了解生物膜的动态变化和囊泡介导的物质运输是神经元分子细胞生物学研究的核心问题之一。

首先要了解的是神经元生成各种囊泡的调控机制。内质网是由膜连接而成的网状结构，参与细胞内蛋白质的合成和加工；高尔基体是对来自内质网的蛋白质加工、分类和包装；溶酶体分解衰老、损伤的细胞器。近年来的研究表明神经元不仅生成含经典神经递质的清亮突触小泡和含神经肽的大致密芯泡，而且生成多种其他种类的分泌囊泡，如含钠-钾泵激动剂——滤泡素抑制素样蛋白-1 的清亮小泡等。不仅如此，最近的研究表明含神经肽的大致密芯泡可以携带多种神经递（调）质受体、离子通道亚基、信号转导分子等，提示在神经元中存在着对各种物质的转运进行精确调控的机制，在高尔基体对各种物质进行分拣、包装入相应的分泌囊泡，从而精确调控神经递质分泌和神经元兴奋性等关键性神经活动。目前的分子细胞生物学理论尚无法解释这些重要的调节机理。由此，未来的重要研究方向可能包括生成各种囊泡的调控机制、囊泡货物的分选与靶向运输、囊泡膜蛋白的动态分布等。

受体、离子通道等膜蛋白的生成、动态结构及功能是更为基础的科学问题，包括膜蛋白生成、修饰、相互作用及其活性调控机制研究；膜蛋白质修饰及其动态变化所对应的蛋白质结构、性质和功能的变化；具有重要功能的膜蛋白复合物的组成、结构、发挥功能的分子机制及调节机制研究；膜蛋白在神经元中的转运、插膜、膜上折叠和组装等细胞生物学过程及调控机制；精细调控细胞表面的受体及信号分子的量和分布的机制等。

三、精确调控神经元内信号转导

神经元作为一个有机的整体，细胞内的各种信号转导不是相互分离，而是彼此相互影响的。激活一种受体，经常会引起多种下游信号传递，导致多种不同的生物学效用。同时，某一种生物学效应的产生也可能是由几个信号转导通路协同完成的。在信号通路中，许多信号分子并不是相互独立的，而是由通过支架蛋白形成蛋白复合体，提高信号转导和调控的效率。很多信号分子存在多种化学修饰，如磷酸化、糖基化、乙酰化、泛素化等，这些化学修饰调节着信号分子的活性、细胞内定位、稳定性及与其他信号分子的相互作用等。同时，神经元作为有极性的细胞，在某一部位受到神经递（调）质的刺激时，首先可能产生在时空尺度上较为局限的信号转导，这些信号有可能被扩展至其他部位，这种信号扩展可以是从树突到轴突这样大范围的，涉及信号通路相关的膜蛋白及信号分子在神经元中的区域化定位，也可以是在树突或轴突某个区域内通过信号分子复合体等机制来完成的。

目前，对各种信号通路的了解主要是在细胞水平，并且缺乏与神经活动相对应的时间和空间的分辨率，尚无法了解信号通路如何有序地启动或关闭，以及各种信号通路之间相互作用的时空关系。新的活体观测技术是实现理论突破的关键，例如，信号分子的时空动态观察、单分子动态变化，活细胞内蛋白构象变化与功能关系，信号通路的定量分析和模型建立，等等。

四、突触调控和神经可塑性

神经元之间的突触传递是神经系统中信息传导的基本方式，突触结构和功能的研究是理解神经信息传递、加工、整合和编码的重要基础。神经系统功能的实现依赖于复杂有序的网络系统。外界信息触发的神经元的持续性活动能特异地引起神经元和神经环路在结构和功能上的变化，称为可塑性。神经系统的可塑性是大脑根据环境变化而修饰自身神经环路的活性，从而适应环境变化的重要基础。在发育过程中，突触联系的形成呈现活动依赖性，被不断地精确化，包括突触联系的形成、成熟或消失，以及突触结构和功能效率的改变。脑成熟后，突触仍具有一定的可塑性，构成学习、记忆及其他认知功能的可塑性的基础。因此，有关神经可塑性研究是近十多年以来神经科学的研究热点之一。

神经可塑性的研究重点仍然是理解重要功能蛋白（神经递质受体、离子通道、信号传导分子等）是如何被精确地定位分布在神经元的特定部位，如选择性分布在轴突或树突，甚至只特异性地分布在突触前膜或后膜的某个部位，从而发挥特定的生理功能；理解受体（离子通道）之间、受体（离子通道）与下游信号分子之间、受体与离子通道之间如何在神经元局部发生相互作用，形成功能分子复合体，对受体和离子通道的功能进行调节；理解神经元活动如何引起功能相关分子复合体的组成、修饰和改变，从而产生活动依赖性的功能调节，使神经元、神经环路的结构和功能发生可塑性变化，实现对感觉信息加工、学习记忆、行为与心理等重要功能的精细调控。

第二节　神经环路的形成和信息处理

神经元之间通过特异性连接形成神经环路，它是神经系统处理信息的基本单位，神经系统功能的发挥在很大程度上依赖于正确的神经环路的形成。理解神经环路的形成、调控及信号处理机制是理解神经信息编码和大脑工作原理的基础。因此，神经环路的形成及调控是目前神经科学研究中最受重视的领域之一。在发育过程中，搭建神经环路依赖于准确的时间和空间范围，有正确数目的神经元到达大脑等神经组织的指定位置，神经元通过有序迁移形成非常规则的细胞排列，为后续的轴突和树突生长并建立正确的神经环路奠定基础。因此，脑发育过程中神经元迁移机制是发育神经生物学研究中最活跃的领域之一。

神经干细胞具有分裂潜能和自我更新能力，经历增殖、复杂的形态发育、迁移到达特定脑区，并整合入神经环路。虽然，成年后的神经系统的绝大部分不再有大量神经元被更新，但是在海马和嗅球等一些特定的区域仍有新生成的神经元不断加入原有神经环路当中，其活动与学习、记忆等活动有关。因此，探索神经干细胞增殖、分化的分子机制，已成为理解脑发育和成熟、脑高级认知功能形成与改变的一个重要研究方向。

可以预见在未来相当长的时期，神经元分化迁移、突触形成与修饰、环路维持与可塑性仍然是该研究领域的重点。研究内容涉及神经元之间建立选择性联系的机制、神经环路及网络中神经信息的处理和整合、神经干细胞对神经环路的修饰和功能调节等。在研究方法和技术层面，重点在于建立选择性地系统标记特定类型神经元的方法，发展新的神经活动光学观测方法和技术，以及相应的模式动物等。神经环路研究技术的进一步突破有可能导致理论上的突破，最终有可能实现对大脑结构和功能网络的整体解析和图谱构建。

第三节　认知的神经基础

认知是机体认识和获取知识的智能加工过程，包括感知、注意、学习和记忆、思维和语言等。目前，认知神经科学可划分为四大学科领域：发展、社会、进化、行为认知神经科学。其中行为认知神经科学的基本框架及科学问题包括：①知觉；②注意；③学习和记忆；④镜像神经元系统；⑤抉择；⑥意识。注意是个体选择性地专注环境的一个方面而忽略其他方面的认知过程，也被定义为处理资源的分配过程，是认知神经科学和心理学最广泛研究的主题之一。镜像神经元是认知神经科学领域近年来最重要的发现之一，这一系统提供了知觉-行为耦合的生理学机制，在行为模仿和语言能力获得方面有着重要的作用。抉择是从多种选项中挑选出结果的思维或认知过程，每个抉择过程都会产生一个决定，这个决定可以是一次行为操作或是一个确定的想法。揭示认知功能的神经基础始终是神经科学的最重要研究内容和目标。

一、学习、记忆及信息储存的神经网络

学习是生物体在与外部世界相互作用中，从外界获取新知识、新技能的过程。记忆是生物体从外界获取信息，并将它储存在大脑中的过程。记忆根据时程的不同可分为短期记忆（或工作记忆）、中长期记忆和长期记忆；根据表达方式的不同可分为陈述性记忆和非陈述性记忆。新记忆在最初的学习经历之后被稳定下来，这一过程叫做巩固。在进行工作时，我们常需要将当前要用到的信息暂时储存起来，这样的短期记忆可以通过单个神经元或多个神

经元形成的群体的活动模式来体现，所涉及的基本问题包括哪些脑区参与了工作记忆的过程及其相互关系；在相关神经环路中什么样的神经元活动代表工作记忆，以及这些神经元活动的调节机制。

在现有的研究基础上，人们将重点研究学习与记忆的神经环路、神经编码、记忆固化、存储和读取、网络实现机制，短时程记忆向长时程记忆转化的遗传及分子细胞机制，选择性注意的神经元和神经环路机制。同时，脑发育、可塑性与智力发展的关系，儿童认知能力发展和老龄认知能力衰退的脑机制等与社会发展有关的科学问题也将得到更多的关注。

二、意识的神经机制

有关意识是如何产生的问题是一个研究难点。自我意识是人类意识最深奥的部分，涉及意识如何在自我与外界客体间切换，大脑如何使得意识指向自我等。目前的研究主要集中于自我参照加工、自我面孔识别和自传体记忆等与自我加工有关的认知神经机制。自我面孔识别是关注外部世界的过程，而自我参照加工和自传体记忆则是关注自我内心世界的过程。关于自我参照加工的研究主要用来描述个人特质的人格形容词、与自我有关的记忆、情绪刺激，以及自我面孔等刺激，确定参与自我加工的脑结构，以及人类表达和加工自我的神经基础。

未来的研究应更加注重发展可用于神经机制分析的检测方法和技术、动物模型，更精确地研究自我加工的神经机制，包括功能相关脑区、神经环路和神经编码等，以及对自我心理活动进行加工的机制。对自我心理活动进行加工的机制包括自我意识的心理和神经机制，自我与他人神经表征的差异，理解他人意图和情感的心理和神经机制，以及与神经发育的相互关系等。

三、人类的决策与行为

人类在不确定的环境中如何做出有利于生存和发展的选择是一个重要的科学问题。值得注意的是新兴的神经经济学综合运用神经科学、心理学、经济学的实验方法和技术手段，来研究人类决策行为的神经基础。近年来的行为学研究已经发现，人们并非是无限理性的，并不一定像期望法则所预期的那样，对选择对象进行代偿性精确计算，从而对总价值或总效用做出选择。但是，目前人们很少在复杂、不确定情境中系统地研究个体心理特征、群体心理特征和情境特征，以及各类影响因素的交互作用，这就难以解释人类决策的复杂性。因此，有必要加强对价值概念在脑内的表征、个体和社会学习及抉择行为的神经机制、在不确定的情景中决策的心理机制、决策的理论与方法、风险决策的神经机制等方面的研究。另外，需要加强对决策行为相关动物模型的研究，推进对人类决策行为的神经机制的探索。

第四节 神经系统疾病防治与精神心理健康

非正常的精神心理状态往往是由神经系统疾病引起的，但也可以是神经系统非正常工作而引起的亚健康状态。神经系统疾病引起的精神心理异常仍然难于治疗，严重影响人类生活质量。例如，对于阿尔茨海默病（俗称老年痴呆症）等神经退行性、多因异质性疾病，它们的发病机制异常复杂，早期诊断和防治方面未能取得突破，也无法进行有效的治疗。相对神经退行性疾病而言，慢性疼痛、精神活性物质成瘾等疾病的致病因素较为明确，但是针对神经系统发生相应改变所进行的研究仍然未能将其与人类的感觉异常、认知功能和精神心理改变等建立直接关联。因此，解决精神心理健康问题，应从研究正常精神心理的神经基础为基点，开展疾病机理研究。应充分发挥学科交叉研究的优势，从分子、细胞、神经环路和系统等不同层面阐明疾病或亚健康状态的发生、发展规律和机制，发现和验证疾病相关的分子标志物、关键性致病机制等，从而为神经系统疾病的早期诊断、药物研发和有效防治奠定坚实的基础。此外，需要建立神经系统疾病的综合性研究平台，将生物信息学、影像学等先进技术与分子细胞生物学、电生理、药物研发等研究方法和技术相结合；建立能够反映疾病机理的细胞和动物模型，尤其是非人灵长类动物模型，推动神经精神性疾病基础理论和防治策略的研究。

未来对神经系统疾病的研究除了继续研究遗传易感性与环境因素的交互作用、蛋白异常修饰与聚积、线粒体功能异常、免疫与炎症、脑氧代谢及信号传递异常等相关因素以外，我们需要对神经系统疾病中细胞选择性地发生退行性病变的机制及其本质进行更加系统化的分析，同时，需要在神经发育、神经环路结构与功能可塑性、认知与心理的神经基础等多层面上进行整合性研究。

第五节 人 工 智 能

脑是自然界中最复杂、最高效的信息处理系统，人工智能是研究利用人造装置（如计算机等）模拟人的思维过程和智能行为（如学习、推理、思考、规划等）的学科，主要包括计算机等人造装置实现智能的原理、制造类似于人脑智能的计算机等，通过人造装置对脑活动进行调控或对外部设备进行操纵。人工智能的许多研究方向都与计算神经科学的理论和方法密切相关，如人工神经网络、机器学习、模式识别、机器人学等。脑-机接口是在脑与计算机或者外部设备之间建立起来的一种直接的交流通道，通过这个通道可以直接利用脑活动的信息，实现对外部设备的控制；也可以让外界信息直接传入大脑，或直接刺激大脑的特定部位来调控行为。脑-机接口技术可应用于医疗、军事和国家安全等领域，尤其是它为运动障碍残疾人和神经系统疾病的病人，提供了一种新的与外界进行交流的方式。

鉴于人工智能在未来社会发展中的重要地位，十分有必要建立有效的推进研究和开发体系。在理论研究方面，需要建立生理性脑图谱、脑活动的特征描述和数学建模分析、脑网络动力学分析方法、脑-机交互信号相关的神经机制、主动获取信息的计算模型与人机交互模型、脑-机交互技术对神经可塑性变化的适应性、脑-机交互中的神经反馈机制与技术，以及适应不同应用环境和目标的神经信息采集和传输技术、适应不同个体的脑信号分析处理技术等脑-机接口信息提取与处理的自适应技术，探索脑-机交互的新模式。与此同时，需要发展和优化能够用于制造植入式人工装置的各种材料和能量装置。

第六节　活体研究方法与技术

神经科学与其他学科一样遵循了从宏观向微观、从现象到本质、从单一向多层次发展的规律。作为一门以实验为基础的学科，其发展迅速很大程度上依赖于新技术的不断出现和应用，以及多学科交叉。实验技术发展的大方向是在活体状态下对生物体内分子和细胞的变化进行成像，反映神经元和神经环路中与生理、病理过程相关的分子变化。以单分子、单细胞及细胞组织为主要研究对象的显微成像技术近年来不断取得新的突破，其发展趋势是更高的空间分辨（100 纳米以下）、更快的速度、更高的灵敏度（单个分子）、实时动态成像及图像数据的定量化和标准化等。

1. 超分辨显微镜

传统光学显微镜受光学衍射的影响，空间分辨率受到很大的限制（一般在 250 纳米～1 微米)。近几年研究人员提出了多种突破衍射极限的新方法,如 4Pi 显微镜、受激辐射耗尽显微镜(STED)、光活化定位显微镜(PALM)、随机光学重构显微镜(STORM)等,其空间分辨率已达到10～40 纳米(突触小泡直径约 50 纳米,大致密芯泡直径约 120 纳米)。因此,预计在不久的将来,具有分子尺度分辨率的超分辨显微技术将在神经分子细胞生物学研究中得到广泛应用。

2. 单分子成像

由于分子结构(如构象)的多样性、生化反应的非同步性和所处环境的非均相性等使得生物分子通常具有显著的非均一性,运用传统的分析方法往往都是对大量分子在一段时间内的平均行为的描述,阻碍了对其结构和功能的认识。因此,在单分子水平研究分子的物理化学性质和功能的分子机制,将为神经分子细胞生物学研究带来新的突破。重点发展在生理条件下(活细胞或活体中)对单个生物分子(主要是蛋白质、核酸等生物大分子)的动态变化和生化反应的动力学过程进行定量研究的成像技术。通过活细胞单分子成像,了解单个生物分子在神经元和神经环路中的分布和动态行为,如何与其他分子一起工作实现生物学功能,将成为神经科学研究的一个重要发展方向。

3. 分子探针与标记

对细胞中的特定组分进行成像离不开特异性的分子探针,发展适合于活细胞观测,高特异性的分子探针(尤其是活细胞状态下要求对待测组分能进行无须分离的成像,即结合后能引起信号变化)是分子成像领域的一个关键技术。目前已有许多性能优异的离子探针(如钙离子试剂等),但针对蛋白质、RNA 等重要大分子的活细胞探针还较缺乏。用来标记生物分子的标记物应具有高信号强度、不影响被标记分子的性质等特点。用于活体检测的荧光标记主要有两类:一类是荧光蛋白,另一类是量子点。将荧光蛋白插入研究目标蛋白作为标记已在活细胞内蛋白质分子的动态行为及相互作用的研究中得到广泛应用,但研究人员也发现插入的荧光蛋白可能干扰目标蛋白在细胞的转运等过程,造成人为假象。量子点具有荧光强度高、光谱宽度窄、荧光谱峰位置可通过改变其物理尺寸进行控制等优点,但存在对细胞膜的穿透力弱等缺点。发展碳点、硅点、纳米金等细胞不良反应性更小、尺寸更小的荧光/拉曼标记用纳米颗粒等,将在分子影像中发挥重要的作用。

4. 高时空分辨率的脑成像系统

目前，各种脑影像模式都有其特点，同时也具有局限性。虽然功能核磁共振成像具有毫米级的空间尺度，但是时间分辨率却仅有几百毫秒，对研究认知动态过程所需要的毫秒级的时间尺度来说是不够的。脑电和脑磁成像虽然具有很高的时间分辨率，但是定位的空间分辨率却只在厘米数量级。因此，目前脑成像技术还不能同时达到脑认知成像需要的时空分辨率，只有将各种脑成像技术结合起来，才有可能形成既具有高空间分辨率（毫米级）又具有高时间分辨率（毫秒级）的脑功能成像系统。此外，目前发展的具有更高空间分辨率的超高能量核磁共振成像，需要避免产生过多热能等副效应对脑组织造成损伤。通过设计新的图像分析方法，提高相对低能量的脑核磁共振成像系统的分辨率也不失为一种解决方案。

综上所述，神经科学是研究人类认知和智力的本质和规律的前沿科学，是神经生物学、认知科学、心理科学和人工智能等的交叉学科，从分子、细胞、神经环路到系统和整体水平揭示大脑认知功能的工作原理是神经科学的发展方向。现代分子细胞生物学、遗传学、影像学和信息科学与技术的发展为神经科学研究提供了新的方法与工具，神经科学的发展也推动了信息科学等其他相关学科的发展。不仅如此，对基因、蛋白质等如何控制神经元形态的发生、各种囊泡等细胞器的生成、神经递质释放等机制的理解，将贡献于合成生物学等新兴学科的发展。因此，神经科学是 21 世纪和未来的带头学科之一。

参考文献

Abbott L F. 2008. Theoretical neuroscience rising. Neuron，60：489-495.

Addington J，Addington D. 2008. Social and cognitive functioning in psychosis. Schizophr Res，99：176-181.

Bayer H. 2008. Focus on decision making. Nat Neurosci，11：387.

Bhalerao K D. 2009. Synthetic gene networks：The next wave in biotechnology? Trend Biotech，27：368-374.

Bouton M E，Moody E W. 2004. Memory processes in classical conditioning. Neurosci Biobehave Rev，28：663-674.

Braff D L，Freedman R，Schork N J，et al. 2007. Deconstructing schizophrenia：An overview of the use of endophenotypes in order to understand a complex disorder. Schizophr Bull，33：21-32.

Bronfenbrenner U，Morris P A. 2006. The bioecological model of human development. J Comput Aided Mol Des，1：793-828.

Cai D，Tao L，Rangan A V，et al. 2006. Kinetic theory for neuronal network dynamics. Commun Math Sci，4：97-127.

Caldu X，Dreher J C. 2007. Hormonal and genetic influences on processing reward and social information. Ann N Y Acad Sci，1118：43-73.

Canli T，Ferri J，Duman E A. 2009. Genetics of emotion regulation. Neuroscience，164：43-54.

Cesarini D，Dawes C T，Fowler J H，et al. 2008. Heritability of cooperative behavior in the trust game. PNAS，105：3721-3726.

Chan R，Chen E. 2007. Neurological abnormalities in Chinese patients with schizophrenia. Exp Brain Res，18：171-181.

Croner L J，Albright T D. 1999. Seeing the big picture：Review integration of image cues in the primate visual system. Neuron，24：777-789.

Dan Y，Poo M M. 2006. Spike timing-dependent plasticity：From synapse to perception. Physiol Rev，86：1033-1048.

Dennis J W，Nabi I R，Demetriou M. 2009. Metabolism，cell surface organization and disease. Cell，139：1229-1241.

Donoghue S，Gavin A C，Gehlenborg N，et al. 2010. Visualizing biological data：Now and in the future. Nat Methods，7：S2-S4.

Dowhan W，Bogdanov M. 2009. Lipid-dependent membrane protein topogenesis. Annu Rev Biochem，78：515-540.

Doya K. 2008. Modulators of decision making. Nature Neuroscience，11：410-416.

Glimcher P W，Camerer C，Poldrack R A，et al. 2008. Neuroeconomics：Decision Making and the Brain. London：Elsevier，Academic Press.

Han S，Northoff G. 2008. Culture-sensitive neural substrates of human cognition：A transcultural neuroimaging approach. Nat Rev Neurosci，9：646-654.

Hesposl S J，Spelke E S. 2004. Conceptual precursors to language. Nature，430：453-456.

Hoag H. 2003. Neuroengineering：remote control. Nature，423：796-798.

Hulshoff，Pol H E，Schnack H G，et al. 2006. Genetic contributions to human brain morphology and intelligence. J Neurosci，26：10235-10242.

Itti L，Koch C. 2001. Computational modeling of visual attention. Nat Rev Neurosci，2：194-203.

Kauer J A，Malenka R C. 2007. Synaptic plasticity and addiction. Nat Rev Neurosci，8：

844-858.

Kholodenko B. 2006. Cell-signalling dynamics in time and space. Nat Rev Mol Cell Biol，7：165-176.

Kiel C，Beltrao P，Serrano L. 2008. Analyzing protein interaction networks using structural information. Annu Rev Biochem，77：415-441.

Kim J J，Jung M W. 2006. Neural circuits and mechanisms involved in Pavlovian fear conditioning：A critical review. Neurosci Biobehav Rev，30：188-202.

Li K-C，Zhang F-X，Li C-L，et al. 2011. Follistatin-like 1 suppresses sensory afferent transmission by activating Na^+，K^+-ATPase. Neuron，69：974-987.

Lieberman M D. 2007. Social cognitive neuroscience：A review of core processes. Annu Rev Psychol，58：259-289.

Lingwood D，Simons K. 2010. Lipid rafts as a membrane-organizing principle. Science，327：46-50.

Manoli D S，Meissner G W，Baker B S. 2006. Blueprints for behavior：Genetic specification of neural circuitry for innate behaviors. Trends Neurosci，29：444-451.

Markus H R，Kitayama S. 1991. Culture and the self：Implication for cognition，emotion and motivation. Psychol Rev，98：224-253.

Mattick J S. 2009. The genetic signatures of noncoding RNAs. PLoS Genet，5：e1000459.

McGaugh J L. 2000. Memory：A century of consolidation. Science，287：248-251.

McGuffin P，Riley B，Plomin R. 2001. Genomics and behavior：Toward behavioral genomics. Science，291：1232-1249.

McKinnon P J. 2009. DNA repair deficiency and neurological disease. Nat Rev Neurosci，10：100-112.

McMahonm H T，Gallop J L. 2005. Membrane curvature and mechanisms of dynamic cell membrane remodelling. Nature，438：590-596.

Mellers B A. 2000. Choice and the relative pleasure of consequences. Psychological Bulletin，126：910-924.

Meyer-Lindenberg A，Buckholtz J W，Kolachana B，et al. 2006. Neural mechanisms of genetic risk for impulsivity and violence in humans. PNAS，103：6269-6274.

Nader K，Hardt O. 2009. A single standard for memory：The case for reconsolidation. Nat Rev，10：224-234.

National Institute on Drug Abuse. 2002. Reward and decision making：Opportunities and future directions. Neuron，36：189-192.

Pawson T，Nash P. 2003. Assembly of cell regulatory systems through protein interaction domains. Science，300：445-452.

Phillips R，Ursell T，Wiggins P，et al. 2009. Emerging roles for lipids in shaping membrane-protein function. Nature，459：379-385.

Platt M L. 2002. Neural correlates of decisions. Curr Opin Neurobiol, 12: 141.

Plomin R, Kosslyn S M. 2001. Genes, brain and cognition. Nat Neurosci, 4: 1153-1154.

Ridley A, Schwartz M, Burridge K, et al. 2003. Cell migration: integrating signals from front to back. Science, 5: 1704-1709.

Robinson C V, Sali A, Baumeister W. 2007. The molecular sociology of the cell. Nature, 450: 973-982.

Rossi D, Jamieson C, Weissman I. 2008. Stems cells and the pathways to aging and cancer. Cell, 22: 681-696.

Sachs J N, Engelman D M. 2006. Introduction to the membrane protein reviews: The interplay of structure, dynamics and environment in membrane protein function. Annu Rev Biochem, 75: 707-712.

Schultz W, Dickinson A. 2000. Neuronal coding of prediction errors. Annu Rev Neurosci, 23: 473-500.

Schöb H, Grossniklaus U. 2006. The first high-resolution DNA "methylome" . Cell, 126: 1025-1028.

Smock R G, Gierasch L M. 2005. Finding the fittest fold: using the evolutionary record to design new proteins. Cell, 122: 832-834.

Stern P. 2007. Decisions, decisions. Science, 318: 585-593.

Sudha K, Swetha M G, Satyajit M. 2010. Endocytosis unplugged: multiple ways to enter the cell. Cell Res, 20: 256-275.

Tronson N C, Taylor J R. 2007. Molecular mechanisms of memory reconsolidation. Nat Rev, 8: 262-275.

Tsao D Y, Livingstone M S. 2008. Mechanisms of face perception. Annu Rev Psychol, 31: 411-437.

Wang Z, Gerstein M, Snyder M. 2009. RNA-Seq: A revolutionary tool for transcriptomics. Nat Rev Genet, 10: 57-63.

Zaratiegui M, Irvine D V, Martienssen R A. 2007. Noncoding RNAs and gene silencing. Cell, 128: 763-776.

Zhang X, Bao L, Guan J S. 2006. Role of delivery and trafficking of δ-opioid peptide receptors in opioid analgesia and tolerance. Trends in Pharmacol Sci, 27: 324-329.

Zhao B, Wang H B, Lu Y J, et al. 2011. Transport of receptors, receptor signaling complexes and ion channels via neuropeptide-secretory vesicles. Cell Res, 21: 741-753.

Zhou Z, Wu J, et al. 2002. Ensembling neural networks: Many could be better than all. Artificial Intelligence, 137: 239-263.

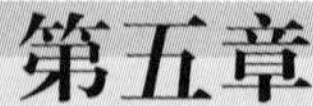

第五章 干细胞与再生医学领域发展态势

干细胞是一类兼具自我更新能力和形成分化细胞能力的细胞，在个体发育和疾病发生中扮演重要的角色，也是再生治疗过程中重要的“种子”细胞。在过去几十年的研究过程中，干细胞研究的内涵不断拓展，逐步成长为生命科学和医学研究中的热点学科。从最早期在骨髓中确定干细胞的存在，到分离胚胎干细胞，再到在不同组织器官中分离鉴定各种成体干细胞，从小鼠、猴子的研究，到人体干细胞，再到包括家畜在内的许多物种，干细胞研究的内容越来越丰富，也逐步从基础研究走向临床治疗。体细胞重编程技术的发展，尤其是山中伸弥（Yamanaka）等建立的利用转录因子直接将体细胞重编程为多能干细胞的技术，使干细胞应用于“个体化”治疗成为可能。干细胞研究的飞速发展解决了再生医学研究中“种子”细胞的来源问题，推动再生医学向前发展并逐步向临床治疗迈进。干细胞研究的过程中阐明了许多细胞分化和个体发育的关键机制，也突破了许多技术壁垒，但是距离实现再生医疗的终极目标，无论基础研究还是技术应用都需要面临许多问题和挑战。本章主要综述干细胞和再生医学发展中所解决的重大问题和面临的主要挑战，供读者参考。本章内容主要分为五个部分，包括干细胞与再生医学发展的总体趋势、国际发展现状、国内发展现状、我国在干细胞和再生医学领域发展中所面临的问题和对该领域发展的一些建议。

第一节　干细胞与再生医学总体发展趋势

20 世纪 60 年代，McCulloch 等人首次证实干细胞的存在。80 年代，

Evans等人首次建立小鼠胚胎干细胞系，并利用胚胎干细胞完成基因敲除技术，自此干细胞研究进入飞速发展阶段。1998 年，James Thomson 等人首次建立人胚胎干细胞系，为人类再生治疗开启新的篇章。近年来，干细胞研究成果层出不穷，无论基础研究还是关键技术都取得了许多重大突破。干细胞研究的进展也推动再生医学的发展，有许多研究成果进入临床试验阶段。干细胞与再生医学领域主要围绕胚胎干细胞和成体干细胞研究、细胞重编程研究、干细胞临床转化研究和干细胞所带来的伦理和法律研究这几个重要方向。

一、胚胎干细胞和成体干细胞

（一）胚胎干细胞

1981 年，Evans 等（1981）人首次建立了小鼠胚胎干细胞系，随后又利用胚胎干细胞（ES 细胞）的体内嵌合能力，用 ES 细胞做载体完成了基因打靶实验，使 ES 细胞成为遗传学和疾病研究中的重要工具。1998 年，Thomson实验室首次建立了人的 ES 细胞系，为利用干细胞进行细胞移植治疗奠定了基础（Thomson et al.，1998）。目前，多能干细胞研究主要包括以下三个方向。

1. 多能干细胞维持和分化的调控机制

Austin Smith 在小鼠 ES 细胞领域做出了一系列杰出的工作。他利用 LIF 和 2i（ERK1/2 和 GSK3β 抑制剂）在无饲养层下可以维持小鼠 ES 细胞的增殖（Ying et al.，2008），并利用这一成果成功建立了可以种系嵌合的大鼠胚胎干细胞系。还有大量工作集中在 ES 细胞多态性维持的核心转录因子 *Oct4*、*Nanog*、*Sox2* 和 *Tcf3*（Boyer et al.，2005；Loh et al.，2006；Marson et al.，2008）的相互作用上。

2. 建立其他类型的来源于不同发育阶段的多能干细胞，并以此为模型研究早期胚胎发育

上胚层（epiblast）干细胞来源于植入后发育的上胚层，它与 ES 细胞有很多不一样的地方，包括发育潜能、生长特性、外源信号通路的调控、基因和标记物的表达，以及表观遗传的状态（Hanna et al.，2010）。值得注意的是，人类胚胎干细胞（hES 细胞）更类似于小鼠的上胚层干细胞。2010 年，Hanna等人将 hES 细胞诱导为在生物学和表观遗传上和小鼠 ES 细胞相似的

细胞，培养条件是外源性的诱导 *Oct4*、*Klf4*、*Klf2* 基因表达，并结合 LIF 和 ERK1/2、GSK3β 信号抑制剂，另外将人 iPS 细胞通过同样的条件可以诱导为这种类型的多能干细胞（Hanna，2010），这拓宽了 hES 细胞的应用前景，同时也能更好地了解人类早期胚胎发育机制。

3. 利用多能干细胞定向分化为特定细胞类型

由于多能干细胞潜在的致瘤风险，未来应用于临床移植治疗的应该是多能干细胞的特定分化细胞产物。因此，将多能干细胞定向分化形成特定类型细胞是其临床应用的重要前提。目前有许多研究集中在这方面，未来将继续加强定向分化效率、分化细胞功能性和安全性的研究。

（二）成体干细胞

成体干细胞是指存在于一种已经分化组织中的未分化细胞，这种细胞能够自我更新并且能够特化形成组成该类型组织的细胞。成体干细胞存在于机体的各种组织器官中，主要类型包括造血干细胞、神经干细胞、间充质干细胞、上皮干细胞、骨骼肌干细胞、肝脏干细胞、胰腺干细胞、胃肠道干细胞，以及眼和耳的感觉上皮干细胞等。成体干细胞的优点在于获取相对容易，而且源于患者自身的成体干细胞在应用时不存在组织相容性的问题，避免了移植排斥反应和使用免疫抑制剂。理论上，成体干细胞致瘤风险也很低，而且所受伦理学争议较少，其进入临床应用的障碍比多能干细胞要少。成体干细胞的发展主要致力于解决两个问题：一是了解成体干细胞维持、增殖、分化和归巢等生命现象的分子调控机制（Daley and Scadden，2008）。成体干细胞的调控主要依赖于其所生存的生态龛，主要受到生态龛旁分泌特定细胞因子的调控作用（Gnecchi et al.，2008）。二是通过寻找特定小分子或蛋白以优化培养条件提高成体干细胞的增殖能力，以及对其表面进行修饰提高其归巢的能力（Sackstein et al.，2008）。相对于多能干细胞，成体干细胞增殖能力很有限，这是阻碍其临床应用的一个重要障碍。另外，成体干细胞移植后使其靶向定位到组织损伤修复部位，也是其应用的一个挑战。

二、细胞重编程

从受精卵到一个完整的个体，涉及细胞分裂和细胞分化。只有全能性的受精卵能够分化产生构成机体各个组织器官的细胞类型。科学家已经能够改变这些终末分化的细胞的基因表达模式，使其成为像胚胎干细胞的细胞，再次具有形成机体所有细胞类型的能力。从体细胞转换到多能干细胞的过程即是重编程。自从 2006 年 Yamanaka 等发明直接诱导多能干细胞重编程技术以来，重编程成为干细胞和再生医学研究领域的焦点。目前重编程除了将体细胞重编程为多能干细胞，还拓展到将体细胞直接重编程为成体干细胞和终末分化细胞，而不借助类 ES 细胞的中间过程，这为再生医学的应用提供了新的途径。未来体细胞重编程的研究主要集中在两个方面：一是完善已有和寻找新的细胞重编程的手段；二是了解细胞重编程的机制。下面就这两方面研究的趋势和面临的挑战做一综述。

1. 体细胞核移植

体细胞核移植的工作源自 1952 年 Briggs 和 King 两位先驱者，他们将早期胚胎中的细胞核转移到去核的卵细胞中得到了成活的蝌蚪，但是对于特化的细胞类型未能成功（Briggs，1952）。1962 年，Gurdon 将特化的蝌蚪肠细胞核移植到去核的卵细胞中，得到了正常的成年蛙（Gurdon，1962）。1997 年，Wilmut 首次克隆成功哺乳动物多利羊（Wilmut，1997）。体细胞核移植这项技术对于干细胞和再生医学而言最大的应用主要在治疗性克隆，即利用病人体细胞作为供体细胞得到克隆囊胚，从克隆囊胚建立核移植胚胎干细胞系。这一技术手段目前面临的最大问题包括核移植胚胎发育率太低、人卵细胞获取困难和无法从人核移植囊胚建立胚胎干细胞系。这些困难几乎完全阻碍了这一领域的发展。然而目前 iPS 细胞所面临的诸多问题如表观遗传记忆、免疫原性等，说明仍然需要胚胎干细胞和核移植胚胎干细胞作为强有力的对照，体细胞核移植和治疗性克隆对于干细胞和再生医学的研究仍然具有重要的价值。未来在干细胞领域，体细胞核移植的工作仍将继续，人的治疗性克隆的工作仍然具有重要意义。

2. 细胞融合

细胞融合重编程是指将体细胞与多能干细胞融合产生一个被重编程的四倍体细胞。这种方法现在作为一种强有力的手段来研究和阐明重编程的机制，如 DNA 的去甲基化。

早期的细胞融合研究主要产生同类型的细胞杂合子，针对它们的研究阐明了反式作用肿瘤抑制子和反式作用抑制子的功能。例如，将正常的细胞和肿瘤细胞融合后抑制了肿瘤的形成。但是杂合子的问题在于染色体在增殖的过程中容易丢失和重排，使得探讨重编程的机制问题非常困难。这些工作引起更多的研究人员利用细胞融合这一系统进行细胞核重编程的工作。1983年，Helen M. Blau 及其同事利用两种不同的细胞类型进行细胞融合，产生了稳定的并不增殖的异核体（Blau，1983），证明哺乳动物体细胞的分化是可以逆转的，同时因为这种异核体使得不同细胞类型的基因产物可以区分开来，细胞核的重编程得以有效评估。2010 年，该实验组便利用细胞融合的手段阐明 AID（一种胞嘧啶去氨基酶，能在体外去除 5-甲基胞嘧啶的氨基）对于 DNA 去甲基化的作用（Bhutani et al.，2010）。利用这项技术，Surani 及其同事将成年小鼠的雌性 EG 细胞和胸腺细胞融合，证明了体细胞印记和非印记基因都被激活（Tada，1997）。Tada 等将雄性 ES 细胞和雌性胸腺细胞融合，阐明了 *Oct4* 基因在融合后被激活（Tada，2001）。这些研究证实通过细胞融合所产生的异核体是一种理想的分析早期重编程的分子机制的手段。未来细胞融合重编程技术将与细胞示踪技术、单细胞分析技术交叉融合，可能在阐明重编程的机制上发挥重要的作用。

3. 诱导性多能干细胞

2006 年，Kazutoshi Takahashi 和 Shinya Yamanaka 通过异位表达四个基因 *Oct3/4*、*Sox2*、*c-Myc* 和 *Klf4* 直接将小鼠成纤维细胞诱导为多能干细胞（iPS 细胞），该细胞具有与 ES 细胞相似的形态和生长特性，并表达 ES 细胞的标识物，皮下注射到裸鼠时会形成畸胎瘤，并分化为三胚层细胞（Takahashi and Yamanaka，2006）。虽然仍存在很多缺陷，但这项开创性的工作利用确定的转录因子将体细胞诱导为 iPS 细胞，具有极大的医学价值和基础研究价值。2007 年，Yamanaka 组和 Jaenisch 组利用小鼠成纤维细胞得到了具有生殖系嵌合能力的 iPS 细胞，更加证明了 iPS 细胞具有与 ES 细胞相类似的类性质，这项发现也为 iPS 细胞的转基因应用打下了基础（Okita et al. 2007；Wernig and Meissner，et al. 2007）。同年，人 iPS 细胞用同样的因子也诱导成功，另外 Thomson 实验室用新的转录因子 *Nanog* 和 *Lin28*，加上 *Oct4* 和 *Sox2* 也同样建立了人 iPS 细胞（Takahashi et al.，2007；Yu et al.，2007）。2009 年，以周琪实验室为主的研究团队通过四倍体囊胚嵌合的技术首次证明了 iPS 细胞具有和 ES 细胞一样的发育能力（Zhao et al.，2009）。iPS 技术在再生医学上具有极大的应用前景，这意味着能够将来源于病人的体细胞通过转录因子诱导为 iPS 细胞，进一步产生病人自身的体细胞从而进行组织修复和替代治疗，并且因为起初是来源于病人自身的细胞，所以规避了伦理上的问题和免疫排斥的问题。同时这项技术对于构建疾病模型和新药物筛选也具有很好的应用前景。

然而，iPS 技术在大规模应用之前仍面临着许多重要的问题和困难。针对这些问题提出完善的解决方案，将是该领域未来研究的重要方向。这些问题包括以下方面。

（1）外源因子插入导致的安全问题

早期的 4 个转录因子中 *c-Myc* 是致癌的，外源性地重新激活 *Oct4* 或者 *Klf4* 基因也能引起发育不良，而且外源基因的插入也会引起基因的改变，这些都将阻碍着 iPS 技术的临床应用。针对外源基因插入问题，研究人员发展了包括利用 Cre-Loxp 重组系统或者 piggyBac 转座子、非整合性策略、非 DNA 策略等技术（O'Malley et al.，2009；Okita et al.，2011）；针对 *c-Myc*、*Klf4* 的致癌性，积极寻求替代措施，包括优化条件、小分子或蛋白替代诱导，不用外源 *Myc* 将小鼠和人的成纤维细胞诱导为 iPS 细胞（Nakagawa et al.，2007；Wernig et al.，2008），不用外源 *Sox2* 基因将新生小鼠神经前体细胞诱导为 iPS 细胞，表明内源性表达合适的重组因子浓度的细胞不需要该外源转录因子的诱导（Eminli et al.，2008）。同样外源 *Sox2* 基因对于小鼠和人的黑色素细胞和黑色素瘤细胞的重编程都不是必需的（Utikal et al.，2009）。丁胜实验组利用糖原合成酶激酶-3（GSK-3）抑制剂 CHIR99021，只需 *Oct4* 和 *Klf4* 两个基因将小鼠成纤维细胞和人角质化细胞（与反苯环丙胺合用）诱导为 iPS 细胞（Ding et al.，2009）；Hochedlinger 实验室利用 Tgfβ 抑制剂 ALK5 抑制剂，也只用 *Oct4* 和 *Klf4* 将小鼠成纤维细胞成功诱导为 iPS 细胞（Maherali and Hochedlinger 2009），而最少的只利用一个 *Oct4* 基因将成年小鼠的神经干细胞诱导为 iPS 细胞（Kim et al.，2009）。未来如何减少外源因子的使用和整合，同时又能获取最高发育潜能的 iPS 细胞系，将是该领域研究的一个重要挑战。

（2）iPS 诱导效率过低的问题

针对 iPS 诱导效率过低的问题，研究人员主要从细胞类型和小分子策略着手。细胞类型包括小鼠肝脏和胃细胞（Aoi et al.，2008）、B 淋巴细胞（Hanna et al.，2008）、胰岛 β 细胞（Stadtfeld et al.，2008）、神经前体细胞（Eminli，2008）、黑色素细胞（Utikal et al.，2009）、造血干细胞和前体细胞（Eminli et al.，2009），值得注意的是造血干细胞和前体细胞诱导 iPS 细胞的效率比分化的 B 淋巴细胞和 T 淋巴细胞高出 300 倍，达到了 28%的高效率，这也说明分化状态更低的细胞更容易被转录因子诱导发生表观遗传的重塑。在人的细胞类型方面，2008 年，Lowry 将人的真皮成纤维细胞诱导为人

iPS 细胞，但是效率很低（Lowry et al.，2008）；Aasen 将人的角化细胞成功诱导为 KiPS，将效率提高了近 100 倍，并且诱导时间是人成纤维细胞的 1/2，使利用角化细胞代替成纤维细胞的应用前景更为清晰（Aasen，2008）；Maherali将 iPS 的效率提高了 100 倍，并且只需要 10 天便将角化细胞诱导成 iPS 细胞（Maherali et al.，2008）。2009 年，Loh 从外周血中分离 $CD34^+$ 的血干细胞和前体细胞，将其成功诱导为和 hES 细胞相似的 iPS 细胞，诱导效率约为 0.01%～0.02%，由于血液是临床上取材方便的材料，这使得该技术的应用得到了广泛的关注（Loh et al.，2009）。小分子在提高重编程效率上也有广泛应用，主要分为两类：第一类是作用于表观遗传调控分子，第二类是作用于特定信号通路的小分子。对于表观遗传调控分子，VPA 作为组蛋白去乙酰基的抑制剂、AZA 和 RG108 作为 DNA 甲基化的抑制剂、BIX01294 作为 G9a 组蛋白甲基化的抑制剂、Tranylcypromine 作为 H3K4 去甲基化的抑制剂（Li et al.，2009）都大大提高了重编程的效率。对于信号通路分子，Wnt 信号抑制剂 Wnt3a 或 CHIR99021、β-肿瘤生长因子（TGF-β）受体抑制剂 SB431542 和 E616452（Woltjen and Stanford，2009）、MEK-ERK 信号通路抑制剂 PD0325901（Li et al.，2009）、L 型钙离子通道抑制剂 BayK8644、CDK 和 GSK3 抑制剂 kenpaullone（Lyssiotis et al.，2009）等在提高重编程效率上也扮演着重要的角色。低氧也能促进重编程效率的提高（Yoshida et al.，2009）。维生素 C 能提高重编程的能力，一方面是因为它抑制了细胞的衰老，降低了 *p53* 和 *p21* 基因的表达的水平，另一方面可能作为了组蛋白甲基化的抑制剂或缺氧诱导因子（HIF）信号通路的抑制剂（Esteban et al.，2010）。

（3）iPS 诱导过程中的不完全重编程问题

2010 年，Konrad Hochedlinger 和 George Q. Daley 同时发现不同来源的 iPS 并不是相同的，它们具有表观遗传记忆，即保留了对它们来源细胞的记忆，这使得这些 iPS 细胞在分化时更倾向于分化为它们的来源细胞（Kim et al.，2010；Polo et al.，2010）。这个现象是一把双刃剑，弊端在于将来的应用必须考虑到这种记忆，避免组织间的污染，利端在于对于利用 iPS 分化为来源的组织而言具有相应的优势。深入地了解这一现象对完善 iPS 重编程技术将有重要的意义。2011 年，加利福尼亚大学圣地亚哥分校的徐洋教授的研究成果显示 iPS 细胞会引起免疫排斥（Zhao et al.，2011），这一结果无疑在再生医学领域造成了很大的震动，而这一问题同样可能是由于 iPS 不完全重编程引起。

(4) iPS 细胞重编程的机制

针对 iPS 细胞的一切研究及其所存在的问题，最终都需要深入了解重编程的机制才能更好地解答。目前针对 iPS 细胞重编程机制的研究还有大量的空白，这都将成为未来研究的热点问题。

4. 成体细胞间直接转分化

转分化是指将一种类型的体细胞直接转变为另一种类型的体细胞的现象，期间不需要经过诱导多能干细胞状态。1989 年，Weintraub 通过过量表达 *MyoD* 基因和利用 5-氮胞苷（5-azaC）处理将成纤维细胞转变为类心肌细胞，但是这种转变是不完全的，而且类心肌细胞的维持还依赖于外源基因的表达（Weintraub，1989）。2004 年，研究人员通过过量表达 *C/EBPα* 将同为中胚层的 B 淋巴细胞、T 淋巴细胞和成纤维细胞诱导为类巨噬细胞，但是这些细胞不能激活巨噬细胞的特异性标记物表达（Xie，2004）。2010 年，Ieda 等人通过外源性表达 *Gata4*、*Mef2C* 和 *Tbx5* 将心肌纤维转分化为类心肌细胞，这种类心肌细胞的维持不需要外源基因的表达，但是这些细胞的基因表达模式还是与正常的心肌细胞不一样（Ieda et al.，2010）。

除了同胚层的成体细胞之间的转分化外，不同胚层间的各类成体细胞之间也能发生转分化。1996 年，Tachibana 等人跨胚层过量表达 *MITF* 将成纤维细胞转分化为类黑色素细胞，但是这些细胞同样不能激活一些黑色素细胞特异表达的基因（Tachibana et al.，1996）。2010 年，Vierbuchen 等人跨胚层过量表达 *Ascl1*、*Brn2* 和 *Mytl1* 将成纤维细胞诱导为神经元样细胞，这些细胞在核心标记物上的表达和细胞形态上与神经元类似，并且能形成突触，能产生运动的潜力，但是其表观遗传重编程的程度和对外源基因的依赖程度有待进一步确认（Vierbuchen et al.，2010）。

转分化同样可以在体内直接发生。Cobaleda 等将 B 淋巴细胞的 *Pax5* 转录因子去掉，将其诱导成为淋巴前体细胞，重构了小鼠整个 T 淋巴细胞系，但是其在体内造血功能的重构需要进一步确认（Cobaleda et al.，2007）。2008 年，Douglas A. Melton 研究组在体内过量表达 *Ngn3*、*Pdx1* 和 *MafA* 将小鼠胰脏外分泌细胞转分化为胰脏类内分泌细胞，但是是否能产生可以改善高血糖症的具有分泌胰岛素的功能的细胞有待进一步确认（Zhou et al.，2008）。在生殖领域，将成年的卵泡诱导性去除 *Foxl2* 基因产生了睾丸支持细胞样细胞和类睾丸间质样细胞，但是这些细胞能否产生功能性的雄性激素也还是未知的（Uhlenhaut et al.，2009）。

目前的研究成果证实转分化可以在体内和体外发生。未来该领域将会重点研究以下两个问题。

(1) 转分化的效率和目的细胞的功能。目前转分化的效率很低，转分化要走向应用，提高转分化效率十分重要。因为体细胞是转分化的细胞来源，得到的细胞也是增殖能力有限的成体细胞或成体干细胞，要想获得足够用于治疗的细胞数量，必须要提高效率。此外，目的细胞是否具有功能也需要进行大量的实验验证，这是转分化应用的基础。

(2) 体内转分化的安全性。相对于多能干细胞，转分化得到的细胞的致瘤性大大降低。但是在利用转分化进行体内治疗时，转分化因子导入的方式和部位都会对病人的安全有重要的影响，未来需要大量的实验对体内转分化治疗的安全性进行全面的评估。

5. 细胞核重编程机制

细胞核的重编程改变了细胞的命运，其中到底是什么物质在进行调控，表观遗传上的修饰有哪些变化，哪些信号通路在起作用，等等。这些涉及重编程的机制问题一直是科研工作者所关注的，研究重编程的机制不仅对解决基础的科学问题至关重要，而且对再生医学的应用也有极大的启示作用，因为这是重编程手段的改造和完善的必要的理论基础。重编程机制是一个复杂的网络调控，对于整个网络点的掌控非常困难，所以需要对关键的位置把握了解。未来细胞重编程的机制将重点放在研究染色质的表观修饰、核心调控元件的分离鉴定、非编码 RNA 的鉴定和功能研究、关键的信号转导机制的阐明等方面。

三、干细胞的应用

干细胞在临床治疗上具有巨大的潜能，目前在很多动物模型上的实验证实了干细胞的治疗功效。例如，利用神经干细胞治疗神经变性疾病，神经干细胞在体内发育阶段和成体阶段均具有良好的功能，不仅可以进行基因治疗，也能进行细胞替代治疗（Lindvall et al.，2004）。科学家在利用胚胎干细胞治疗心脏病方面也在进行积极探索，先使胚胎干细胞在体外分化为功能性心肌细胞，这些心肌细胞被移植到心脏后，能够形成稳定的心内移植物（Mummery et al.，2003）。将干细胞诱导为胰岛素-生成细胞或者通过转分化的方式转分化为胰岛素-生成细胞，为糖尿病患者带来了福音（Blyszczuk et al.，2003）。未来干细胞的临床治疗实验仍将是干细胞研究的热点，这些实验将会对干细胞的临床治疗产生巨大的推动作用。

除了利用干细胞进行移植治疗，iPS 细胞技术的建立也使利用病人 iPS 细胞模拟疾病发生成为可能，从而为深入了解疾病发生机制和新药物的开发提供新的途径。目前这一方法在神经系统疾病、血液系统疾病、肝病等多种特定疾病类型的体外模拟上显示了巨大的潜能，这一潜力也使许多制药公司开始开发这一类药物研发的新平台。未来基于干细胞的药物开发将是干细胞应用的重要方向之一。

四、干细胞相关的伦理和法律建设

干细胞的研究从诞生起就伴随着众多争议，尤其是胚胎干细胞的研究，涉及很多道德和伦理问题，如干细胞的研究涉及的遗传干预可能影响到人类社会的未来，利用人胚胎干细胞需损坏可能发育成人的胚胎。这些阻碍和质疑也促使干细胞研究向更安全和更易被社会接受的方向发展，促进了类似 iPS 细胞技术的出现。然而从现在干细胞研究的情况来看，胚胎干细胞和各类其他细胞的动物体内移植等实验还是必需的，因此与之相关的伦理和道德争议还不会停止。因此，未来在干细胞研究的同时，还需要加强与干细胞研究相关的伦理道德建设，使干细胞研究能尽可能地被社会容忍、接受和支持。同时，随着干细胞研究技术的逐渐成熟，越来越多的干细胞研究开始进入临床和商品化，针对这一特殊的生物制品和治疗途径，同样需要相应的法律条文来进行指导和规范。未来针对干细胞不同于传统生物治疗的特点，需要专业的人员和项目进行可用于指导和规范干细胞治疗和商品化的法律和规范的建设。

第二节　干细胞与再生医学国际发展现状

近年来，国际干细胞与再生医学研究进展迅速，无论是基础研究或应用研究领域都有许多重要的突破。下文围绕诱导性多能干细胞、胚胎干细胞与定向分化、成体干细胞与组织工程、干细胞研究的规范等干细胞和再生医学领域研究和关注的热点综述国际发展现状。

一、诱导性多能干细胞

（一）诱导性多能干细胞重编程机制

2006 年，Yamanaka 首创 iPS 技术，其简单快捷的重编程过程使人们对细胞命运决定机制的认识有了巨大的改变：细胞命运能够用简单的分子或化学手段操控。最早研究 iPS 细胞重编程机制的报道是在 2008 年 2 月。Brambrink T. 等阐述了与多能性相关的分子标记物在 iPS 细胞诱导过程中的表达情况。他们发现碱性磷酸酶、SSEA-1、Oct4 和 Nanog 这 4 种与多能性相关的蛋白在 iPS 细胞诱导过程中依次表达，即碱性磷酸酶最先表达，内源性 Nanog 最后表达。这项成果为研究 iPS 细胞重编程过程的机制提供了初步的参考，也为未来找到更多的新的分子标记提供了经验。2010 年 4 月，Zhou 研究组和 Hochedlinger 研究团队几乎同时在线发表了 Dlk1-Dio3 这一小 RNA（microRNA）区域的研究成果。他们证明在 iPS 细胞重编程过程中，Dlk1-Dio3 区域是完全重编程 iPS 细胞的重要标志。随后关于这个区域的调控机制引起了人们极大的关注。从 Dlk1-Dio3 cluster 区域，我们需要去深入研究 Dlk1-Dio3 的调控机制，即该区域是如何开启和关闭的。目前许多报道表明 iPS 细胞的重编程过程并不完美，重编程过程中存在着大量的不完全重编程细胞和表观遗传记忆等问题。在 iPS 细胞技术进入临床应用之前，这些问题都亟待解决，而深入了解 iPS 细胞诱导重编程的机制，是解决这些问题的必要前提。

（二）诱导性多能干细胞的建立方法

最早的 iPS 细胞的建立方法既有病毒介导的基因转入又有癌基因 *c-Myc* 和 *klf4* 的使用，虽然其相对于胚胎干细胞绕过了涉及人类胚胎所可能引发的伦理争论，但其安全性备受人们的关注。近几年来 iPS 细胞的安全性有了大大的改善。

在基因转入方式上，最早得到 iPS 细胞的 Yamanaka 研究组使用逆转录病毒作为载体导入 4 个基因。逆转录病毒具有感染效率高、效率稳定、基因持续表达等优点，但由于其能够随机插入基因组，从而易引起受体细胞基因组发生变化，具有致瘤的风险。所以为了提高 iPS 细胞的安全性，科学家们用其他较为安全的病毒载体来代替逆转录病毒，包括腺病毒载体、质粒载体、*PiggyBac* 转座子等，均取得了成功。这样不但提高了 iPS 细胞的安全性，而且还初步证明基因插入和拷贝数改变与 iPS 细胞的诱导并无关联。

小分子化合物也在 iPS 细胞的建立过程中发挥了巨大作用。自从发现 Wnt 信号通路能够代替 *c-Myc* 基因的功能、DNA 甲基化转移酶抑制剂和组蛋白去乙酰化酶抑制剂能够显著地提高 iPS 细胞的诱导效率之后，科学家们掀起了一波尝试利用小分子药物替代转录因子来诱导 iPS 细胞的热潮。2007 年，Yamanaka 首次用无 *c-Myc* 的三因子方法成功实现小鼠和人的成纤维细胞重编程，并且三因子iPS 细胞的致瘤性显著降低。在此基础上，2008 年，Ding 在《细胞・干细胞》（*Cell Stem Cell*）期刊的文章中阐述了利用两个小分子 BIX-01294 和 BayK8644 代替基因 *Sox2* 和 *C-myc*，与另两个基因 *Oct4*、*Klf4* 一起成功将小鼠胚胎成纤维细胞重编程为 iPS 细胞。紧接着，Scholer 研究组通过 *Oct4* 单基因诱导的方法成功将小鼠和人的神经干细胞重编程为 iPS 细胞，不过效率较低（0.014%）。接下来，Ding 利用小分子药物结合单基因 *Oct4* 的方法又成功地实现了人的成纤维细胞的重编程，这说明单因子诱导重编程已基本实现并可重复。那么下一个目标自然是实现无基因的 iPS 细胞诱导，其关键问题在于如何替代 *Oct4* 基因在 iPS 细胞诱导过程中的作用。实现 *Oct4* 基因的替代看上去比较困难，目前还没有正式的文章阐述无基因的 iPS 细胞的成功诱导，但是在 2010 年《细胞・干细胞》杂志上的一篇文章显示，Huck-Hui Ng 研究团队找到了一个在 iPS 细胞诱导过程中能够替代 *Oct4* 的转录因子 *Nr5a2*，这可能是一个实现替代 *Oct4* 基因的突破口。iPS 细胞的一个最重要的安全隐患就是重编程过程时病毒基因组的插入可能引起基因组的不稳定性，因此建立无外源因子插入的 iPS 细胞是 iPS 细胞建立方法完善的重点。避免外源基因插入的一类方法就是用 microRNA、mRNA 或蛋白质来诱导多能干细胞产生。早在 2009 年，蛋白质诱导的 iPS 细胞已然实现，但由于其操作难度大、效率低，并没有在科学界掀起广泛的效仿热潮。2010 年 11 月，《细胞・干细胞》杂志上发表了 mRNA 诱导 iPS 细胞成功的报道，为 iPS 技术真正实现无病毒应用打开了一扇窗户。mRNA 的方法简单易行，效率较高（＞2%），成为当时科学界极为推崇的重大成果。2011 年 4 月，microRNA诱导 iPS 细胞成功的例子又见报道。microRNA 指的是一般长度在 22nt 左右的寡核苷酸分子，这些分子不具有合成蛋白的能力，通常在真核细胞中用以调节 mRNA 的翻译及稳定性，以起到调控细胞功能的作用。Morrisey等利用 miR302/367cluster 和 HDAC2 抑制剂成功地诱导出 iPS 细胞而无需使用 4 个转录因子，这无疑进一步推动了 iPS 向临床应用的迈进。在此基础上，Mori 等在 2011 年 6 月《细胞・干细胞》杂志上发表文章，再次证明了单独使用成熟 microRNA 能够实现 iPS 的诱导，只不过因供体细胞的不同而在诱导效率上有所差别，并且他们使用了另一组 microRNA 分子，即 miR-200c、miR-302s 和 miR-369s。总体上讲，在诱导效率方面，microRNA-iPS（0.1%）并没有表现得比 mRNA-iPS 更好。

(三) 细胞转分化

iPS 细胞技术的出现革新了人们对细胞命运决定的观念，许多人开始相信，除了将体细胞重编程为多能干细胞外，任何两类细胞间都有可能发生命运转换。Melton 等最先在体内实现了组织内不同类型细胞的转分化，即通过 *Ngn3*、*Pdx1*、*Mafa* 三个转录因子实现体内胰岛外分泌细胞向胰岛 β 细胞的转化，从而开启了转分化研究的大门。随后，包括心肌分化等在内的许多体内转分化实验获得了成功，这些成果为体外转分化的实现打下了坚实的基础。2010 年 2 月，Wernig 等第一次将小鼠的胚胎成纤维细胞和新生鼠的成纤维细胞，通过三个转录因子（*Ascl1*、*Brn2*、*Mytl1*）的导入实现了成纤维细胞向功能性神经元的转化，从而彻底改变了以往认为的各类型细胞在体外无法实现相互转化的观念，也为细胞治疗开辟了新的途径。随着第一篇转分化研究成果的报道，科学家们逐渐地将目光从 iPS 细胞移到转分化研究上。陆续有多篇研究成果被报道，包括成纤维细胞向心肌细胞的转分化、成纤维细胞向肝细胞的转分化、成纤维细胞向血液细胞前体的转分化等。但是，这些研究都是以成纤维细胞为供体细胞，目前并没有明确阐明一种终末分化细胞是否能够转分化成另一种功能细胞，甚至是跨胚层的转分化。而且，转分化研究所面临的问题和 iPS 细胞技术一样，即机制和转基因。能否用 microRNA、mRNA 或蛋白的方法代替转基因实现细胞间的转分化还需要进一步的实验去证明。

二、胚胎干细胞

虽然 iPS 细胞是目前干细胞领域研究的最热点，但是关于 iPS 细胞存在的种种问题表明：ES 细胞作为多能干细胞的“黄金标准”，对其进行更为深入的研究仍然十分必要。相比 iPS 细胞，对 ES 细胞的研究经历更丰富，背景了解更清楚，各种鉴定更明确，因此 ES 细胞更可能最早走向临床。美国 FDA 在 2010 年批准了包括 Geron 公司在内的几例利用人胚胎干细胞（hES 细胞）分化产物进行临床移植治疗的研究。在基础研究方面，相对于 iPS 作为重编程研究的绝佳平台，ES 细胞尤其是 hES 细胞在作为平台研究早期胚胎发育上也同样具有很大的优势。因此，近年来 ES 细胞的成果一直涌现，其中最引人注目的发现就是 ES 细胞也处于不同的发育阶段。2009 年，Smith 在《细胞·干细胞》上综述了这样一个概念，即多能干细胞有两种状态：基态和初始态。小鼠 ES 属于基态，而小鼠上胚层干细胞系（epiblast stem cells，EpiSCs）属于初始状态。hES 细胞在许多方面表现出与小鼠 EpiSCs 相似的特征，而与小鼠 ES 差异较大，被认为处于初始状态。这方面的研究最早在信号通路方面获得突破。多种外源信号可以激活成纤维生长因子（FGF）信号通路，活化 MAPK 信号，打破 *Oct4*、*Sox2* 及 *Nanog* 核心组分的平衡，导致 ES 细胞开始分化（Kunath et al.，2007）。Ying 等发现血清中的 BMP4 蛋白通过 Smad 信号通路诱导 *Id* 基因的表达，抑制 ES 细胞向神经细胞分化（Ying et al.，2003），在不添加 BMP4 的无血清培养液中，ES 细胞将自发地向神经细胞分化（Ying et al.，2003）。进一步的检测发现，BMP4 抑制胚胎干细胞分化是通过抑制 MAPK 信号通路来实现的（Qi et al.，2004）。Wnt 信号通路也参与维持胚胎干细胞的多能性。人们发现在 ES 细胞中有 Wnt 信号核心组分的表达，通过抑制糖原合成酶激酶 3（GSK3）可以激活 Wnt 信号通路，从而上调 *Rex1*、*Oct4*、*Nanog* 的表达（Sato et al.，2004）。Ying 等发现通过添加 *GSK3* 的抑制剂 CHIR99021，以及 ERK1/2 的抑制剂 PD0325901，就可以使小鼠胚胎干细胞维持未分化的状态（Ying et al.，2008）（图 5-1）。

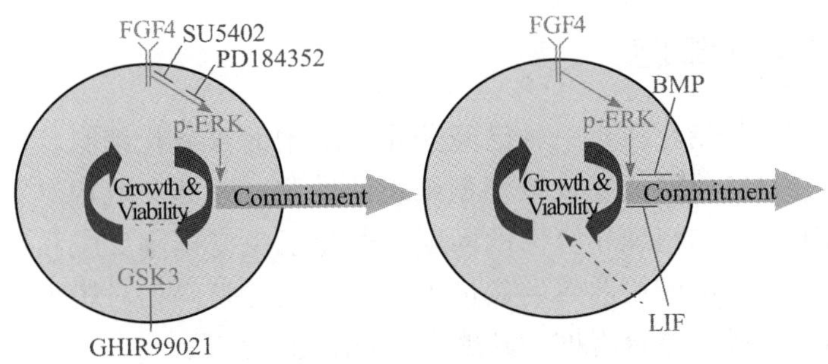

图 5-1　胚胎干细胞多能性维持机制

资料来源：Ying et al.，2008

正是在对小鼠 ES 细胞自我更新的机制有了较为深入的探讨之后，Li 等（2008）通过激活 Wnt 信号，抑制 ERK1/2 信号，成功建立了大鼠 ES 系，与之前所报道的大鼠 ES 系不同的是，这是第一次获得具有嵌合到生殖嵴的能力的大鼠 ES 细胞，通过了 ES 细胞多能性的鉴定标准。由于在小鼠与大鼠两种实验动物中都取得成功，人们更乐观地倾向于这是一种更广谱、更基础的维持干细胞自我更新的机制，有可能在不久的将来可以建立更多物种的 ES 细胞系。

现有的 hES 细胞与小鼠 ES 细胞具有较大的差异。hES 细胞虽然也呈克隆样生长，并具有典型的干细胞的标志，但在基因表达及自我更新的信号通路上与小鼠 ES 细胞相差较大，而与从小鼠植入后的上胚层建立的上胚层干细胞更为相似，依赖 FGF 信号及 Activin A 信号通路的活化从而获得自我更新能力（Tesar et al.，2007）。Levenstein 等发现 bFGF 对于 hES 细胞的自我更新至关重要（Ludwig et al.，2006）。生长转化因子-β（TGF-β）对于 hES 细胞也是非常重要的，当抑制这一信号通路之后，hES 细胞迅速分化。FGF 与 TGF-β 两条信号通路协同作用，互相促进对方的表达，通过诱导 *SMAD* 表达，维持 *Nanog* 基因的表达水平（Xu et al.，2008）。BMP 信号的激活将抑制 *Nanog* 基因的表达，促进 hES 细胞分化，这与小鼠胚胎干细胞截然不同（Xu et al.，2002）。C. Buecker 等和 J. Hanna 等通过 iPS 细胞诱导的办法获得与小鼠类似的 iPS 细胞，通过类似的信号通路维持自我更新，但目前还没有来自于正常胚胎的与小鼠类似的 ESCs 的报道。这一问题将引起越来越多人的关注。大家畜动物在人类的生产生活及再生医学研究上极具价值，如猪、牛等。目前，人们还没有得到大家畜动物的 ES 细胞。2011 年，《生物化学期刊》（*Journal of Biological Chemistry*）上发表了第一篇白血病抑制因子（LIF）依赖的猪 ES 细胞样细胞，该细胞系在表型上与大小鼠相似，但不具有种系遗传的能力。

三、成体干细胞

成体干细胞是指存在于一种已经分化组织中的未分化细胞，这种细胞能够自我更新并且特化形成组成该类型组织的细胞，因其获取相对容易，且源于患者自身而不存在组织相容性的问题，避免了免疫排斥反应和免疫抑制剂的使用而具有良好的应用前景，其进入临床应用的阻碍相对较小。所以成体干细胞与组织工程的结合将推动其更快更好地进入应用。

其基本原理和方法是将体外培养扩增的正常组织细胞吸附于一种具有优良细胞相容性并可被机体降解吸收的生物材料上形成复合物，然后将细胞-生物材料复合物植入人体组织、器官的病损部位，在作为细胞生长支架的生物材料逐渐被机体降解吸收的同时，细胞不断增殖、分化，形成新的并且其形态、功能方面与相应组织、器官一致的组织，从而达到修复创伤和重建功能的目的。目前，成体干细胞在组织工程的应用主要包括骨组织工程、软骨组织工程、心脏组织工程、神经组织工程等，将具有生物活性的生物材料和成骨细胞结合修复骨骼的损伤、利用间充质干细胞（MSC）分化成为骨骼肌、平滑肌或心肌细胞再与可降解的生物材料结合，是骨骼、软骨和心肌组织工程最适合的候选材料。脂肪组织来源的干细胞，相对于 MSC 的优势在于通过局部麻醉就可以采集到细胞。

相对于多能干细胞，成体干细胞增殖能力很有限，是阻碍其临床应用的一个重要障碍。另外，成体干细胞移植后使其靶向定位到组织损伤修复部位，也是其应用的一个挑战。而组织工程的挑战在于生物材料的探索。

四、干细胞研究和应用，新机构和新规范的建立

经过多年的快速发展，干细胞与再生医学领域已经成为生物学许多基础科学问题关注的热点，成为医学未来发展的方向，也成为许多国家和研究机构的战略发展方向。目前，世界各国纷纷成立针对干细胞研究的专门研究机构，如美国的加利福尼亚州干细胞研究所，英国的 Wellcome Trust Centre for Stem Cell Research，日本的诱导性多能干细胞研究所。各个国家之间也开展了广泛的合作，寻求资源的共享和标准的统一。例如，国际干细胞组织（ISCF）作为一个非营利国际组织，是目前国际上唯一的协调各个国家干细胞研究和应用的官方组织机构，目前有 22 个正式成员国，3 个观察员国家。中国于 2007 年加入 ISCF 并成为正式成员国。ISCF 各成员国通力合作主要致力于解决人类干细胞应用于临床的一些关键问题，包括国际干细胞库的框架、组织形式和质量控制标准、干细胞成瘤性的评价标准、细胞替代治疗的安全性评价原则、临床级干细胞的国际标准、细胞国际运输的伦理和安全评价等。国际干细胞研究学会（ISSCR）是由 60 多个国家的科学家组成的非营利学术机构，主要致力于推动干细胞领域基础研究和临床应用的进展，同时也讨论制定干细胞研究和应用的一些统一的规范。其学会专业期刊《细胞・干细胞》（*Cell Stem Cell*）是干细胞与再生医学领域最重要的刊物之一，也是许多科学家讨论该领域发展所面临的问题和所需规范的一个重要平台。许多国家也从国家层面对干细胞发展和应用的一些问题做出规范和限制，在规范限制内给予支持和保护。美国国立卫生研究院（NIH）发布了最新版本的人类胚胎干细胞研究规范——《国立卫生研究院人类干细胞研究指导规范》。新规范于 2009 年 7 月 7 日生效。美国生物医学界的科学家们随即表达了他们对新规范的满意态度。2010 年 4 月中旬，NIH 发布人类干细胞研究指导规范草案，扩大了可供研究用的人类干细胞系的数量。最新版的指导规范制定了使用联邦政府经费资助人类胚胎干细胞实验研究的标准，为干细胞研究制定了限制条件。新规范也规定了一个注册登记系统，新干细胞登记系统和工作小组将在两个月内投入工作，新工作小组成员将由 9～10 位科学家、伦理专家和公众代表组成。

第三节　我国干细胞与再生医学发展现状

“十一五”期间，国家通过“973”计划、“863”计划、发育与生殖研究重大科学研究计划和国家自然科学基金等科研项目加大了我国在干细胞与再生医学领域的投入，主要支持干细胞的基础研究、关键技术和资源平台建设。在此期间，我国干细胞和再生医学研究有了迅猛发展，研究人员数量、发表文章数量和申请专利数量等各项指标都有极大的提高，也有不少领域内突破性的成果出现。

一、近年来我国干细胞和再生医学领域取得的进展

（一）诱导性多能干细胞的研究及应用

由于iPS细胞具有巨大的应用价值，因此，近年来它已成为干细胞研究领域的主角。但是iPS细胞的研究尚处于初始阶段，仍然面临许多亟待解决的问题，如iPS细胞诱导效率低下、病毒介导的转基因会整合入宿主细胞的基因组、干细胞相关转录因子在iPS细胞的分化后代中可被重新激活而引发诸多异常、iPS细胞在分化过程中存在表观遗传记忆、iPS细胞存在免疫原性等，这些无疑将严重阻碍iPS细胞的实际应用。因此，如何有效地提高诱导效率和安全性是我们急需解决的问题，针对这些问题，我国干细胞领域的科研工作者开展了多项研究，取得了令人振奋的成果。要想解决iPS细胞诱导过程中的安全性问题首先要做的是优化诱导体系。2009年，金颖课题组报道了利用人成纤维细胞作为滋养层细胞，在不添加LIF的情况下，可以诱导神经前体细胞重编程为iPS细胞。随后，该课题组又报道了重编程人羊水细胞为iPS细胞的研究成果和一种高效快速建立iPS细胞系的方法。在培养体系的改进上，中国科学院广州生物医药与健康研究院的裴端卿课题组也做了深入的研究。他们发现通过在培养过程中添加维生素C可使iPS细胞诱导效率提高10倍，通过小鼠和人细胞实验发现，培养时添加维生素C可促进相关基因表达，促使体细胞进入重编程状态。随后，他们还发现一种iSF1的培养液，利用这种培养液可以只用*Oct4*和*Klf4*基因就将脑膜细胞重编程为iPS细胞。在培养体系改进上，周琪课题组报道了利用基因敲除血清替代物（KSR）代替胎牛血清，在iPS细胞的诱导过程中可以显著提高重编程的效率。

解决 iPS 细胞诱导过程中的安全性问题除了优化培养体系外就是减少转录因子的数量。2009 年，德国马克斯-普朗克研究所的 Hans Scholer 研究组成功地利用 *Oct4* 将神经前体细胞重编程为 iPS 细胞，但由于神经前体细胞很难获得，该方法很难应用到临床。在此基础上，我国科学家邓宏魁教授和裴端卿教授两个研究组分别报道了建立单因子 iPS 细胞。邓宏魁的研究组利用 *Oct4* 基因和 4 个小分子将小鼠胚胎成纤维细胞（MEF）重编程为 iPS 细胞。这些进展使 iPS 细胞更接近临床应用，为实现只通过小分子重编程体细胞奠定了基础。

iPS 细胞之所以受到了整个生命科学领域的广泛关注，是因为它为疾病的研究提供了体外模型，人们可以利用它更好地研究疾病发病的机理、筛选和开发新的药物治疗方法。近年来，我国的科研工作者对此进行了多方面的尝试。

（1）iPS 细胞的多潜能性问题一直是困扰世界科学家的难题。自 iPS 细胞技术诞生以来，世界上多个课题组试图用检验干细胞多能性的“金标准”（即四倍体补偿）来检验 iPS 细胞的多能性，但一直未获得成功。直到 2009 年 7 月，中国科学院动物研究所周琪课题组报道获得了完全由 iPS 来源的成体小鼠，这是世界上第一次获得完全由 iPS 细胞制备的活体小鼠，有力地证明了 iPS 细胞具有真正的全能性，该研究发表于《自然》杂志，并于 12 月 8 日入选了《时代周刊》公布的 2009 年十大医学突破。

（2）其他物种 iPS 细胞系和疾病模型 iPS 细胞系的建立。要想使 iPS 细胞应用于疾病机理的研究，首先就要在常用的模式动物中尝试建立 iPS 细胞系。2008 年 12 月，北京大学邓宏魁课题组报道首次建立了恒河猴 iPS 细胞系；2009 年 1 月，中国科学院上海生命科学研究院生物化学与细胞生物学所肖磊课题组报道首次建立了大鼠 iPS 细胞系。由于大鼠是一种重要的模式动物，且之前尚无大鼠 ES 成功建系的报道，因此该项研究在国际上引起巨大轰动，随后肖磊课题组完成了猪 iPS 细胞和绵羊 iPS 细胞系的建立。裴端卿课题组也报道建立了西藏小型猪的 iPS 细胞系。由于猪的许多生理指标更接近于人类，因此这几项研究具有极大的应用前景。在重编程细胞的选择上，我国科研工作者也尝试了多种起始细胞，裴端卿课题组报道了将脐带和羊膜来源的细胞重编程为 iPS 细胞，还将病人尿液来源的细胞重编程为 iPS 细胞；李凌松课题组报道了将肠系膜来源的细胞重编程为 iPS 细胞。在有关疾病模型的 iPS 细胞系的建立上，我国科学家也获得了许多的研究成果。2009 年 9 月，中国科学院北京生命科学研究所高绍荣研究员的实验室成功建立了 β 型地中海贫血病人的 iPS 细胞系，为该病发病机制的研究、治疗药物的筛选及细胞移植治疗提供了有力的工具。裴端卿课题组报道了建立普拉德-威利（Prader-Willi）综合征的 iPS 细胞系，为该病发病机制的研究和治疗提供很好的模型。

（3）iPS 细胞的分化问题。iPS 细胞最大的应用前景就是在细胞替代治疗中实现自体移植，这就要求病人特异的 iPS 细胞能高效地分化成功能细胞。2009 年 8 月，邓宏魁课题组成功地将人 iPS 细胞高效地分化成能分泌胰岛素的成熟胰岛细胞，随后该研究小组又成功地将人 iPS 细胞分化成肝细胞。这些研究成果为 iPS 技术的临床应用提供了强有力的支持。

虽然 iPS 细胞的临床研究已经取得较大的进展，但是至今为止我们对 iPS 细胞技术的重编程机理仍然未知。2010 年，裴端卿和另外一个研究组同时报道了间充质表皮细胞转换（MET）对重编程的发生是必需的，该发现对于揭开 iPS 细胞重编程技术的面纱具有极其重要的意义。中国科学院上海生命科学院生物化学与细胞生物学研究所的裴钢院士也报道了类似的发现，他们发现表皮细胞的标志物 E-cadherin 在重编程中发挥重要的作用。自 2006 年首次建立 iPS 细胞系起，如何获得完全重编程的 iPS 细胞系一直是世界科学家所面临的难题，找到区分重编程完全的干细胞的标志物是世界上很多实验室的努力方向。2010 年，周琪课题组报道了 Dlk1-Dio3 印迹区域的激活与否和 iPS 细胞的发育潜能有密切关系。这是国际上首次将某个特定分子标记与 iPS 细胞的完全重编程联系在一起。

（二）胚胎干细胞的研究及应用

虽然 iPS 细胞有诸多的优势，但在临床应用中依然面临众多的质疑，如拷贝数的异常、免疫原性等问题。因此，对胚胎干细胞的研究仍然是再生医学领域所必需的，针对胚胎干细胞的研究也取得了较大的进展。

近年来对于胚胎干细胞的研究主要集中于建立几种重要模式动物的真正意义上的胚胎干细胞系和相关机制的研究。2008 年，应其龙报道成功建立了具有种系嵌合能力的大鼠胚胎干细胞系，这是除小鼠外唯一能够形成嵌合体和生殖系传递的其他物种的胚胎干细胞系，而获得能够通过生殖系传递的胚胎干细胞系往往是进行基因敲除的前提条件。随后，应其龙的研究组又报道了首次获得基因敲除大鼠。周琪课题组也报道建立了 Brown Norway 品系大鼠的胚胎干细胞，并获得成年的嵌合体大鼠。灵长类在进化上与人类最近，作为模式动物具有其他物种无可比拟的优势。中国科学院昆明动物研究所的季维智课题组报道了利用一种基于猿猴免疫缺陷病毒的载体获得转基因猕猴，为灵长类的研究奠定了基础。

人胚胎干细胞应用到临床前要解决一系列重要的问题，如无动物源成分的培养体系、移植到体内不形成畸胎瘤等。中国科学院健康科学研究所的金颖课题组报道建立了 3 株人胚胎干细胞系。这些细胞系在建立过程中尽量避免接触动物源成分，并且有 2 株不形成畸胎瘤，这些细胞系为人 ES 细胞的临床应用提供了宝贵资源。高绍荣课题组报道了通过将生精细胞的细胞核移植到去核卵母细胞中，建立孤雄 ES 细胞，为建立男性的自体多能干细胞提供了一条新的途径。由于实验材料的缺乏，关于人的早期胚胎发育的研究很难进行。金颖和张济的研究组报道了人早期胚胎发育的基因表达分析，填补了这一领域的空白。关于早期胚胎发育，金颖课题组进行了多项深入的研究，去年 *PNAS* 上报道了他们的研究成果，*Oct4* 可以抑制 *Stk40* 基因表达，阻止其激活 Erk/MAPK 通路，进而阻止小鼠胚胎干细胞向原始内胚层分化。高绍荣课题组报道了小鼠卵细胞不同发育阶段的蛋白组分析，丰富了关于小鼠卵细胞发育的知识。

(三) 成体干细胞的研究及应用

相对于胚胎干细胞，成体干细胞是更容易获得的、具有一定分化能力的细胞。目前，成体干细胞的研究主要集中于间充质干细胞上，由于间充质干细胞具有容易分离、自体来源、无免疫排斥等优点，近几年在世界范围内引起极大的兴趣。国内一些科研单位已经开始尝试用自体来源的间充质干细胞治疗多种类型的疾病，并取得了一定疗效。然而，在间充质干细胞广泛应用前，我们需要深入研究间充质干细胞的作用机理和调控方式。2010 年，中国科学院健康科学研究所的戴克戎课题组报道了镁合金腐蚀后引起 pH 升高，进而影响人骨髓基质细胞的存活及骨分化。这项研究为间充质干细胞应用于临床治疗提供了基础。除了间充质干细胞，很多课题组对生殖干细胞做了深入的研究，中国科学院北京生命科学研究院的袭荣文课题组报道了 TSC1/2 通过抑制 TORC1 信号通路，维持果蝇生殖干细胞的未分化状态。该课题组还报道了 Psc 和 Su(z)2 通过调控经典和非经典的 Wnt 信号通路促进果蝇卵泡干细胞的分化。这些研究为成体干细胞在临床中的应用提供了强有力的支持。

二、我国相关机构和规范的设立情况

我国干细胞研究的早期研究人员主要集中在北京和上海两地。目前，我国在该领域的研究人员和团队大大增加，形成了包括北京、上海和广州在内的三大干细胞研究中心。天津、成都、武汉、哈尔滨和南京等许多城市也有专业的干细胞研究团队。同时也成立了许多致力于干细胞与再生医学研究的研究机构。例如，中国科学院动物研究所、中国科学院遗传与发育生物学研究所和天津市中心妇产医院共同成立的干细胞与再生医学研究中心，国家干细胞工程技术研究中心，细胞产品国家工程研究中心，人类胚胎干细胞国家工程研究中心，华南干细胞与再生医学研究所等。为了更大程度地实现资源共享，国家还支持建立了北方干细胞库、华东干细胞库、中国科学院干细胞库和广州干细胞库四大干细胞库。在这些研究机构中汇聚着我国干细胞领域的精英人才。在国家重大项目的支撑下，我国干细胞行业呈现迅猛发展的态势。随着我国许多干细胞研究开始进入临床实验阶段，我国也亟须干细胞应用和治疗的相关规范。早在 2003 年我国就颁布过《人胚胎干细胞研究伦理指导原则》，为了解决目前干细胞应用的需要。卫生部正在审批的《干细胞研究与应用伦理规范》即将出台，这将对我国干细胞基础和应用研究有巨大的指导作用。

总之，我国干细胞和再生医学的研究在过去几年取得了重大进展，但是与国外发达国家相比，整体水平仍有差距，未来发展也存在诸多的问题和困难。干细胞和再生医学研究将是继药物治疗、手术治疗之后的又一场医疗革命，对国家发展和人民健康有重要的战略价值。未来我们必须在干细胞和再生医学研究中继续加大投入，整合资源，刻苦攻坚，为国家在这一领域的研究取得领先地位。

第四节　我国在干细胞与再生医学领域发展中存在的问题

尽管我国近年来在干细胞与再生医学领域取得了一些成果，但相比于欧美和日本等干细胞领域科研强国仍存在一定差距。我国干细胞和再生医学研究领域存在的问题主要有以下几个方面。

1. 基础研究力量仍显薄弱，缺乏原始开创性工作

在干细胞与再生医学研究领域的新技术的建立、新概念的提出和新研究领域的开拓方面，我国缺乏引领研究潮流的工作。

在干细胞生物学中，细胞重编程方法的建立、不同类型干细胞的分离和鉴定、干细胞多能型调控的核心转录因子的阐释、干细胞自我更新与分化通路的阐明、干细胞定向分化方法的建立、干细胞微环境概念的提出等关键问题绝大多数由国外研究最先提出或完成。在再生医学中，组织工程概念的提出、生物材料的制备等也是如此。我国的大多数研究是在他人开创的研究领域中解决相关问题，而极少开拓新的研究领域。从科研工作者的内因来讲，可能是缺乏创造性的想法，或者缺乏行之有效的手段；从外界条件来讲，科研经费的投入、科研条件的限制也有可能制约了相关的发展。不过随着国家科研投入的力度不断加强，国内优秀人才的成长和国外优秀人才回国，特别是由于干细胞领域存在巨大机遇，我国在干细胞与再生医学基础研究领域有望取得更多开创性成果。

2. 干细胞应用研究不足，基础研究与临床转化结合不够紧密

相比于我国在干细胞基础研究中所取得的成果，我国干细胞应用研究略显不足。难以将基础研究得到的知识和成果转化为临床应用，发挥干细胞的应用价值，是我国干细胞与再生医学领域存在的问题。当然，其中也有基础研究不足的原因。例如，成体干细胞自我更新和增殖调控的基础研究不足，导致成体干细胞由于体外培养增殖能力有限而使用于治疗的干细胞数量不足，导致临床应用面临瓶颈；经济大动物胚胎干细胞的缺失导致基因修饰等在小鼠上利用干细胞的成功经验无法应用于畜牧业上进行转基因动物的获得及优良品种的繁育。因此，需要加强干细胞的基础研究，并且在基础研究取得成果的同时，加大干细胞的应用研究，实现干细胞基础研究向应用研究的转化。

3. 干细胞的临床治疗政策法律法规有待加强

我国干细胞治疗的规范不足，相关的法律及监管缺失，导致我国在干细胞治疗尚不成熟的情况下进行临床治疗，甚至产生了一些干细胞治疗监管较严的国家的患者来中国进行“干细胞治疗旅行”的现象。现在的干细胞治疗存在很多问题，如干细胞的安全性评价和干细胞疗效的评估。在干细胞安全性评价缺失的情况下贸然将干细胞应用于临床，如果出现问题将对干细胞的研究与应用带来不小冲击。另外，缺乏客观的干细胞疗效评估，降低了干细胞疗效的可信度和将来干细胞临床应用的参考价值。所以，建立相关的法律法规约束干细胞临床治疗，加强干细胞治疗的监管，无论对于干细胞的基础研究还是临床研究都是利大于弊。

第五节　针对我国干细胞与再生医学领域未来发展的建议

综合国际干细胞与再生医学的现状与发展趋势，以及我国在此领域中存在的不足，未来我国在干细胞与再生医学领域中的发展应着眼于以下几个方面。

1. 深入开展基础性研究，解决关键科学问题

这些关键科学问题包括阐释干细胞自我更新机制、干细胞与微环境间的相互关系、干细胞多能性调控和命运决定机制、体细胞重编程和命运转化机制等。具体来说，这些科学问题可以细化为：①胚胎干细胞中 *Oct4*、*Sox2*、*Nanog* 等核心转录因子如何调控干细胞自我更新；②其他转录调节物质如非编码 RNA 等在调控干细胞自我更新中的作用；③转录后调节和翻译后修饰，以及蛋白质相互作用网络在干细胞自我更新中的作用；④干细胞自我更新机制的阐明将有助于更好地了解干细胞的特性，开发新的干细胞建立和培养体系，解决临床治疗中干细胞体外扩增问题；⑤研究干细胞微环境中物理、化学因素对干细胞自我更新与分化的影响；⑥干细胞特别是肿瘤干细胞如何营造适应其生长的微环境；⑦阐释干细胞与微环境的相互作用有助于了解个体发育、组织稳态维持、疾病发生等问题。建立其他高效快捷诱导干细胞定向分化方法，为干细胞的临床应用奠定基础。例如，结合发育过程建立不同等级干细胞，研究多能性调控和命运决定机制；研究体细胞重编程的分子机制，包括细胞命运转化中涉及的表观遗传和信号通路改变；了解重编程的分子机制，有助于从新的视角理解发育过程，并指导建立其他体细胞重编程和细胞命运转化方法。

2. 大力进行干细胞的应用研究，创造干细胞应用价值

干细胞研究价值以其应用价值为体现，所以，必须重视干细胞的应用研究。在再生医学中，干细胞有希望用于细胞治疗、组织工程中。这其中仍涉及许多问题尚需解决，如用于干细胞治疗的细胞类型与纯化、采用体内分化还是体外分化策略、细胞移植的归巢问题、移植细胞与机体组织的整合与发挥功能、移植细胞的致瘤性和免疫原性、复杂得多细胞类型组织的构建、功

能性组织的构建等。除体外扩增干细胞回输治疗以外，激活、募集体内干细胞进行缺损组织的修复和重建也将是重要的研究方向。另外，利用干细胞在动物体内构建组织器官用于移植也将是再生医学的重要方向。在畜牧业中，干细胞有希望用于经济大动物的优良品系的繁殖、培育转基因新品种等。在生态保护中，濒危物种的干细胞有希望用于物种保护。这些应用价值的实现依赖于干细胞应用研究的进展。

3. 贯彻干细胞临床治疗的标准化和规范化

干细胞具有巨大的潜在医疗价值，在干细胞从实验室研究走向临床治疗中，必须坚持干细胞临床治疗的标准化和规范化。这种标准化和规范化涉及干细胞获得、干细胞鉴定与纯化、干细胞体外培养、干细胞的致瘤性和免疫原性检测、干细胞体内回输治疗和疗效评估等各个环节。其中，干细胞获得需要建立相应的规范保障伦理、道德及捐献者知情权；干细胞鉴定与纯化需要建立细致的细胞标志物鉴定标准，分离得到具有医疗价值的细胞亚群；干细胞体外培养需要确保培养过程中干细胞保持正常的核型与功能；干细胞的安全性和免疫原性需要规范何种标准的细胞才能用于临床治疗。只有坚持标准化和规范化，才能确保更安全的干细胞治疗和更客观可靠的疗效评估，为干细胞临床应用提供更有价值的参考。

干细胞与再生医学，将帮助人类实现修复创伤和病理组织、治愈终末期疾病的梦想。未来，我国科学家将和世界科学家一道为人类的健康而努力，也为我国能在再生医学这一生物产业重要战略方向取得领先做出贡献。

参考文献

Aasen T，Raya A，Barrero M J，et al. 2008. Efficient and rapid generation of induced pluripotent stem cells from human keratinocytes. Nat Biotechnol，26（11）：1276-1284.

Aoi T，Yae K，Nakagawa M，et al. 2008. Generation of pluripotent stem cells from adult mouse liver and stomach cells. Science，321（5889）：699-702.

Bhutani N，Brady J J，Damian M，et al. 2010. Reprogramming towards pluripotency requires AID-dependent DNA demethylation. Nature，463（7284）：1042-1047.

Blau H M，Chiu C P，Webster C，1983. Cytoplasmic activation of human nuclear genes in stable heterocaryons. Cell，32：1171-1180.

Blyszczuk P，Czyz J，Kania G，et al. 2003. Expression of Pax4 in embryonic stem cells promotes differentiation of nestin-positive progenitor and insulin-producing cells. PNAS, 100 (3): 998-1003.

Boyer L A, Lee T I, Cole M F, et al. 2005. Core transcriptional regulatory circuitry in human embryonic stem cells. Cell, 122 (6): 947-956.

Briggs R. 1952. Transplantation of living nuclei from blastula cells into enucleated frogs' eggs. PNAS.

Cobaleda C, Jochum W, Busslinger M. 2007. Conversion of mature B cells into T cells by dedifferentiation to uncommitted progenitors. Nature, 449 (7161): 473-477.

Daley G Q, Scadden D T. 2008. Prospects for stem cell-based therapy. Cell, 132 (4): 544-548.

Ding S, Li W L, Zhou H Y, et al. 2009. Generation of human-induced pluripotent stem cells in the absence of exogenous *sox2*. Stem Cells, 27 (12): 2992-3000.

Eminli S, Foudi A, Stadtfeld M, et al. 2009. Differentiation stage determines potential of hematopoietic cells for reprogramming into induced pluripotent stem cells. Nature Genetics, 41 (9): 968-976.

Eminli S, Utikal J, Arnold K, et al. 2008. Reprogramming of neural progenitor cells into induced pluripotent stem cells in the absence of exogenous sox2 expression. Stem Cells, 26 (10): 2467-2474.

Esteban M A, Wang T, Qin B, et al. 2010. Vitamin C enhances the generation of mouse and human induced pluripotent stem cells. Cell Stem Cell, 6 (1): 71-79.

Evans M J. 1981. Establishment in culture of pluripotent cells from mouse embryos. Nature, 292: 154-156.

Gnecchi M, Zhang Z, NiA, et al. 2008. Paracrine mechanisms in adult stem cell signaling and therapy. Circulation Research, 103 (11): 1204-1219.

Gurdon J B. 1962. The Transplantation of nuclei between two species of xenopus. Evelopxiental Biology, 5: 68-83.

Hanna J H, Saha K, Jaenisch R. 2010. Pluripotency and cellular reprogramming: Facts, hypotheses, unresolved Issues. Cell, 143 (4): 508-525.

Hanna J, Markoulaki S, Schorderet P, et al. 2008. Direct reprogramming of terminally differentiated mature B lymphocytes to pluripotency. Cell, 133 (2): 250-264.

Hanna J. 2010. Human embryonic stem cells with biological and epigenetic characteristics similar to those of mouse ESCs. PNAS, 107 (20): 9222-9227.

Ieda M, Fu J D, Delgado-Olguin P, et al. 2010. Direct reprogramming of fibroblasts into functional cardiomyocytes by defined factors. Cell, 142 (3): 375-386.

Kim J B, Sebastiano V, Wu G, et al. 2009. Oct4-induced pluripotency in adult neural stem cells. Cell, 136 (3): 411-419.

Kim K, Doi A, Wen B, et al. 2010. Epigenetic memory in induced pluripotent stem cells.

Nature, 467 (7313): 285-290.

Kunath T, Saba-El-Leil M K, Almousailleakh M, et al. 2007. FGF stimulation of the Erk1/2 signalling cascade triggers transition of pluripotent embryonic stem cells from self-renewal to lineage commitment. Development, 134 (16): 2895-2902.

Li P, Tong C, Mehrian-Shai R, et al. 2008. Germline competent embryonic stem cells derived from rat blastocysts. Cell, 135 (7): 1299-1310.

Li W, Zhou H, Abujarour R, et al. 2009. Generation of human-induced pluripotent stem cells in the absence of exogenous Sox2. Stem Cells, 27 (12): 2992-3000.

Lindvall O, Kokaia Z, Martinez-Serrano A. 2004. Stem cell therapy for human neurodegenerative disorders-how to make it work. Nature Medicine, 10 (7): S42-S50.

Loh Y H, Agarwal S, Park I H, et al. 2009. Generation of induced pluripotent stem cells from human blood. Blood, 113 (22): 5476-5479.

Loh Y H, Wu Q, Chew J L, et al. 2006. The Oct4 and Nanog transcription network regulates pluripotency in mouse embryonic stem cells. Nature Genetics, 38 (4): 431-440.

Lowry W E, Richter L, Yachechko R, et al. 2008. Generation of human induced pluripotent stem cells from dermal fibroblasts. PNAS, 105 (8): 2883-2888.

Ludwig T E, Bergendahl V, Levenstein M E, et al. 2006. Feeder-independent culture of human embryonic stem cells. Nat Methods, 3 (8): 637-646.

Lyssiotis C A, Foreman R K, Staerk J, et al. 2009. Reprogramming of murine fibroblasts to induced pluripotent stem cells with chemical complementation of Klf4. PNAS, 106 (22): 8912-8917.

Maherali N, Ahfeldt T, Rigamonti A, et al. 2008. A high-efficiency system for the generation and study of human induced pluripotent stem cells. Cell Stem Cell, 3 (3): 340-345.

Maherali N, Hochedlinger K. 2009. Tgfβ signal inhibition cooperates in the induction of iPSCs and replaces Sox2 and cMyc. Current Biology, 19 (20): 1718-1723.

Marson A, Foreman R, Chevalier B, et al. 2008. Wnt signaling promotes reprogramming of somatic cells to pluripotency. Cell Stem Cell, 3 (2): 132-135.

Mummery C, Oostwaard D W, Doevendans P, et al. 2003. Differentiation of human embryonic stem cells to cardiomyocytes-role of coculture with visceral endoderm-like cells. Circulation, 107 (21): 2733-2740.

Nakagawa M, Koyanagi M, Tanabe K, et al. 2007. Generation of induced pluripotent stem cells without Myc from mouse and human fibroblasts. Nature Biotechnology, 26 (1): 101-106.

Okita K, Ichisaka T, Yamanaka S. 2007. Generation of germline-competent induced pluripotent stem cells. Nature, 448 (7151): 313-317.

Okita K, Matsumura Y, Sato Y, et al. 2011. A more efficient method to generate integration-free human iPS cells. Nature Methods, 8 (5): 409-412.

O'Malley J, Woltjen K, Kaji K. 2009. New strategies to generate induced pluripotent stem cells. Current Opinion in Biotechnology, 20 (5): 516-521.

Polo J M, Liu S, Figueroa M E, et al. 2010. Cell type of origin influences the molecular and functional properties of mouse induced pluripotent stem cells. Nat Biotechnol, 28 (8): 848-855.

Qi X, Li T G, Hao J, et al. 2004. BMP4 supports self-renewal of embryonic stem cells by inhibiting mitogen-activated protein kinase pathways. PNAS, 101 (16): 6027-6032.

Sackstein R, Merzaban J S, Cain D W, et al. 2008. Ex vivo glycan engineering of CD44 programs human multipotent mesenchymal stromal cell trafficking to bone. Nature Medicine, 14 (2): 181-187.

Sato N, Meijer L, Skaltsounis L, et al. 2004. Maintenance of pluripotency in human and mouse embryonic stem cells through activation of Wnt signaling by a pharmacological GSK-3-specific inhibitor. Nature Medicine, 10 (1): 55-63.

Stadtfeld M, Brennand K, Hochedlinger K. 2008. Reprogramming of pancreatic β cells into induced pluripotent stem cells. Current Biology, 18 (12): 890-894.

Tachibana. 1996. Ectopicexpression of MITF, a gene for Waardenburg syndrome type2, converts fibroblasts to cells with melanocyte characteristics. Nat Genet, 14: 50-54.

Tada M. 1997. Embryonic germ cells induce epigenetic reprogramming of somatic nucleus in hybrid cells. EMBO J, 16: 6510-6520.

Tada M. 2001. Nuclear reprogramming of somatic cells by in vitro hybridization with ES cells. Curr Biol, 11: 1553-1558.

Takahashi K, Tanabe K, Ohnuki M, et al. 2007. Induction of pluripotent stem cells from adult human fibroblasts by defined factors. Cell, 131 (5): 861-872.

Takahashi K, Yamanaka S. 2006. Induction of pluripotent stem cells from mouse embryonic and adult fibroblast cultures by defined Factors. Cell, 126 (4): 663-676.

Tesar P J, Chenoweth J G, Brook F A, et al. 2007. New cell lines from mouse epiblast share defining features with human embryonic stem cells. Nature, 448 (7150): 196-199.

Thomson J A, Itskovitz-Eldor J, Shapiro S S, et al. 1998. Embryonic stem cell lines derived from human blastocysts. Science, 282 (5391): 1145-1147.

Uhlenhaut N H, Jakob S, Anlag K, et al. 2009. Somatic sex reprogramming of adult ovaries to testes by Foxl2 ablation. Cell, 139 (6): 1130-1142.

Utikal J, Maherali N, Kulalert W, et al. 2009. Sox2 is dispensable for the reprogramming of melanocytes and melanoma cells into induced pluripotent stem cells. Journal of Cell Science, 122 (19): 3502-3510.

Vierbuchen T, Ostermeier A, Pang Z P, et al. 2010. Direct conversion of fibroblasts to functional neurons by defined factors. Nature，463（7284）：1035-1041.

Weintraub H. 1989. Activation of muscle-specific genes in pigment，nerve，fat，liver and fibroblast cell lines by forced expression of MyoD. PNAS.

Wernig M，Meissner A，Cassady J P，et al. 2008. c-Myc is dispensable for direct reprogramming of mouse fibroblasts. Cell Stem Cell，2（1）：10-12.

Wernig M，Meissner A，Foreman R，et al. 2007. In vitro reprogramming of fibroblasts into a pluripotent ES-cell-like state. Nature，448（7151）：318-324.

Wilmut I. 1997. Viable offspring derived from fetal and adult mammalian cells. Nature，385：810-813.

Woltjen K，Stanford W L. 2009. Inhibition of Tgf-beta signaling improves mouse fibroblast reprogramming. Cell Stem Cell，5（5）：457-458.

Xie H. 2004. Stepwise reprogramming of B cells into macrophages. Cell，7（5）：663-676.

Xu R H，Chen X，Li D S，et al. 2002. BMP4 initiates human embryonic stem cell differentiation to trophoblast. Nat Biotechnol，20（12）：1261-1264.

Xu R H，Sampsell-Barron T L，Gu F，et al. 2008. Nanog is a direct target of TGFbeta/activin-mediated SMAD signaling in human ESCs. Cell Stem Cell，3（2）：196-206.

Ying Q L，Nichols J，Chambers I，et al. 2003. BMP induction of Id proteins suppresses differentiation and sustains embryonic stem cell self-renewal in collaboration with STAT3. Cell，115（3）：281-292.

Ying Q L，Stavridis M，Griffiths D，et al. 2003. Conversion of embryonic stem cells into neuroectodermal precursors in adherent monoculture. Nat Biotechnol，21（2）：183-186.

Ying Q L，Wray J，Nichols J，et al. 2008. The ground state of embryonic stem cell self-renewal. Nature，453（7194）：519-523.

Yoshida Y，Takahashi K，Okita K，et al. 2009. Hypoxia enhances the generation of induced pluripotent stem cells. Cell Stem Cell，5（3）：237-241.

Yu J Y，Vodyanik M A，Smuga-Otto K，et al. 2007. Induced pluripotent stem cell lines derived from human somatic cells. Science，318（5858）：1917-1920.

Zhao T，Zhang Z N，Rong Z，et al. 2011. Immunogenicity of induced pluripotent stem cells. Nature，474（7350）：212-215.

Zhao X Y，Li W，Lv Z，et al. 2009. iPS cells produce viable mice through tetraploid complementation. Nature，461（7260）：86-90.

Zhou Q，Brown J，Kanarek A，et al. 2008. In vivo reprogramming of adult pancreatic exocrine cells to β-cells. Nature，455（7213）：627-632.

第六章 药学科学领域发展态势

第一节　药学科学发展总趋势

药学科学是研究药物及其作用规律的科学，是国际科技和经济竞争的重要战略制高点之一，是提升人口健康水平的重要支撑。近年来，药学汇聚融合了生命科学和生物技术前沿技术，创新药物研发的理念和模式发生了革命性的变化。缩短研发时间，降低研发成本，追求更安全、更有效、更具预测性的药物成为药学发展的主旋律。由于自身行业发展遇到的困境及新兴技术带来的希望，药学科学正处在研究理念和方法、研发模式发生根本性变革的重要转折点。药学科学的发展趋势主要体现在以下方面。

一、迅猛发展的生命科学新兴学科与技术，变革了药物的传统研发模式

药物研发高投入、高风险、高回报和长周期的“三高一长”的特点，导致只有30％的“重磅炸弹药”销售额达到或超过其研发成本，制药企业依赖于一个或几个“重磅炸弹药”的时代已开始落幕（GBI Research，2010）。随着生命科学前沿领域如基因组技术、蛋白质组技术、系统生物学、干细胞等现代生物技术的迅猛发展，疾病的发生、发展机制不断被阐明和揭示，加速了药物作用新靶点的识别和确证。在“疾病表型—基因—靶点—药物”相互作用网络的基础上，药物多靶标药理学和网络药理学诞生并不断发展，通过网络分析来观察药物对病理网络的干预与影响，使研发的新药更接近于疾病的实际情况，从而提高研发的成功率。药物研发早期评价得到更多重视，使

早期淘汰能得以实现。0期临床试验的提出和实施能较早发现有希望的候选化合物，两者都能降低药物研发的成本。美国FDA的统计数据表明：生物标记物在预测药物研发失败方面提高了10%的准确性，在一种药物的研发过程中能够节约近1亿美元的成本；有确定生物标记物的药物研发周期只需8～10年，比原来12～15年缩短了5年左右时间。

二、药物研发难度的日益增加，促使老药新用理念破茧而出

2010年，美国FDA药物评价和研究中心（CDER）共批准了15种新分子实体和6种新型生物制品上市，在数量上低于2009年的25种和2008年的24种（Mullard，2011a）。国际药物研究中心指出，近年来，新药Ⅲ期临床试验和新药申报的平均成功率已经降至50%左右（Mullard，2011b）。英国制药和生物科技行业预测及分析公司Evaluate Pharma ®分析，预计2010～2016年，新药研发（R&D）投入年均增长率仅为2.3%。尽管增长缓慢，至2016年整个制药业的R&D投入也将达到1450亿美元。R&D投入占销售额比例也出现了明显下降，预计将从2008年的20%下降至2016年的18.5%。有鉴于药物研发成功难度的增加，为提高药物研发效益，催生了老药新用的理念（Evaluate Pharma Ltd，2010）。2011年6月，美国NIH院长弗朗西斯·柯林斯提出了一个名为“药物援救和新作用项目”的想法——说服制药公司将其废弃药物收藏馆向学术界开放，以寻找这些药物的新用途（Kaiser，2011）。NIH主管科学政策的副主任艾米·帕特森指出，尽管每1万个有潜在治疗作用的化合物中，只有1个能成为药物，但这些候选药物在试验中失败的主要原因是效率，而不是安全问题。这意味着毒性通常不是发现新药的障碍。她引用一个数据表示，发现药物新作用的成功率在30%左右。已有很多老药新用的成功案例，例如，沙利度胺（Thalidomide）最初是治疗早孕期间孕吐反应的药物，因其导致严重的婴儿出生缺陷而被撤出市场。科学家们后来发现，这种药物可以治疗麻风病和多发性骨髓瘤（multiple myeloma），从而赋予了沙利度胺新的生命。目前，许多制药公司已经有药物新用途项目，学术界也希望能加入其中。例如，根据辉瑞制药公司和圣路易斯华盛顿大学签署的一项协议，该大学的研究人员可获取辉瑞公司500种药物和在动物实验中失败的候选药物的数据库（王丹红，2011）。

三、联合用药已成为治疗复杂性疾病的主流治疗策略

复方药物包括中药复方药物、化学药复方药物及中西药结合的复方药物。

我国在复方药物研究上应以中药为主，研究工作主要集中在化学、质量控制与代谢方面。例如，采用超高效液相-四级杆-飞行时间串联质谱技术（UPLC-Q-TOF/MS）对牛黄解毒片、六味地黄汤、痛泻药方等复方进行定性和定量分析的研究较为成熟；基于代谢组学对复方药物在体内的代谢过程进行研究的有当归补血汤、复方丹参片、小续命汤等；对复方脉络宁采用非靶标进行全面检测和鉴别。中药的复方用药理念在西药中也得到越来越多的认可。复方药市场前景喜人，如 Pozen 公司抗关节炎药物 Vimovo（埃索美拉唑＋萘普生）目标市场规模超过 100 亿美元；降胆固醇药物 Certriad 成分包括阿斯利康公司的降血脂药 Crestor 和雅培公司与 Solvay 公司共同研发的降醇药 TriLipix，其目标市场规模在 50 亿～100 亿美元。近年美国 FDA 批准的复方药物增长迅速，由 2002 年的 11 个增长至 2006 年的 40 个，4 年内增长了 3 倍多。2010 年，CDER 与医疗政策室联合撰文，为两个或多个未上市研究型药物的联合使用发展提供指导原则，进一步从政策上促进复方用药的发展（US FDA，2011）。

四、个性化药物成为药学重要发展趋势之一

转化医学为追求更安全、更有效、更具预测性的药物奠定了基础。转化医学研究打破了基础医学与药物研发、临床医学之间固有的屏障，建立起彼此的直接关联，缩短从实验室到临床应用的过程。2006 年，NIH 推出了临床与转化科学奖（CTSA）计划，其中包含的措施超越了从实验室到临床的转化药物范畴，指出了从临床研究人员到医生、病人的基础研究和临床应用之间的知识转化。

越来越多的证据显示药物的有效性和不良反应是由于个体之间的基因差异造成的。据世界卫生组织最新统计，药物不良反应已经成为人类第五大死亡原因，最常用的处方药只对 60％以下的患者有效；每年 310 万处方病人中有 210 万人会发生药物不良反应，其中 100 万人会入院治疗，而近 10 万的处方病人可能会死亡。基因的差异导致它们编码的蛋白质（包括酶）发生改变，而酶的改变与药物的不良反应息息相关。例如，基因 *CYP2C9* 和 *VKORC1* 的差异导致了药物华法林的不良反应；细胞色素 P450 酶（CYP450）在近 50％的药物代谢中起作用，基因 *CYP2D6* 和 *CYP2C19* 的差异在药物代谢、吸收和排泄过程中起重要作用。“选择最有效的药物，而不是选择使用最广泛的药物”是今后医生选择药物的原则。个性化药物包括曲妥珠单抗（Herceptin）、西妥昔单抗（Erbitux）、格列卫（Gleevec）、奥氮平（Zyprexa）、西乐

葆（Celebrex）、立普妥（Lipitor）、特罗凯（Tarceva）、利妥昔（Rituxan）、波立维（Plavix）、利培酮（Risperdal）、Iressa、扑瑞赛（Sprycel）、华法林（Coumadin）、伊立替康（Camptosar）等，其生产者为辉瑞、默克、罗氏、礼来、诺华、阿斯利康、百时美施贵宝等大型国际制药公司，治疗所涉及的领域以肿瘤为主，还包括关节炎、心血管疾病、精神性疾病等（GBI Research，2010）。

五、生物技术药日趋受到药物研发机构与企业的青睐

据 IMS Health 统计，2009 年全球 8200 亿美元的市场份额中，虽仍以化学药物为主导，但是生物工程药品和生化药品的销售额已达 1300 亿美元，其中单克隆抗体类药品 400 亿美元、疫苗类药品 380 亿美元、肿瘤坏死因子抑制剂类 220 亿美元。在世界畅销药前 10 名中，有 5 种为生物技术药；目前，全球前 50 强制药公司中已经有 32 家拥有单克隆抗体、治疗性蛋白质或者疫苗产品，越来越多的制药公司巨资投入生物技术药的研发。microRNA 药物、G 蛋白偶联受体靶向药物、人源或人源化治疗性单克隆抗体药物、新型基因工程重组蛋白质及多肽药物成为“新宠”。

第二节　老药新用发展态势

老药新用具有以下优势。

（1）老药具有可靠的药物安全性和生物利用度。已上市的近 1 万种药物大部分进行过Ⅳ期临床实验，上市后经几百万人使用，它们的安全性或出现毒副作用的机制比较清楚，现有药物制剂和释放系统可直接应用于后续发现的新药物用途。

（2）节约 60%左右的研究经费。老药的药物代谢动力学、毒性和生物利用度等比较明确，可以直接进入Ⅱ、Ⅲ期临床实验，且大部分药物不用做Ⅳ期临床实验。

（3）具有广阔的知识产权空间。仅 10%的上市药物处于专利保护中，90%的药物已过专利保护期。因此，老药的新用途可以重获知识产权。

一、国际老药新用科研现状

一方面，目前已上市的 1 万多种新药中，有 8000 多种是小分子化学药

物；处于临床研究阶段的药物有1.7万种，其中小分子化合物有1.3万种左右；小分子药物合计2万种左右。另一方面，用于药物研发的靶标有2000余个。如果针对2000个靶标重新筛选这2万种药物，可以获得4千万药次的筛选结果，按新药研发万分之一的成功率计算，理论上最终可以获得4000种老药的新药理用途。由于现有药物的成药性（drug ability）没有问题，发现新药的几率远高于万分之一。因此，从老药中发现新药的前景非常宽广。

美国NIH、约翰·霍普金斯大学等研究机构相继启动了“老药新用”研究计划，罗氏、诺华等大制药公司也投入大量的研发力量和经费开发老药的新用途。针对现有药物进行新药开发，最为直接的方法是通过观察老药在使用过程或临床研究过程中出现新的治疗效果（或有利副作用的进一步利用），进而增加或改进药物的治疗范围，这种策略称为“重新定位法”（reposition）。近年来，利用“重新定位法”策略开发新药的一个比较成功的例子是辉瑞公司开发的西地那非（伟哥），从上市的降血压药成为国际上第一个治疗勃起功能障碍（ED症）的药物（Boolell et al.，1996）。

老药新用从在临床使用过程中被动地发现、大量收集、合成现有药物，向主动进行药理筛选、系统地发现老药的新用途方向发展。约翰·霍普金斯大学建立了临床化合物样品库，该库收集了1500个现有药物样品，正在组织力量进行系统筛选，以发现这些药物的新活性和新药理用途。罗氏公司发现抗生素Ceftriaxone（英文商品名Rocephin，中文商品名头孢曲松钠、罗氏芬）具有增加神经递质转运蛋白谷氨酸转运体表达的作用，因而具有治疗肌萎缩性侧索硬化症的药理作用，现已进入Ⅱ期临床试验（Rothstein et al.，2005）。研究发现用于治疗麻风的药物氨苯砜（Dapsone）同时具有抗疟作用，并已进入临床试验（Alkadi，2007）。最近各大制药公司通过再次评价，已经筛选出17个老药进入临床和临床前研究，还发现了24个老药具有明确的新药理作用。

二、我国老药新用科研现状

我国科研人员“老药新用”研究方面也取得了重要进展。哈尔滨医科大学和上海交通大学医学院的科学家发现砒霜具有治疗急性早幼粒细胞白血病的作用，临床应用取得成功（Zhang et al.，2011）。中国科学院上海药物研究所（简称上海药物所）早在20世纪80年代就发现传统中药活性化合物延胡索乙素具有镇痛作用。2003年“非典”暴发期间，上海药物所科研人员与德国和瑞典科学家合作，通过计算机虚拟筛选和抗病毒活性测试，发现抗精神分裂症药物肉桂硫胺具有较强的抗 SARS 病毒活性。该项研究成果于 2005 年发表在国际著名杂志《病毒学杂志》(*Journal of Virology*)上(Chen et al.,2005)。最近,上海药物所科研人员发现抗疟药物蒿甲醚具有抗血吸虫、抗肿瘤和抗病毒活性;他们还发现一类水溶性青蒿素具有较强的免疫抑制作用,动物模型实验表明其具有较好的抗红斑狼疮活性(Hou et al.,2009)。上海药物所科研人员经过 13 年的努力,从我国传统中药丹参中发现水溶性丹参多酚酸镁盐具有较好的治疗心血管疾病的疗效,2005 年经过中国国家食品药品监督管理局(SFDA)批准上市,最近该所科研人员又发现该化合物具有抗肺纤维化和肝纤维化活性。此外,中国科学院上海生命科学研究院发现 2-肾上腺素拮抗剂具有抗阿尔茨海默病的作用(Ni et al.,2006);中国医学科学院发现"老药"黄连素(盐酸小檗碱)具有降血脂活性(Kong et al.,2004);上海复旦张江生物医药股份有限公司成功地将治疗光角化病的老药"盐酸氨酮戊酸"开发成为治疗尖锐湿疣的新药。具有祛热解毒、消炎止痛之功效的穿心莲内酯为天然植物穿心莲的主要有效成分,对细菌性与病毒性上呼吸道感染及痢疾有特殊疗效,被誉为天然抗生素药物。2009 年,中国科学院上海生命科学研究院发现其对 NF-κB 的调控机制,一方面解释了其抗炎作用,另一方面也提出该药对预防与治疗静脉血栓可能具有非常重要的应用价值(Wang et al. 2007)。2011 年,上海药物所发现用于治疗抑郁症及抗躁狂的"老药"氯化锂可以大大提高体细胞重编程为诱导多能干细胞的效率,为解决再生医学替代疗法的细胞来源提出新方法(Wang,2011)。上海药物所还与同济大学合作,发现用于抗哮喘的一线药物孟鲁斯特等可以抑制致病性 T 淋巴细胞对中枢神经系统的浸润,从而减轻多发性硬化症的发病,提示该类药物可以用于自身免疫病的治疗(Wang et al.,2011)。

在老药化合物库建设方面,我国的发展基本与国际同步。最近,上海药物所、中国科学院广州生物医药与健康研究院和海正药业股份有限公司合作,收集了我国生产和申报的老药 1200 余个,为我国开展"老药新用"奠定了重要的物质基础。同时,发展了老药新活性和毒副作用靶标的药物信息学分析技术,以及相应的数据库和软件,为"老药新用"研发储备了国际先进水平的技术。

三、我国老药新用存在的问题及其发展建议

中国的制药企业新药研发力量薄弱,主要原因是没有形成"新药拳头产品—良好市场赢利—新药研制再投入"的良性循环,新药研发的投入严重不足。一方面,"老药新用"的研发模式大大降低了药物研发的风险,是中国制

药形成自主创新能力的绝佳途径。另一方面，中国是仿制药和原料药生产大国，在长期的研究和生产中形成了2000余种药物合成、生产的技术积累，为老药新用奠定了扎实的基础。

根据国家医药产业战略发展的需求，建议以“现有药物新治疗用途开发”为突破口，整合化学合成、药效学评价等传统药物研究技术发展和功能基因组、高通量/高内涵筛选和药物信息等现代药物研发技术，发展独创的“老药新用”研发新技术和新方法；系统地对老药分子的新药理作用进行筛选，发现新的疗效用途；还应根据老药的新药理用途，设计合成老药的新类似物，进行药物筛选和评价研究；以抢占老药新用途知识产权的制高点，为我国新药研发开辟新的道路。

第三节　G蛋白偶联受体靶向药物发展态势

G蛋白偶联受体家族（G-protein-coupled receptor，GPCR）是人体内最大的膜受体蛋白家族，是重要的药物作用靶点，目前已知有近800个基因编码GPCR（Lagerström and Schiöth，2008）。GPCR具有典型的7次跨膜结构，对多种细胞外刺激如光、气味、离子、神经递质、趋化因子、脂类、肽类和激素等产生反应，介导多种重要的生理功能（Pierce et al.，2002）。GPCR信号转导途径的多样性及其调控的生理功能多样性决定了它与人类疾病的密切联系。例如，黑色素皮质素受体MCR4与食欲调控密切相关，该受体的突变已被证实导致了相当一部分的遗传性肥胖症（MacKenzie，2006）。又如，趋化因子受体CXCR4，其正常生理功能与造血、心血管发育、神经生长及免疫细胞的趋化等相关；然而CXCR4也能与艾滋病病毒HIV-1表面的gp120/gp41蛋白复合物结合，作为病毒的辅受体导致病毒入侵（Moore et al.，2003）。胰高血糖素受体（GCGR）和胰高血糖素样肽受体（GLP-1R），前者调控肝糖原的分解，后者调控胰岛素分泌（糖原合成），在血糖浓度调控中起重要作用（Burcelin et al.，1996；Drucker 2002）。研究也表明，2-肾上腺素受体可以直接与细胞膜上的分泌酶结合，提示2-肾上腺素受体有可能成为研发阿尔茨海默症治疗药物的新靶点（Ni et al.，2006）。

一、国际蛋白偶联受体靶向药物科研现状

GPCR超家族无论对基础研究还是药物研发都是潜力巨大的宝库。目前

国际上对 GPCR 的研究有以下几个热点方向。

1. GPCR 与疾病的关系

目前真正用于药物开发的 GPCR 受体只有 60 个左右，大部分 GPCR 受体的生理功能尚不清楚。对这些功能不明的 GPCR 的研究必将产生更多的药靶。

2. GPCR 的结构解析

受体配体的相互作用及其引起的信号转导需要结构基础。GPCR 是 7 次跨膜受体，如何获得稳定的 GPCR 结晶一直是该领域的难点。目前只有 7 个 GPCR 获得晶体结构，而且目前获得的均为 A 类 GPCR 的晶体结构，B 类 GPCR 尚无报道。GPCR 结构的解析将有利于促进药物设计的发展。以前对于 GPCR 配体的发现基本依靠化合物的筛选，自从 2-肾上腺素受体结构解析以来，已有科学家利用该结构成功设计出新型配体（Kolb et al.，2009）。

3. GPCR 的去孤儿化

许多 GPCR 的功能不明确一定程度上是由于不清楚其内源配体而造成的。即使利用基因敲除动物初步得知 GPCR 的功能，还是必须找到其内源配体才能完整理解受体的重要性。目前还有近 200 个非感觉类 GPCR 的配体尚不明确，这些受体的去孤儿化不仅能帮助了解受体功能，也为基于这些受体的药物研发提供起点。

4. GPCR 偏向型配体的发现及应用

GPCR 的信号网络非常复杂，涉及依赖于 G 蛋白的经典信号通路及 GRK/Arrestin 的非经典信号通路。即使在经典信号通路中，一个 GPCR 可与多个 G 蛋白结合。例如，2-肾上腺素受体在不同配体刺激下可分别与激动性 G 蛋白（Gs）或抑制性 G 蛋白（Gi）结合，激活不同的第二信使。又如，血管紧张素的不同突变体可以激活 AT1 受体的经典和非经典通路，从而对血管平滑肌细胞产生不同的作用。这些研究都表明 GPCR 与不同的配体结合，下游的信号通路及其生理作用是不同的。对这类偏向型配体的研究不仅可以丰富我们对 GPCR 信号通路的认识，而且可以获得更加安全有效的药物。

二、我国 G 蛋白偶联受体靶向药物科研现状

我国在 GPCR 研究领域的力量还比较薄弱，但也取得了一系列原创性成

果。上海药物所首次发现了一类胰高血糖样肽-1受体（GLP-1R）的小分子激动剂，为进一步研发以GLP-1R为靶点治疗糖尿病的小分子药物奠定了基础；该所还发现了海洋天然产物通过诱导趋化因子受体（CXCR4）脱敏内吞抑制肿瘤细胞迁移。国家新药筛选中心已选出与心血管疾病、免疫性疾病、神经系统疾病、呼吸道疾病和代谢性疾病等重大疾病密切相关的55个GPCR，并建立了稳定表达的细胞系。研究人员证实了α1-肾上腺素受体（α1-AR）包含α1A与α1B两种亚型的假说，并深入研究了各种亚型α1-AR在心脏和血管的分布、介导的效应、调节特征、与β-AR的交互作用和多种病理状况下的改变等，揭示了多种亚型α1-AR在心血管同时存在生理与病理的生理意义。在国际上首先提出降钙素基因相关肽为神经-免疫系统间共用信息分子的假说。发现β2-AR与Gi的偶联不仅对Gs介导的cAMP信号起屏障作用，选择性地激活靶蛋白，更重要的是产生Gs-cAMP非依赖性的信号传导。整合计算机模拟和定点突变技术来研究趋化因子受体CCR5和CXCR4的结构和功能，探讨其与HIV-1感染人体细胞的关系，设计了能特异性地与人CXCR4受体高亲和力结合并阻断HIV病毒感染的小分子*D*型氨基酸多肽。发现KiSS1是多种肿瘤转移的抑制蛋白，通过其受体Gpr54激活胞内多条信号途径而抑制肿瘤的发展和转移等。中国科学院上海生命科学院在GPCR信号转导与对话机制，以及与重大疾病相关性等方面做出了一系列原创性的发现。

（1）发现了GPCR通过介导β-arrestin1入核调节表观遗传修饰，从而影响T淋巴细胞存活及造血机制。

（2）揭示了GPCR通路与NF-κB信号通路间的对话机制，解释了交感神经系统与免疫系统之间应答的分子基础。

（3）揭示了β-arrestin2介导的信号复合物对胰岛素信号传递和胰岛素代谢功能的行使起了至关重要的作用，为2型糖尿病的治疗提供了可借鉴的新策略和潜在的药物新靶点。

（4）揭示了GPCR在阿尔茨海默病致病过程中的新机制；这些成果已发表在《自然》（*Nature*）、《细胞》（*Cell*）、《自然·免疫》（*Nature Immunology*）和《自然·药物》（*Nature Medicine*）等国际著名期刊上。

三、我国蛋白偶联受体靶向药物领域存在的问题及发展建议

原创性的新药或新药作用靶点都来自原创性的基础研究成果，在GPCR相关的新药发现中也不例外。目前我国尚无真正的基于GPCR的新药，有的

也只是仿制（me-too）类药物。

GPCR 是已知的药物研发的最好靶点家族。对于我国药物研究领域来讲，需紧跟国际上的热点研究方向，重点在结构解析、配体发现等方面取得突破。随着人类基因组测序的完成，GPCR 序列本身已经没有任何新意，但是许多 GPCR 配体、功能及在疾病中的作用尚不清楚，这是可以重点研究的方向之一，有助于我们发现新的药物作用靶点。GPCR 目前的药物筛选很大程度上要依赖随机大规模筛选，而计算机辅助设计还非常困难，其原因在于大多数 GPCR 的晶体结构还未得到解析。将 GPCR 晶体结构的解析、计算机虚拟筛选及高通量筛选相结合将会大大加速 GPCR 新药的发现。

第四节　单克隆抗体药物发展态势

单克隆抗体药物是蛋白大分子，由两条轻链和两条重链组成的异源四聚体，是结构非常复杂的免疫球蛋白，具有极强的靶向性和特异性，同时具有副作用小、疗效高、抗药性小等临床优势，拥有其他小分子靶向药物所不具有的竞争优势，被称为“生物导弹”。自 1997 年 FDA 批准第一个治疗淋巴瘤的抗 CD20 的嵌合抗体 Rituxian 上市以来，单克隆抗体药物以其巨大的社会效益和经济效益成为生物制药领域的宠儿（Rang 2003）。据 IMS Health 统计，2010 年全球销量前 20 位的药物中有 5 个是单克隆抗体药物，单个品种年销售额超过 40 亿美元。美国 FDA 近期批准单克隆抗体药物的速度高于新小分子化合物药物的速度，在美国 FDA 批准的新靶点药物（novel target drugs，NTDs）中，1994～2000 年，单克隆抗体药物占 NTDs 的 24％；2001～2010 年，单克隆抗体药物占 NTDs 的 20％。单克隆抗体药物已成为生物制药的最大产品类别，也是生物制药产业中增长最快的领域之一。

一、国际单克隆抗体药物科研现状

单克隆抗体药物经过 30 多年的发展，经历了鼠源抗体（-momab）、人-鼠嵌合抗体（-ximab）、人源化抗体（-zumab）和全人源抗体（-umab）4 个阶段。人类首次进入人源化单克隆抗体的研究是在 20 世纪 80 年代中期。截止到 2010 年 10 月，共有 7 个人源单克隆抗体被美国和欧盟批准上市。第一个产品阿达木单抗（Adalimumab）于 2002 年被 FDA 批准，第二个是 2006 年批准的帕尼单抗（Panitumumab）。值得注意的是，2009 年共有 4 个人源单抗被 FDA 批准（Nelson et al.，2010）。

单抗偶联物（Hughes，2010）是单克隆抗体药物研发的重要方向。例如，以单克隆抗体为载体，以放射性核素为弹头，通过抗体特异性结合肿瘤细胞相关抗原，将产生高能射线的放射性核素靶向到肿瘤细胞，实现对肿瘤的近距离内照射治疗（Milenic et al.，2004）；或将单抗与经修饰的多肽毒素共价连接而成的肿瘤治疗药物，免疫毒素可与肿瘤细胞表面受体或与细胞表面的靶抗原相结合后内化，继而在胞内抑制细胞蛋白质合成，导致肿瘤细胞死亡（Schrama et al.，2006）；或通过药物分子上特殊的功能基团（如羟基、巯基、氨基等），将治疗药物与单抗相连接而组成化学免疫偶联物，避免了药物对其他正常组织的毒害作用，选择性地发挥治疗作用。

抗体衍生物是单克隆抗体药物的又一发展趋势。由于完整抗体分子具有体积大、组织穿透能力差等不足，促进了抗体分子的小型化。抗体衍生物具有穿透组织能力强、结构稳定、制备简单、免疫原性弱和表达效率高等优点，主要用于放射免疫显像或放射治疗，其缺点是与抗原的结合力弱、半衰期短等（Nelson1，2009）。

另外，现在某些抗体芯片也已被应用于临床发展中，如肿瘤标志物抗体芯片等。随着生物医学的不断发展，单抗的人源化改造和人源单抗的研制成为研究的重要方向，一定会出现具有更高靶向性的单抗和药效更强的“弹头”，未来治疗性抗体药物研发将朝着人源化、高效化、微型化、智能化方向发展（Mulligan et al.，2006）。

二、我国单克隆抗体药物科研现状

目前，我国单抗市场规模超过 10 亿元，并以每年超过 50%的速度递增，销售额占全部生物技术药物的 1.7%（但仍远低于全球 34%的平均水平）。2010 年，我国单克隆抗体药物年销售额大约在 3.4 亿美元，且大部分是进口的单克隆抗体药物，远远落后于欧美市场同期单克隆抗体药物年销售额（440 亿美元）。这预示着我国单抗药物市场的发展潜力巨大。由于单抗药物的巨大发展前景，尤其是抗体药物作用有限靶点的特点及其临床应用的有效性，使得我国多家科研院所和制药公司纷纷加入抗体药物开发的行列。

1999 年，我国第一个单抗药物（Orthoclone OKT3）获批上市。截至 2011 年 4 月，SFDA 共批准了 13 只单克隆抗体药物上市，7 只是国外进口产品，6 只为我国制药企业研发。此外还有一些仿制药物处于临床阶段。

已经上市的 6 只我国制药企业研发的产品分别是武汉生物制品研究所的

注射用鼠抗人T淋巴细胞CD3抗原单克隆抗体、大连亚维药业公司的恩博克、上海中信国健药业公司的益赛普、上海美恩生物公司的唯美生、成都华神生物公司的利卡汀，以及百泰生物药业公司的泰欣生。此外，上海兰生国健公司旗下另外3家子公司国盛药业、上海张江生物和国健生物，以及海正药业公司、上海亚联抗体医药公司、成都康弘生物公司和深圳龙瑞药业公司等都已经有相关单抗产品进入临床研究；双鹭药业公司、一致药业公司、华北制药公司、健康元公司和丽珠集团、复星医药公司等上市公司也已经有了进军单抗产业的明确动作。2011年5月，由上海中信国健药业公司自主研发的创新产品重组抗CD25人源化单克隆抗体注射液——健尼哌在国内正式上市，标志着我国生物靶向药物的研发水平迈上了新台阶。

从“十五”规划以来，我国加大了对单克隆抗体药物产业化和关键技术的研发和投入，成立了多个抗体药物研发及产业化基地。然而，单克隆抗体药物研发有较高的技术壁垒，尤其是抗体人源化技术和哺乳动物细胞规模化培养技术，一直是国际上大型生物医药公司的核心技术，我国难以涉足。相对于小分子药物研制水平，我国的单克隆抗体药物研发在原始创新方面非常薄弱，自主开发的品种少，同欧美等发达国家尚存在相当的差距。

三、我国单克隆抗体药物领域存在的问题及其发展建议

我国从20世纪80年代开始单克隆抗体药物的研发，起步较晚，基础薄弱。目前，只有为数不多的中国生物制药医药企业从事单克隆抗体类药物的规模化生产。与国外发达国家相比，我们在单克隆抗体药物产业化方面刚刚起步，主要表现出相关科技人才不足、缺乏核心技术、工艺水平不高，以及产学研脱节等一系列问题。限制我国单克隆抗体药物产业化的瓶颈尚在，如表达载体、细胞株、细胞培养、表达量等方面均比国外发达国家落后。尤其是在生产单克隆抗体药物的主要设备、技术和质量控制等方面存在着很大差距。加上投资少而且分散、缺乏核心技术和创新等，我国在单克隆抗体药物产业化领域面临着巨大的挑战。

由于单抗药物生产具有较高的技术和行业壁垒，中国单克隆抗体药物领域仍需要加快产业化的速度和实力。有关研究人士指出，国内产业配套基础需要提高，尤其中下游关键技术的成熟和产业化应用亟须加强。这其中包括加速单抗人源化升级开发；提高真核细胞中抗体的表达量，以实现产品的产业化生产，进一步提高哺乳动物细胞培养放大工艺，使之达到2000～10 000升的发酵罐生产水平等。

单克隆抗体药物虽可在不同的表达体系中表达，如细菌、酵母、昆虫细胞、哺乳动物细胞、转基因牛奶、转基因鸡蛋蛋白和转基因植物等（Yusibov et al.，2011），但单克隆抗体药物是大分子量糖基化蛋白，且结构极其复杂，很难在大肠杆菌表达系统中表达出具有活性的单克隆抗体药物。目前上市的大部分单克隆抗体药物是用哺乳动物细胞来生产的。这种生产方式投资大、周期长，而且一旦建成又不能灵活地扩大，技术难度高（Lage and Crombet，2011）；再加上国际大型生物制药公司对核心技术的垄断，使我国在单克隆抗体药物产业化领域面临巨大的挑战。因此，我们在大力发展以哺乳动物细胞来生产单克隆抗体药物、获得核心技术的同时，也应积极开展利用其他生物反应器系统来进行单克隆抗体药物的研究、开发和应用。转基因动植物也许是个不错的选择，1989 年，Hiatt 等报道了世界第一例转基因烟草可以表达免疫球蛋白，证明在植物体内两个重组基因产物能够正确折叠，组成异二聚体抗体，而且与哺乳动物的异二聚体抗体具有相同功能与生物活性（Hiatt et al.,1989）。利用不同转基因植物来表达单克隆抗体药物的研究报道越来越多（Ma et al.，2003）。用植物反应器来表达单克隆抗体药物，至少可以帮助解决单克隆抗体药物产业化中两个主要问题：①有效降低克隆抗体药物生产成本；②扩大再生产，以及根据市场需求灵活地控制产量的能力。当然，单克隆抗体药物免疫原性、糖基化和人源化的问题是利用转基因植物来表达单克隆抗体药物过程中必须首先要解决的问题，这方面的研究进展快速（Ma et al.，2003；Scott and Groot，2010）。2011 年 7 月 19 日，《自然》杂志报道了世界第一例植物生产的单克隆抗体药物获准进入Ⅰ期临床（Callaway，2011）。P2G12 这种治疗艾滋病的单克隆抗体药物，是由欧洲 24 家协作单位组成的 Pharma-Planta 研制推出，从温室收获的 250 公斤烟草叶片中提纯出 5 克多一点的蛋白制成。这是一个里程碑式的成果，预示着由植物生产的低成本单克隆抗体药物时代的来临。

第五节　新型基因工程重组蛋白质及多肽药物发展态势

基因工程重组蛋白质是将目的基因用 DNA 重组的方法连接在载体上，然后将载体导入靶细胞（微生物、哺乳动物细胞或人体组织靶细胞），使目的基因在靶细胞中得到表达，最后将表达的目的蛋白质提纯及做成制剂，从而成为蛋白类药或疫苗。多肽类药物包括以下几类。

（1）垂体多肽：促肾上腺皮质激素、促胃液素、加压素。

（2）消化道多肽：促胰液素（胰泌素）、胃泌素、抑胃肽。

（3）下丘脑多肽：促甲状腺素释放激素、促性腺激素释放激素、生长激素释放激素。

（4）脑多肽：由人及动物脑和脑脊液中分离出来的多肽、蛋氨酸脑啡肽和亮氨酸脑啡肽等。

（5）激肽类：血管紧张肽Ⅰ、Ⅱ、Ⅲ等活性肽。

（6）其他肽类：谷脱甘肽、降钙素、睡眠肽、松果肽、血活素（相对分子质量为3000的肽为主成分）。

一、国际新型基因工程重组蛋白质及多肽药物科研现状

美国FDA批准的生物技术药物——大肠埃希菌表达的基因重组生物药物主要有甲状旁腺激素、利尿钠肽、胰岛素、生长激素、干扰素-α2a、干扰素-α2b、G-CSF、IL-1、IL-11、r-PA、角化细胞生长因子（KGF）等。这些药物中，胰岛素及其突变体、粒细胞集落刺激因子（G-CSF）、干扰素-α、干扰素-β1b和生长激素仍是销售额巨大的生物类重要品种。Anti-VEGF抗体片段（Lucentis）、聚乙二醇（PEG）化anti-TNFα抗体片段和TPO类多肽-Fc融合蛋白的上市，是大肠杆菌表达系统应用于生物制药产业中的重大突破，这些产品的市场表现将决定大肠杆菌表达系统在未来生物制药产业中的地位。哺乳动物细胞已成为生物技术药物最重要的表达或生产系统：其中长效EPO-α突变体（Aranesp）、EPO-α（Epogen、Procrit）、EPO-β（NeoRecormon）、IFNβ-1a（Rebif、Avonex）、凝血因子Ⅷ（Recombinate、Kogenate）、凝血因子Ⅶa（NovoSeven）和葡糖脑苷脂酶（Cerezyme）等都是年销售额高于10亿美元的“重磅炸弹”产品。动物细胞重组表达的治疗性抗体，2009年销售额已达990亿美元（Evers，2010）。此外，酵母表达的基因重组药物主要有胰高血糖素、GM-CSF、血小板衍生生长因子（rhPDGF-BB）、乙肝疫苗、胰岛素Novolin及其突变体NovoLog、水蛭素等。Atryn（抗凝血酶）仍然是转基因动物生产生物药的唯一代表（Pal et al.，2010）。另一个里程碑是植物生产的注射性药物很可能获得批准。Protalix Biotherapeutics公司的Taligurase-α（用培养的胡萝卜细胞生产的重组葡糖脑苷脂酶）正在进行Ⅲ期临床实验（Ratner，2010）。

2006～2010年批准的25个新生物药中，有17个通过蛋白质工程进行过修饰。Cimzia为首个也是唯一的一个人源化抗α-肿瘤坏死因子PEG修饰Fab

片断的单克隆抗体。Cimzia 是将 40kDa 单个 PEG 通过半胱甘酸残基（Cys227）连接到抗体片断的 C 末端。PEG 化大大延长了 Cimzia 的血浆半衰期，每月只需注射一次（Lang，2008）。诺和诺德公司的 Victoza 是一个胰高血糖素样肽 1（GLP-1）类似物，Victoza 与原分子有 30 个氨基酸的差别，原分子的一个赖氨酸残基被精氨酸取代，并在剩余的赖氨酸残基上连接了一个 C_{16} 脂肪酸。这样的变化使该激素类似物的血浆半衰期从 2 分钟提高到 13 小时（Jackson，2010）

40%已批准上市的治疗性蛋白都需要进行糖基化修饰（Walsh et al.，2006）。糖基化的干扰素-α 变异体，其血浆半衰期提高了 25～50 倍（Ceaglio et al.，2008）。高度糖基化的卵泡刺激素（FSH）变异体注射到雌性小鼠体内后，促进了排卵和胚胎细胞形成（Trousdale et al.，2009）。酵母和植物细胞中的糖基化工程也取得了进展。Merck 全资下属子公司 Glycofi 在该领域做出了巨大贡献：通过敲除 4 个基因（避免酵母特有的糖基化）并引入 14 个和糖基化有关的基因，使巴斯德酵母能够生产均一性的带唾液酸末端的糖基化产物（Hamilton et al.，2006）。Greenovation Biotech 公司开发了一种糖基化工程敲除木糖和岩藻糖核心转移酶的苔藓（*Physcomitrella patens*）。这种苔藓长在一个光合自养的密闭发酵体系中。另外，Biolex Therapeutics 公司开发出了用 RNA 干扰技术去除木糖和岩藻糖核心转移酶表达的浮萍系统。

二、中国新型基因工程重组蛋白质及多肽药物科研现状

自 20 世纪 80 年代以来，我国基因重组药物开发取得了较大进展。从 1989 年我国第一个基因工程药物 β-干扰素上市以来，到 2010 年，我国已有重组人干扰素、促红细胞生成素、白细胞介素-2（IL-2）、人生长激素、葡激酶、重组改构人肿瘤坏死因子、神经生长因子、表皮细胞生长因子、成纤维细胞生长因子、人胰岛素等基因工程药品投入市场，另有多个品种在临床研究之中。

我国成立了多个抗体药物及其产业化基地。其中成都华神生物技术有限公司与中国人民解放军第四军医大学合作开发肝癌靶向药物“利卡汀”，上市后取得较好疗效。我国在动物细胞高效培养、抗体规模化纯化及核素标记抗体技术等方面取得了一系列重大突破。江苏太平洋美诺克生物药业有限公司与德国勃林格殷格翰国际有限公司合作，引进抗体生产欧盟标准。基地一期抗体生产规模达 3000 升；二期工程生产规模拟在 10 000 升以上。该基地主要生产具有自主知识产权的针对恶性肿瘤、自身免疫病及艾滋病等病毒性疾

病的特色靶向治疗新药和诊断试剂产品。上海中信国健药业有限公司从事多品种抗体药物的制备和生产，建立了抗体等重组蛋白的大规模制备技术平台，并获得多个抗体药物的临床批文。百泰生物药业有限公司和古巴合资合作研制的基因重组人源化抗表皮生长因子受体单抗“泰欣生”已经上市。在长效蛋白药物研发方面，国内企业已经成功开发出长效胰岛素、长效生长激素、长效干扰素、长效粒细胞集落刺激因子等重要重组蛋白药物。

近年来，一大批创新型龙头企业正在向生物制药领域转型。依靠化学仿制药起家的先声药业公司、中信国健公司、海正药业公司和江苏恒瑞医药公司等一批国内研发实力较强的企业，已经向生物制药、尤其是单抗肿瘤药物方面转型，并且这些企业已经初步具备了在国内市场挑战跨国公司的实力。中信国健公司的益赛普（注射用重组人Ⅱ型肿瘤坏死因子受体-抗体融合蛋白）和欣美格（注射用重组人白细胞介素-11）自 2005 年上市销售后，2006～2008 年的销售复合增长率达 77.8%，其中益赛普的利润目前已经达到 1 亿元左右。另外，还有一批国内实力较强的中药和化学制药企业也纷纷投入巨资涉入生物制药，如丽珠集团投资新建的单抗生物制药公司、天士力公司则与法国 Transgene 公司组建的天士力创世杰（天津）生物制药有限公司等的目标都是生物制剂。

三、我国新型基因工程重组蛋白质及多肽药物存在问题及其发展建议

目前，中国有 200 多家生物制药企业生产生物药品，但是已经批准上市的 13 类 25 种 382 个不同规格的基因工程药物和基因工程疫苗中，只有 6 类 9 种 21 个不同规格的产品属于原创，其中 95%是生物仿制药。美国安进公司年销售收入达 134 亿美元，而我国最大的医药生产企业年销售收入却仅为 200 亿元。国内生物医药企业同质化竞争比较突出，导致产能过剩，从而使市场环境恶化。如基因工程药物 GM-CSF 临床应用剂量很小，只需一个厂家即可基本满足全国市场的需求，但国内生产厂家超过 15 家，大多处于亏损状态。我国上市的第一个基因工程产品——干扰素-β 的生产商已多达 20 多家，其中深圳科兴公司一家的干扰素制剂销售额即占国内干扰素市场 60%的份额。

我们应该抓住跨国药企向低成本国家转移业务的机会，积极引进国外的生产技术、工艺流程、管理方法和先进理念，逐渐缩小与欧美发达国家的差距。利用国家实施新版药品生产质量管理规范（GMP）和新版药典的机会，

有一定经济基础的制药企业在厂房、硬件设施及质量体系的建设上要与国际接轨，为将产品推向国际市场做好准备。大力扶持具有自主创新能力、具有领军人物的企业，相信一定能够从中诞生一批中国生物制药企业，走向世界500强。

第六节　微小 RNA 药物发展态势

微小 RNA（microRNA 或 miRNA）是一类含有约 22 个核苷酸的内源性非编码 RNA，具有调节基因表达活性的功能，广泛存在于真核生物体内，并在进化中保守。microRNA 的广泛存在与进化上的保守性，暗示它在生命活动中具有必不可少的调节作用，参与动植物生长发育、细胞分化、细胞增殖与凋亡、激素分泌、肿瘤形成等各种过程。事实上，microRNA 调控人类基因组中超过半数基因的表达（Rossi，2011）。microRNA 在肿瘤、心脏病、糖尿病和艾滋病等多种疾病中的重要作用正引起各国研究者的广泛关注，microRNA与各种疾病关系的研究正在如火如荼地进行。随着对这种特殊 RNA 分子生物作用机制的了解不断深入并解决其体内输送的问题，一些以microRNA为靶点的新药物会不断出现，这不但有助于我们认识生命过程，而且更重要的是将为肿瘤和其他疾病的治疗带来新的希望。

一、国际微小 RNA 药物科研现状

基于 microRNA 的治疗策略大致可分为两类，一是降低或提高相关 microRNA 的表达水平，二是影响 microRNA/mRNA 的相互作用。前者会影响其下游所有的靶点，具体方法如反义寡核苷酸（直接抑制靶 microRNA 的表达）（Ma et al.，2008；Weinberg et al.，2010）、microRNA 类似物（Tang et al.，2011）或编码目标 microRNA 的 cDNA（提高靶 microRNA 的表达）（Brown et al.，2008；Mendell et al.，2009），而后者则可以更精确地调控基因的表达，具体如 microRNA decoys（Sharp and Ebert，2010；Valastyan et al.，2009）和靶点保护（Lim et al.，2009；Whit et al.，2011）等。采用这些策略的相关疾病治疗研究在过去十几年都已取得了可喜的成绩，但大都还停留在临床前研究阶段。此外，前述治疗用 DNA 和 RNA 通过静脉注射进入血液循环后，由于血浆中核酶的作用迅速降解，microRNA 本身也很不稳定。鉴于此，目前的研究主要集中于两个方面，一是设计合成能够有效压缩和保

护寡核苷酸的载体，二是对寡核苷酸进行化学修饰从而避免核酶的快速降解。

载体主要有两种类型——病毒载体和非病毒载体。非病毒载体系统包括阳离子脂质体、聚合物、树状大分子和多肽等，都为 microRNA 的全身输送提供了可行性，良好的生物相容性和可大规模生产的潜力使它们在基因治疗领域越来越受人瞩目。然而，非病毒基因载体在转染时需克服细胞内外的诸多障碍及免疫防御机制，其展现出的转染效率也显著低于病毒载体。随着纳米科学和纳米技术的发展，许多研究者正致力于开发能与核酸形成复合物、并能克服体内外各种障碍的非病毒载体，尤其是阳离子聚合物。新型阳离子聚合物基因输送系统由于中和了 RNA 分子的负电荷且具有“质子海绵”效应，为 RNA 分子被细胞所摄取和从内涵体中逃逸提供了条件。目前，新型阳离子聚合物基因输送系统已成为基因非病毒载体设计开发的主要方向，如对多聚赖氨酸（PLL）（Miyata et al.，2005）、聚乙烯亚胺（PEI）（Merdan et al.，2002）、聚酰胺-胺型树枝状高分子（Haensler and Szoka，1993）、聚二甲氨基甲基丙烯酸乙酯｛poly［*N*，*NV*-（dimethylamino）ethyl methacrylate］｝（Lim et al. 2000a）、壳聚糖（Lee et al.，1998）、聚 a-（4-氨基丁基）-L-乙醇酸｛poly［a-（4-aminobutyl）-L-glycolic acid］｝（Lim et al.，2000b）和聚阳离子环糊精（Cryan et al.，2004）等进行结构修饰的各种衍生物等。但同时阳离子聚合物也存在一些问题，主要在于带正电的聚合物/RNA 复合物纳米粒在血浆中容易聚集而导致其体内应用受到限制，以及对核酸压缩过于紧密，不能及时释放核酸从内涵体逃逸进入细胞质，造成了转染效率低（Pack et al.，2005）。目前，通过非病毒载体输送功能性 RNA 开展人体内研究的工作还很少，Davis 及其同事首次成功地利用靶向纳米载体将特定的 siRNA 输送到人体癌变部位，从而干扰癌细胞的基因起到治疗作用，目前这一技术已经进入临床Ⅰ期试验（Davis et al.，2010）；而基于此策略的 microRNA 药物还尚未推进到临床研究阶段。

寡核苷酸的化学修饰，主要包括 antagomirs、morpholinos 和 locked nucleid acids（LNAs）等，目前已取得一些振奋人心的成果。antagomirs 是一类 21～23 长度的核苷酸链，但其核糖上的 2′-羟基被 2′-氧-甲基基团替换，并且其骨架中的部分磷酸二酯键也被修饰为硫代磷酸酯键，从而大大提高寡核苷酸的生物稳定性。antagomirs 通过碱基修饰可防止被 Ago 蛋白剪切，从而能够和靶 microRNA 发生几乎不可逆转的结合，抑制其活性。Stoffel 及其同事首次将 antagomirs 进行体内给药，他们通过静脉注射将抗 miR-16、miR-122、miR-192 和 miR-194 的 antagomirs 输送到小鼠体内，并在数个器官中取得了长效抑制上述 microRNA 活性的效果（Stoffel et al.，2005）。morpholinos中的核苷酸是由六元吗啉环构成而非五元核糖或脱氧核糖环，因此，morpholinos 可完全抵御核酶的作用。研究证实，25 个 morpholinos 单元组成的寡聚体在细胞内非常稳定且不会引发免疫反应（Summerton，1999）；morpholinos 可通过和穿膜肽共价连接形成 PPMOs（peptide-conjugated phosphorodiamidate morpholino oligomers）以提高细胞摄取，并在数个杜氏肌营养不良（Duchenne muscular dystrophy，DMD）动物模型中取得不错的疗效（Moulton and Moulton，2010）。此外，基于吗啉低聚物的 microRNA 药物——AVI-4658 目前已进入临床试验，用于治疗杜氏肌营养不良（Muntoni et al.，2009）。目前已进入到临床试验阶段的锁核苷酸（locked nucleid acid，LNA）（Kaur et al.，2006）是一种特殊的双环状核苷酸衍生物，结构中含有一个或多个 2'-氧，4'-碳-亚甲基-β-*D*-呋喃核糖核酸单体，核糖的 2'-氧位和 4'-碳位通过不同的缩水作用形成氧亚甲基桥、硫亚甲基桥或胺亚甲基桥，并连接成环形，这个环形桥降低了核糖结构的柔韧性并增加了磷酸盐骨架局部结构的稳定性。由于 LNA 与 DNA/RNA 在结构上具有相同的磷酸盐骨架，故其对 DNA、RNA 有很好的识别能力和强大的亲和力。与其他寡核苷酸类似物相比，LNA 有很多优点：与 DNA、RNA 互补的双链有很强的热稳定性；抗 3'-脱氧核苷酸酶降解的稳定性；水溶性好，可自由穿入细胞膜，易被机体吸收；体内无明显毒副作用；高效的自动寡聚化作用，合成方法相对简单。Santaris 制药公司的 LNA 药物平台是目前唯一基于 mRNA 和 microRNA靶向性药物广泛应用于临床试验的 RNA 技术平台。2010 年 9 月，Santaris 制药公司成功地将 miravirsen（一种靶向 miR-122 的 microRNA 候选药物）推入了Ⅱ期临床试验，用于治疗丙型肝炎病毒感染患者（Orum et al.，2010）。目前，Santaris 制药公司还致力于两种 mRNA 靶向性药物（即靶向 PCSK9 的 SPC5001 和靶向 apoB-100 的 SPC4955，分别治疗高脂血症和高胆固醇）的Ⅰ期临床试验。此外，Santaris 制药公司还和 Enzon 制药公司合作，开发了两种具有广谱抗癌效果的 mRNA 靶向性药物——EZN-2968 和 EZN-3042，前者已完成Ⅰ期临床试验且效果良好，后者则正在进行Ⅰ期临床试验。2011 年 3 月发表在《自然·遗传学》（*Nature Genetics*）杂志上的一篇研究论文称，Santaris 制药公司利用其专有的 LNA 药物平台开发了一种基于微小 LNA 的 8 聚体 LNA 寡核苷酸，该类寡核苷酸靶向的是 microRNA 中的“seed”序列（microRNA 5' 端由 6～8 个核苷酸组成的识别靶 mRNA 的序列，一个microRNA家族往往具有相同的“seed”序列），从而可以靶向整个 microRNA 家族；在细胞实验中研究人员证实利用这类具有高亲和力和靶向特异性的化合物可在功能上抑制单个 microRNA，以及全部 microRNA 家族而不会发生脱靶效应，进而他们又在几种小鼠组织和一种乳腺癌模型小鼠中获得了与体外实验相同的结果；同时，研究结果还表明这些基于微小 LNA 的化合物无需复杂的输送载体，且能被小鼠极好地耐受（Kauppinen et al.，2011）。此外，与其他反义寡核苷酸和 siRNA 药物相比，该类寡核苷酸相对更小的核苷酸链长度（7～8nt）还可以大大降低生产成本。该类微小 LNA 寡核苷酸有望成为首个基于 RNA 干扰技术的上市药物。

二、我国微小 RNA 药物科研现状及发展建议

我国针对 microRNA 转染效率低的缺点，设计合成了各种功能性聚合物。例如，中国科技大学设计了一种具有电荷反转功能的高分子纳米凝胶颗粒，它在正常生理条件下带有大量负电荷，使自身与血液中多种蛋白质和细胞膜作用减弱，可以实现长循环以达到在肿瘤部位累积的效应，其一旦到达肿瘤部位后，肿瘤处于偏酸的微环境（pH 6.8）会诱导纳米颗粒发生特定的化学反应，将负电荷转变为正电荷，并增强纳米颗粒与肿瘤细胞的相互作用，提高细胞对其摄取（Wang et al.，2010），该载体颗粒经过修饰后有望用于 microRNA 输送；上海药物所最近通过在聚（β-氨基酯）聚合物（PAE）中引入二硫键，设计合成了对细胞内的还原环境具有刺激响应性的新型阳离子聚合物，并与 RNA 结合形成纳米复合物，利用 PAE 能够在细胞内快速降解成小分子片段的特性，促进 RNA 从溶酶体中逃逸，保护 RNA 免受细胞内酶的降解，进入细胞中的 RNA 干扰途径，发挥干扰效应，并且体内研究也证实有良好的效果（Li et al.，2011）。因此，该领域发展的趋势是寻找一种既能克服体内应用限制，又易于商业化生产的载体，这也是我国利用现有纳米载体研究优势突破 microRNA 药物开发困境的一条出路。目前，国内对于寡核苷酸化学修饰的创新性研究开展得还很少，与国际同行的先进水平差距还比较大，因此，建议相关部门和科研人员加大对该领域的投入，开发出具有自主知识产权的寡核苷酸化学修饰技术，从而在 microRNA 药物研发领域占据一席之地。

第七节　复方药物发展态势

复方药物是指以药物配伍理论或机制为指导，多药味、多组分或多成分

按照一定比例进行组合的治疗药物，包括中药复方药物、化学药复方药物和中西药结合的复方药物。当前，国际药物研究领域逐渐关注多靶点药物的研发，同时正逐渐注重复方药物的研究与应用，尤其是应用于治疗免疫系统疾病、肿瘤、中枢神经系统疾病及代谢性疾病等疑难杂症，如艾滋病、肿瘤、癫痫、糖尿病等，甚至常见多发疾病高血压等。由于多数疾病病因、病理机制及疾病进展过程非常复杂，通常是多因素，因此复方药物可以大大提高治疗的成功率，如复方抗疟药、艾滋病的鸡尾酒疗法的应用。多靶点药物研究与复方药物研究不同，药物研究发展到今天，新分子靶点的发现越来越有难度，单一药物若实现多靶点治疗疾病，则对其结构中不同官能团的要求较高，相比较而言，已知靶点药物的联合用药，则更具可操作性。近年来，国际上应用复方药物或多药联合治疗疾病日益盛行，对药物之间联合用药所产生相互作用的科学研究也逐渐成为热点。

一、国际复方药物科研现状

近年来，复方药物的研究主要集中在两个方面。一是对多药相互作用机制进行系统深入研究。国际上对药物间相互作用机制研究的报道较多，X射线晶体衍射技术（Zhu，2008）、荧光探针技术（Hao，2008）等技术均应用于对药物间相互作用的研究。但是该项研究还不成系统，对临床实际复方用药还缺乏切实的指导作用。只有阐明复方药物治疗或多药联合治疗上述疑难杂症时药物间的相互作用机制，明确药物合用是协同增效，还是相互抑制减效，明确可能产生副作用的机制，才能扬长避短，为临床应用复方药物治疗疾病提供增效和安全的双重保障。二是优化复方药物或多药合用的给药方式。衡量药物治病救人的能力不应仅仅考虑药物的疗效，患者使用该药后生活质量的自我感觉也应占相当的权重。同时服用或应用多种药物治疗疾病会严重影响患者的幸福指数，不利于疾病的治疗。在明确合理的复方用药效果明显优于单药用药时，药物的给药方式需进一步优化，包括将复方药物合并制剂等。

复方药物疗法目前仍存在较多的弊端。一是药物间的相互作用不明，增加复方药物治疗的安全风险，如近两年来有众多文献报道复方药物治疗癫痫的风险，风险之一是可增加妇女不孕的几率（Flisser，2011）。二是复方药物治疗降低患者生活质量。以临床上治疗癫痫为例，大多数患者并不愿接受复方疗法。患者大多宁肯选择单药治疗而非复方治疗。经调查，应用单药治疗的患者的生活质量明显高于复方药物治疗（Haag，2010）。另有报道称，复方药物治疗糖尿病降低了患者的生活质量，并可导致患者自杀（Pompili，2009）。三是复方药物治疗价格昂贵。例如，“鸡尾酒疗法”治疗艾滋病，这种复方药物疗法价格非常昂贵，每年需花费约两万美元。同时，接受这种疗法的病人，最初也会出现许多药物副作用引发的症状，如严重腹泻、腹部痉挛和贫血等不良反应。

二、我国复方药物科研现状

我国在中药复方的研究工作主要集中在化学、质量控制与代谢方面。采用 UPLC-Q-TOF/MS 对牛黄解毒片（Liang et al.，2010）、六味地黄汤（Ye et al.，2009）、痛泻药方（Yan et al.，2011）等复方进行定性定量分析的研究较为成熟，通过组成复方的药味、效应组分群及效应成分三个层面逐渐系统全面建立质量标准体系，目标是将效应成分、组分群表征的清晰性与药味表征的整体性完整结合；基于代谢组学对复方药物在体内的代谢过程进行研究的有当归补血汤（Qi et al.，2008）、复方丹参片（Lv et al.，2010）、小续命汤（Wang et al.，2009）等，通过逐渐勾勒复杂体系的代谢轮廓谱，为描述复杂体系的配伍机理与体内作用机制奠定基础。在研究中还有新技术与新思路的应用，如将表面解析大气压化学电离质谱用于复方药物六味地黄丸（Zhang et al.，2010）的研究；对复方脉络宁采用非靶标进行全面检测和鉴别（Hao et al.，2008）。

一些对中药复方药物多年不懈的研究为复方中药研究体系的构建提供了很好的思路。如用于肿瘤辅助治疗的 PHY906 是基于复方中药黄芩汤制备而成，2003 年 PCT 专利提出了植物药质量控制组学（phytomics QC），并建立了植物药生物效应数据集（herbal bioresponse array），以黄芩汤为复方模型药物，获得包括植物化学成分的定性和定量数据、指标成分的 PK/PD 数据及生物效应数据，将这些数据进行统计分析从而构建质量控制体系。该思路与理念于 2010 年表述在黄芩汤与 PHY906 的基于药效的化学指纹图谱与生物指纹图谱的评价中；同时，对其主要化学成分进行了提取分离与鉴定，及体内代谢产物的分析与鉴定（Zhang et al.，2010）。在作用机制研究上最值得参鉴的是复方青黛片的分子作用机制的研究（Wang et al.，2008），该研究主要针对组成复方四个药味的三个主要成分进行了体内外研究，从动物、细胞、分子水平阐明中医复方黄黛片治疗白血病的多成分多靶点的作用机理，从科学的角度去阐述“君、臣、佐、使”及“相使、相须、相恶”配伍原则及作用机制。复方清开灵的研究（罗国安等，2006）将中医学研究中风病

"毒损脑络"病机学说与西医学关于中风病"炎症级联反应"观点结合起来，设计并研究了51个药理相关指标，为全面药效评价提供有效的保证。一些与药效评价有关的新提法也可以借鉴到体系构建中，如成分缺失/捕获-谱效表征技术（Li et al.，2010）、代谢分子网络技术，这些方法为阐释复方中药的系统性、整体性、协同性治疗作用提供了有利支撑。

三、我国复方用药领域存在的问题及发展建议

我国中药复方药物的研究目前仍处于初级状态，往往是根据中医的古方、经方或长期临床应用的验方为基础的复方药物开发。由于缺乏现代研究的科学依据，在制备工艺、质量标准的制定、药效物质基础研究特别是作用机制研究方面都缺乏令人信服的科学数据和解释，因此还很难得到国际主流社会的认可，目前还没有一个中药新药在美国FDA或欧洲药监局（EMA）成功注册上市。由于中药复方多达十几万个，如何从这些浩瀚的中药复方中选择那些确实有效的复方进行现代药物的开发就是一个很大的问题。此外，即使确定待开发的复方后，如何采用现代的制剂工艺做到"去粗取精"，获取可以用于后续制剂的"有效组合物"又是一个呈待解决的关键技术问题，也是能否成功开发现代复方药物的关键环节。另外，由于中药复方是按照中医理论指导进行的组方，以整体调节为核心理念，因此在药物有效性的评价方面还缺乏系统有效的方法学体系，双盲多中心安慰剂对照（RCT）的临床评价体系不能安全适合于中药复方的有效性评价，因此，如何尽快建立适合中药复方有效性评价并得到国际学术界认可的方法学体系是目前的重中之重。

由于中药复方长期在临床应用，有些是经临床实践证明治疗疾病特别是一些慢性疾病非常有效的方药。我们重点应从这些浩瀚的中药复方中筛选出具有典型的中医药特色、临床疗效好、值得进行新药开发的中药复方按照国际公认的药物开发"金标准"即"安全、有效、质量可控"进行研究与开发，将其发展成国际社会认可的安全有效质量可控且作用机制相对明确的现代中药新药。要想实现这一目标，需要大量采用现代化学、药理学、生物学等现代科学技术，从药效物质基础研究、制备工艺技术研究、组方配伍研究、现代质量标准研究和作用机制方面全面对选定复方开展深入的科学探索，重点从有效性、安全性和质量可控性方面下工夫。

中药复方药物的研究可以从下面三个方面着手开展工作。

（1）基于中药复方的单体复方药物开发，通过对中药有效复方的药效物质基础研究找出复方中有效成分的组合，开展配伍剂量、相互作用机制等研

究，然后按照新药研究的技术要求分别对药学、药效学/药物代谢动力学、临床和作用机制等开展深入研究，最后通过药品注册程序，但这种复方药物的开发难度大、周期长、花费大，成功率相对较低。

（2）有效组分/部位的组合药物开发，这类复方应是未来中药复方研究的核心和重点。其中包括“组分中药”和“有效部位中药”。研究重点应放在有效组分和有效部位的获取工艺、配比研究、现代质量控制研究、体内药物代谢动力学研究和作用机制研究方面，可以按照中药注册管理办法或天然药物注册管理办法进行药品注册。

（3）传统复方药物的开发是目前中药复方药物开发的主流，但问题是研究水平普遍较低。未来重点应放在有效性、安全性、质量可控性、剂型选择合理性、临床使用顺应性和作用机制等研究方面。

第八节　糖类药物发展态势

糖类药物一般是指一类含糖结构的药物，主要包括单糖、寡糖和多糖及对它们进行修饰的化合物或衍生物。在 20 世纪八九十年代，随着糖生物学研究的深入和发展，内源性糖链的新功能日益被发现，传统意义上的糖类药物也扩展到了广义上的一类以糖链为作用靶点，通过干预体内内源性糖类功能的发挥进而影响生理病理过程的药物。糖类药物研究需要基础生物学与化学学科的支持，特别需要糖组学、糖化学与糖生物学的引领和支撑。世界糖组学与糖生物学的蓬勃发展为糖类药物的研发提供了坚实的理论基础和积极的启发。

一、国际糖类药物科研现状

糖在生命体的正常生理和病理条件下起到重要作用。生命的基本构成元件主要包括四大类 68 种，其中包括 4 种核苷酸，20 种基本氨基酸，8 种脂肪和 32 种单糖（Marth，2008）。这些单糖通过不同的连接方式以糖缀合物的形式（包括糖蛋白、糖脂和蛋白聚糖）主要存在于细胞表面形成一层厚度为 10～100 纳米的糖膜——“glycocalyx”，并且主要通过糖环上的羟基同蛋白或其他物质相互作用起到分子识别功能，进而参与个体的生长、发育、信号传导和免疫应答等重要生命活动（Ernst et al.，2009）。同时，无论是糖蛋白或蛋白聚糖，它们在一些重大疾病（如肿瘤、神经退行性疾病、心血管病、代谢性疾病、免疫性疾病及感染性疾病）的发生、发展中担任一些重要或关键角色，在病理条件下往往发生糖链结构的异常改变。例如，在类风湿性关节炎患者血清中，免疫球蛋白的 Ig 铰链区往往缺少其中一个或两个半乳糖残基。而在肿瘤患者体内，肿瘤细胞表面特异性表达一些糖类抗原。糖类药物正是通过干预这种病理条件下的糖功能的异常起到治疗作用。

21 世纪，结构生物学及计算机辅助药物设计技术的发展，为基于结构的糖类药物研发带来了新的契机，如基于神经氨酸酶晶体结构中活性中心同唾液酸相互作用的过渡态的计算机模拟而开发的抗流感药物达菲。同时，由于化学酶催化合成技术及固相合成技术的出现，及新的核磁、质谱［基质辅助激光解吸飞行时间质谱（MALDI-TOF），表面增强激光解吸离子化飞行时间质谱（SELDI-TOF）］等糖化合物结构解析技术的发展，使得结构明确的糖类化合物不仅仅依赖于以前直接从菌、藻或动植物中分离纯化获得，从而也使得糖化合物成为药物开发先导物发现的重要来源之一。此外，RNA 干扰技术及基因打靶技术极大地推动了糖生物学技术的发展，尤其是在完成了人类基因组计划后，美欧和日本等国家和地区自 2001 年起相继发起了多项与疾病相关的功能糖组学研究。例如，美国的功能性糖组学国际联合会（Consortium for Functional Glycomics）、欧洲的 EuroCarbDB 和日本的 Human Disease Glycomics/Proteome Initiative 组织对糖的生物学功能的研究起到极大的推动作用。糖化学和糖生物学的飞速发展，使得糖类药物的开发和研究愈来愈被学者和制药公司所重视。

据 Pharmaproject 统计，迄今共有 3705 个药物上市，其中 111 个为糖类药物。虽然糖类药物目前只占上市药物的 3%左右，但由于糖类药物的一些有别于一般小分子及蛋白类大分子药物的独特性，使得糖类药物的研发已受到国际上许多科研机构特别是各大制药公司的青睐。这些特点包括以下几个方面。

（1）作为药效基团的糖类药物具有天然的手性及结构多样性，并且最重要的特点在于它们中的大多数是作用于细胞表面（氨基糖苷类抗感染药物等除外），而不进入细胞内部，因而对整个机体的干扰要比进入细胞质和细胞核内的小分子药物要小，毒副作用相对来说较低。

（2）作为药物代谢动力学基团（药物中参与体内药物的吸收、分布、代谢和排泄过程的基团）的糖类药物能改变药物的药动代谢性质，提高溶解性，增加稳定性，延长半衰期。

（3）糖类药物尤其是寡糖及多糖药物所具有的多价性，使单糖同靶点的结合较弱，但由多个重复片段构成的寡糖或多糖通过跟受体蛋白的多个位点相互作用，这种结合能力就非常强。现在世界上包括辉瑞、强生和赛诺菲-安万特等排名前十位的制药公司中的九大公司都有糖类药物研发。目前正在进行临床前和临床Ⅰ～Ⅲ期研发的与糖相关的药物有 272 种。由此可见，糖类药物研究已受到许多国家特别是西方制药发达国家的重视。

糖生物学研究表明，宿主细胞表面上的糖链是病原体侵袭的受体，而糖链合成、降解和代谢酶深刻影响糖链的结构与功能，因此靶向细胞表明糖链的疫苗和抗体、针对糖链的类似物的合成，以及糖链相关酶特异性抑制剂的发现将是未来糖类药物发展的方向。

二、我国糖类药物科研现状

目前，我国基于糖的功能而研发的创新性糖类一类新药还未见报道，无论是为糖类药物提供线索和坚实理论基础的糖生物学研究，还是为糖类药物提供活性筛选物质基础的糖类化合物的化学和生物合成基础研究整体上均落后于西方发达国家。而针对糖类药物的研究显得尤其落后。已经上市的国内糖类药物主要集中于仿制药物的开发，如二类新药静脉注射香菇多糖等；自主开发的糖类药物主要集中在多糖和寡糖上，如茯苓多糖和猪苓多糖，而这些糖类化合物无论其精细结构的阐明还是质量控制均存在一些问题。此外，我国基本没有针对糖链的疫苗和抗体研究，而且目前国内尚没有一家企业专注于糖类药物的开发。现在国内有 100 多个团队在从事糖链相关结构与功能研究及其药物研发，在某些领域已具备参与国际竞争的实力。例如，世界第二个针对乙酰肝素糖链降解酶抑制剂的研发（Zhao et al.，2006），第一个同时靶向骨形态发生蛋白-2（BMP-2）及其受体的天麻多糖衍生物的发现（Qiu et al.，2010）均为我国具有自主产权且颇具世界竞争力的糖类药物的研发。我国在基于植物多糖，特别是中草药多糖与寡糖的药物研发上颇具特色，这与美国功能性糖组学国际联合会预测将来动植物和病原体糖的功能与应用是糖生物学下一个发展方向不谋而合。这些基础研究的发展将为糖类药物的开发打下良好的基础。我国糖类药物已紧跟世界前沿，向靶向糖链及其相关酶，以及针对糖链的疫苗和抗体研发拓展，且有可能在动植物天然糖类化合物及其衍生物的糖类药物研发上走在世界前列。

三、我国糖类药物领域存在的问题及发展建议

我国无论是多糖还是寡糖药物的研究多数还是停留在对疾病表型观察的

水平上，对糖类药物作用的靶标不清楚，严重影响我国糖类药物研发水平，缺乏国际竞争力。已有糖类药物在质量控制上缺乏有效规范的关键技术，主要是对糖类药物的理化特性有别于小分子化合物的理解和认识不够，对糖类化合物分离纯化与结构解析缺乏有效手段。例如，分离提取获得糖化合物尤其是多糖，容易因为可能的原材料或者加工工艺过程中的污染等原因而导致出现质量问题，如“肝素钠”事件就是因为污染了高度硫酸化的硫酸软骨素而造成的不良反应事件。我国糖类药物研发主要存在的问题有：糖类化合物大量获得还没有解决；糖类药物的靶向性不明确；糖类药物的质量控制困难。建议从以下方面加强糖类药物的研发，促进我国糖生物学与糖化学基础学科的发展，在国际糖类药物研发领域占据一席之地，在一些方向上取得领先地位。

（1）发展糖类化合物化学与生物合成关键技术，建立国家糖类化合物库，为糖类药物先导化合物的发现打下物质基础。结合化学和生物方法的化学酶催化合成技术是将来制备糖类药物的重要方向。首要解决的问题是如何大量获得具有生物活性的酶。目前数据库的 168 种糖苷酶均能通过基因工程技术手段表达纯化获得，但各种糖基化转移酶、合成和修饰酶的获得则由于其需要糖基化后才有生物活性而需要借助昆虫表达系统进行表达和分离纯化，这将导致其得率低下，但无论如何这些酶的获得都可以为特异性糖链结构的酶促合成带来方便，因此加大该方向的投入和研究力度，必将为糖类药物的开发带来福音。

（2）规范和发展糖类化合物的快速结构解析方法。糖类化合物的快速结构鉴定是制约糖类药物研发的另一个重要瓶颈。重点发展细胞和组织中微量糖基化蛋白糖链的结构解析关键技术，为生物体内糖链的结构与功能研究构建数据库，将为糖组学研究与基于糖链的化学和酶的合成奠定可为参照的结构基础。同时致力于动植物天然多糖与寡糖的规范和快速结构鉴定的关键技术研究，为获得结构明确可供多糖类药物研究的大量糖类化合物打下坚实基础，为糖类药物的质量控制提供关键理化特性的参考数据。

（3）加强糖类药物靶向性研究。一方面开展细胞中糖链功能研究和外源性糖类化合物的作用机制研究，为糖类药物研究指明方向；另一方面重点开展糖类化合物与功能性蛋白相互作用研究，开展糖蛋白、糖和蛋白复合物包括晶体结构在内的结构生物学的研究，并利用计算机模拟的方法进行合理的药物设计。这将为我国糖类药物研究可能引领世界潮流奠定基础。目前糖类疫苗的发展方向为多价糖类疫苗的开发，尚有 20 多种疫苗正在进行临床研究，而在我国糖类疫苗开发尚属空白。因此，开展针对细胞功能性糖链的疫苗和抗体研制，必将为我国糖类生物制药研究开创先河。

（4）加大对动植物和微生物中天然多糖结构与生物活性研究的投入。在中国这个传统的糖类化合物主要来源方向上的投入必将在该领域取得先机，为中国特色的糖类药物研究快速推进发挥催化作用。

第九节 网络药理学发展态势

网络药理学是实验生物与计算生物长期交叉融合的必然，是多靶向药物发现思想与计算生物方法结合的药物研发新策略，更具科学性和先进性。网络药理学通过计算生物学的手段，结合组学研究成果，整合疾病-疾病、疾病-基因、基因-靶点、靶点-药物的信息，从而更加清晰准确地认识药物-靶点-疾病的关系，发现更加有效的组合靶标群，更早预测药物联用效果，最终指导多靶标药物筛选模型建立、药物新用途及药物作用机制研究，它的发展将成为药物研发进一步主动整合转化研究和基础生物学进展的关键，将加速药物研发进程。

一、国际网络药理学科研现状

生物系统具有稳定性特征，在单基因敲除的功能基因组实验研究中，无论是酵母还是小鼠，都表现出只有少数的基因敲除会有表型变化。计算生物学认为这种稳定性特征正是源于生物系统的无尺度网络（scale-free network）结构，即由少数几个必需的关键汇集点（hub）和绝大部分冗余的周围节点组成（Khanin et al.，2006）。所以生物系统网络稳定性和冗余性特征从理论上对原来针对复杂疾病的高选择性单靶点的新药研发思想提出了挑战。

因此，针对多基因疾病相关的“分子群”寻找组合式药物靶标多分子靶点药物的研发应用，以及单一分子靶点药物之间的联合应用成为药物研究和开发的重要发展方向，即多靶向药理学（polypharmacology）。目前越来越多的证据表明很多药物是通过与多个靶点相互作用实现治疗效果的。事实上，包括格列卫（Gleeve）和吉非替尼（Gefitinib）在内的激酶抑制剂药物可以有效作用多个激酶（Khanin，2006）。而多靶点药物治疗的经典案例就是华裔科学家何大一发明的艾滋病鸡尾酒疗法。目前多靶向药物研究策略已渐广为世界一流科学家和著名大制药公司所认同。此外，计算生物学的发展使得人们能够站在生物系统的层面对疾病-基因-药物的相互关系有更加准确的认识，这将加速药物研发进程。

正是基于多靶向药理学和系统生物学的发展及计算生物学的兴起，2007年10月，Hopkins在《自然·生物技术》（*Nature Biotechnology*）首次提出网络药理学（network pharmacology）概念（Hopkins，2007）。2006年，哈佛大学用于联系药物-基因-疾病的“联系图”问世，这是网络药理研究的标志性工作（Lamb et al.，2006），因为其有揭示药物、基因与疾病之间联系的能力。研究人员为了建立这个数据库的第一批数据，搜集了用146个有生物活性的小分子处理的培养人类细胞的基因表达谱，这些小分子包括抗癌药物gedunin、雌激素（estrogen）及某些抗精神病药；同时还收集肥胖症、阿尔茨海默病（Alzheimer's disease），以及抗药物的白血病细胞的基因识别标志。用图形匹配软件来挖掘这些数据，研究人员发现了药物作用的可能机制，证实了已知药物的应用，也发现了已知药物可能的新应用。联系图现有包含1309个化合物的7000多个表达谱信息，已成为药物作用机制、药物作用新靶点以药物联用的研究利器（Lamb，2007；Hassane et al.，2011）。

二、我国网络药理学科研现状

我国也在开展这方面的研究。清华大学在基于网络的药理组与基因组关联的药物靶标识别工作（Zhao，2010）方面，建立了新的技术方法药物多层次异质网络的全局关联分析（drugCIPHER）对美国FDA批准的726个药物-靶点-蛋白相互作用进行数据挖掘和网络整合，在基因组范围内不仅对药物靶点进行了预测而且还发现其中的501个药物可能有新的作用或者潜在的副作用。该工作入选了当期的《自然》杂志“中国亮点推荐”。

网络药理学在药物组合方面将大有作为，先进行信息整合预测，再进行实验验证，将事半功倍。国内的研究学者在这方面也已经进行了探索性研究，并取得可喜的成绩。例如，上海大学通过网络生物学的方法发现药物联合有效地组合其作用靶点在蛋白相互作用网络、信号通路和生物学过程具有更加接近和相似的特性。上海交通大学与中国科学院系统生物学重点实验室合作建立了一套基于表达谱的新的药物联用的评价方法，预测到马来酸罗格列酮与盐酸二甲双胍联用具有协同效应，表明该预测方法有一定的准确性。2011年，中国地质大学开发了新算法，以预测不同作用机制的NF-κB抑制剂的协同组合模式，发现三氧化二砷（砒霜）与蛋白A238L对多发性骨髓瘤治疗具有协同效应（Peng et al.，2011）。

三、我国网络药理学领域存在的问题和发展建议

我国在网络药理学方面的研究仍然是零星的，没有形成团队，与国际上的研发力量相比仍然非常薄弱；在研究思路上，仍然处于局部跟踪和突破，未能积极整合组学、转化医学、分子药理学、经典药理学、化学生物学和创新药物研发链条，仍旧处于基础研究层面，与创新药物研发仍旧是脱节的。考虑到网络药理学在复杂疾病创新药物研发突破中的关键作用，我国应该进行前瞻性布局，应用新药创制重大专项、“973”计划、“863”计划、国家自然科学基金等关键性基础研究和应用研究项目平台，整合力量和投入，超常规加快这一领域的研究发展，以带动创新药物研发策略和技术手段的跨越式发展，在创新药物研发的国际竞争中迎头赶上。

我们应紧紧围绕药物研究的国际前沿与发展趋势，结合我国当前创新药物研究的现状与局限，以发展建立多靶点同步化、多层次与多角度一体化的网络药理学新技术和新方法为核心内容，选择重大疾病关键信号通路和生命过程为切入点，从“网络特征”与“疾病-网络”全新视角出发，引入生物网络、疾病-基因网络，以及药物与靶点网络的最新成果，采用“网络预测”与“组学验证”双向循环评价系统，探究关键节点相关信号通路和生物过程在复杂疾病信号网络中的异同，完成网络药理学相关计算软件开发，发现重大复杂疾病的关键节点组合，确定基于网络平衡的新药物靶点群，建立多靶点高通量筛选新方法，为研究开发针对复杂疾病的具有新作用机理的药物独辟蹊径，为发现新的可能的信号通路提供重要的试验数据，为创新药物的研发和已上市药物的再评价提供重要的方法学支持，为我国创新药物事业的可持续发展做出积极的贡献。

第十节　生物标志物与个性化治疗发展态势

随着生命科学的发展和科学技术的进步，疾病的治疗模式，特别是复杂疾病的治疗模式也在悄然发生变化，个性化治疗的概念正越来越为人们所接受，其中生物标记物是实现个性化治疗的关键。生物标志物（biomarker）这一概念首次出现于美国国家研究委员会（NRC）在 1983 年出版的红皮书《联邦政府风险评估》中。它是指一种可以客观地测量和评价正常的生物学过程、发病过程或对某种治疗干预的药理学反应的特征性显示物（Ludwig et al.，2005)，具有非常广泛的用途。在医学研究领域，生物标志物可以用做疾病诊断或预后评价的参数，也可以用做评价药物的干预效果判断，主要包括诊断、预后、预测及疗效监控四大类。

一、国际生物标志物与个性化治疗科研现状

在药物研发方面，生物标志物的研究已“窗口前移”至药物发现阶段，且贯穿于从靶标确认到临床试验药物研发的整个链条。事实上，生物标志物的出现预示着个性化治疗这一全新时代的到来。寻找并发现特定的生物标志物，有效区分药物反应潜在的“有效人群”与“无效人群”，开展量体裁衣的个体化治疗正在成为当前关注的前沿热点。

与药物治疗有关的生物标志物主要是预测标志物及疗效监测标志物。预测标志物（predictive biomarker）用于评估一个病人将从某一特定治疗中获益的可能性，通过预测性生物标志物将病人集中在有反应的群体，将有益于科学指导临床合理用药，避免药物不良反应，有望从根本上突破现有药物治疗的盲目性，实现“量体裁衣”的治疗目的。在这一方面的研究，美国、欧洲、日本等医药科技发达国家和地区已经走在前面，有了成功的范例。例如，诺华公司开发的靶向 Bcr-Abl 的 Gleevec 在 2001 年的成功上市，被认为开创了分子靶向抗肿瘤药物研究的先河。阿斯利康公司研发的针对表皮生长因子受体（EGFR）突变的小分子抑制剂吉非替尼（Gefitinib，Iressa）的临床成功使用，开启了基于分子分型个体化治疗的全新时代，被誉为近年抗肿瘤药物研究历史上的里程碑式的贡献，对人类健康和生命科学正在产生深远而不可估量的影响。辉瑞公司开发的 Crizotinib 是另外一个成功的范例。Crizotinib 对间变性淋巴瘤酶（ALK）基因型非小细胞肺癌患者有非常显著的疗效。尽管这种特定基因型的非小细胞肺癌仅占总数的 3%～5%，但是其临床有效率已超越 70%（Fu，2004）。尤为引人瞩目的是，Crizotinib 从发现到申请上市仅用了 3 年时间，极大地彰显了生物标志物在加速药物研发进程中的重要性。Plexxikon 公司研发的靶向 B-RAFV600E 突变体的抑制剂 PLX4032，在 2011 年提交申请上市的同时提交了预测敏感病人的诊断试剂盒，这表明生物标志物研究已经“窗口前移”至药物发现阶段，且平行贯穿于药物研发全过程。预测生物标志物作为药物个体化治疗的重要依据，已经广泛应用于临床治疗和新药研发过程，是当前研究的热点。

疗效监控生物标志物（pharmacodynamic biomarker）用于监测药物对疾病的疗效，并且可以从理论上指导新药早期临床试验中进行合适的剂量选择

(低于毒性剂量)。疗效监控标志物通常位于药物作用靶点的下游，其表达或活性的改变可以反映药物的治疗效果，如磷酸化 S6 及 Ki-67 可以作为 PI3K-mTOR 信号通路抑制剂的疗效监控标志物（Charles，2008）。目前的疾病治疗往往缺少有效的疗效监控生物标记物。以肿瘤为例，分子靶向抗肿瘤药物的药效评价往往基于肿瘤大小等影像学特征的改变进行评判，而肿瘤体积大小这一病理组织的“宏观”变化往往滞后于靶向治疗分子机制的“微观”应答，因此，这种方法不能快速、全面、准确地反映分子靶向治疗临床获益情况。然而，通过“疗效监控生物标志物”的甄别将有助于指导个体化治疗方案的合理制订，这是肿瘤生物标志物研究的又一重要内涵，对分子靶向肿瘤药物的疗效监控具有不可替代的作用。目前，国际上对于疗效监控生物标志物刚处于起步阶段，还没有公认的用于临床监测药效的生物标志物。但作为监测药物疗效、指导临床合理用药的重要生物学指标，将成为今后研究工作中的重点。

美国和欧洲等医药科技发达国家和地区已经将生物标志物与个体化治疗列为新一轮战略研究领域。在美国，NIH 在 2006 年成立生物标志物协会(Biomarkers Consortium)，专门研究生物标志物的识别、开发、鉴定等，涉及药物研发和临床治疗过程中的生物标志物发现和鉴定。同年，密歇根州 21 世纪职业基金和其他捐助者提供 150 万美元也专门建立了生物标志物联盟 ClinXus，包括 Van Andel 研究所、Spectrum Health、Saint Mary's Health Care、Jasper Clinical Research & Development、大峡谷州立大学。ClinXus 成立的目的是将分子生物标志物引入临床试验过程中，利用每个成员机构的专业技术和服务为临床研究客户、患者和参与临床研究的医生提供服务。2009 年，NIH 资助 73 万美元给得克萨斯大学和西南大学的研究人员，开发一种从血液样品中快速筛选蛋白标志物的新方法，此方法能鉴定出特定疾病(如癌症或心脏病）中的标志物，并发现与衰老或肥胖等状况相关的代谢模式。截至 2011 年 5 月，NIH 资助的各类项目中涉及生物标志物研究的项目总数达 200 余项。英国同样投入巨资开展生物标记物研究，英国癌症基金研究会在 2009 年曾与阿斯利康公司合作，以促进阿斯利康公司药物在临床实验开展过程中进行相应的生物标志物发现和验证研究；2011 年，英国癌症基金研究会继续对生物标志物进行投入，包括对所有类型的生物标志物进行资助，如基于侵入性（组织样本或体液）或成像技术（MRI、CT、PET、SPECT 等）发现的预测、诊断、预后、疗效监控生物标志物等，每个项目 5 年的总资助最高可达 50 万欧元。欧洲成立了个性化医学协会（the European

Personalised Medicine Association，EPEMED），以促进个性化医学的发展，该协会主要任务包括联合不同团体参与个性化医疗，选择最优策略治疗病人及创建与应用先进的诊断方法用于临床的个性化治疗。

2011年初，美国亚利桑那州立大学的George Poste在《自然》杂志发表评论认为，目前的疾病相关生物标志物研究存在诸多缺陷，研究思路和方法需要进一步转换。事实上，目前大部分疾病相关生物标志物的工作都是在实验室进行的，实验人员对能够影响生物标志物表达的患者情况，包括遗传背景、病情、健康状态、现有治疗药物的疗效等一无所知。这严重影响了生物标记物的研究与确证。“即便对于某个已经确定的生物标志物，不同的研究结论也会存在一定的偏移。”因而这些基于实验室研究确定的大量疾病相关生物标志物，最终仅极少数获得了临床应用。截至目前，通过蛋白质组学和DNA微阵列的方法研究了数千种生物标志物，发表了150 000多篇论文，但是最终实现临床转化的仅不到100个。此外，生物标本的收集和储存缺乏统一的标准，在一定程度上也限制了相关后续研究。因此，若想最可能准确地确定某个生物标志物与疾病的相关性，研究者应标化生物标本的收集和存储方法，并进行统一的检测。只有这样的大型研究网络协助才能从根本上确保所发现的生物标志物是真正的生物标志物。

二、我国生物标志物与个性化治疗科研现状

我国近年也非常关注生物标志物的研究，在《国家中长期科学和技术发展规划纲要（2006—2020年）》中提出的“生命过程的定量研究和系统整合”的科学前沿问题，其中涉及生物标志物与个性化治疗的问题。中国科学院在2009年出版的《中国至2050年人口健康科技发展路线图》中也强调要关注生物标志物的发现研究。在国家“十二五”规划的重大新药创制项目中，关键技术平台就包含有生物标志物发现的关键技术及诊断试剂盒的开发。

在我国，生物标志物的研究正处于起步阶段，已往的研究主要集中于诊断和预后生物标志物，取得了一些突破性研究进展。中国人民解放军第二军医大学首次发现了癌基因*P28*在肝癌诊断中的重要作用（Gastroenterology，Hepatology，Cancer Research）；复旦大学发现了CD151、PEBP1、DKK1、Acetycholinesterase、kruppel样因子8是肝癌转移复发及预后的重要生物标志物，建立了肝癌转移复发分子预测模型，并成功用于肝癌患者个体化防治，在此基础上提出了“肝癌术后免疫抑制剂个体化治疗、复发患者雷帕霉素+索拉菲尼联合用药”的新的转移复发防治策略，使超过米兰标准的肝癌患者

肝移植术后 2 年的生存率提高了 26.7%。中国科学院上海药物研究所发现多聚免疫球蛋白受体 pIgR 通过诱导上皮细胞间充质轻化（EMT）促进肝癌早期复发，是肝癌早期复发预后标志物，研究成果发表在《国立癌症研究所杂志》（*the Journal of the National Cancer Institute*）期刊上。在研究雷帕霉素类化合物的敏感性方面，发现细胞内 P27 蛋白的表达与雷帕霉素类化合物的疗效密切相关，提示其可能作为雷帕霉素类化合物的预测生物标志物（Chen et al.，2010）。中国科学院上海生命科学院研究团队在 2 型糖尿病发生发展的生物标记物的研究方面，提出了“生物标志物空间”的概念，发展了分析血浆蛋白质组的质谱技术，提出了全新的计算生物标志物“蛋白质丰度区域统计定量”方法；首次系统地揭示了糖尿病发生发展过程中肝脏线粒体各个功能模块在蛋白质表达水平、蛋白质磷酸化修饰水平和羟基化修饰水平的动态变化，以上研究成果发表在《自然·遗传学》（*Nature Genetics*）、《蛋白质组研究杂志》（*J Proteome Res*）、《分子细胞》（*Mol Cell*）、《美国科学公共图书馆·综合》（*PLoS One*）等国际著名期刊上。

三、我国生物标志物与个性化治疗存在的问题及发展建议

我国对于生物标志物的研究主要集中于诊断和预后生物标志物研究，而与药物领域发展相关的预测与疗效监控生物标志物的研究相对较少，存在的问题包括：①临床上的治疗方案不规范；②临床标本收集和管理不规范，缺乏临床科室和基础科研单位的系统深入合作；③缺乏像国外大规模的规范的随机对照临床研究；④分子靶向药物在临床上的使用时间相对较短，使用人群相对较少，且个性化治疗刚刚兴起，因此目前尚缺乏大量有效的临床样本用于研究。因此，在我国药物领域未来发展中，生物标志物与个性化治疗应注重以下几方面。

（1）协调管理层面。建立大规模的样本及相关数据信息库，为生物标志物的研究提供资源基础；促进基础研究所、医院及公司开展技术、资源与资金的合作，推进生物标志物的研究进展；成立相关协会，协调研究人员的工作，并在自愿的基础上共享数据、加强交流。

（2）技术操作层面。加强临床医学与药物研发工作者的系统深入合作，开展规范的临床诊疗及循证医学，高效、合理地设计临床试验方案增加成功率，减少无效治疗病人的同时降低研发成本；采用高通量、高效的生物技术手段和方法，及整合多种生物学技术平台，提高检测的灵敏度和广度，贯穿于生物标志物的发现及验证；由于伦理学及病人依从性方面的障碍，通过病

人组织获取标志物信息总是困难重重，因此开发无损性的生物标志物是主要趋势，其中由于病人血液相对容易获得，因此针对血液生物标志物的研究会是重点研究方向。

我们有理由相信在个体化治疗医学理论框架引领下，寻找并发现特定生物标志物，有效区分药物反应潜在的“有效人群”与“无效人群”来针对性开展靶向治疗，将有利于科学指导临床合理用药，减少药物不良反应，进而有望打破抗肿瘤药物靶向治疗的脱靶性与盲目性，从根本上实现“量体裁衣”的治疗目的，为人类医疗健康事业的发展做出应有的贡献。

参考文献

罗国安等 . 2006. 化学物质组学与中药方剂研究—兼析清开灵复方物质基础研究 . 世界科学技术—中医药现代化，8（1）：6-15.

上海中信国健药业股份有限公司（CPGJ）. 2011. http：//www. cpgj-pharm. com/recruitment. do? method=FindNews [2011-07-20].

王丹红 . 2011. 美 NIH 新项目欲发掘废弃药物新用途 . http：//news. sciencenet. cn/sbhtmlnews/2011/7/246139. html? id=246139 [2011-07-26].

中国科学院人口健康领域战略研究组 . 2009. 中国至 2050 年人口健康科技发展路线图 . 北京：科学出版社：92-94.

ACTIP. 2011. Monoclonal antibodies approved by the FDA for therapeutic use. http：//www. actip. org/pages/library/Table _ Monoclonal _ Antibodies. pdf [2011-07-30].

Alkadi H O. 2007. Antimalarial drug toxicity：A review. Chemotherapy，53（6）：385-391.

Belda-Iniesta，et al. 2011. Monoclonal antibodies for medical oncology：A few critical perspectives. Clin Transl，13（2）：84-87.

Boolell M，Allen M J，Ballard S A，et al. 1996. Sildenafil：an orally active type 5 cyclic GMP-specific phosphodiesterase inhibitor for the treatment of penile erectile dysfunction. Int J Impot Res，8：47-52.

Brown D，et al. 2008. The let-7 microRNA reduces tumor growth in mouse models of lung cancer. Cell Cycle，7：759-764.

Brown D. 2007. Unfinished business：target-based drug discovery. Drug Discovery Today，12（23-24）：1007-1012.

Burcelin R，et al. 1996. Molecular and cellular aspects of the glucagon receptor：Role in diabetes and metabolism. Diabetes Metab，22（6）：373-396.

Carlson B. 2009. Biosimilar market fails to meet projections. GEN，29（17）：43-45.

Ceaglio N，et al. 2008. Novel long-lasting interferon alpha derivatives designed by glycoengineering. Biochimie, 90 (3): 437-449.

Chandran S, et al. 2011. Eculizumab for the treatment of de novo thrombotic microangiopathy post simultaneous pancreas-kidney transplantation-a case report. Transplant Proc, 43 (5): 2097-2101.

Charles L S. 2008. The cancer biomarker problem. Nature, 452 (7187): 548-552.

Chen G, et al. 2010. Identification of p27/KIP1 expression level as a candidate biomarker of response to rapalogs therapy in human cancer. J Mol Med (Berl), 88 (9): 941-952.

Chen L, Gui C, Luo X, et al. 2005. Cinanserin is an inhibitor of the 3C-like proteinase of severe acute respiratory syndrome coronavirus and strongly reduces virus replication in vitro. J Virol, 79 (11): 7095-7103.

Chong C R, Sullivan D J. 2007. New uses for old drugs. Nature, 448: 645-646.

Crum C, et al. 2006. Quadrivalent human papillomavirus recombinant vaccine. Nat Rev Drug Discov, 5: 629-630.

Cryan S A, et al. 2004. Cell transfection with polycationic cyclodextrin vectors. European Journal of Pharmaceutical Sciences, 21: 625-633.

Davis M E, et al. 2010. Evidence of RNAi in humans from systemically administered siRNA via targeted nanoparticles. Nature, 464: 1067-1140.

Drucker D J. 2002. Biological actions and therapeutic potential of the glucagon-like peptides. Gastroenterology, 122 (2): 531-544.

Druker B. 2010. Imatinib (Gleevec) as a paradigm of targeted cancer therapies. Keio J Med, 59 (1): 1-3.

Ernst B, Magnani J L. 2009. From carbohydrate leads to glycomimetic drugs. Nature Review Drug Discovery, 8: 661-677.

Evaluat Pharma Ltd. 2010. World Preview 2016. https: //www. evaluatepharma. com/secure/FileResourceDownlood. aspx? id=17eb853b-20fb-4559-85d4-c77f18a5141a [2011-08-04].

Fabian M A, et al. 2005. A small molecule-kinase interaction map for clinical kinase inhibitors. Nature Biotechnology, 23: 329-336.

Flisser E. 2011. Polytherapy increases the risk of infertility in women with epilepsy. Neurology, 76 (16): 1442.

Fu X, et al. 2004. A novel diagnostic marker, p28GANK distinguishes hepatocellular carcinoma from potential mimics. J Cancer Res Clin Oncol, 130 (9): 514-520.

Garcia J A. 2011. Sipuleucel-T in patients with metastatic castration-resistant prostate cancer: an insight for oncologists. Ther Adv Med Oncol, 3 (2): 101-108.

Gary W. 2010. Biopharmaceutical benchmarks 2010. Nature Biotechnology, 28 (9): 917-924.

GBI Research. 2010. Personalized medicine market-advances in human genomics and proteomics to challenge traditional therapeutics. http: //www. marketresearch. com/GBI-Research-v3759/

Personalized-Medicine-Advances-Human-Genomics-6001628/ [2011-08-10].

Haag A, Strzelczyk A, Bauer S, et al. 2010. Quality of life and employment status are correlated with antiepileptic monotherapy versus polytherapy and not with use of "newer" versus "classic" drugs: Results of the "Compliant 2006" survey in 907 patients. Epilepsy Behav, 19 (4): 618-622.

Haensler J, Szoka F C. 1993. Polyamidoamine cascade polymers mediae efficient tasfection of cells in culture. Bioconjugate Chemistry, 4: 372-379.

Hamilton S R, et al. 2006. Humanization of yeast to produce complex terminally sialylated glycoproteins. Science, 313: 1441-1443.

Hassane D C, et al. 2011. Chemical genomic screening reveals synergism between parthenolide and inhibitors of the PI-3 kinase and mTOR pathways. Blood, 116: 5983-5990.

Hiatt A, Cafferkey R, Bowdish K. 1989. Production of antibodies in transgenic plants. Nature, 342: 76-78.

Hoogenboom H R. 2005. Selecting and screening recombinant antibody libraries. Nat Biotechnol, (9): 1105-1116.

Hopkins A L. 2007. Network pharmacology. Nature Biotechnology, 25: 1110-1111.

Hou L F, He S J, Wang J X. et al. 2009. SM934, a water-soluble derivative of arteminisin, exerts immunosuppressive functions in vitro and in vivo. Int Immunopharmacol, 9: 1509-1517.

Hudson P J, Souriau C. 2003. Engineered antibodies. Nature Medicine, 9 (1): 129-134.

Hughes B. 2010. Antibody-drug conjugates for cancer: Poised to deliver? Nature Reviews Drug Discovery, 9 (9): 665-667.

Jackson S H, et al. 2010. Liraglutide (victoza): The first once-daily incretin mimetic injection for type-2 diabetes. 35 (9): 498-529.

Jang I J. 2010. Advances in clinical trials technologies. J Korean Med Assoc, 9: 761-768.

Kaiser J. 2011. NIH'secondhand shop for tried-and-tested drugs. Science, 332: 1479-1585.

Kauppinen S, et al. 2011. Silencing of microRNA families by seed-targeting tiny LNAs. Nat Genet, 43: 371-378.

Kaur H, et al. 2006. Thermodynamic, counterion and hydration effects for the incorporation of locked nucleic acid nucleotides into DNA duplexes. Biochemistry-Us, 45: 7347-7355.

Keam S, Harper D M. 2008. Human papillomavirus types16 and 18 vaccine (recombinant, AS04 adjuvanted, adsorbed). BioDrugs, 22: 205-208.

Khanin R, Wit E. 2006. How scale-free are biological networks. Journal of Computational Biology, 13: 810-818.

Kohler G, Milstein C. 1975. Continuous cultures of fused cells secreting antibody of predefined specificity. Nature, 256 (5517): 495-497.

Kolb P, et al. 2009. Structure-based discovery of beta2-adrenergic receptor ligands. PNAS,

106（16）：6843-6848.

Kong W，Wei J，Abidi P，et al. 2004. Berberine is a novel cholesterol-lowering drug working through a unique mechanism distinct from statins. Nature Medicine，12：1344-1351.

Lage A，Crombet T. 2011. Control of advanced cancer：the road to chronicity. Int J Environ Res Public Health，8（3）：683-697.

Lagerström M C，Schiöth H B. 2008. Structural diversity of G protein-coupled receptors and significance for drug discovery. Nat Rev Drug Discov，7（6）：542.

Lamb J. 2007. The Connectivity Map：a new tool for biomedical research. Nature reviews Cancer，7：54-60.

Lamb J，et al. 2006. The connectivity map：Using gene-expression signatures to connect small molecules，genes and disease. Science，313：1929-1935.

Lang L. 2008. FDA approves Cimzia to treat Crohn's disease. Gastroenterology，134（7）：1819-1821.

Lazarou J，Pomeranz B H，Corey P N. 1998. Incidence of adverse drug reactions in hosp italized patients：A meta2 analysis of p rospective studies. JAMA，279：1200-1205.

Lee K Y，et al. 1998. Preparation of chitosan self-aggregates as a gene delivery system. Journal of Controlled Release，51：213-220.

Lefkowitz R J，Shenoy S K. 2005. Transduction of receptor signals by beta-arrestins. Science，308：512-517.

Lefkowitz R J. 2004. Historical review：a brief history and personal retrospective of seven-transmembrane receptors. Trends Pharmacol. Sci，25：413-422.

Li Y P，et al. 2011. Bioreducible poly（beta-amino esters）/shRNA complex nanoparticles for efficient RNA delivery. Journal of Controlled Release，151：35-44.

Lim B，et al. 2009. MicroRNA-125b is a novel negative regulator of p53. Gene Dev，23：862-876.

Lim D W，et al. 2000. Poly（DMAEMA-NVP）-b-PEG-galactose as gene delivery vector for hepatocytes. Bioconjugate Chemistry，11：688-695.

Lim Y B，et al. 2000. Biodegradable polyester，poly alpha-（4 aminobutyl）-L-glycolic acid，as a non-toxic gene carrier. Pharmaceutical Research，17：811-816.

Lundh E. 2011. Assesing the impact of China's thousand talents program on life sciences innovation. Nature Biotechnol，29（6）：547-548.

Ma J，et al. 1995. Generation and assembly of secretory antibodies in plants. Science，268：716-719.

Ma J，et al. 2003. The production of recombinant pharmaceutical proteins in plants. Nature Review Genetics，4：794-805.

Ma L，et al. 2008. Tumor invasion and metastasis initiated by microRNA-10b in breast cancer. Nature，455：256.

MacKenzie R G. 2006. Obesity-associated mutations in the human melanocortin-4 receptor gene. Peptides，27（2）：395-403.

Mackler B F. 2009. Biosimilars and follow on branded biologics. GEN，29：89-92.

Marth J D. 2008. A unified vision of the building blocks of life. Nature Cell Biology，10：1015-1016.

Melmed G，et al. 2008. Certolizumab pegol. Nat Rev Drug Discov，7：641-642.

Mendell J R，et al. 2009. Therapeutic microRNA delivery suppresses tumorigenesis in a murine liver cancer model. Cell，137：1005-1017.

Merdan T，et al. 2002. Prospects for cationic polymers in gene and oligonucleotide therapy against cancer. Advanced Drug Delivery Reviews，54：715-758.

Milenic D E，et al. 2004. Antibody—targeted radiation cancer therapy. Nature Reviews Drug Discovery，3：488

Miyata K，et al. 2005. Freeze-dried formulations for in vivo gene delivery of PEGylated polyplex micelles with disulfide crosslinked cores to the liver. Journal of Controlled Release，109：15-23.

Moore J P，et al. 2003. The entry of entry inhibitiors：a fusion of science and medicine. PNAS，100（19）：10598-10602.

Moulton H M，Moulton J D. 2010. Morpholinos and their peptide conjugates：Therapeutic promise and challenge for Duchenne muscular dystrophy. Biochimica Et Biophysica Acta-Biomembranes，1798：2296-2303.

Mullard A. 2011a. 2010 FDA drug approvals. Nature Reviews Drug Discovery，10（2）：82-85.

Mullard A. 2011b. Learning lessons from Pfizer's ＄800 million failure. Nature Reviews Drug Discovery，10（3）：163，164.

Mulligan S P，et al. 2006. Classification of AML using a monoclonal antibody microarray. Methods in Molecular Medicine，125：241：251.

Muntoni F，et al. 2009. Local restoration of dystrophin expression with the morpholino oligomer AVI-4658 in Duchenne muscular dystrophy：a single-blind，placebo-controlled，dose-escalation，proof-of-concept study. Lancet Neurol，8：918-928.

Musserer J H. 2003. Carbohydrate-Based Therapeutics. In：Burger's medicinal chemistry and drug discovery. Vol 2. New York：John Willey and Sons：243.

Nelson A L，Reichert J M. 2009. Development trends for therapeutic antibody fragments. Nature Biotechnology，27：331-337.

Nelson A L，et al. 2010. Development trends for human monoclonal antibody therapeutics. Nature review drug discovery，9：767-774.

Ni Y，et al. 2006. Activation of bete2-adrenergic receptor stimulates gamma -secretase activity and accelerates amyloid plaque formation. Nat Med, 12 (12): 1390-1396.

Orum H, et al. 2010. Therapeutic silencing of microRNA-122 in primates with chronic hepatitis C virus infection. Science, 327: 198-201.

Overington J P, Al-Lazikani B, Hopkins A L. 2006. How many drug targets are there? Nat Rev Drug Discov, 5 (12): 993-996.

Pack D W, et al. 2005. Design and development of polymers for gene delivery. Nature Reviews Drug Discovery, 4: 581-593.

Pal N, et al. 2010. Pharmacology and clinical applications of human recombinant antithrombin. Expert Opin Biol Ther, 10 (7): 1155-1168.

Peng H, et al. 2011. Drug inhibition profile prediction for NF-κB pathway in multiple myeloma. PloS one, 6. e14750.

Pierce K L, et al. 2002. Seven-transmembrane receptors. Nat Rev Mol Cell Biol, 3: 639-650.

Pompili M, Lester D, Innamorati M, et al. 2009. Quality of life and suicide risk in patients with diabetes mellitus. Psychosomatics, 50 (1): 16-23.

Qiu H, et al. 2010. WSS25 inhibits growth of xenografted hepatocellular cancer cells in nude mice by disrupting angiogenesis via blocking BMP/SMAD/ID1 signaling. Journal of Biological Chemistry, 285: 32638-32646.

Rader R. 2008. Paucity of biopharma approvals raises alarm. GEN, 28: 3-15.

Rajagopal S, et al. 2010. Teaching old receptors new tricks: biasing seven-transmembrane receptors. Nat Rev Drug Discov, 9 (5): 373-386.

Rang H P. 2003. For the Examples Infliximab, Basiliximab, Abciximab, Daclizumab, Palivusamab, Gemtuzumab, Alemtuzumab, Etanercept and Rituximab, and Mechanism and Mode. Edinburgh: Churchill Livingstone: 241.

Ransohoff T C. 2007. The rise of biopharmaceutical contract manufacturing. BioPharm International, 20 (10): 165-174.

Ratner M. 2010. Pfizer stakes a claim in plant cell-made biopharmaceuticals. Nat Biotechnol, 28 (2): 107-108.

Rossi J J. 2011. Stopping RNA interference at the seed. Nat Genet, 43: 288-289.

Rothstein J D, Patel S, Regan M R, et al. 2005. Beta-lactam antibiotics offer neuroprotection by increasing glutamate transporter expression. Nature, 433: 73-77.

Scheinecker C, et al. 2009. Tocilizumab. Nat Rev Drug Discov, 8: 273-274.

Schmitz U, et al. 2000. Phage display: a molecular tool for the generation of antibodies-a review. Placenta, 21 (Suppl A): S106-S112.

Schrama D, et al. 2006. Antibody targeted drugs as cancer therapeutics. Nature Reviews Drug Discovery, 5: 147.

Schwaber J, Cohen E P. 1973. Human x mouse somatic cell hybrid clone secreting immunoglobulins of both parental types. Nature，244（5416）：444-447.

Scott and Groot. 2010. Can we prevent immunogenicity of human protein drugs? Ann Rheum Dis，69：172-176.

Sharp P A，Ebert M S. 2010. MicroRNA sponges：Progress and possibilities. Rna，16：2043-2050.

Sheriden C. 2010. Fresh from the biologic pipeline-2009. Nature Biotechnol，28（4）：307-310.

Siegel D L. 2002. Recombinant monoclonal antibody technology. Transfusion clinique et biologique：journal de la Société française de transfusion sanguine，9（1）：15-22.

Stoffel M，et al. 2005. Silencing of microRNAs in vivo with'antagomirs'. Nature，438：685-689.

Summerton J. 1999. Morpholino antisense oligomers：the case for an RNase H-independent structural type. Bba-Gene Struct Expr，1489：141-158.

Tang D A G，et al. 2011. The microRNA miR-34a inhibits prostate cancer stem cells and metastasis by directly repressing CD44. Nature Medicine，17：211-215.

Trousdale R K，et al. 2009. Efficacy of native and hyperglycosylated follicle-stimulating hormone analogs for promoting fertility in female mice. Fertil Steril，91：265-270.

US FDA. 2011. Guidance for industry codevelopment of two or more unmarketed investigational drugs for use in combination. http：//www. fda. gov/downloads/Drugs/GuidanceComplianceRegulatoryInformation/Guidances/UCM236669. pdf [2011-07-26].

Valastyan S，et al. 2009. A pleiotropically acting microRNA，miR-31，inhibits breast cancer metastasis. Cell，137：1032-1046.

Walsh G M. 2009. Canakinumab for the treatment of cryopyrin-associated periodic syndromes. Drugs Today (Barc)，45（10）：731-735.

Walsh G，Jefferis R. 2006. Post-translational modifications in the context of therapeutic proteins. Nat Biotechnol，24：1241-1252.

Wang J，et al. 2010. A tumor-acidity-activated charge-conversional Nanogel as an intelligent vehicle for promoted tumoral-cell uptake and drug delivery. Angewandte Chemie-International Edition，49：3621-3626.

Wang LF，et al. 2011. Anti-asthmatic CysLT1 receptor antagonists alleviate CNS inflammatory cell infiltration and pathogenesis of EAE. Journal of Immunology，doi：10. 4049/jimmunol. 1100333.

Wang Q，et al. 2011. Lithium，an anti-psychotic drug，greatly enhances the generation of induced pluripotent stem cells. Cell Research，doi：10. 1038/cr. 108.

Wang Y J，et al. 2007. Andrographolide inhibits NF-κB activation and attenuates neointimal hyperplasia in arterial restenosis. Cell Res，11（17）：933-941.

Weinberg R A，et al. 2010. Therapeutic silencing of miR-10b inhibits metastasis in a mouse mammary tumor model. Nature Biotechnology，28：341-367.

Weinreb N J. 2008. Imiglucerase and its use for the treatment of Gaucher's disease. Expert Opin Pharmacother，9（11）：1987-2000.

White R W D，et al. 2011. MiR-125b promotes growth of prostate cancer xenograft tumor through targeting pro-apoptotic genes. Prostate，71：538-549.

Wolff M A. 1994. Burger's medicinal chemistry. Vol 1. 5th ed. New York：John Willey and Sons：901.

Ye M，et al. 2007. Liquid chromatography/mass spectrometry analysis of PHY906，a Chinese medicine formulation for cancer therapy. Rapid Commun Mass Spectrom，21：3593-3607.

Yusibov V，Streatfield S J，Kushnir N. 2011. Clinical development of plant-produced recombinant pharmaceuticals：Vaccines，antibodies and beyond. Hum Vaccin，7（3）：313-321.

Zhang X W，et al. 2011. Arsenic trioxide controls the fate of the PML-RARalpha oncoprotein by directly binding PML. Science，328（5975）：240-243.

Zhao H，et al. 2006. Oligomannurarate sulfate，a novel heparanase inhibitor simultaneously targeting basic fibroblast growth factor，combats tumor angiogenesis and metastasis. Cancer Research，66：8779-8787.

Zhao SW，Li S. 2010. Network-based relating pharmacological and genomic spaces for drug target identification. PloS one，5（7）. doi：10. 1371/journal. pone. 0011764.

第七章 生物育种领域发展态势

目前，全球正面临着粮食供应危机，世界粮食的储备量连年下降，食品价格不断上涨，按当今粮食的增长幅度，预计在2050年将有5亿吨的粮食缺口。我国粮食安全正面临两大主要问题：一是人口的增长和生活水平的提高所带来的粮食需求量的持续增长；二是工业化和环境不断恶化等因素导致的耕地面积逐年减少。为确保粮食安全，我国在《国家粮食安全中长期规划纲要（2008—2020年）》中明确提出，要使粮食自给率稳定在95%以上，2020年粮食综合生产能力达到5.4亿吨以上。据此推算，在保证耕地面积稳定的情况下，我国粮食产量需要以年均近1%的速度增长，任务十分艰巨。

20世纪六七十年代，矮化育种和杂种优势的成功利用，拉开了“第一次绿色革命”的序幕，为解决世界粮食供给问题做出了巨大贡献。但是，随着主要农作物中大量矮秆、耐肥的高产品种的大面积推广，在全球范围内用于作物生产的化肥、农药、淡水的投入激增，导致环境污染和资源消耗十分严重。这种以高投入换取高产量，同时带来高消耗和高污染的粗放式农业生产方式在中国尤为突出，为改变这一趋势，我国科学家提出“第二次绿色革命”，呼吁发展“少投入、多产出、保护环境”的现代绿色农业，以保障我国粮食安全和农业可持续发展。

种业是涉及国家粮食和主要农产品安全的战略性新兴产业。生物技术的突破引领全球种业进入战略转型期，生物育种已成为国际种业竞争的战略焦点，强势种业集团正通过对基因权、品种权及高端技术专利的控制，掌握着国际种业竞争主动权。进入21世纪，随着全球化、市场化农业产业的发展和全球贸易一体化格局的形成，我国种业正面临严峻挑战：世界十大跨国种业集团全部进入中国，利用资本和技术优势迅速抢占我国种业市场，蔬菜、花卉高端种业面临全线失守的危机，进口大豆正冲击我国自主大豆产业，进军我国的粮食种业已成为跨国集团的下一目标。“谁控制了粮食，谁就控制了世界”已成为我国现代农业发展必须面对的战略挑战。种业竞争的实质是种业科技的竞争，资源战、基因战和专利战日趋白热化，放弃种质资源中功能基因的研发和产权的拥有，必将会为使用这些基因付出昂贵的代价。强化科技创新、抢占种业制高点，对促进我国种业跨越式发展和保障粮食安全具有重大意义。

生物育种通过将现代生物技术与常规育种方法有机结合，培育高产优质、多抗高效农业生物新品种。生物育种对于应对全球粮食危机、发展现代绿色农业、保障国家种业安全具有十分重要的战略地位。世界各国政府及大型生物公司纷纷投入巨资，加强生物技术研发，试图抢占国际上生物育种领域的制高点。我国《国家中长期科学和技术发展规划纲要（2006—2020 年）》将生物技术作为我国科技发展的 5 个战略重点之一，生物技术创新已成为创新型国家建设的重要内容之一。

生物基因组序列蕴涵着控制和影响生命活动的各类信息，基因组学研究已成为理解生命活动基本规律、揭示生物重要性状形成机制的最主要途径，是引领现代生命科学发展的引擎。随着高通量、低成本的新一代测序技术的开发，基因组学正在前所未有的广度和深度上理解各种复杂表型的遗传基础。基因组研究为现代分子育种提供了功能基因、功能标记、理论知识和技术基础。转基因技术在缓解资源约束、保障食物安全、保护生态环境、拓展农业功能等方面已显现出巨大潜力。以大幅度提升育种效率为目标的全基因组选择育种技术已成为植物育种前沿高技术的典型代表。加快基因组学、分子育种等领域的现代生物技术研发已成为世界各国提升生物育种实力、保障粮食安全和农业可持续发展的战略抉择。

第一节　生物育种相关领域总体发展趋势

一、基因组研究迅猛发展

（一）大规模基因组测序时代已经到来

基因组学研究的发展很大程度上依赖于测序技术的突破。进入 21 世纪后，以 Roche 454、Illumina Solexa 和 ABI SOLiD 为代表、以合成测序法为基础的新一代测序技术诞生并日益成熟，提供了前所未有的巨大测序通量，测序成本急剧下降。随着新一代测序技术的普及和运用，大规模基因组测序时代已经到来。以植物为例，基因组测序表现出如下趋势：①从少数模式植物和重大粮食作物测序发展到大规模栽培物种，如已完成或即将完成基因组测序的园林园艺植物包括桉树、松树、苹果、咖啡、草莓、白菜、番茄等。②从栽培物种拓展到野生物种的研究，如野生稻、野生十字花科和茄科等物种基因组测序已在或正计划开展。③从单一参考序列测定发展到大规模种质资源的重测序。目前在水稻等粮食作物中正开展核心种质资源的大规模重测序（Huang et al.，2010），对黄瓜、白菜、甘蓝和番茄等园艺作物均启动了基因组重测序研究。

（二）功能基因组研究十分活跃

1. 功能基因组研究发展趋势是多“组学”结合，向系统生物学领域深入

基因组测序完成后，功能基因组学研究变得至关重要。为从系统生物学角度全面阐释基因功能、转录组学、代谢组学、蛋白质组学、表观组学、表型组学等“组学”平台及生物信息学平台的发展十分迅速并相互交叉渗透，以及深入揭示控制重要性状的生物学本质奠定了基础，极大地促进了生命科学研究。

植物功能基因组研究平台的完善主要包括：规模化的基因功能缺失突变体（利用 T-DNA 插入、人工 microRNA 等技术创制）、基因结构的准确信息、基因的时空表达模式等，并不断拓展到代谢组、蛋白质组及包括表型组在内的系统生物组；同时，建立基因组表观修饰、基因调控网络技术平台，辅以完备的生物信息学平台。

2. 重要功能基因分离速度不断加快

目前，功能基因组研究正优先瞄准一些重要的农业生物，如农作物中的水稻、小麦、玉米、油菜、棉花、大豆、番茄、黄瓜等，通过集成与整合多种基因鉴定和功能分析技术，大规模高效率地分离克隆控制产量、品质、抗病虫、抗逆、营养高效、光合作用效率等经济性状的功能基因，解析性状形成及调控的分子机理。

(三) 全基因组关联分析发掘数量性状基因已成热点

应用新一代测序技术对核心种质资源进行深度测序，通过目标性状的大规模鉴定筛选，并与基因组大规模单核苷酸多态性（SNP）进行全基因组关联分析（GWAS），发掘数量性状基因，已成为基因组学研究的热点。关联分析研究对象是自然种质群体，不需要构建作图群体，能充分利用历史上发生过的广泛重组事件，具有较高的分辨率，还能同时分析多个等位基因的效应。关联分析理想的结果为直接定位于某个候选主效基因，找到与经济性状紧密相关的数量性状核苷酸（QTN），从而可以直接利用 QTN 对动植物品种进行选育。该法有望实现高通量、低成本、快速高效的基因定位及克隆，发掘种质资源中的优良等位基因。

二、转基因研发及产业化发展势头强劲

(一) 转基因作物研发和产业化规模不断壮大，产生了巨大的经济效益和环境效益

2010 年是转基因作物全球商业化种植的第 15 年，转基因作物的研发和商业化仍然保持着强劲的势头。种植转基因作物的国家由 2009 年的 25 个增加到 29 个，新增的 4 个国家中巴基斯坦、缅甸和瑞典为首次种植，德国为重新恢复种植。转基因作物全球种植面积从 2009 年的 1.34 亿公顷上升为 1.48 亿公顷，增长了 10%（James，2010）。

转基因作物在全球迅猛发展的同时，也带来了巨大的经济效益和环境效益。据 PG Economics 的报告显示，2009 年种植转基因作物的直接获益是 108 亿美元。1996～2009 年，种植转基因作物增加的累计收益为 647 亿美元。除了经济效益，转基因作物的种植还带来了巨大的环境效益，这主要体现在使杀虫剂和除草剂的使用量的减少及温室气体的排放量的降低。在这 14 年间，转基因技术的应用使杀虫剂和除草剂的有效成分使用量减少了 3.93 亿千克，使环境影响指数 EIQ（environmental impact quotient）下降了 17.16%。同时由于除草剂和杀虫剂使用频率的下降，2009 年燃料使用量直接减少 5.12 亿升，二氧化碳（CO_2）排放量减少 14.09 亿千克。1996～2009 年累计减少 36.16 亿升燃料使用量，累计减少 CO_2 排放量 99.47 亿千克。转基因抗除草剂作物的应用促进了“免耕/少耕”生产方式的迅速推广。免耕/少耕的生产方式在 2009 年使 44.30 亿千克的碳存留在土壤中，相当于减少了 162.61 吨的 CO_2 的排放。2008 年，由于转基因作物的应用减少的 CO_2 排放量相当于

785.3万辆小汽车一年的排放量（Brookes and Barfoot，2011）。

（二）国际上对转基因生物研究与产业化政策日趋积极

作为转基因作物研发和商业化种植的领头羊，美国继续保持了其优势。2010年，美国种植了6680万公顷的转基因作物（占全球转基因作物面积的45%），与2009年相比增加了约4%。其转基因大豆和棉花的种植率（转基因作物的种植面积占所有该作物种植面积的比例）均达到了93%，玉米为86%，油菜为88%，甜菜为95%（James，2010）。

作为世界上经济和科技最发达的地区之一，欧洲对转基因技术一直保持谨慎的态度。但是，面对转基因作物应用带来巨大经济和环境效益的事实，欧洲近年来已经开始反思其对待转基因技术的策略是否正确。欧洲生物技术工业协会（European Association for Bioindustries，EuropaBio）最近连续发表文章《1540万农民的选择不可能是错误的：转基因作物确实可以带来社会经济效益》、《转基因作物：正在收获利益但是与欧洲无关》（EuropaBio，2011）。这些文章指出，全球1540万农民选择种植转基因作物证实了转基因作物可以获得重大利益；对于转基因作物过于保守使得欧洲的农民每年损失4.43亿～9.29亿欧元；欧洲对于转基因作物进口审批过于缓慢及设置贸易壁垒，使进口转基因作物的价格升高并产生大量的贸易摩擦。这些质疑和反思表明，在转基因作物带来巨大经济和环境效益的事实面前，欧洲对待转基因作物的态度和政策可能正在发生变化。

作为发展中国家的代表，巴西和印度这几年在转基因作物上的发展速度令人瞩目。2009年，巴西超过阿根廷，成为种植转基因作物面积最大的发展中国家。2010年，巴西种植了2540万公顷（比2009年增长19%）的转基因大豆、玉米和棉花。印度在转基因棉花的种植上发展很快。2010年，印度种植的940万公顷转基因作物全部是转基因棉花，其种植率达到了86%，而在2003年，印度转基因棉花的种植面积还仅为10万公顷。印度近几年来对作物生物技术的投入也很大，近5年来政府及私营企业对作物生物技术的投入达到了年均5亿美元。

从总体上看，转基因作物在降低生产成本、增产增收、保护自然环境、减少温室气体排放等方面已经带来了巨大经济和社会效益。大力发展转基因技术已获得了全球各国的共识，这个大趋势已经不可逆转。加快转基因技术研发已成为世界各国增强农业核心竞争力的战略抉择。目前，大多数国家对转基因生物研究与产业化政策日趋积极，把发展生物技术作为支撑发展、引领未来的战略选择。目前，已经有 24 种作物 183 个转化事件（events）被各国批准商业化种植或进口（James，2010）。随着转基因技术的进一步发展，更多更好的转基因作物也必将出现在市场上。在未来 5 年，转基因抗旱玉米、对人体健康有利的富含 β-胡萝卜素的水稻、抗虫转基因水稻、转基因植酸酶玉米等可能会被商品化种植。

三、全基因组选择育种技术-育种手段的革命性突破

长期以来，传统育种的选择方法主要是对表现型的目测观察，以经验为基础进行取舍，准确性较差、效率较低。近 20 年来发展的分子标记辅助选择技术能应用功能标记或连锁标记对目标基因进行准确选择，但由于没有足够的信息和有效的手段，在分子标记辅助育种的应用中，大多不能对遗传背景实施选择。

全基因组选择育种技术以基因的遗传、功能和表型信息为基础，以对 DNA 多态性高通量（标记通常数以万计）检测为手段，根据育种目标，对目标基因（性状）、非目标基因（性状）和遗传背景在全基因组水平上进行选择 。

全基因组选择技术将极大地提高育种选择效率和精确性，是育种选择手段的革命性变化。全基因组选择技术将实现育种过程的可控制性，即实现：① 有目的地选择优良性状相关位点进行组合，创造优良基因型；② 在导入目标性状、使受体亲本主要缺点得到改良的情况下，高度保持其原有优良性状。

近年来，由于高通量测序技术的进步，各国科学家已测定了很多植物基因组序列，在多种作物中开展了品种资源的大规模测序。多种作物功能基因组研究，鉴定分离了数以百计的控制产量、品质、抗逆等性状的功能基因。国际一流的生物技术公司争先开发建立了以 DNA 芯片为基础、以品种间 SNP 作标记的高通量分子标记检测体系平台。这些最新进展，为全基因组选择技术的建立提供了必要的基础。国际大型种业公司（如孟山都和先锋等公司）已经建立了各种版本、不同密度、适用于各种用途的基因组选择芯片，应用于玉米育种，实现了育种全程的数字化，极大地提高了选择的准确性，加快了育种进程；由此培育出的丰产、抗逆、优质等优良性状组合的特优新品种，极具国际竞争力。

四、种质创新与新基因发掘

从种质资源中发掘和利用优异基因是实现突破性育种的关键，举世闻名

的“绿色革命”与我国杂交水稻的成功均源于种质资源的开发与利用。发掘、创新和开拓利用新的遗传资源将是应对我国新世纪所面临的人口剧增、环境恶化、资源日益匮乏等问题的有效手段。

(一) 种质材料创新

据联合国粮食及农业组织(FAO)1996年的统计资料，世界范围内作物种质资源收集品种约为400万份，这些种质资源为基因发掘奠定了坚实的物质基础。然而，如何从庞大的种质资源中发掘出优异基因是问题的关键。Frankel(1984)和Brown(1989)提出了核心种质的概念，为种质资源研究和利用提供了新的途径。目前，世界上已构建了水稻、小麦、大豆、玉米及其他几十种农作物的核心种质和微核心种质，微核心种质仅用1%或更少的样本数代表整个种质资源群体70%以上的遗传多样性(Upadhyaya and Ortiz，2001)，极大地促进了种质资源的精细表型鉴定和基因型鉴定，在育种中发挥了重要作用。

在作物种质资源鉴定的基础上，利用具有特异性状的材料创建了一大批初级分离群体，用于遗传图谱构建及基因/QTL定位。这些初级群体主要有F2、回交群体(backcross，BC)、重组自交系(recombination inbred line，RIL)和双单倍体群体(doubled haploid lines，DH)。其中F2、BC为临时性群体，群体构建相对简单，但后代会发生分离，难以进行多年、多点研究；RIL和DH为永久性群体，其后代不会发生分离，可在多年、多点、多环境下实验，从而降低实验误差，提高QTL定位的准确性，还可以用来估计QTL与环境间的互作，但其构建相对复杂，另外不能估计其显性效应。

导入系是指通过连续回交和自交，并结合分子标记辅助选择培育的仅含有单一或少量供体片段，其余基因组同受体一致的遗传材料。在过去10年中，遗传育种家们在水稻、小麦、玉米等农作物中构建了不少导入系群体，培育了数十万种具有丰富遗传基础的优良育种材料，在水稻中基本建成了种质资源创新与功能基因研究的资源平台及分子育种的技术平台，为实现可持续发展奠定了重要基础。

(二) 新基因发掘策略

农作物中大多数重要的农艺性状如产量、抗性等均为数量性状，连锁分析和关联分析是数量性状基因发掘鉴定的两个主要手段。利用分子标记技术构建遗传连锁图谱进行农作物重要性状的QTL定位已经十分成熟，迄今已有大量研究报道。但 QTL 定位方法存在以下主要缺点：只能检测双亲的等位基因差异；需要耗费较长时间构建双亲杂交衍生而来的分离群体以精细定位目标基因；在群体构建过程中仅经历了有限代数的重组，其定位精度也比较低。

关联分析是新近开始在植物数量性状遗传研究中应用的一种分析方法，它以连锁不平衡（linkage disequilibrium，LD）为基础，将目标性状表型的多样性与基因或标记位点的多态性结合起来分析，可直接鉴定出与表型变异密切相关且具有特定功能的基因位点或标记位点。应用新一代测序技术对核心种质资源进行深度测序，通过目标性状的大规模鉴定筛选和基因组大规模 SNP 进行 GWAS，发掘数量性状基因，已成为植物基因组学研究的热点之一（Huang et al.，2009，2010）。关联分析也有一些弱点，如检测功效不如连锁分析高、假阳性概率较高、无法有效检测稀有等位基因等。关联分析的不足恰是连锁分析的优点，这两种分析方法在 QTL 定位的精度和广度上有较强的互补性。有效结合连锁分析和关联分析，综合利用两者的优势，将为复杂数量性状遗传基础的剖析提供新的思路。

五、育种目标的发展与可持续发展

农作物育种目标是在一定自然、栽培和经济条件下，对所要育成的新品种提出的其应具备的优良特征特性，也就是对新品种的具体要求（张天真，2003）。不同时期、不同生态区、不同作物的育种目标是不同的。育种目标是随着经济的发展和育种技术的提高而动态发展的。

20 世纪 60 年代，随着以矮秆小麦和半矮秆水稻基因的发现和利用为标志的绿色革命的开始，通过降低植株高度、增加氮肥使用量、提高收获指数来提高产量成为作物育种的主要目标。从 90 年代开始，高产、优质、多抗成为作物育种的通用指标。以水稻为例，日本首先提出超高产育种，接着国际水稻研究所提出新株型育种，1996 年我国提出超级稻育种。其主要目标还是集中在提高产量上。从 20 多年的实践看，小面积的产量潜力有了明显的提高，但是大面积的产量提高不明显。

进入 21 世纪，作物生产又面临一系列挑战，具体表现在：①病虫的危害越来越严重，导致化学农药的使用量越来越大；②为进一步提高产量，化肥的使用量不断增加，而利用率不断降低；③由于降雨量在季节和地理上的分布不均匀，干旱缺水对作物生产的影响越来越严重；④由于农村种植方式的变化，品种的产量潜力与农民种植的实际产量的差异越来越大，如目前超级稻品种百亩[①]示范的产量达到每亩800千克，而全国水稻平均产量只有420千克，因而培育适合目前和今后农村新的种植方式的品种，显得尤为重要；⑤对于作物品质的要求，也有新的变化，食用农作物更加重视营养品质和健康，经济作物更加注重加工和商品品质。

针对作物生产所面临的严峻挑战，我国科学家提出开展“第二次绿色革命”，其目标可以概括为“少投入、多产出、保护环境”，如“绿色超级稻”的理念归纳起来就是“少打农药、少施化肥、节水抗旱、优质高产”，即以农业和环境可持续发展为目标，培育集对多种主要病虫害具有良好抗性、氮磷养分高效吸收利用、抗干旱和多种逆境条件、优质、高产等诸多优良性状于一体的水稻新品种（张启发，2010）。近年来兴起的现代农业生物技术将为第二次绿色革命目标的实现及资源节约型和环境友好型农业生产体系的建设发挥关键作用。

“少投入、多产出、保护环境”的育种目标是根据今后作物生产、环境变化和经济发展需要而提出的，其目标是改变全球范围内过去半个世纪以来作物生产的高投入换取高产量，同时带来高消耗、高污染的粗放式增产方式。通过培育具有新的优良性状的品种，减少化肥、农药、水及劳动力的投入，做到资源节约、环境友好，从而实现作物生产方式的根本转变，实现农业的可持续发展，保证作物生产安全和可持续发展。

“少投入”是指通过遗传改良提高作物对多种病虫害和不良环境（干旱、盐碱、高温、低温等）的抗性，提高作物的营养元素的利用效率，从而减少农药、化肥、水和劳动力的使用量。“多产出”主要是指提高中、低产田的产量和稻米品质，缩小品种的产量潜力和农民产量的差距，提高全国的平均产量水平，同时通过改良品质，提高产品的市场和健康价值。通过减少化学农药的使用量，使生态环境逐步恢复平衡，提高作物对营养元素的利用率，可以使用较少的化肥、获得较高的产量，提高单位有效营养元素的产出率，从而减少氮、磷等营养元素流入江河湖泊，实现保护环境的目标。在实现“少投入、多产出、保护环境”的基础上，农产品的安全健康将是未来作物育种的重要目标之一。健康的农产品，一方面要求增加人体必需的营养元素含量，另一方面要求不含有农药的残留。育种目标是育种工作的依据和指南，制定好育种目标是育种成功与否的关键。少投入、多产出、保护环境、安全健康和适宜机械化生产是今后作物育种可持续发展的目标。

---

① 1亩≈666.67平方米。

六、设计育种——生物育种的“理想境界”

设计育种（breeding by design）的概念最初由 Peleman 和 van der Voort 提出（Peleman and van der Voort，2003），其策略是基于对控制作物各种重要性状的 QTL 或基因功能及其等位基因效应的认识，根据预先设定的育种目标，集成与整合各种技术，提出亲本选配和后代选择方案，培育符合目标的新品种。近来我国科学家提出，功能基因组最终目标应该是能够进行真正意义上的设计育种，设计育种的“理想境界”应包括以下 5 个层次的设计：①在一个特定的生态条件下，最大限度地利用日光所能达到的产量极限；②在该条件下最大限度地利用日光的适宜群体结构；③实现该群体结构的个体构型（理想株型）；④构成该株型的各种性状（包括抗病虫、抗逆、营养高效利用和优质等）及其所涉及的生长发育过程；⑤决定这些性状的各种基因和调控网络。同时，针对这些设计提出基因的组装程序（张启发，2010；Jiang et al.，2012）。农作物中测序和功能基因组研究最深入的是水稻，可以预见，随着高通量、低成本的覆盖全基因组的 SNP 被开发成为育种选择标记，设计育种将在水稻上最先实现。

第二节　国际生物育种领域科研发展现状

一、农作物基因组学国际发展现状

农作物基因组学的研究始于模式植物拟南芥的全基因组测序和功能基因组研究。拟南芥基因组较小（约 120Mbp），于 2000 年完成了其全基因组测序（the Arabidopsis Genome Initiative，2000），它是第一个完成全基因组测序的植物，预测基因数目为 28 523 个。为了完全弄清楚每一个基因的功能，国际上提出了拟南芥功能基因组研究的宏伟计划（Arabidopsis，2010），即在拟南芥测序完成后用 10 年左右的时间，在细胞、物种和进化各层面上揭示拟南芥全部基因的功能，揭示生长发育、环境应答互作的分子网络，全面阐明拟南芥的生物学基础。拟南芥全基因组精确测序及其功能基因组计划的实施极大地推动了重要农作物基因组测序和功能基因组研究的启动。该计划不仅为操作农作物基因组提供了研究方法和研究策略，而且有可能发掘拟南芥的重要功能基因并直接用于作物遗传改良。

（一）水稻基因组研究

水稻不仅是重要的粮食作物，而且由于其较小的基因组、成熟的遗传转化体系、与其他禾本科作物基因组的共线性和丰富的遗传多样性，从而成为农作物遗传学和基因组学研究的模式植物。水稻基因组的精确序列已于 2004 年完成（International Rice Genome Sequencing Project，2005）。根据最新注释[①]，水稻基因组大小约为 370Mbp，预测编码 56 797 个基因。为了弄清基因组中控制水稻重要农艺性状的功能基因，中国、韩国、美国、日本、澳大利亚、法国、荷兰，以及位于菲律宾的国际水稻研究所等都制订并实施了水稻功能基因组研究计划，构建了高通量的功能基因组研究技术和资源平台并分离出一批控制重要农艺性状及生长发育的功能基因（Han and Zhang，2008；Zhang，et al.，2008），取得了极显著的成就。

（1）大型突变体库创建。国际上利用 T-DNA 及转座子插入等方法创建了多个突变体库，采用了不同类型的基因陷阱（gene trap）元件。如带有 GAL4-VP16 元件的增强子诱捕（enhancer trap）系统能实现插入突变、增强子诱捕及异位表达（ectopic expression）（Wu，et al.，2003；Liang，et al.，2006）。利用热不对称交错 PCR（thermal asymmetric interlaced PCR，tail-PCR）、反向 PCR（inverse PCR）及接头 PCR（adaptor PCR）等技术已分离插入标签侧翼序列 246 863 条。

（2）基因表达谱制作。已构建多个基因表达谱数据库，如 CREP（collection of rice expression profiles）、RiceXPro（rice expression profile database）、RAD（rice array database）、RiceGE（rice functional genomics express database）等。

（3）全长 cDNA 文库。已分别分离粳稻日本晴、籼稻广陆矮 4 号、明恢 63 及野生稻 W1943 的全长 cDNA 序列 37 132、10 081、12 727 和 2045 条[②]。

（4）基因克隆。依托功能基因组研究平台，使用图位克隆、插入突变体库及表达差异基因功能研究等策略，使基因克隆速度大幅加快，至 2010 年年底，克隆的基因数目已超过 600 个（Jiang et al.，2012）。表 7-1 列出了近年来我国分离克隆的部分水稻重要功能基因。

（5）全基因组关联分析。水稻已建立核心及微核心种质资源库（Agrama，et al.，2009；Zhang，et al.，2010），随着新一代测序技术的发展，基因型与表型（重要农艺性状）的大规模全基因组关联分析已经展开（Huang，et al.，2010）。

---

① 参见：RGAP 6.1，http：//rice.plantbiology.msu.edu/.

② 参见：http：//cdna01.dna.affrc.go.jp/cDNA/；http：//www.ncgr.ac.cn/ricd.

表 7-1 近年来我国分离克隆的部分水稻重要功能基因

性状	基因名称	编码蛋白	基因功能	克隆方法	参考文献
产量	*GHD7*	含 CCT 结构域蛋白	株高、生育期、穗大小	图位克隆	Xue, et al., 2008
	GS3	含 PEBP 类似结构域蛋白	粒长、粒重	图位克隆	Fan, et al., 2006
	GW2	RING 类-E3 泛素连接酶	粒宽、粒重	图位克隆	Song, et al., 2007
	DEP1	类似 PEBP 结构域的蛋白	穗形	图位克隆	Huang, et al., 2009
	GIF1	细胞壁蔗糖酶	籽粒充实度	图位克隆	Wang, et al., 2008
株型	*MOC1*	GRAS 家族蛋白	控制分蘖数量	图位克隆	Li, et al., 2003
	FC1	肉桂醇脱氢酶	木质素合成、茎秆强度	T-DNA 标签	Li, et al., 2009
	BC1	COBRA 类蛋白	纤维素合成、茎秆强度	图位克隆	Li, et al., 2003
	LAZY1	未知蛋白	分蘖角度	图位克隆	Li, et al., 2007
	TAC1	未知蛋白	分蘖角度	图位克隆	Yu, et al., 2007
	PROG1	Cys2-His2 锌指蛋白	分蘖角度	图位克隆	Tan, et al., 2008 Jin, et al., 2008
	EUI	细胞色素 P450 单加氧酶	GA 代谢，穗颈长度	图位克隆	Zhu, et al., 2006
	SLL1	KANADI 转录因子	调节叶片卷曲度	图位克隆	Zhang, et al., 2009
抗逆	*SKC1*	离子转运蛋白	维持钠钾离子平衡，抗盐	图位克隆	Ren, et al., 2005
	SNAC1	NAC 类转录因子	调控气孔关闭，抗旱	基因芯片	Hu, et al., 2006
	OsSKIPa	Ski-作用蛋白	细胞的活力，抗旱	基因芯片	Hou, et al., 2009
	xa13	一结瘤素 MtN3 类似基因	隐性抗白叶枯病基因	图位克隆	Chu, et al., 2006
	Xa26	LRR 类受体蛋白激酶	抗白叶枯病基因	图位克隆	Sun, et al., 2004
	OsPFT1	一种新的转录因子	低磷胁迫应答	抑制消减杂交	Yi, et al., 2005
	OsPHR2	MYB 类转录因子	磷信号转导	同源基因法	Zhou, et al., 2008
	OsSPX1	SPX 结构域蛋白	磷信号转导	同源基因法	Wang, et al., 2009
育性	*S5*	天冬氨酰蛋白酶	籼粳杂种育性	图位克隆	Chen, et al., 2008
	Sa	E3 类泛素连接酶、F-bo 蛋白	籼粳杂种育性	图位克隆	Long, et al., 2008
	TDR	bHLH 类转录因子	花粉育性	图位克隆	Li, et al., 2006
	orf79	细胞质雄性不育基因	细胞毒素肽	图位克隆	Wang, et al., 2006
	PAIR3	coiled-coil 结构域蛋白	同源染色体配对	T-DNA 标签法	Yuan, et al., 2009
抽穗期	*RID1*	锌指类转录因子	成花转换	T-DNA 标签	Wu, et al., 2008

（二）小麦基因组研究

普通小麦有 A、B、D 3 个基因组，这 3 个基因组中基因的数量与排列顺序都非常相似，称为部分同源基因组（homoeologous group）或直向同源基因组（orthologous group）。在小麦的 3 个基因组中，D 基因组最小，B 基因组最大，A 基因组居中。3 个基因组都分别有其对应的二倍体种，其中 D 基因组的供体种是粗山羊草（*T. tauchii*），基因组约为 5Gbp，A 基因组供体种是乌拉尔图小麦（*T. urartu*）。在 D 基因组和 A 基因组中存在小麦的全套基因，在目前还无法对普通小麦直接进行测序的情况下，国际上首先通过对 D 基因组和 A 基因组测序，以基本了解小麦基因组中基因的结构、组成与功能，开展小麦功能基因组研究。

为了加快小麦基因组测序研究，美国、法国、澳大利亚等国发起成立了国际小麦测序协作组①（International Wheat Genome Sequencing Consortium，IWGSC）。该协作组计划用我国小麦地方品种“中国春”为材料，首先分染色体构建物理图谱，然后进行测序。该协作组已成立 4 年，目前有 8 个国家参加该组织，共承担了小麦 21 条染色体中 15 条染色体的物理图谱绘制任务，但到目前为止仅建立了 1 条染色体（3B）的框架物理图，大多数承担任务的国家尚未开展工作。由于小麦基因组巨大，而基因仅占基因组的很小一部分，因此早期的小麦基因组计划是从表达序列标签（EST）开始的。1998 年，国际上建立了小麦 EST 协作组，我国为该协作组的成员之一。迄今，NCBI 数据库中共保存有 100 万条 EST。日本与我国的科学家先后于 2001 年与 2003 年开始了小麦全长 cDNA 的研究。目前，全世界获得的小麦全长 cDNA 已达 5 万～6 万条。这些 EST 及全长 cDNA 为以后在小麦全基因组测序时进行基因注释奠定了基础。新一代高通量测序技术的出现，使曾经被认为无法实现的复杂基因组作物（如小麦）的全基因组测序在不久的将来得以实现。最近，英国科学家公布了“中国春”基因组的 454 测序序列②，尽管离高质量的基因组序列的要求还相差甚远，但已经为小麦功能基因组的研究提供了良好的基础。小麦基因克隆难度大，国际上已克隆的基因包括英国科学家克隆的控制部分染色体配对基因 *Ph1*，美国科学家克隆的春化基因 *VRN1/2/3*，瑞士科学家克隆的抗白粉病基因 *Pm3b*、抗锈病的基因 *Lr10* 和 *Lr21*，以及我国南京农业大学克隆的抗白粉病基因 *Pm21*。

---

① 参见：http：//www. wheatgenome. org.

② 参见：http：//www. cerealsdb. uk. net/search _ reads. htm.

（三）玉米基因组研究

玉米基因组研究主要集中在高精度遗传图谱、基因组物理图谱和全基因组测序上。玉米的遗传图谱在所有作物中最为详尽，含有大量标记和序列信息。玉米基因组物理图谱是以美国著名玉米自交系 B73 为材料构建的，共有 19 000 个人工细菌染色体（bacterial artifical chromosome，BAC）克隆，覆盖 95%以上的基因组序列。在此基础上，美国于 2005 年正式启动玉米全基因组测序计划，2008 年宣布完成 B73 的基因组草图，2009 年公布了完整的玉米基因组研究成果（Schnable，et al.，2009）。玉米共有 10 对染色体，约 3.2 万个基因，23 亿个碱基。为开展玉米全基因组功能研究，长期以来各国科学家们利用各种手段创建突变体库，已经建立了多个共享的玉米突变体库，如斯坦福大学的 RescueMu 突变库、Bristol 大学和冷泉港实验室的 MuDR 突变库、Boyce Thompson 研究所和 Rutgers 大学的 Ac/Ds 突变库等。还构建了玉米各个组织器官的 cDNA 库，开展大规模的 EST 测序，目前 EST 序列已达 200 多万条。在重要农艺性状基因/QTL 的定位和克隆上，已定位的 QTL 超过 2000 个，并克隆到一批具原创性的控制重要农艺性状的功能基因，包括发育相关基因，如 *tb1*、*Vgt1*、*Tga1* 等；品质相关的油分含量、维生素 A、贮藏蛋白基因；抗生物、非生物逆境的基因及与杂种优势有关的重要基因等。目前，国际上的玉米功能基因组研究主要集中在：高覆盖率突变体库的创制；大规模高效的基因/QTL 定位、克隆；基因组深度测序；全基因组表达谱和 SNP 分析芯片；高效、低成本的玉米遗传转化体系及生物信息平台的创建和完善等方面。

此外，其他农作物基因组研究也取得了重大进展。例如，高粱的全基因组测序结果于 2009 年 1 月公布（Paterson et al.，2009）；大豆全基因组计划于 2001 年启动，已于近期完成并公布（Schmutz et al.，2010）。

二、转基因研发及产业化国际发展现状

2010 年，全球有 29 个国家的 1540 万农民种植了 1.48 亿公顷的转基因作物，约占全球作物面积（15 亿公顷）的 10%，比 2009 年增长了 10%。自 1996 年转基因作物在全球进行商品化种植以来到 2010 年的 15 年间，转基因作物的种植面积增长了约 87 倍，累计种植面积超过了 10 亿公顷，大致相当于中国或美国的国土面积（James，2010）。

在 29 个商业化种植转基因作物的国家中，有 19 个是发展中国家，10 个

是发达国家。种植转基因作物国家的人口总数约为 40 亿，占世界总人口的 59%。种植面积最大的 10 个国家均超过百万公顷：美国（6680 万公顷）、巴西（2540 万公顷）、阿根廷（2290 万公顷）、印度（940 万公顷）、加拿大（880 万公顷）、中国（350 万公顷）、巴拉圭（260 万公顷）、巴基斯坦（240 万公顷）、南非（220 万公顷）和乌拉圭（110 万公顷）。1996 年以来，包括 2010 年已有的 29 个商业化种植转基因作物的国家，共有 59 个国家允许转基因作物作为食物和饲料进行种植或进口。这些批准转基因作物种植或进口的 59 个国家的总人口达到了 44 亿，占世界总人口的 75%。共有 973 次审批批准了 183 个转基因事件（event）被进口或种植，涉及 24 种作物，包括大豆、玉米、棉花、油菜、南瓜、木瓜、紫苜蓿、甜菜、番茄、杨树、甜椒、马铃薯、矮牵牛、康乃馨、玫瑰等。被批准次数最多的作物是玉米（60 次），其次是棉花（35 次）、油菜（15 次）、土豆和大豆（各 14 次）。被批准国家最多的转基因事件是抗除草剂大豆 GTS-40-3-2（24 个，其中 27 个欧盟国家只被计算为一个），其次是抗除草剂的玉米 NK603 和抗虫玉米 MON810（各 21 个），以及抗虫棉花 MON531/757/1076（16 个）（James，2010）。

种植面积最大的转基因作物主要有大豆、玉米、棉花和油菜 4 种。2009 年，转基因大豆种植面积达 73.3 万公顷，占全球转基因作物种植面积的 50%，占全球大豆种植面积（9000 万公顷）的 81%；转基因玉米种植面积为 4600 万公顷，占全球转基因作物种植面积的 31%，占全球玉米种植面积（1.58 亿公顷）的 29%；转基因棉花种植面积为 2100 万公顷，占全球转基因作物种植面积的 14%，占全球棉花种植面积（3300 万公顷）的 64%；转基因油菜种植面积为 700 万公顷，占全球转基因作物种植面积的 5%，占全球油菜种植面积（3100 万公顷）的 23%。其他小面积种植的转基因作物还有甜菜（5 万公顷）、苜蓿（1 万公顷）、木瓜（美国 2000 公顷和中国 5000 公顷）、南瓜（2000 公顷）和杨树（453 公顷）等（James，2010）。

从 1996 年开始商业化种植转基因作物以来，抗除草剂一直是最普遍的性状。2010 年，转基因抗除草剂的作物种植面积为 8930 万公顷，占所有引入性状的 61%。其次是聚合基因性状（主要是抗虫和抗除草剂性状的聚合），占 22%（3230 万公顷）；单一抗虫性状的转基因作物占 17%（2630 万公顷），抗病毒等其他一些次要性状所占比例小于 1%（James，2010）。

2010 年，全球转基因作物的种子市场（主要包括转基因种子销售价格和相关的技术费用）价值为 112 亿美元，大约占了整个种子市场（340 亿美元）的 33%。这 112 亿美元的种子市场价值中，发达国家占 89 亿（80%），发展中国家占 23 亿（20%）。而转基因玉米、大豆和棉花的产品价值在 2010 年为 1500 亿美元（James，2010）。

三、全基因组选择育种国际发展现状

全基因组选择育种技术最早由 Meuwissen 等（2001）提出，是以基因的遗传、功能和表型信息为基础，以 DNA 多态性高通量检测为手段，根据育种目标对目标基因（性状）、非目标基因（性状）和遗传背景在全基因组水平上进行选择，极大地提高了选择效率。全基因组选择育种技术要达到如下目标：大规模地对优良种质进行基因组测序；开发全基因组 SNP 分子标记并覆盖每一个基因和重要的农艺性状；在不同环境条件下评价基因、基因型和表型值的影响；全基因组水平选择其所有基因（位点）、组合及其遗传背景。显然，全基因组选择较分子标记辅助选择（依赖于 QTL 定位的精确性和附近标记的多少，仅能粗略估计少量位点的遗传变异及遗传效应）具有更大的优势，它将辅助标记选择（MAS）扩大到全基因组范围，将分子标记扩大到数以百万计的 SNP，以至于所有 QTL 都与其相对应的标记处于连锁不平衡，即可达到在全基因组对影响所有性状的所有 QTL 的遗传效应进行精确评估的水平。

全基因组选择育种技术的操作步骤主要有以下两步。第一步是根据一个参考群体的基因型和表型数据来预估出不同染色体片段的效应，得到一个预估方程；第二步是将这个预估方程应用于实际群体（可以是有基因型而没有表型）来预测群体的基因组估计育种值（GEBVs）（Meuwissen，et al.，2001）。显然，全基因组选择育种技术对于那些低遗传力的性状或是早期难以记录表型或表型记录不准的性状（抗病虫害等）尤其具有优势，因为它可以根据个体的标记基因型直接预测个体的 GEBVs，而不需要个体的表型。全基因组选择育种技术的核心就是要准确评估每个个体的 GEBVs，这就依赖于对拥有基因型和表型的参考群体的每个位点的效应的精确评估。其中影响 GEBVs的关键因素主要有：参考群体中评价个体基因型的标记数目、表型鉴定的精确度、参考群体的大小、基因的上位性和与环境互作等（Heffner et al.，2009）。随着技术和理论的发展，这些都将得到有效解决。

近年来，基于全基因组的 SNP 芯片技术的开发成本在迅速降低。根据 2008 年的估算，平均每个植物样品完成一个 SNP 数据点鉴定的成本大约为 3～15 美分，一张包含有 30 000 个 SNP 的高密度图谱的构建大约花费 900～4500 美元（Bernardo et al.，2008）。目前，基于拟南芥、水稻等模式植物的高密度 SNP 图谱已相继构建完成，预示着全基因组选择育种在水稻上即将成为现实。

国际大型种业公司（如孟山都、先锋等）已将基因组芯片和高通量分子标记检测技术应用于作物品种的选育。尤其是将玉米 SNP 芯片应用于高产、优质和抗病虫性等优良基因的聚合，培育出了一批极具国际竞争力的特优品种。

四、种质创新与新基因发掘国际发展现状

（一）种质资源创新

1. 核心种质与微核心种质资源库

种质资源是作物新品种选育的物质基础，世界各国都非常重视遗传资源的收集与保护。目前，我国粮食和农业植物资源国家种质库（圃）收集品总量为 397 067 份，其中种子收集品为 356 940 份，植株和试管苗收集品为 40 127份（王述民等，2011）。因种质资源过于庞大不利于保存、研究和利用，Frankel（1984）和 Brown（1989）先后提出并完善了核心种质（core collection）的概念，即通过一定的取样方法，从整个种质资源中选择一部分样本，以最小的资源数量，最大限度地代表整个资源的多样性。目标是以 10%的种质资源，代表 90%以上的整个种质的遗传多样性。由于很多物种的核心种质规模依然很大，Upadhyaya 和 Ortiz（2001）进一步提出建立微核心种质（mini-core collection），即将核心种质的规模压缩，仅用 1%或更少的样本数代表整个种质资源群体的遗传多样性。

在全球范围内，稻种的遗传资源极为丰富。理论上，对水稻进行任何性状的遗传改良，均可找到所需的基因资源，但世界各国收集并保存的 25 万余份水稻及其近缘野生种的种质资源中 95%以上的材料从未在育种中被利用过（黎志康，2005）。为了能有效地发掘和利用基因资源，Zhang 等（2010）用 189 份材料构建了中国栽培稻微核心种质，该套材料数量占原始群体的 0.3%，覆盖了中国栽培稻资源 70.65%的简单重复序列（SSR）标记多样性及 76.97%的表型多样性。Agrama 等（2009）用 217 份材料极好地记录了美国农业部种质资源库中收集保存的 18 000 多份来自世界各地的稻种材料的遗传多样性。这些经过系统研究和高度浓缩后的水稻微核心种质，是极珍贵的遗传资源。除水稻外，小麦、大豆、玉米及其他几十种农作物的核心种质和微核心种质资源库也已经建立，微核心种质对总体的代表性在 70%以上。从

微核心种质资源库中筛选材料，高效鉴定优良基因，并将之用于育种实践，是提高作物潜在产量的捷径。

2. 导入系群体

导入系群体（introgression lines，IL）也称染色体片段代换系（chromosome segment substitution lines，CSSLs）或近等基因系（near-isogenic lines，NIL），其优势和特点主要表现在以下几个方面。

（1）除了导入片段外，导入系的遗传背景与轮回亲本一致；

（2）导入系和轮回亲本之间的表型差异仅与导入片段有关，检测微效基因的能力大大增强；

（3）通过对目标性状的比较，只要差异显著就表明导入片段含有一个或多个影响该性状的 QTL，简化了检测 QTL 的统计分析；

（4）降低了供体亲本其他染色体片段的基因互作（上位性）的影响；

（5）导入系群体是永久性群体，可在不同年份、不同环境进行重复试验，以降低环境的影响，增加 QTL 检测的能力，同时也可以估计 QTL 与环境的互作（Gur and Zamir，2004）；

（6）导入系也是研究杂种优势遗传基础的有力工具（Semel et al.，2006）；

（7）可直接利用分子标记辅助选择聚合来自相同或不同亲本的目标 QTL 的导入片段，快速地改良作物的性状（张启发，2010）。

在过去十多年中，遗传育种家们在水稻等作物中构建了不少导入系群体。20 世纪末，国际水稻研究所启动了“全球水稻分子育种计划”，其基本思想是集中来自世界各水稻主产国的丰富多样的品种资源，通过大规模杂交、回交和分子标记鉴别选择相结合的方法，将这些品种资源基因组片段导入各国的优良品种中，从而实现优良基因资源在分子水平上的大规模交流，培育出大量的近等基因导入系，进行水稻重要新基因发掘和突破性的新品种选育。通过十多年的努力，培育了数十万种具有丰富遗传基础的优良育种材料，为实现世界水稻育种可持续发展奠定了重要基础。

（二）新基因发掘策略

1. QTL 定位

利用分子标记技术构建遗传连锁图谱进行农作物重要性状的 QTL 定位已经十分成熟，迄今已有大量 QTL 定位研究报道。以水稻为例，截至 2010

年 8 月，Gramene 数据库[①]中已有 8646 个 QTL 的基本信息，涉及水稻生育期、株高、产量及其构成性状、谷粒品质、抗病性、育性、耐盐、耐旱、耐寒，以及其他非生物逆境和土壤养分有效利用等几乎所有的农艺性状。综合水稻中 QTL 的分析结果，发现：①不同性状 QTL 数目差异极大；②单个 QTL 效应差异很大，解释表型方差 5%～70%以上；③QTL 表现加性、显性或超显性效应；④分离群体中常出现越亲变异，低值亲本中有增加表型的 QTL，高值亲本也有降低表型的 QTL；⑤QTL 受环境因素影响很大，一种可能是 QTL 的微效性更容易受到外界因素的干扰而产生的实验误差（这种情况并不代表 QTL 与环境间的互作），另一种可能是由于数量性状表型的可塑性或者是 QTL 针对不同环境条件而产生的基因表达水平上的差异造成的（即 QTL 与环境的互作）；⑥QTL 还会随遗传背景不同而变化，在 QTL 位点之间、QTL 位点与非 QTL 位点之间、或非 QTL 位点之间均可以发生上位性。

(1) QTL 定位统计学方法

QTL 定位统计学方法主要有三种：单标记法、区间作图法和复合区间作图法。单标记分析法通过 t 测验、方差分析、线性回归分析或似然比检验，以单个标记位点的基因型为基础，对所研究的材料进行分组，然后比较该标记位点上不同基因型对应的数量性状均值的差异。根据连锁不平衡原理，如果某一标记或其附近有一影响该性状的 QTL，即标记与 QTL 有一定连锁关系，则不同基因型均值差异将达显著水平，就此判定该标记为该性状的一个作用位点（Tanksley et al.，1982；Weller et al.，1986）。此法不需要完整的遗传图谱，但不能准确估计 QTL 的位置和遗传效应，不能确定标记是与一个还是几个 QTL 连锁，检测效率也不高。区间作图法（interval mapping，IM）（Lander and Bostein，1989）原理是以饱和连锁图谱为基础，以正态混合分布的极大似然函数和简单线性回归模型对目标性状作全基因组扫描，对任意两个相邻标记位点及其间任一位点 θ 上是否存在对该性状有效应的位点进行判别。各位点对性状的效应大小由似然值（LOD 值）指示，根据似然值描绘的曲线图确定 QTL 可能的染色体位置。LOD 值等于几率（odds ratio，OR）的常用对数，OR 实质上为 θ 点存在 QTL 与不存在 QTL 的概率之比。此方法可以同时利用两个相邻标记的分离信息，定位的 QTL 较单标记分析定位的位置准确，因而得到广泛的应用。区间作图法定位 QTL 的不足是区

① 参见：http：//www.gramene.com.

间太宽，区间与区间附近的 QTL 不独立，而是相互影响、相互干扰，容易产生“幻影 QTL”。复合区间作图是在区间作图的基础上发展起来的（Zeng，1993，1994；Jansen and Stam，1994），其选择多个可能的 QTL 作为背景干扰进行分析，求出特定 QTL 与性状间的偏回归系数来判断 QTL 存在与否。此法添加统计控制，使一个区间的测定不受定义区间以外的其他标记和 QTL 影响，减少了剩余方差，提高了检测 QTL 的发现能力。Kao 等（1999）进一步将复合区间作图法延伸到多区间作图（multiple interval mapping，MIM），可以使多个 QTL 的位置、效应和互作同时得到估计，并在全基因组内收敛，从而实现真正的全基因组扫描。

（2）一些特殊 QTL 定位策略

这些 QTL 定位策略包括以下几类。

1）AB-QTL 法。QTL 分析往往在 F2、BC1、RIL 等群体中进行，农艺性状较差亲本的等位基因同样以很高的频率在群体中出现，当发现有潜在价值的 QTL 后，为了消除农艺性状较差亲本的背景，必须通过连续回交才能在生产上应用。Tanksley（1996）提出了 QTL 定位与优良品系筛选同步进行的策略，即 AB-QTL 法（advanced backcross QTL method）。该法 QTL 分析在 BC2 或 BC3 进行，在早期构建群体的过程中进行表型选择，以减少农艺性状较差亲本等位基因出现频率。从发现有价值的 QTL 到构建出其近等基因系时间间隔很短，新品系可迅速进入生产。自 AB-QTL 策略在番茄中首次应用之后，水稻、小麦和玉米等许多作物也开始应用该方法分析重要性状的 QTL。

2）动态性状的 QTL 定位。性状的表达是一个过程，从动态角度定位 QTL 也是重要的。动态性状是生物体在生长发育过程中随时间变化的数量性状。动态性状 QTL 定位方法一般分为 3 类：①将不同时间点表型观测值视为相同性状的重复测定值，在重复观测值框架下依次分析该性状；②将不同时间点观测值视为不同性状，由多变量方法分析该性状；③拟合时间点与表型观测值的数学模型，用多变量方法分析模型参数（Yang et al.，2006；Wu et al.，2002）

3）表达数量性状基因座（expression quantitative trait loci，eQTL）定位。表达谱数据分析通常是通过比较两个或多个处理间表达谱的差异以发掘与处理有关的基因；连锁遗传分析是检测分离群体中标记与性状间的连锁。分离群体所有个体的表达谱使得每一个基因的表达谱作为一个性状成为可能，将表达谱作为数量性状所定位的 QTL 称为 eQTL（Gibson and Weir，2005）。该法已成为近年来国际上新的研究热点。

2. 关联分析

作物中大多数重要的农艺性状如产量、抗性等均为数量性状，表现出连续的变异，无法明确分组，一般认为是受多个微效基因控制。传统的对其遗传基础解析的方法主要通过 QTL 定位进行，但 QTL 定位方法存在耗时长、定位精度低等主要缺点（Yu and Buckler，2006）。关联分析是新近开始在植物数量性状遗传研究中应用的一种分析方法，它以连锁不平衡为基础，研究对象是自然种质群体，能充分利用历史上发生过的广泛重组事件，具有较高的分辨率，还能同时分析多个等位基因的效应（Flint-Garcia et al.，2003；Gupta et al.，2005；Slatkin，2008）。关联分析一般包括 5 个步骤：①构建群体；②估测群体结构和亲缘关系；③测定表型；④鉴定基因型；⑤检测表型与基因型的关联。群体构建涉及两个问题：群体大小和材料选择。已构建的核心种质或微核心种质是进行关联分析的最理想群体（Breseghello and Sorrells，2006）。群体结构指群体内存在亚群，亚群内个体间的相互关系大于整个群体内个体间的平均亲缘关系（Breseghello and Sorrells，2006）。在不同亚群间，某些位点等位基因频率不同，当将两个群体混合进行关联分析时，就会导致假阳性结果的产生。亲缘关系指个体间由于具有共同的祖先而产生的相互关系（Yu et al.，2006）。进行关联分析之前，必须评估其群体结构和亲缘关系。现已开发出一些统计软件，可利用覆盖全基因组的标记来评估群体结构（Pritchard et al.，2000；Falush et al.，2003）和亲缘关系（Loiselle et al.，1995；Hardy and Vekemans，2002）。准确、可靠的表型数据的获得是关联分析的重要组成部分（Rafalski，2010），应有严格的田间设计，并需要多年、多点的重复实验。在测定性状非常多且彼此间又相互联系时，可通过主成分分析，找出可代表原表型数据变异的主要成分，并将其作为关联分析的表型数据（Manicacci et al.，2009；Wilson et al.，2004）。

关联分析可采用候选基因和全基因组关联分析的方法。前者从单个基因出发，鉴定基因变异位点与表型变异的相关（Rafalski，2010）。基因多态性位点的鉴定主要通过 PCR 产物重测序的方法进行。候选基因可有多个来源，包括物质代谢途径、比较基因组研究和表达谱数据。全基因组关联分析的实施需要覆盖全基因组的标记和高通量的检测平台。随着新一代测序技术的发展和完善，高通量、低成本的全基因组深度测序正在模式植物和重要农作物中如火如荼地开展，为全基因组关联分析提供了全新的平台（Yan et al.，2011）。

近来关联分析在水稻中的研究屡见报道。Wen 等（2009）首次在水稻中应用 SSR/Indel 标记进行全基因组策略的关联分析。他们应用 218 个 SSR 和 Indel 标记对 170 份中国微核心种质的株高、抽穗期和穗长性状进行关联分析，在对第 7 染色体的关联作图中，发现每个性状至少与一个标记显著关联，并且能够解释较大的遗传变异。Zhao 等（2010）应用 Golden Gate 技术对 395 份种质资源的 1536 个 SNP 位点进行全基因组的基因型分型分析，并通过连锁不平衡作图揭示籼粳亚种间重要功能基因相互渗透的现象。Huang 等（2010）应用“边合成边测序”的新一代测序技术对 500 多份水稻地方品种进行全基因组的重测序，将测序结果与 14 个水稻农艺性状进行连锁不平衡作图和关联分析。

3. 关联分析与 QTL 作图相结合

连锁分析和关联分析在 QTL 定位的精度和广度上有较强的互补性（Yan et al.，2011），综合利用两者的优势，能为复杂数量性状遗传基础的剖析提供新的思路。例如，Fan 等（2006）利用图位克隆法分离了一个控制水稻粒长和粒重的主效 QTL GS3，发现水稻谷粒长度的变化是由 GS3 基因第二外显子的一个终止突变造成的；进一步利用水稻微核心种质的关联分析发现，这个终止突变（C/A）SNP 与粒长高度关联。尽管该位点在籼稻和粳稻中都存在，但在群体亚类中基因型为 C 的品种平均粒长要长于基因型为 A 的品种（Fan et al.，2009），该结果从种质方面验证了该基因的功能，也为改良水稻粒型提供了较好的功能标记。Harjes 等（2008）利用关联分析，对类胡萝卜素代谢途径上的 8 个编码生物合成酶的基因进行候选基因研究，结果表明 *LcyE* 基因与维生素 A 的合成显著相关，对提高 β-类胡萝卜素和 β-玉米黄质素的含量具有最大效应；而连锁分析、表达分析、诱导突变分析结果都验证了该发现。Yan 等（2010）通过关联分析发现玉米中 β-类胡萝卜素羟化酶基因 *crtRB1* 有 3 个多态性位点与玉米的 β-类胡萝卜素含量极显著关联；玉米种质资源中一个稀有单倍型集合了 3 个位点上能够提高 β-类胡萝卜素含量的有利等位变异，累加 3 个位点效应能够大幅度提高玉米中 β-类胡萝卜素含量；分离群体分析和表达分析都验证了该结果。最近美国科学家构建了一类新的关联分析群体，即巢式关联分析群体（nested association mapping，NAM）。它利用 25 个具有广泛变异的自交系和 B73 杂交，然后分别自交，最终构建了 25 套包含约 5000 个重组自交系的材料。该群体结合了连锁群体和关联群体的优势，不仅具有很强的检测功效，也具有很高的检测精度（Yu et al.，2008；McMullen et al.，2009）。

第三节　我国生物育种领域科研发展现状

一、农作物基因组学国内发展现状

我国在水稻基因组测序和功能基因组研究方面位于世界前列。1997 年，我国作为主要发起国之一参与了国际水稻基因组测序计划（IRGSP）。2002 年，我国完成了超级杂交稻亲本籼稻品种 9311 的全基因组草图和粳稻品种广陆矮第 4 号染色体的精确测定（Feng et al.，2002；Goff et al.，2002）。在水稻功能基因组研究方面，已建成包括水稻大型突变体库、全长 cDNA 文库、全基因组表达谱芯片等大型功能基因组研究平台（肖景华等，2009），目前正在拓展蛋白质组、代谢组、表型组等系列“组学”平台（Zhang et al.，2008）。以水稻功能基因组研究平台为依托，分离克隆了一大批控制水稻高产、优质、抗逆和营养高效等重要农艺性状的基因（参见表 7-1），如控制水稻产量的 *GS3*、*Ghd7* 和 *GW2* 基因已应用于水稻育种实践（Fan et al.，2006；Song et al.，2007；Xue et al.，2008）。具有完全自主知识产权的一批重要功能基因分离克隆，凸显了我国在植物基因组研究领域的迅猛态势。据不完全统计，2008～2010 年，在国际核心期刊（SCI 影响因子大于 9）发表的以水稻为研究对象的 79 篇高水平论文中有 29 篇是由我国科学家自主完成的。综合国内外水稻功能基因组研究的发展态势，最近我国科学家提出了水稻功能基因组 2020 研究设想（Zhang et al.，2008），得到了世界各国科学家的积极响应，正在发展成为水稻功能基因组研究的国际合作计划，这将极大地推动全球水稻功能基因组的发展。

小麦基因组复杂，我国借鉴水稻基因组研究的技术体系，相继建立了“矮败-中国春”小麦的 BAC 文库，是世界仅有的 3 个普通小麦的 BAC 之一。我国还构建了 D 基因组的 BAC 库及世界上第一个小麦 A 基因组祖先种乌拉尔图小麦的 BAC 文库。此外，我国还分别建立了小麦祖先种 A、B 和 D 基因组与六倍体小麦的全长 cDNA 文库，通过测序已获得 30 000 多条全长 cDNA 序列。我国科学家在世界上率先利用全基因组“鸟枪法”对小麦 A 和 D 基因组进行了测序。测序量为基因组的 80 余倍，理论上可获得 90%以上的基因的完整序列。初步建立了小麦抗病、抗逆、产量性状的功能基因组技术平台，分离克隆抗白粉病基因 *Pm21* 等；在小麦中超表达了水稻的 *dep1* 基因，发现 *dep1* 可降低小麦株高、增加成穗数和穗粒数。

我国玉米基因组研究自“十一五”规划开始，主要开展了如下工作。

（1）玉米基因组学研究资源。构建 Mu 突变体库，获得约 3 万个 F2 突变系和 300 条靶位点序列；构建了多个基因组 BAC 文库、全长 cDNA 文库。

（2）玉米重要性状的基因/QTL 克隆。采用候选基因和突变体的方法克隆了产量、品质、抗性相关的基因，例如，与产量、株高、耐盐有关的 *ZmDWF4* 基因，高赖氨酸基因 *o16*，盐胁迫应答基因 *ZmCBL4*，耐渍胁迫应答转录因子 *ZmzF*、*ZmbR*，耐逆境的乙醛脱氢酶基因，耐多个逆境的 *ZmASK1* 基因，磷高效基因 *ZmPTF1*，抗逆相关转录因子（ABP2-ABP9）等。

（3）遗传转化平台建设：国内多家单位，如中国农业大学、浙江大学等建立起大规模玉米遗传转化平台。

（4）比较基因组学：对禾本科基因组（玉米、高粱、水稻）进行了系统的比较研究，提出基因转移在打破禾本科基因组微共线性及近缘基因组演化方面的重要作用，并对玉米和高粱的亲缘关系提出新的假说。

（5）开发了大量优良基因功能标记或紧密连锁标记用于玉米抗病和品质的改良，获得了一批性状明显改良的材料。

二、转基因研发及产业化国内发展现状

我国一直高度重视转基因技术研究与应用，在国家相关科技计划支持下，我国在重要基因发掘、转基因新品种培育及产业化应用等方面都取得了重大成就。2006 年，我国将转基因生物新品种培育重大专项列入《国家中长期科学和技术发展规划纲要（2006—2020 年）》。2008 年 7 月，经国务院常务会议审议，我国启动了转基因生物新品种培育重大专项。2009 年 6 月，国务院出台了《促进生物产业加快发展的若干政策》，明确提出要“加快把生物产业培育成为高技术领域的支柱产业和国家的战略性新兴产业”。2010 年中央一号文件提出，“继续实施转基因生物新品种培育科技重大专项，抓紧开发具有重要应用价值和自主知识产权的功能基因和生物新品种，在科学评估、依法管理基础上，推进转基因新品种产业化”。

目前，在转基因生物新品种培育重大专项的支持下，我国的科研工作者获得了一批具有重要应用价值和自主知识产权的基因，并培育出一批抗病虫、抗逆、优质、高产、高效的重大转基因生物新品种或新材料。我国正大力提高农业转基因生物研究和产业化整体水平，加速转基因生物产业的健康发展，为农业可持续发展提供强有力的科技支撑。

自 1997 年批准转基因棉花以来，我国批准了 6 种转基因植物的商品化种植，包括转基因抗虫棉花、转基因花色改变的矮牵牛、转基因耐存储番茄、转基因抗病辣椒（甜椒和线辣椒）、转基因抗虫欧洲黑树和转基因抗病番木瓜。此外，2009 年 8 月，我国为两种转 *Bt* 基因抗虫水稻和一种转植酸酶玉米颁发了安全证书①。虽然我们国家批准了多种转基因植物的安全证书，但真正大规模种植的只有转基因棉花，其他转基因植物的种类较少。2010 年，我国种植了 350 万公顷的转基因抗虫棉，相较于 2009 年减少了 20 万公顷。此外还种植了约 5000 公顷的转基因抗病木瓜，以及少量（453 公顷）的转基因抗虫欧洲黑杨（James，2010）。2008～2010 年，我国新型转基因抗虫棉培育和产业化全面推进，新培育 36 个抗虫棉品种，累计推广 1.67 亿亩，实现效益 160 亿元，国产抗虫棉市场份额达到 93%（蒋建科，2011）。调查显示，2009 年有 700 多万农民种植抗虫棉花，种植 *Bt* 抗虫棉的农民每公顷可以增产 9.6%，减少农药使用 34 公斤，减少用工 41 天，在种子成本没有增加的情况下，增加收入 1857 元，净增收入相当于年纯收入的 14%。

在转基因生物安全管理方面，国务院在 2001 年发布了《农业转基因生物安全管理条例》（简称《条例》）。农业部先后制定发布了《农业转基因生物安全评价管理办法》、《农业转基因生物进口安全管理办法》、《农业转基因生物标识管理办法》、《农业转基因生物加工审批办法》；国家质检总局发布了《进出境转基因产品检验检疫管理办法》。《条例》及配套规章共同构成了我国转基因生物安全管理的法规体系。目前，转基因生物安全监管工作取得显著成效，促进了生物技术产业的健康发展（蒋建科，2011）。

三、全基因组选择育种国内发展现状

10 年来，我国自主完成了水稻及多种作物的基因组测序，具备建立基因组选择育种的信息基础。目前，几家育种公司通过与大学合作，正在开发水稻、玉米等作物的育种芯片，有利于促进我国育种行业的转型，即从传统的、个性化的、艺术性的育种，逐渐转变成现代化的、以基因组信息为依据的、有高度预见性的科学育种，从而提高我国种业创新能力及与国际种业巨头竞争的实力。

四、种质资源创新与新基因发掘国内发展现状

目前，我国保存着近 40 万份的农作物种质资源，居世界第二位（王述民

① 参见：http：//www.stee.agri.gov.cn/biosafety/spxx/.

等，2011），这些种质资源为基因发掘奠定了坚实的物质基础。为了能从大量的种质资源中有效地发掘和利用所需的基因资源，我国在“九五”期间（1996～2000 年）就开始研究建立中国栽培稻核心种质的原则和方法，即依据前期稻种资源编目入库和性状鉴定的资料，按照地理起源、生态区等分层分组，聚类分析，按比例随机取样结合特殊遗传性状取样构建核心种质。在国家科技项目如“973”项目的资助下，我国主要农作物核心种质的系统研究早于国外同类研究，已构建了水稻、小麦、大豆、玉米及其他几十种农作物的核心种质和微核心种质。微核心种质仅占种质资源总份数的 1%，其多样性可达 70%以上。目前，我国科学家正大规模地鉴定和评价（微）核心种质资源，利用植物基因组学的技术或方法发掘（微）核心种质的有利基因并进行分子育种的研究。

我国“参与全球水稻分子育种计划研究”项目实施效果十分显著：从 23 个国家和地区引进了一批优良种质资源，选育出基于 22 个不同遗传背景的导入系 6 万余份，建立了节水抗旱、氮磷高效种质资源的鉴定设施和评价方法，形成了较成熟的技术体系，筛选出一批高产、优质、抗病虫、节水抗旱、耐高低温、氮磷肥高效利用的种质资源，育成了一批具有绿色超级稻性状如高产、稳产、优质、节水、抗旱等的新品种（系），建立了全国水稻分子育种协作网（黎志康，2005；罗利军，2005；肖景华和罗利军，2010；张启发，2010）。

我国利用丰富的作物种质资源，创制了各种遗传群体，采用连锁分析及关联分析等多种策略，定位了一大批与抗逆性、抗病虫性、品质、产量等相关的基因或 QTL，基因发掘已进入快速发展阶段。据不完全统计，近 10 年我国已定位与作物性状相关的基因/QTL 位点超过 990 个，定位基因的数目从 2000 年开始呈逐年急剧增加的趋势。精细定位（贡献率在 10%以上，或标记遗传距离小于 2 厘摩）的基因位点有 506 个，包括产量 139 个、抗病性 86 个、抗虫 5 个、抗除草剂 1 个、抗逆 50 个、品质 93 个、形态 99 个、养分高效 4 个、育性 29 个。由于水稻比其他作物的基因定位群体大，定位在 2 厘摩范围内的基因相对较多，有 61 个，而小麦有 18 个、玉米有 16 个、大豆有 28 个、棉花有 30 个，油菜有 46 个（邱丽娟等，2011）。经过十多年的努力，还将抗病、抗虫、抗逆、品质和产量等优异基因通过分子标记辅助选择导入到我国目前大多数农作物新品种中，这些材料已逐步向生产上转移利用。

五、育种目标国内发展现状

20 世纪六七十年代，源于我国的矮化育种和杂交稻育种引领了世界水稻育种的潮流，成功地提高了粮食产量，促进了“第一次绿色革命”的实现。1998年，在国家“973”计划启动之际，我国农业科学家经过讨论将“第二次绿色革命”的目标凝练成“少投入、多产出、保护环境”。其基本出发点主要是逆转在中国表现尤其严重的以高投入换取高产量，同时带来高消耗、高污染的粗放式增产方式，通过具有新的优良性状的品种培育和技术推广，减少化肥、农药、水及劳动力的投入，达到资源节约、环境友好，实现生产方式的根本转变及农业的可持续发展，保障国家粮食安全（张启发，2010）。

水稻是我国最重要的粮食作物，我国也是水稻传统育种的大国和强国，但最近十多年来水稻产量一直徘徊不前。我国学者张启发分析认为农业生产体系长期过分依赖于化肥、农药及水的大量施用，而靠高投入的增产效果已不再明显，化肥和除草剂的滥用还引起了严重的环境问题及病虫害的暴发。针对水稻生产所面临的挑战，为保障可持续发展，张启发提出开展“绿色超级稻”（green super rice）培育的构想，即水稻育种目标除要求高产、优质外，还应致力于减少农药、化肥和水的用量，实现“少打农药、少施化肥、节水抗旱、优质高产”。绿色超级稻应在高产优质的基础上，具备对多种病虫的抗性、能对营养元素高效吸收和利用、有较强的抗旱性等特点。张启发还阐述了绿色超级稻培育的策略，即以目前最优良的品种为起点，综合应用品种资源研究和功能基因组研究的新成果，充分利用水稻和非水稻来源的各种基因资源，将基因组水平上的分子标记技术、转基因技术、杂交选育技术有机整合，培育大批抗病、抗虫、抗逆、营养高效、高产、优质的新品种。近年来，相关方面的研究进展为培育绿色超级稻奠定了坚实的基础。由于涉及大量性状的改良，Zhang（2007）提出绿色超级稻培育两步走的建议。第一步，将绿色超级稻所涉及的基因通过分子标记辅助选择或转基因单个地导入最优良品种，培育一系列遗传背景相同、单性状改良的近等基因系；第二步，将这些近等基因系相互杂交，实现基因聚合，培育聚大量优良基因于一体的绿色超级稻。他还提出，将杂交稻的两个亲本基因组按一定的性状设计，分别导入不同的基因组合，用经过改良的亲本配制“绿色超级杂交稻”，将是一个高效率的培育策略（张启发，2010）。

“绿色超级稻培育的策略”受到了国内外同行的广泛关注，如国际著名的比尔与梅琳达·盖茨基金会已经启动由我国科学家主导的“为非洲和亚洲培育绿色超级稻”重大国际合作项目，这标志着绿色超级稻已开始在国际上成为水稻育种新目标。

第四节　我国在分子育种领域发展中存在的问题

1. 分子育种相关基础研究领域重大创新性成果缺乏

植物基因组研究的迅猛发展为分子标记育种、转基因育种及全基因组选择育种提供了功能基因、功能标记、知识和技术基础。尽管在某些领域已达世界先进水平，我国植物基因组研究与应用的整体水平与发达国家相比还存在着明显的差距。据统计，截至2006年，美国在功能基因、调控元件、基因研究技术、转化载体等方面获取的专利数约占世界总量的60%，而我国获得的专利数还不及美国的十分之一。我国拥有丰富的种质资源，但基因资源发掘力度亟待加强；满足目前和未来育种目标的实用分子标记不多，限制了分子标记育种的广泛应用；具有自主知识产权的功能基因很少，限制了转基因育种的持续发展；基因功能研究欠缺，对基因与基因、基因与环境互作机制了解不深入。因此，我国迫切需要进一步加强对自主知识产权并具有重要育种价值的功能基因分离、新的调控元件等的研发，大幅度提高现代生物技术原始创新能力。

2. 分子育种培育的突破性品种不多，技术尚待提高

我国分子育种新技术、新方法创新能力尚待提高，分子育种技术对数量性状选择效率还比较低，分子育种高效化和规模化的问题没有得到根本解决，目前跨国公司拥有多数分子育种相关技术的专利。我国应用分子育种培育的品种很少，转基因技术育成且产业化达到一定规模的仅集中在抗虫棉。

3. 生物种业发展滞后，正面临跨国公司的强大冲击

我国生物种业企业数目多而实力薄弱、企业对育种投入不足、育种研究的深度和力度不够、大宗农作物品种选育水平不高、种子赢利性偏低等问题，使得目前我国生物种业的发展相对滞后，国内种业正面临跨国公司的强大冲击。我国登记注册的外商投资农作物种业公司已有76家，这些名义上只占合资公司49%股份的外商实际上掌握着种子公司的核心资源——技术与专利。在合资形势下，中国种业公司在逐渐失去研发能力。2000年，我国颁布了《中华人民共和国种子法》，首先对外开放蔬菜、花卉种子市场。国外大种业公司如美国圣尼斯、瑞士先正达、法国利马格兰、以色列海泽拉、泰国正大、

荷兰比久、荷兰瑞克斯旺、荷兰安莎等迅速在中国注册，凭借技术实力瓜分市场。屈指可数的种业巨头的进入，却让国内上万家企业规模普遍较小的种业公司难以招架。这种挤压首先表现在蔬菜和花卉种子阵地的失守，据公开资料，国外公司已实际控制我国高端蔬菜种子50%以上的市场份额。国内主要规模化蔬菜生产基地，特别是出口型蔬菜生产基地，国内种子品种全线失守。紧接着是转基因大豆商品外强压境，让国产非转基因大豆苟延残喘，加剧了东北大豆基地豆农和加工业的生存危机，使得我国“种业殖民”的危机进一步加剧。

4. 转基因作物商业化步伐明显放慢

近年来，我国转基因作物商业化步伐明显放慢。我国在1997年就批准了转基因棉花的种植，仅比美国等发达国家晚一年。到目前为止，虽然我国共批准了6种农作物的商业化生产，但目前主要种植的只有转基因棉花，转基因番木瓜和杨树仅有很少面积的种植，而矮牵牛、辣椒和番茄的安全证书已经过期，意味着这些转基因植物实际上已经不再被种植。在全球转基因作物种植面积逐年稳步增长的背景下，我国转基因作物的种植面积却在逐年减少。2008年，我国转基因作物种植面积为380万公顷，2009年为370万公顷，到2010年下降到350万公顷，与2008年相比减少7.9%，而同时期全球转基因作物种植面积增加了18.4%。与同为发展中国家的巴西和印度相比，发展速度的差距更为明显。2003年，我国转基因作物种植面积为280万公顷，巴西为300万公顷，印度仅为10万公顷（James，2003）。然而到了2010年，我国转基因作物种植面积为350万公顷（增加25%），巴西为2540万公顷（增加8.47倍），印度为940万公顷（增加94倍）（James，2010）。

虽然我国于2009年8月为转基因抗虫水稻和转植酸酶玉米颁发了安全证书，但由于我国的主要农作物繁种和推广，需要经过品种审定，因而获得安全证书的转基因作物的衍生系要重新进行安全证书的申请，这些规定使得转基因水稻和玉米在短期内不可能实现商业化应用。

5. 转基因生物技术上、中、下游研发机构间相互分离

2008年，我国启动了转基因生物新品种培育重大专项，加大了对转基因研发的投入，但是承担项目单位多数是从事转基因研究的科研机构，这些机构大多以基础研究为主，只有较少单位同时具有转基因研究和新品种选育研究的能力，对技术应用和新品种研究开发的重视程度不够。

6. 转基因科普宣传和正面引导力度不够

目前，我国对转基因的科普宣传和正面引导的力度不够，广大人民群众对转基因技术缺乏基本的了解和认识。近几年来，部分媒体、组织和个人肆意歪曲事实，散布谣言，反对转基因已经超出正常学术争论的范围，呈现妖魔化转基因技术的态势。一些针对转基因植物的谣言肆意传播，如“山西老鼠绝迹”、“广西大学生精液质量下降”等事件。这不仅在公众中引起了恐慌，阻碍了转基因植物研究的健康发展，甚至还干扰了政府相关部门的决策。

第五节　对我国分子育种领域未来发展的建议

一、分子育种相关领域研究重点

根据国家现代农业生物技术领域的发展思路和目标，以突出国家战略需求、强化科技创新、促进战略性新兴产业形成为导向，瞄准国际前沿，建议对以下分子育种相关领域进行研究重点部署。

1. 植物基因组学

收集整理水稻、玉米、小麦、棉花、大豆等主要农作物核心种质资源，建立微核心种质库，有组织地进行表型鉴定，应用新一代测序技术获取全基因组序列，关联分析发掘优异基因资源，开展基因组多样性及物种间、种间比较基因组研究。针对不同植物研究情况，适时建立及完善功能基因组研究平台，建立具有国际水平的先进完备的代谢组分析平台、蛋白质组学与蛋白质结构平台及生物信息学平台。针对作物重要性状形成和逆境应答机制（高产、优质、抗病虫、抗逆、水肥利用效率、高光效），建立蛋白质组及蛋白质相互作用网络，鉴定关键代谢产物，开展表观组及调控机制（包括 microRNA 测序）研究，优先瞄准重要模式作物水稻，建立可高通量分析各种不同环境条件下全生育期植物表型的技术设施平台，构建表型数据库。集成与整合各“组学”技术平台，开展系统生物学研究。以产量、品质、抗病虫、抗逆、营养利用、高光效等农艺性状的功能基因组为重点研究对象，系统解析其性状形成及调控的分子机理并应用于作物遗传改良。

2. 植物分子育种及设计育种

适应发展“资源节约、环境友好”型农业生产体系的目标要求，综合运用多种技术培育所需品种，如绿色超级稻等。加速推进抗病虫、抗旱、营养高效、优质、高产等转基因作物的研发和产业化。整合完善分子育种技术体系，大力提高粮食作物及重要园艺园林植物的产量。突破全基因组选择技术，在模式作物水稻上优先开展设计育种。

二、政策建议

1. 加大科技投入，制订长期战略规划

生物育种技术及相关产业已成为国际上竞争激烈的重要领域。欧美等发达国家和地区均有长期的、连贯的战略性计划，并在许多方面取得了明显的领先优势。目前，我国正处在发展的关键时期，应适时制订长期的战略规划，并保持政策的连贯性，加大科技投入，抢占未来发展制高点，实现生物育种领域的跨越性发展。在转基因生物研发方面，应顺应国际发展大趋势，在2010年中央一号文件精神的指导下，继续保持并稳步增加对转基因技术研究的投入力度，确保研究的可持续性。

2. 依托优势单位，加强研究中心建设

择优遴选优势单位牵头实施一些重大（点）项目，吸纳其他相关单位参与。适当加强优势单位的组织权限，按照优胜劣汰的原则，真正把全国的优势单位组织起来。本着有所为、有所不为的原则，培养和扶持优势单位，建立有国际影响力的研究中心，着力打造一批引领农业生物前沿技术及战略新兴产业发展的创新人才队伍。建立产学研相结合的协作网络，营造和谐的科研氛围。

3. 突破关键技术，注重原始创新和集成创新

国家应从宏观方面加强生物育种相关领域的基础和原创性研究，建立及完善高通量的基因组学、代谢组学、蛋白质组学、表观组学、表型组学及生物信息学等技术平台，开展重要农业生物基因组测序及全基因组关联分析，从系统生物学视野全方位推进功能基因组原创性研究，突破与集成全基因组选择技术、转基因技术及分子标记等关键技术，发掘更多有价值的功能基因及功能标记等资源，实现设计育种，为“资源节约、环境友好”型现代农业

生产体系培育所需产品，如绿色超级稻等。对形成的原始性或重大创新成果，应依法、准确、及时地申请专利或其他形式的知识产权保护。

4. 加速成果转化，推进转基因作物产业化

目前，我国商品化转基因作物的种类单一，基本上只有转基因抗虫棉花一种，其种植面积近年来徘徊不前且略有下降。虽然目前转基因水稻和玉米获得了安全证书，但由于目前规定对于已获得安全证书的转基因事件的衍生系，仍需要重新申请安全证书，大大地阻碍了转基因水稻和玉米商品化推广的速度。因此，政府可以严格的科学评价为基础，适当简化安全证书的申请程序，以加快转基因作物新品种的推广速度。例如，对于已经获得安全证书的转基因事件的衍生系，应该作为普通作物品种对待，其衍生系可以直接进行品种审定。此外还应加大转基因技术科普宣传的投入和力度，消除公众对转基因作物的恐惧心理。目前妖魔化转基因技术的谣言肆意传播，一方面是因为缺乏正面的声音，应该由政府主导，主流媒体和相关自然科学和社会科学的研究人员参与，加强对转基因技术的正面宣传；另一方面也在于制造谣言的成本和风险太低，政府应该鼓励以科学事实为依据的学术争论，促进转基因作物研究的健康发展，同时应该利用相关法律对毫无根据捏造事实、散布谣言引起社会恐慌的个人或组织进行惩戒。

5. 扶持民族企业，发展我国生物种业

加大对生物技术企业扶持力度的同时，提高相关产业的准入门槛，引导企业相互间的合并和重组，促进企业做大做强。可以鼓励大型企业如国企投身种子产业，提高种子企业研发实力和抗风险能力。种子产业属于高风险、高利润的行业，在国外成功的种子公司中，许多都是通过风险较低的化工或农资产业巨头与风险较高的种子产业巨头的联手（如孟山都、杜邦等），来规避短期的种子生产和市场风险给企业带来的冲击。我国应以水稻、玉米、小麦、棉花、大豆五大作物为重点，以转基因、全基因组选择及分子标记等现代技术为核心，在培育抗病/虫、抗逆、优质、高产等重大转基因动植物新品种的基础上，建设一批技术研发中心和技术转化中心，培育一批具有国际竞争力的民族生物育种企业集团，带动现代种业的发展。通过 10～20 年的发展，使我国生物育种产业化整体水平跃居世界前列，成为我国农业的支柱产业，为我国食品安全、生态安全和农业可持续发展提供强有力的支撑。

参考文献

蒋建科．2011-03-22．“十一五”重大科技成就巡礼：转基因抗虫棉打破国外垄断．人民日报，第2版．

黎志康．2005．我国水稻分子育种计划的策略．分子植物育种，3（5）：603-608．

罗利军．2005．水稻等基因导入系构建与分子技术育种．分子植物育种，3（5）：609-612．

邱丽娟，郭勇，黎裕等．2011．中国作物新基因发掘：现状、挑战与展望．作物学报，37（1）：1-17．

王述民，李立会，黎裕等．2011．中国粮食和农业植物遗传资源状况报告（Ⅰ）．植物遗传资源学报，12（1）：1-12．

王彧．2011-06-23．转基因生物技术已成现代农业发展的必然选择．中国经济时报，第3版．

肖景华，罗利军．2010．水稻分子育种与绿色超级稻．分子植物育种，8（6）：1054-1058．

肖景华，吴昌银，韩斌等．2009．中国水稻功能基因组研究进展．中国科学，39（10）：909-924．

张启发．2010．绿色超级稻的构想与实践．北京：科学出版社：1-6，283-285．

张天真．2003．作物育种学总论．北京：中国农业出版社：37-44．

Agrama H，Yan W，Lee F，et al. 2009. Genetic assessment of a mini-core subset developed from the USDA rice genebank. Crop Sci，49：1336-1346.

Ali A，Xu J，Ismail A，et al. 2006. Hidden diversity for abiotic and biotic stress tolerances in the primary gene pool of rice revealed by a large backcross breeding program. Field Crops Research，97：66-76.

Bernardo R. 2008. Molecular markers and selection for complex traits in plants：learning from the last 20 years. Crop Sci，48：1649-1664.

Breseghello F，Sorrells M. 2006. Association analysis as a strategy for improvement of quantitative traits in plants. Crop Sci，46：1323-1330.

Brookes G，Barfoot P. 2010. GM crops：global socio-economic and environmental impacts 1996-2008. PG Economics Ltd，UK.

Brown A. 1989. Core collections：A practical approach to genetic resources management. Genome，31：818-824.

Chen J，Ding J，Ouyang Y，et al. 2008. A triallelic system of S5 is a major regulator of the reproductive barrier and compatibility of indica-japonica hybrids in rice. PNAS，105：11436-11441.

Chu Z，Yuan M，Yao J，et al. 2006. Promoter mutations of an essential gene for pollen development result in disease resistance in rice. Genes Dev，20：1250-1255.

EuropaBio. 2011. 15.4 million farmers can't be wrong：GM crops offer tangible socio-economic benefits. http：//www. europabio. org/PressReleases/green/2011-04-15-15. 4-

million-farmers-can-not-be-wrong-GM-crops-offer-tangible-socio-economic-benefits. pdf [2011-07-20].

EuropaBio. 2011. GM crops：Reaping the benefits，but not in Europe. http：//www. europabio. org/positions/GBE/EuropaBio%20SocioEconomics%20May%202011. pdf [2011-07-20].

Falush D，Stephens M，Pritchard J. 2003. Inference of population structure using multilocus genotype data：linked loci and correlated allele frequencies. Genetics，164：1567-1587.

Fan C，Xing Y，Mao H，et al. 2006. GS3，a major QTL for grain length and weight and minor QTL for grain width and thickness in rice，encodes a putative transmembrane protein. Theor Appl Genet，112：1164-1171.

Fan C，Yu S，Wang C，et al. 2009. A causal C-A mutation in the second exon of GS3 highly associated with rice grain length and validated as a functional marker. Theor Appl Genet，118：465-472.

Feng Q，Zhang Y，Hao P，et al. 2002. Sequence and analysis of rice chromosome 4. Nature，420 (6913)：316-320.

Flint-Garcia S，Thornsberry J，Buckler E. 2003. Structure of linkage disequilibrium in plants. Annu Rev Plant Biol，54：357-374.

Frankel O，Brown A. 1984. Plant genetic resources today：A critical appraisal//Holden J H W，Williams J T. Crop Genetic Resources：Conservation & Evaluation. London：George Allen & Urwin Ltd：249-257.

Gibson G，Weir B. 2005. The quantitative genetics of transcription. Trends Genet，21：616-623.

Goff S，Ricke D，Lan T，et al. 2002. A draft sequence of the rice genome (Oryza sativa L. ssp. japonica). Science，296：92-100.

Gupta P，Rustgi S，Kulwal P. 2005. Linkage disequilibrium and association studies in higher plants：Present status and future prospects. Plant Mol Biol，57：461-485.

Gur A，Zamir D. 2004. Unused natural variation can lift yield barriers in plant breeding. PLoS Biology，2：1610-1615.

Han B，Zhang Q. 2008. Rice genome research：current status and future perspectives. The Plant Genome，1：71-76.

Hardy O，Vekemans X. 2002. Spagedi：a versatile computer program to analyse spatial genetic structure at the individual or population levels. Mol Ecol Notes，2：618-620.

Harjes C，Rocheford T，Bai L，et al. 2008. Natural genetic variation in Lycopene Epsilon Cyclase tapped for maize biofortification. Science，319：330-333.

Heffner E，Sorrells M，Jannink J. 2009. Genomic Selection for Crop Improvement. Crop Sci，49：1-12.

Hou X，Xie K，Yao J，et al. 2009. A homolog of human ski-interacting protein in rice positively regulates cell viability and stress tolerance. PNAS，106：6410-6415.

Hu H, Dai M, Yao J, et al. 2006. Overexpressing a NAM, ATAF, and CUC (NAC) transcription factor enhances drought resistance and salt tolerance in rice. PNAS, 103: 12987-12992.

Huang X, Feng Q, Qian Q, et al. 2009b. High-throughput genotyping by whole-genome resequencing. Genome Res, 19: 1068-1076.

Huang X, Qian Q, Liu Z, et al. 2009a. Natural variation at the *DEP1* locus enhances grain yield in rice. Nat Genet, 41: 494-497.

Huang X, Wei X, Sang T, et al. 2010. Genome-wide association studies of 14 agronomic traits in rice landraces. Nat Genet, 42: 961-967.

International Rice Genome Sequencing Project. 2005. The map-based sequence of the rice genome. Nature, 436: 793-800.

James C. 2010. Global status of commercialized biotech/GM Crops: 2010. In international service for the acquisition of agribiotech applications (ISAAA) Briefs. No. 42 ISAAA, Ithaca.

Jansen R, Stam P. 1994. High resolution of quantitative traits into multiple loci via interval mapping. Genetics, 136: 1447-1455.

Jiang Y, Cai Z, Xie W, et al. 2012. Rice functional genomics research: progress and implications for crop genetic improvement. Biotechnology Advances, 30: 1059-1070.

Jin J, Huang W, Gao J, et al. 2008. Genetic control of rice plant architecture under domestication. Nat Genet, 40: 1365-1369.

Kao C, Zeng Z, Teasdale R. 1999. Multiple interval mapping for quantitative trait loci. Genetics, 152: 1203-1216.

Lander E, Bosstein D. 1989. Mapping mendelian factors underlying quantitative traits using RFLP linkage maps. Genetics, 121: 185-199.

Li N, Zhang D, Liu H, et al. 2006. The rice tapetum degeneration retardation gene is required foe tapetum degradation and anther development. Plant Cell, 18: 2999-3014.

Li P, Wang Y, Qian Q, et al. 2007. *LAZY1* controls rice shoot gravitropism through regulating polar auxin transport. Cell Res, 17: 402-410.

Li X, Qian Q, Fu Z, et al. 2003. Control of tillering in rice. Nature, 422: 618-621.

Li X, Yang Y, Yao J, et al. 2009. *FLEXIBLE CULM 1* encoding a cinnamyl-alcohol dehydrogenase controls culm mechanical strength in rice. Plant Mol Biol, 69: 685-697.

Li Y, Qian Q, Zhou Y, et al. 2003. *BRITTLE CULM1*, which encodes a COBRA-like protein, affects the mechanical properties of rice plants. Plant Cell, 15: 2020-2031.

Liang D, Wu C, Li C, et al. 2006. Establishment of a patterned GAL4-VP16 transactivation system for discovering gene function in rice. Plant J, 46: 1059-1072.

Loiselle B, Sork V L, Nason J, et al. 1995. Spatial genetic structure of a tropical understory shrub, *Psychotria officinalis* (Rubiaceae). Am J Bot, 82: 1420-1425.

Long Y, Zhao L, Niu B, et al. 2008. Hybrid male sterility in rice controlled by interaction between divergent alleles of two adjacent genes. PNAS, 105: 18871-18876.

Manicacci D, Camus-Kulandaivelu L, Fourmann M, et al. 2009. Epistatic interactions between *opaque2* transcriptional activator and its target gene *CyPPDK1* control kernel trait variation in maize. Plant Physiol, 150: 506-520.

McMullen M, Kresovich S, Villeda H, et al. 2009. Genetic properties of the maize nested association mapping population. Science, 325: 737-740.

Meuwissen T, Hayes B, Goddard M. 2001. Prediction of total genetic value using genome-wide dense marker maps. Genetics, 157: 1819-1829.

Paterson A, Bowers J, Bruggmann R, et al. 2009. The Sorghum bicolor genome and the diversification of grasses. Nature, 457: 551-556.

Peleman J, van der Voort. 2003. Breeding by design. Trends in Plant Sci, 8: 330-334.

Pritchard J, Stephens M, Donell P. 2000. Inference of population structure using multilocus genotype data. Genetics, 155: 945-959.

Rafalski J. 2010. Association genetics in crop improvement. Curr Opin Plant Biol, 13: 1-7.

Ren Z, Gao J, Li L, et al. 2005. A rice quantitative trait locus for salt tolerance encodes a sodium transporter. Nat Genet, 37: 1141-1146.

Schmutz J, Cannon S, Schlueter J, et al. 2010. Genome sequence of the palaeopolyploid soybean. Nature, 463: 178-183.

Schnable P, Ware D, Fulton R, et al. 2009. The B73 maize genome: complexity, diversity, and dynamics. Science, 326: 1112-1115.

Semel Y, Nissenbaum J, Menda N, et al. 2006. Overdominant quantitative trait loci for yield and fitness in tomato. PNAS, 103: 12981-12986.

Slatkin M. 2008. Linkage disequilibrium-understanding the evolutionary past and mapping the medical future. Nat Rev Genet, 9: 477-485.

Song X, Huang W, Shi M, et al. 2007. A QTL for rice grain width and weight encodes a previously unknown RING-type E3 ubiquitin ligase. Nat Genet, 39: 623-630.

Sun X, Cao Y, Yang Z, et al. 2004. *Xa26*, a gene conferring resistance to Xanthomonas oryzae pv. oryzae in rice, encodes an LRR receptor kinase-like protein. Plant J, 37: 517-527.

Tan L, Li X, Liu F, et al. 2008. Control of a key transition from prostrate to erect growth in rice domestication. Nat Genet, 40: 1360-1364.

Tanksley S, Medina H, Rick C. 1982. Use of naturally occurring enzyme variation to detect and map gene controlling quantitative traits in an interspecific backcross of tomato. Heredity, 49: 11-25.

Tanksley S, Nelson J. 1996. Advanced backcross QTL analysis: a method for the simultaneous discovery and transfer of valuable QTLs from unadapted germplasm into elite breeding lines. Theor Appl Genet, 92: 191-203.

The Arabidopsis genome initiative. 2000. Analysis of the genome sequence of the flowering plant Arabidopsis thaliana. Nature, 408: 796-815.

Upadhyaya H, Ortiz R. 2001. A mini core subset for capturing diversity and promoting utilization of chickpea genetic resources in crop improvement. Theor and Appl Genet, 102: 1292-1298.

Wang C, Ying S, Huang H, et al. 2009. Involvement of *OsSPX1* in phosphate homeostasis in rice. Plant J, 57: 895-904.

Wang E, Wang J, Zhu X, et al. 2008. Control of rice grain-filling and yield by a gene with a potential signature of domestication. Nat Genet, 40: 1370-1374.

Wang Z, Zou Y, Li X, et al. 2006. Cytoplasmic male sterility of rice with Boro II cytoplasm is caused by a cytotoxic peptide and is restored by two related PPR motif genes via distinct modes of mRNA silencing. Plant Cell, 18: 676-687.

Weller J. 1986. Maximum likelihood techniques for the mapping and analysis of quantitative trait loci with the aid of genetic markers. Biometrics, 42: 627-640.

Wen W, Mei H, Feng F, et al. 2009. Population structure and association mapping on chromosome 7 using a diverse panel of Chinese germplasm of rice (Oryza sativa L.). Theor Appl Genet, 119: 459-470.

Wilson L, Whitt S, Ibanez A, et al. 2004. Dissection of maize kernel composition and starch production by candidate gene association. Plant Cell, 16: 2719-2733.

Wu C, Li X, Yuan W, et al. 2003. Development of enhancer trap lines for functional analysis of the rice genome. Plant J, 35: 418-427.

Wu C, You C, Li C, et al. 2008. *RID1*, encoding a Cys2/His2-type zinc finger transcription factor, acts as a master switch from vegetative to floral development in rice. Proc Natl Acad Sci USA, 105: 12915-12920.

Wu W, Zhou Y, Li W, et al. 2002. Mapping of quantitative trait loci based on growth models. Theor Appl Genet, 105: 1043-1049.

Xue W, Xing Y, Weng X, et al. 2008. Natural variation in *Ghd7* is an important regulator of heading date and yield potential in rice. Nat Genet, 40: 761-767.

Yan J, Kandianis C, Harjes C, et al. 2010. Rare genetic variation at *zea mays crtRB1* increases β-carotene in maize grain. Nat Genet, 42: 322-327.

Yan J, Warburton M, Crouch J. 2011. Association mapping for enhancing maize (*Zea mays* ssp. *mays*) genetic improvement. Crop Sci, 51: 433-449.

Yang R, Tian Q, Xu S. 2006. Mapping quantitative trait loci for longitudinal traits in line crosses. Genetics, 173: 2339-2356.

Yi K, Wu Z, Zhou J, et al. 2005. OsPTF1, a novel transcription factor involved in tolerance to phosphate starvation in rice. Plant Physiol, 138: 2087-2096.

Yu J, Buckler E. 2006. Genetic association mapping and genome organization of maize. Curr Opin Biotechnol, 17: 155-160.

Yu J, Holland J, McMullen M, et al. 2008. Genetic design and statistical power of nested association mapping in maize. Genetics, 178: 539-551.

Yu J, Pressoir G, Briggs W, et al. 2006. A unified mixed-model method for association mapping that accounts for multiple levels of relatedness. Nat Genet, 38: 203-208.

Yu S, Ko S, Hong C, et al. 2007. Global functional analyses of rice promoters by genomics approaches. Plant Mol Biol, 65: 417-425.

Yu S, Xu W, Vijayakumar C, et al. 2003. Molecular diversity and multilocus organization of the parental lines used in the International Rice Molecular Breeding Program. Theor Appl Genet, 108: 131-140.

Yuan W, Li X, Chang Y, et al. 2009. Mutation of the rice gene *PAIR3* results in lack of bivalent formation in meiosis. Plant J, 59: 303-315.

Zeng Z. 1993. Theoretical basis of separation of multiple linked gene effects on mapping quantitative trait loci. Proc Natl Acad Sci USA, 90: 10972-10976.

Zeng Z. 1994. Precision mapping of quantitative trait loci. Genetics, 136: 1457-1468.

Zhang G, Xu Q, Zhu X, et al. 2009. Shallot-Like1 is a Kanadi Transcription factor that modulates rice leaf rolling by regulating leaf abaxial cell development. Plant Cell, 21: 719-735.

Zhang H, Zhang D, Wang M, et al. 2010. A core collection and mini core collection of Oryza sativa L in China. Theor Appl Genet, 122: 49-61.

Zhang Q, Li J, Xue Y, et al. 2008. Rice 2020: a call for an international coordinated effort in rice functional genomics. Molecular plant, 1: 715-719.

Zhang Q. 2007. Strategies for developing Green Super Rice. PNAS, 104: 16402-16409.

Zhao K, Wright M, Kimball J, et al. 2010. Genomic diversity and introgression in *O. sativa* reveal the impact of domestication and breeding on the rice genome. PloS One, 5: e10780.

Zhou J, Jiao F, Wu Z, et al. 2008. *OsPHR2* is involved in phosphate-starvation signaling and excessive phosphate accumulation in shoots of plants. Plant Physiol, 146: 1673-1686.

Zhu Y, Nomura T, Xu Y, et al. 2006. Elongated uppermost internode encodes a cytochrome P450 monooxygenase that epoxidizes gibberellins in a novel deactivation reaction in rice. Plant Cell, 18: 442-456.

第八章 基因组时代下的生物进化研究

第一节 总体发展趋势

生物进化是生命科学一个重要的课题和研究领域。自从达尔文（Charles R. Darwin，1809～1882）的《物种起源》（1859）发表以来，他所提出的生物进化思想是生物学对自然科学最重要的理论贡献，给生命科学领域乃至人类思想带来了巨大的革命性的影响。生物进化是指在自然选择的作用下，生物适应特定的环境，且适应性的遗传变异延续下来的过程。各种适应性表型的形成则是生物进化的表现。生物多样性的形成，重要的农艺或经济性状的产生，高原、高盐等极端环境的物种形成或种群分化，不同地域人群的多态性及其对疾病易感性的差别等生命现象，归根结底都是进化的结果。

生物进化的研究可以分为两个层次：微进化（microevolution）和宏进化（macroevolution）。宏进化研究的是长时间尺度、种上水平的进化改变，从中我们可以了解生物整体的进化进程。系统发育学是宏进化的重要分支，研究追溯生物界不同生物类型的起源及进化关系，重建生物类群的系统发育树。建立可靠的系统发育关系不仅是生物分类和命名的基础，也是阐明类群起源和扩散，探讨性状演化，以及揭示物种形成机制的前提（Futuyma，1998；Soltis et al.，2000；邹新慧和葛颂，2008）。微进化指的是种内或近缘物种之间的进化。这方面的研究主要包括：①研究近缘物种及物种内不同种群形成现有分布格局的历史原因和演化过程；②研究种内不同群体间的差异及产生差异的机制。以人类进化为例，微进化研究的是人群内部（或人与近缘种之间）的遗传差异。例如，不同人群对高原环境的适应能力不同、人群中抵抗疟疾的能力不同、人类适应不同日照环境与维生素 D 代谢相关的肤色变异，等等。另外，生物种群对环境迅速变化的适应、入侵种适应新的环境、人工驯化下动植物生殖生理或神经行为的改变，以及物种形成过程中不同种群交配行为的分化等由遗传改变导致的一系列表型变异，都是微进化过程的表现。

达尔文的进化论开启了进化研究的源头，却也因为缺乏遗传学的基础而饱受诟病。进化论强调了自然选择是进化发生的驱动力，然而以达尔文为代表的表型进化学家无法说明自然选择是如何作用的，以及生物进化的基本机制是什么。达尔文进化论提出后一个半世纪多的时间里，进化生物学家、遗传学家、数学和统计学家等相关领域的科学家都加入到研究进化生物学的队伍中，对达尔文的进化理论不断进行着修改和补充。生物进化研究的发展史已经充分证明了研究方法及技术手段的革命性变革必将产生一系列重大理论的突破。1900 年，孟德尔遗传定律被重新发现和摩尔根（Morgan，1915）建立经典遗传学以后，进化遗传学家通过研究发现群体中遗传变异是生物进化的来源，认为突变（而不是自然选择）主导了进化的速度和方向（突变论）。20 世纪 20～30 年代，英国学者 Fisher（1915a；1918；1922）、Haldane（1934）和美国学者 Wright 等（1984）数学和统计学家，将数学理论融入遗传和进化的研究中，创立了微进化研究的基本理论——群体遗传学。杜布赞斯基（Dobzhansky，1937）将达尔文的自然选择学说与现代遗传学，以及其他学科和分子手段综合起来，开创了现代综合进化论（modern synthetic theory of evolution），尝试说明生物进化的理论和遗传基础。20 世纪 60 年代末，由于分子双螺旋结构的发现及分子生物学技术的发展，木村资生根据分子生物学的研究，提出了分子进化中性学说（neutral theory of molecular evolution）（Kimura et al.，1968）。简单地说，这一学说认为多数或绝大多数突变都是中性的，即无所谓有利或无利。因此对于这些中性突变不会发生自然选择与适者生存的情况，而生物的进化主要是中性突变在自然群体中进行随机的“遗传漂变”的结果，与选择无关。

作为一门新兴的学科和技术，基因组学和第二代测序技术的出现成为生物进化研究的新动力和巨大机遇。人类基因组计划于 1990 年启动，2003 年正式完成了测序工作，给生命科学带来了深远影响。基因组测序技术的飞速发展，使测序成本直线下降。目前，一个人的基因组可以在一天之内以不到 1 万美元的成本完成测序。该费用在未来 3～5 年内有可能降到 1000 美元以下，所用时间预计在 15 分钟左右。测序成本直线下降使人们有能力破译除人类之外的生物的基因组，包括模式生物和非模式生物。有关统计表明，至少有 3800 种生物的基因组图谱已经绘制完成。现代基因组学已经从构建单个物种基因组的阶段，发展到了整合构建覆盖整个生物界的多物种基因组的阶段，为整个生命科学的发展，尤其是为进化生物学的发展起到了革命性的推动作用，进入了解决用传统生物学手段难以回答的重要的生物学问题的新时代。

首先，由于许多生物（几乎涵盖了整个生物类群）的全基因组测序的陆续启动，大量核酸和蛋白质序列信息迅猛增长。这就要求采用最新的概念和分子技术进行这些物种的全基因组分析，从而促进了对这些物种进化关系的研究。“系统发育基因组学”（phylogenomics）正是在这一需求和背景下产生，它为我们从基因组层面上进行系统发育重建提供了契机。系统发育基因组学是利用基因组水平的海量数据信息进行系统发育分析的新兴学科，它是后基因组时代的产物，也是未来进化生物学研究的重要趋势之一。基因组中包括大量序列信息，同时蕴藏着有关重复基因、DNA 片段缺失/插入、转座子丢失/插入等信息，为系统发育研究提供了丰富的资料。随着数据量的不断增加，分子系统发育重建中的随机误差问题将逐渐消失，引起基因树冲突的各种生物学因素也能被逐一分析，同时大量数据还具有“缓冲”作用，将生物学因素的影响降至最低，最终更可靠地推断出真实的类群间进化关系。

其次，基因组学的发展为理解微进化中复杂适应性状变异机制带来了曙光。基因组测序技术的快速发展为研究包括模式生物在内的更广泛的物种和更多的适应性性状提供了可能。例如，通过全基因组的分析，在果蝇（Rebeiz et al.，2009）、蝴蝶（Ferguson et al.，2010）、洞穴鱼（Protas et al.，2006）、三棘刺鱼（Chan et al.，2010）、拟南芥（Turner et al.，2010）、白鲑鱼（Renaut et al.，2010）、小鼠（Hoekstra et al.，2006）等模式和非模式物种中发现了与适应相关的编码氨基酸改变、转座因子、选择性剪接变异及其导致的基因表达调控的改变、拷贝数变异等现象。而且，基因组分析还能检测适应性遗传变异的来源（Metzker，2010），并同时测定基因组的多个区域，这使得从基因组层次解析选择作用和群体分离变得更为容易，并使一次性研究很多基因的适合度效应成为可能。在此之前，生态和进化生物学家是不可能获得如此详细的生物适应遗传学的信息资料的，尤其是在非模式物种中。这些近期研究进展也说明，基因组研究完全可以广泛检测野生群体和家养物种中复杂表型适应速率、相关性状的数量、有利基因的来源、等位效应的程度，以及这些变异是如何在群体内持续变异中维持。基因组学对适应性进化发展起到重要作用的另外一个突出的例子是找到与人类高原适应相关的基因。

2010 年，以中国科学家为主要研究力量的一系列藏族人群的全基因组关联分析研究（Yi et al.，2010；Beall et al.，2010）发现，在中国藏族人中特异的基因变异，可以调节藏族人体内的红细胞生成量，解释了藏族人为什么能适应恶劣的生存环境。这一发现提供了一个生动的例证，向我们展示了人类如何快速适应新环境。我们可以预期，对人类基因组的全面检测会发现很多最近才扩散至不同人群的新基因突变，同时大大推进我们对于生物复杂表型适应的理解。

在基因组时代下，生物进化理论和各种进化分析方法的突破具有重大的应用前景。对生物进化重大科学问题的研究已不仅仅是进化生物学学科的需要，也将成为整个生命科学领域研究的焦点。这主要是因为遗传变异既是进化的基本元素，又是农业、医学、环境、生态和微生物工业等各个领域研究的重点和难点。在基因组时代下，生物进化理论和各种进化分析方法的突破，使我们可以通过全基因组分析技术，从 DNA、转录组、表观遗传等各个层面，研究生物适应分子机制，进而发掘与性状相关的适应性基因与遗传变异。20 世纪 60 年代，众所周知的“绿色革命”使世界主要粮食作物的产量惊人地大幅度提高。这一史无前例的农业技术革命成功的关键是利用了具有高度适应性的抗倒伏、抗锈病、高产基因的优良品种。半个世纪后的今天，由于气候变化，环境污染，水资源短缺，全球主要农产品产量增长速度放慢，因此有人提出了第二次绿色革命。在当前我国主要农畜产品产量长期徘徊不前的形势下，充分利用基因组学迅速发展的优势，加强驯养动植物遗传和适应性机制的基础研究，并基于此展开优良品种的分子设计，这无疑是未来农畜业产量、品质和抗性改良的重要途径。家养动植物经历短时间的人工驯化，无论相对于野生祖先种群，还是在家养种群之间，都可产生巨大的表型分化或经济性状的改变。一个好的例子就是家犬的驯养。形态迥异的家犬品种之间的遗传学和行为差异对其适应人类社会至关重要。通过在转录本和全基因组变异水平上，研究家犬和其他驯养动植物的行为、发育和遗传学上的适应性变异，将为科学改良家养动植物品种，服务人类提供重要的理论基础。

在医学上已经发现的与肿瘤发生有潜在关系的基因数以百计，而利用基因治疗肿瘤也已有一些实例。这类基因包括 *p53*、*Ras*、*APC* 等，而且利用 *p53* 基因治疗已从实验室走向临床和产业化。开展肿瘤相关基因的全基因组分子适应机制研究（如肿瘤基因转移），可为将来开发和利用这些基因进行肿瘤治疗开辟一条新路，也为人类征服癌症带来了新的希望和曙光。生态学上的物种入侵在遗传机制上存在与肿瘤发生相似的特征，入侵物种从原产地迁移和在入侵地适应新环境的过程与肿瘤细胞转移到肿瘤内部竞争氧气和养分的适应过程非常类似。通过测定入侵物种原产地与入侵地种群的转录组，比较研究和寻找在入侵、转移过程中的特别基因型，进而达到防治入侵发生的目的。总结“绿色革命”、家养动物遗传育种和基因治疗等成功的经验，纵观国内外最新的研究进展，我们认识到基于生物适应与基因功能开展的品种设计改良是未来畜养动植物产量、品质和抗性改进的重要途径。

第二节　生物进化的国际科研发展现状

在基因组时代的大背景下，国际科学研究在生物进化科学的各个领域均取得了迅猛的发展，如宏进化领域中的系统发育研究，微进化领域中的家养动物驯化机制、系统地理学、动植物适应机制等方面研究成果显著。

一、系统发育方面的国际研究现状

美国和一些欧洲国家已率先启动了类似人类基因组计划的“生命之树”计划（Tree of Life，TOL），将对生物学研究的发展产生深远影响。就目前而言，推断物种间系统发育关系已经为分析所有进化问题所必需的。目前，国际上关于动物系统发育基因组学的研究，一方面利用已有基因组信息的模式生物类群进行系统发育基因组研究，如 Hou 等（2009）利用已测得的马（奇蹄目）、牛（偶蹄目）和狗（食肉目）等的基因组序列，分析了 2705 个编码基因、约 4000 万碱基对的序列后，发现奇蹄目与偶蹄目形成姐妹群，而后再与食肉目聚在一起。Prasad 等（2008）基于大于 69Mbp 的基因组核苷酸数据的分析支持奇蹄目、鲸偶蹄目和翼手目的关系较近，而食肉目较之关系较远。另一方面，主要是通过生物信息学的方法对已知的全基因组序列（whole genome sequence，WGS）进行搜索，获得大量合适的分子标记（如直系同源基因、内含子、短散在元件和长散在元件等）用于重建系统发育关系。这种方法已经在动物不同分类阶元的系统发育研究中得以应用，包括真兽类各目之间、食肉目各科之间、鸟类各属之间，以及鲸类物种之间的系统发育关系研究。总之，系统发育基因组学已经在各种动物类群中得到广泛应用（Takezaki et al.，2004；Rokas et al.，2005；Savard et al.，2006），包括模式生物（如果蝇）及人类与其近缘物种的进化关系研究（Chen and Li，2001；Patterson et al.，2006；Pollard et al.，2006），解决了一些长期困惑生物学家的问题（邹新慧和葛颂，2008）。如通过测定有鳞类爬行动物的 22 个核基因（15 794 个性状），并同时结合形态和化石记录，来研究蛇在有鳞类爬行动物中的系统发育位置（Wiens et al.，2010）；Negrisolo 等（2010）通过测定巴斯鱼（dicentrarchus labrax）的 120 万个碱基对，并结合网上已有的斑马鱼、红鳍东方鲀等 5 个模式鱼类基因组信息，筛选出这 6 个鱼类共有的 186 474 个核苷酸，为它们之间的系统发育关系提供了重要信息。

除了比较基因组序列差异以外，系统发育基因组学研究还可以基于基因含量（gene content or repertoire）、基因顺序（gene order）、“基因组中寡核苷酸分布”（DNA strings）和“罕有的基因组改变”特征等来构建系统发育树。其中，“罕有的基因组改变”特征已经在一些类群的系统发育学研究中应用。例如，Venkatesh 等（1999）使用内含子插入/缺失探讨鱼类和昆虫类内部的系统发育关系；SINEs 逆转座子整合提供强烈的证据支持鲸类和河马之间的姐妹群关系，提出“whippo”假说（Nikaido et al.，1999），还支持有胎盘类哺乳动物中灵长目和啮齿目有很近的进化关系（Murphy et al.，2004）等。Nishihara 等（2009）利用已有的哺乳动物基因组信息，筛选了 20 多个转座元件进行哺乳动物现生目之间的系统发育关系研究。另外，一些其他类型的大规模突变，如基因重复、染色体重排等，也可以作为重要的基因组进化特征来重建物种间的系统发育关系。这些研究不仅为动物系统发育关系提供了重要信息，而且也为系统发育学研究提供了大量新的遗传标记。如 Li 等（2007）首先通过比较两个模式生物——斑马鱼（danio rerio）和红鳍东方鲀（takifugu rubripes）的基因组鉴定出 154 个相对保守、单拷贝的外显子基因区域。然后随机选取其中 15 个基因标记，在 36 个辐鳍鱼纲的代表类群中进行 PCR 扩增和测序，结果表明这些基因标记对于辐鳍鱼纲的分子系统发育研究有重要意义；利用人类、猩猩和猕猴的基因组信息进行生物信息学分析和分子生物学实验验证，Peng 等（2009）鉴定出 280 个进化中性的、非编码、非重复的基因区域，作为候选基因用于灵长目系统发育研究，而且还发现了以前研究中没有发现的进化枝间显著的进化速率差异；Song 等（2011）对 19 个果蝇基因组进行分析，寻找到大量可用于果蝇系统发育研究的基因组重排事件。

与种上水平的系统发育研究相比，系统发育基因组学在种群遗传学中的应用还较少。Decker 等（2009）利用 cDNA 文库测序结合家牛全基因组序列的方法发展了新的 SNP 定位，并利用新发现的 40 483 个 SNP 位点分析了家牛 48 个品系之间的系统发育关系，为相关研究提供了值得借鉴的方法和思路。

二、家养动物驯化机制方面的国际研究现状

国际家养动物的研究主要集中在两个方面：一方面是通过不同的遗传标记确定其起源地、建群者数目，以及起源时间；另一方面是通过不同的技术手段和理论鉴定控制家养动物生物学性状，特别是经济性状相关的基因。对野生动物的驯化是人类从渔猎社会转入农耕社会的关键，因此对家养动物起源的研究可以使我们了解家养动物的驯化历史，保护起源地的遗传资源，并且有助于了解人类文明自身的发展。通过群体基因组学的方法，各国科学家以线粒体基因组、常染色体和性染色体 SNP 等遗传标记从不同角度精细地确定家犬、猪、鸡等各类家养动物的起源地，建群者数目和起源时间。此类研究系统深入地解释了起源地的野生近缘种在遗传学水平上对家养动物起源和驯化的贡献，使人们对古代农业文明的形成有了进一步的认识，此类研究所使用的群体基因组学研究策略为相关的家养动物驯化研究提供了很好的借鉴。

鉴定控制家养动物经济性状和生物学性状的基因也是本领域的重要研究内容，传统方法包括候选基因分析、QTL 定位和克隆、全基因组连锁及关联分析等。迄今为止，科学家已经得到相当一批调控家养动物重要经济性状和生物学性状的功能基因，如家犬控制身体大小的主效基因 IGF1（Sutter et al.，2007）、皮肤皱褶控制基因 HAS2（Akey et al.，2010）、肌抑素基因 Myostatin（Mosher et al.，2007）、毛发调控基因 RSPO2（Cadieu et al.，2009）等；猪的高繁殖率基因 ESR（Short et al.，1997）；牛的 DGAT1（Grisart et al.，2004）和 MSTN 基因（Alexandra et al.，1997）；鸡的有色羽基因 MC1R（Kerje et al.，2003）、显性白羽和啄羽基因 PMEL17（Kerje et al.，2004）、金银羽色基因 Slc45a2（Gunnarsson et al.，2007）等，这些成果大多刊登在国际顶级科学期刊《自然》和《科学》杂志上。我们不仅定位了一部分功能基因，还鉴定出大量的 QTL。截至 2009 年 3 月，Animal Genome① 数据库总结的 QTL 定位结果中，猪中共有影响到 316 个不同性状的 1831 个 QTL 得到了定位，鸡中共有影响到 112 个不同性状的 657 个 QTL 得到了定位，奶牛中共有影响到 101 个不同性状的 1123 个 QTL 得到了定位，羊中共有影响到 28 个不同性状的 53 个 QTL 得到了定位。

尽管人们在家养动物基因组内能够定位得到大量的 QTL 位点，迄今仅有少数 QTL 的基因得到克隆。随着基因组时代的到来，国内外的科学家开

① 参见：www.animalgenome.org/qtldb/.

始构建家养动物的遗传图谱和物理图谱，并相继开展了家养动物基因组的测序工作并取得了重要进展。2004 年，西南农业大学与中国科学院北京基因组研究所合作完成了家蚕基因组工作框架图的绘制。2005 年，中国科学家参与的联合研究小组宣布绘制出家鸡的基因序列草图和遗传差异图谱。同年，大约 7 倍覆盖率的家犬基因组序列草图和遗传差异图谱公布。2006 年，大约 7.1 倍覆盖率的牛基因组序列框架图对外公布。2007 年，家马（equus caballus）的基因图谱草图第一次公布。目前，家犬、猪、牛、马、鸡和家蚕等家养动物的基因组测序已经完成。随着它们的完成和后测序时代的到来，我们有机会利用群体基因组学的方式重新思考和研究家养动物重要经济性状形成的遗传机理，从基因组水平去认识产量、品质等重要经济性状形成的分子遗传机制。

从世界范围内的研究进展情况看，该领域现阶段研究热点及今后的研究重点主要包括：①全面深入开展重要家养动物基因组测序和重测序工作，开展不同动物基因组结构与功能的比较研究，系统获取各个家养动物基因组特性；②通过正向/反向遗传学方法、功能基因组学方法、分子数量遗传学方法（如群体遗传学分析、分子进化分析、全基因组关联分析等）等鉴定重要经济性状的基因；③以基因芯片为主的基因表达谱分析；④包括 microRNA 组、DNA 甲基化、组蛋白修饰等在内的表观基因组研究；⑤家养动物各类组学（如基因组、转录组、表观基因组、表型组等）相关的数据库建设。

三、系统地理方面的国际研究现状

分子系统地理学主要采用分子生物学技术，在分子水平上探讨种内或近缘物种系统地理格局（phylogeographic pattern）的形成，它是在 20 世纪 70 年代中期，伴随着对线粒体 DNA（mtDNA）的逐渐认识以及研究方法的不断成熟而酝酿发展起来的。有关分子系统地理学研究的第一篇报道是 Avise 等（1979）关于囊鼠（*Geomys pinetis*）种内系统发生关系的研究，其采用的 mtDNA 限制性酶切方法表明其种群呈现东、西地理上的分化。这个研究被认为是分子系统地理学产生的雏形，紧随其后，相关研究逐渐发展起来。Avise 等（1987）正式创立了 phylogeography 这个词，经两个世纪的发展，系统地理学已经成为目前发展最迅速的学科之一，Avise 则被称为“系统地理学研究之父”。到 2008 年，关于系统地理学研究文章的数目以及引用数目都呈现指数增长（Beheregaray，2008）。

系统地理学不仅是现代生物地理学研究的一个中心内容（Lomolino et al. 2006），更重要的是成为生物地理学与其他相关学科之间的一个重要桥梁

(Riddle et al. 2008)。其研究内容涉及分子遗传学、种群遗传学、系统发育学、统计学、行为学、古地理学和历史生物地理学等众多方向，有机地将种上水平的宏进化（macroevolution）与种内水平的微进化（microevolution）结合起来（Avise，2000）。

目前，分子系统地理学已经成为国际上相当活跃的整合学科和研究领域，特别是对北半球分布的生物类群的研究，已取得大量进展（Avise，2008；Hickerson et al.，2010）。整体来说，欧洲是目前研究最广泛的地区，北美其次。多数研究很好地反映了地球历史动态变化，特别是第四纪冰川和气候变动导致物种迁移、绝灭，以及北半球的区系成种事件（Hewitt，2004；Zink et al.，2008）。例如，欧洲南部巴尔干半岛地区和欧洲北部部分地区成为冰期期间生物重要的避难所，很大程度上决定了现今欧洲的生物区系格局。亚洲地区的研究较多集中在日本和中国台湾地区，中国内地地区仅近年来才开始呈现上升趋势（Qiu et al.，2011）。

长期以来，系统地理学大部分研究使用单一基因，如动物方面主要使用mtDNA，植物中主要使用cpDNA。近年来，研究人员开始通过挖掘基因组测序结果寻找大量有信息的核基因数据（Townsend et al.，2008），多基因的合并分析逐渐增加。随着新一代测序技术的发展，运用群体基因组学进行系统地理学研究已成为趋势。多学科的综合也为系统地理学研究带来了新的活力。例如，地理信息系统（Kidd & Ritchie，2006），生态模型模拟（Waltari et al.，2007）等地理学技术加入系统地理学研究已成为趋势，并已产生大量的成果。此外，溯祖理论的发展及其在系统地理学中的运用，宣告了统计系统地理学（Knowles，2009）的产生。尽管目前其运用仍有限，但随着新模型的提出和分析方法的发展，统计系统地理学将会得到进一步的重视，有望成为标准研究方法。

目前，大部分分子系统地理研究还集中在对单物种的研究，缺乏比较的方法。从保护层面来说，系统地理研究，特别是那些来自大量共存物种的大数据集比较研究将为旨在保护生物多样性和进化过程的保护策略的提出和发展提供宝贵的建议和框架（Moritz et al.，1998，2002；Riddle et al.，2000）。因此建立区域比较系统地理学研究（comparative phylogeography）对扩展目前的领域是非常有必要的。

四、适应机制的国际研究现状

从表现型到基因型是进化生物学家所追求的目标。基因组学与DNA测序技术的发展改变了我们对生物自然变异的理解。居群内与居群间的核苷酸序列的多态性可以用来探测自然选择。在植物中运用这种方法检测到各种各样的自然选择模式。近年来，统计方法的应用能更有效地推断受当地适应影响的基因组区域，包括鉴定环境因子与等位基因频率之间的关系。

在各种生物实验系统中，植物提供了良好的研究遗传变异与环境变异互作的机会。人工实验如相互转植实验（transplant experiment）可以检验植物是否存在对当地环境的适应。早期的进化遗传学研究主要集中于模式植物拟南芥。目前，国际上出现了一批可供研究生态与进化性状的植物模式系统，并且测定了十几种植物如耧斗菜属、沟酸浆属、芸薹属等的全基因组序列。通过对这些生态模式物种的研究将回答以下的问题：①是平衡选择还是歧化选择保持居群内的遗传变异，或是简单的突变-选择平衡。②具有不同生活史性状和交配系统的物种是否采用相似的遗传通路产生趋同的表现型。

植物进化的遗传基础是当今国际上植物进化研究的热点。当非模式生物与模式生物具有很近的亲缘关系时，如十字花科植物，模式生物的分子资源可以应用于非模式生物。对具有短世代时间的植物，实验作图群体如重组近交系（RILs）和近等基因系（NILs）可以用于 QTL 的探测和精细作图。另外，GWAS 可以用来检测表现型性状和许多位点的等位基因变异的相关性。群体基因组学技术可以在缺少表现型数据的情况下鉴定受自然选择而不是中性过程的基因组区域。另外，转录谱的分析可以用来连接表现型和基因型，尤其是在测序费用日益下降的今天，变得更加可行。

目前，一大批植物适应性性状的遗传基础被解析，如植物抗逆、植物开花时间、植物花色等；对于栽培植物，许多驯化相关基因被克隆，如水稻落粒基因、玉米分蘖基因等。

第三节　我国生物进化相关科研的发展现状

近年来，我国生物进化领域科研总体水平正在迅速提高，并受到国际同行的高度关注。在国际权威刊物发表论文的数量和质量都有很大的提高，一些文章发表在顶级期刊如《科学》、《自然》和《美国科学院院刊》等上。从发表论文的研究机构可以看出，我国从事植物科学研究的中坚力量正在逐步扩大，机构间的合作（包括国际和国内合作）正日益增强，已开始进入一个良性循环的发展轨道。一些重大科研成果开始浮现，其中一个突出的代表性成果就是四代科学家历经 45 年完成的"《中国植物志》的编研"获得了 2009 年国家自然科学奖一等奖。值得一提的是，基于对中国和世界植物系统分类学和其他相关研究领域做出的重要贡献，吴征镒院士于 2007 年被授予"国家最高科学技术奖"。

20 世纪 80 年代以来，随着分子遗传学、计算机技术和生物信息学等领域的迅速发展，我国在生物适应相关领域的研究也取得了很好的进展和突破，加之我国在基因组测序技术方面已有的良好基础，这方面的研究已表现出了很强的创新能力和国际竞争能力，已经在分子系统发育、群体遗传学、家养植物的比较基因组进化、生物适应性进化、生物抗逆的分子机制、物种形成等诸多方面取得了具有世界影响的成果。

在分子系统发育方面，我国科学家采用多基因（包括系统发育基因组学）途径对植物的各个重要代表类群，从低等藻类到高度进化发达的被子植物、东亚-北美间断植物类群，以及我国特有珍稀濒危类群等各方面开展了系统和深入的研究。这些研究成果澄清和证实了诸多系统分类学上长期存在的疑难问题和争议，重新建立和完善了许多生物类群的系统发育关系，为青藏高原及其邻近区域、华中和华南地区的生物多样性及群体历史提供了新的认识。而国际上在动物类群中的研究进展则相对比较缓慢，多数研究仍使用少量常用的、有限的遗传标记。针对这一现状，我国学者 Yu 等（2007）测定了所有熊科物种的线粒体基因组序列，研究结果不仅证实了亚洲黑熊和美洲黑熊之间较近的系统发育关系，而且提出懒熊在大熊猫和眼镜熊之后分化，马来熊则与亚洲黑熊和美洲黑熊的进化枝聚为姐妹群。这项研究解决了以往基于单个或少量线粒体基因得到的系统树之间的冲突。2010 年，Shen 等（2010）通过分析鸡形目 34 个种的线粒体全基因组，得到了支持率较高的系统树，为澄清鸡形目、特别是雉科长期混淆不清的系统发育关系提供了重要的证据，而之前根据单个基因或者少数几个基因的研究，由于各个节点支持率很低，留下很多颇有争议的系统发育关系。这些问题在研究中得到了较好的解决。这些研究说明线粒体全基因组分析是解决上述快速辐射进化类群系统发育关系的有效途径，为充分利用线粒体基因组信息解决系统发育的难题提供了思路和途径。除了线粒体基因组，Zhou 等（2011）新发展了 112 个核基因分子标记，在哺乳动物劳亚兽总目的 19 个代表物种中进行扩增测序分析，利用系统发育基因组学研究方法探讨劳亚兽总目下的 6 个目之间的系统发育关系。研究结果支持真盲缺目独立地位于劳亚兽的基部，支持鲸偶蹄目的单系发生，支持奇蹄目和鲸偶蹄目的姐妹群关系，以及食肉目与鳞甲目的姐妹群关系。

同时，他们对这些基因标记的系统发育应用价值进行了探讨。Yu 等（2011）结合人类、鼠和狗等模式生物基因组信息，经过系统筛选获得了 22 个新的核基因内含子标记，并将它们用于食肉目各科间系统发育关系的研究，为食肉目中备受争议的小熊猫的系统发育位置提供了重要信息。该研究强烈支持小熊猫单独为一个科，并与浣熊科和鼬科的关系最近。同时也为脊椎动物分子系统发育研究提供了新的核基因标记。基于上述筛选到的新的单拷贝核基因内含子，并结合线粒体基因组全序列，他们还开展了食肉目鼬科中 6 个亚科之间的系统发育关系的研究。研究结果表明鼬獾亚科（Helictidinae）的系统发育位置在核基因和线粒体基因分析中得到了不同的结果。线粒体基因组分析支持它和水獭亚科/鼬亚科的关系最近，而核基因提出了与以往所有系统发育分析结果不同的系统发育假说，支持它和貂亚科（Martinae）是姐妹群（Yu et al. 2011）。与种上水平的系统发育研究相比，国内系统发育基因组学在种群遗传学中的应用主要在人类和家养动物群体中。如 Palanichamy 等（2004）选择来自印度不同地区人群的 75 个 N 类群代表性个体，对其线粒体基因组进行了全序列测定，并与过去发表的其他地区的数据进行了深入的比较分析。除了已知的 6 个特有世系外，他们在印度人群中还发现了 5 个新的特有世系，并提出人类走出非洲仅有一条迁移路线，而不是传统认为的两条。使用相同的研究策略，Sun 等（2006）对在 1200 多份样品中选择出的来自印度不同地区人群的 56 个 M 类群代表性个体进行线粒体全序列测定，发现了 7 个新的特有世系，并提出人类走出非洲后现代人群经历了快速扩散模式。以上研究成果发表在《美国科学院院刊》（*PNAS*）、《生物分类学》（*Systematic Biology*）、《进化》（*Evolution*）、*MPE* 等国际权威期刊上，说明我国这方面的研究可以与国际任何一个国家和地区的工作相媲美。

在家养植物的比较基因组进化方面，我国科学家开展了模式作物水稻的重要农艺性状基因的克隆和基因组适应性进化机制、全基因组测序、稻属的起源分化和多倍体进化等方面的研究，并取得了以下重要的突破。

（1）克隆和从基因组水平研究了控制水稻谷粒酚反应的多酚氧化酶基因 *Phr1*，揭示了三次独立起源的插入、缺失导致 *Phr1* 基因在粳稻亚种中功能丢失，从而推动水稻亚种分化机制。

（2）完成了中国糯玉米淀粉代谢途径中 *wx* 基因序列删除的独立进化。

（3）完成了水稻（籼稻）全基因组测序，建立了水稻基因组计划粳稻精细图，完成了黄瓜全基因组测序和精细图建立。

（4）测定了孑遗蕨类植物桫椤、木本植物竹子、兰科植物和部分裸子植物的叶绿体基因组序列。

（5）阐明了稻属多倍体的起源方式及其亲本来源，揭示了稻属 BC 和 CD 异缘四倍体的起源，并探讨了多倍体中重复基因的进化规律和机制。这些重要成果发表在《自然》、《科学》、《自然·基因》、《美国科学院院刊》、《公共科学图书馆·遗传学》（*PloS Genetics*）、《植物细胞》（*Plant Cell*）等国际权威期刊上，充分说明了我国在这一领域的研究已达到国际前沿水平。

生物适应性进化的分子机制是进化生物学研究中最基本的问题之一，也是目前国际前沿和热点的研究领域。其中，动物适应性进化的核心是提高动物本身的生存能力。觅食和取食、食物消化和吸收，以及保持能量代谢平衡是动物提高自身生存能力的三个重要环节。我国科学工作者围绕这些核心问题开展了大量工作并取得了丰富成果。

（1）蝙蝠视觉的适应性进化。蝙蝠是夜行性动物，食虫蝙蝠主要用回声定位来确定方位，捕捉昆虫。然而，蝙蝠的另外一类——主要食用水果的旧大陆果蝠却并没有回声定位能力。科学家研究了控制形成视网膜上视杆细胞（主导暗视觉）暗视觉感受器的 *RH1* 基因，发现无论是眼睛退化的食虫蝙蝠还是眼睛发达的旧大陆果蝠的视杆细胞均有表达 *RH1* 基因，说明即使是那些眼睛高度退化的食虫蝙蝠，它们仍然具有暗视觉。对该基因序列进一步的分析发现，该基因在果蝠与墓蝠（食虫蝙蝠，眼睛没退化）间发生了趋同进化，长翼蝠和菊头蝠（都是眼睛退化）也发生了趋同进化。该结果显示：蝙蝠分化后，可能由于对暗视觉的趋同需求（有些种类趋同于更多依赖视觉，眼睛发达；而有些是趋同于较少依赖视觉，眼睛退化），导致了 *RH1* 基因在蝙蝠中发生了多次趋同进化（Shen，2010）。

（2）海洋哺乳动物犁鼻器信息素感知的进化模式。信息素在哺乳动物生殖和社会行为方面起着重要作用，主要由犁鼻器系统感知，其中犁鼻器系统特异表达基因——瞬时受体电位基因（*TRPC2*）在信息素的感知上起重要作用。海洋哺乳动物所处的水生环境并不利于信息素传导，可能使其信息素基因跟陆地哺乳动物的进化有很大差异。通过对海洋哺乳动物和陆地哺乳动物的比较研究显示，完全适应于海洋生活的鲸目（长须鲸）的 *TRPC2* 基因是假基因，选择压力明显放松，基因功能丧失，而营半水生生活的加利福尼亚海狮的 *TRPC2* 基因是功能基因，仍然受到较强的选择压力。由此推测，鲸类因其完全适应于海洋生活，退化的犁鼻器信息素感知功能促使 *TRPC2* 基因假基因化，而对于“两栖”的加利福尼亚海狮来说，陆地生活仍然需要犁鼻器信息素感知，因此其 *TRPC2* 基因仍然是功能基因。我们的研究为哺乳动物从陆地到海洋转变过程中的信息素感知方面的进化提供了重要信息（Yu et al.，2010）。

（3）哺乳动物食性的进化与胰核糖核酸酶（RNASE1）进化的相关性。哺乳动物的食性差异很大，主要有草食、杂食和肉食。在哺乳动物的进化过程中，食性发生了多次变化，那么可以预见其消化酶必须跟着相应地进化。RNASE1 是非常重要的消化酶之一，与前肠发酵食草动物中消化系统的功能适应紧密相关。我们发现该基因在亚洲叶猴和非洲叶猴中都独立发生了重复来适应其以树叶为食（Yu et al.，2010）。与食草动物相比，食肉目动物消化系统简单，缺少瘤胃或盲肠中微生物发酵消化过程，因此一般认为食肉目动物只有一个 *RNASE1* 基因。然而我们对食肉目物种的 *RNASE1* 基因进行研究，结果意外地在鼬科物种中发现了“生（基因重复）-和-灭（假基因化）”的基因进化模式，发现正选择作用是多个 *RNASE1* 基因出现的主要驱动力（Yu and Zhang，2006）。

（4）飞行能力的能量代谢的适应性进化。线粒体是细胞的能量工厂，通过氧化呼吸链为生物体提供 95%的能量。由此我们提出线粒体基因组的选择压力与动物运动能力进化密切相关的假说。考虑到飞行是耗能巨大的运动，而鸟类中有很多种类独立地发生了飞行能力的退化，我们通过对飞行能力健全的与退化的鸟类进行比较证实，运动能力退化的鸟类的线粒体蛋白所受的选择压力是放松的。同时我们在不同运动能力的哺乳动物中也发现了该规律（Shen et al.，2009）。另外，蝙蝠是唯一具有飞行能力的哺乳动物，而飞行耗能是奔跑的 3～15 倍，那么在蝙蝠飞行的起源过程中，其能量代谢能力的提升是其能够飞行的能量前提。我们通过对蝙蝠基因组的分析也证实，其线粒体基因受到正选择，从而来满足能耗的急剧提升（Shen et al.，2010）。线粒体产生的能量中有一部分并没有作为 ATP 为运动提供能量，而是作为热能维持体温。那么动物线粒体蛋白的进化模式是否会与其产热的功能有关呢？我们通过对美国国家生物技术信息中心建立的 DNA 序列数据库（Genbank）上现有的鱼类线粒体全基因组序列进行分析发现：鱼类线粒体的进化与其所处的热能环境（环境问题）有显著关系，从而进一步证实了我们的假说（Sun et al.，2010）。

在植物适应机制方面，我国学者的研究工作也很突出，发现了植物的一些奇特的传粉机制。如首次发现姜科植物的花柱卷曲性异交机制；首次发现植物界自交机制——“花粉滑动自花授粉”机制，花粉滑动自花授粉机制是适者生存法则的生动演绎，是植物长期适应其高度潮湿缺乏传粉昆虫的生境的结果；首次发现一种完全由花药主动运动而不依赖于任何外部传递媒介完成、酷似动物交尾的自花传粉机制；发现兰科植物的欺骗性传粉，这在有花植物的传粉中是一种全新的拟态方式等。这些文章分别发表在《自然》和《美国科学院院刊》上。除了上述的研究成果外，我国学者还在生物抗逆的分子机制、物种形成等方面，做出了一批在国际上有重要影响的研究工作。如青藏高原隆起与高山松的起源、松柏类物种形成与生物地理学、植物辐射式物种分化和形态上的适应性进化机制；红树植物适应海岸潮间带极端环境、物种形成的模式与基因组机制等。这些研究充分反映了我国在极端或新环境下的生物适应的分子机制方面已有很好的积累和基础，其中部分工作是基于基因组和大规模测序完成的，显示了我国在国际同领域内具有强的竞争力。

第四节　我国在生物进化领域发展中存在的问题

尽管我国科学家近年来在动植物进化的一些领域取得了重要进展，在国际上具有一定的影响和地位，但发展中也存在一些问题。随着基因组等组学的发展和海量数据的产生，生物进化研究在基础科学前沿和生产应用两方面的重要战略意义越来越明显，但目前国家层面尚缺乏对该发展形势的充分认识，因而也缺乏对该领域的顶层布局和相应的支持。在研究体系上，缺乏长期的基础研究，尤其是基础的生态与进化方面研究的积累。由于原始基础积累不够，对生物进化中一些重要科学问题的认识还十分有限，还不能够进行全面和深入的解释。例如，虽然从达尔文时期开始人们已经知道生物表型的千变万化、分子水平的遗传改变、群体层次的微进化、物种形成和大类群演化等所有生物多样性都是生物适应的结果，是源自基因的变异，但对其作用的分子基础的了解还很片面和零碎。例如，究竟是哪些基因促成生物适应；这些基因上的哪些遗传改变可能导致生物适应：编码区还是调控区；有多少是突变、多少是表观遗传修饰；有多少是蛋白结构改变、还是转录或翻译的改变；这些基因在调控网络的作用位点如何；表型特征与分子适应度之间是否存在相关性；等等。人们对这一系列的问题还知之甚少。同时，一个研究团队往往占据一个研究系统，从而缺乏跨学科、跨领域的合作。直接的后果是我国在该领域中虽然在不同方向上都有一些不错的进展，但还不足以建立一个相对完整的理论体系。在研究手段上，偏重于传统的研究方法，轻视技术、方法学（包括统计学方法）的创新，基因组水平的研究还非常罕见。在研究队伍上，呈现中间大、两头小的局面。“两头小”一方面指的是在国际上有广泛影响力的大师级人物偏少；另一方面指的是多数大学没有进化生物学系，在大学本科的教育体系中缺乏相对完整的进化生物学教育，使得后备人才十分贫乏。而欧美大部分著名的综合性大学都有进化生物学系，这种差异导致我国在竞争中受到明显的制约。

第五节　对我国生物进化领域未来发展的建议

（1）巩固有特色的基础生态与进化研究体系，直接从高水平的基因组角度的研究切入，迅速缩小我国与国际进化研究的差距。生物适应是所有生命类群都具有的共同特性，但是在不同的生物类群和不同层次的生命过程中，其作用的分子机制既有共性（保守性）又有各自特点。从全基因组水平深入研究某一生物类群适应的分子机制所取得的进展和突破，一方面可以被其他类群的生物适应研究所借鉴，包括在理论、研究思路、方法和技术等各个方面予以指导；另一方面也可以将这些进展和成果应用于不同的家养动植物的遗传改良等实践中去。应用全基因组测序及多学科交叉的综合手段，从细胞与个体、个体与群体、生物与环境等不同层面深入认识生物适应的多基因分子基础，揭示基因组、表观基因组及转录组变异影响表型变异的作用机理，阐明生物适应的网络调控与作用的分子机制及其进化意义。

（2）在新的国际竞争中，把我国颇具国际研究实力的科学家合理地组织起来，加强学科之间的实质性的交叉与合作，围绕生物适应领域最重大的核心科学问题和国家最迫切的重大需求，开展全基因组水平上的生物适应性的分子机制研究，提高我国生命科学基础创新能力，增强我国科技整体竞争力的战略需求。同时引进高水平人才，成立高水平的国际进化专家顾问组，将中外高水平科学家的才智形成合力，进行高水平的集成科研攻关，实现我国基因组水平生物适应研究的跨越式发展。

（3）加强后备人才队伍的建设。优化大学进化生物学的学科设置，并从大学中选取有天分并对生物进化有浓厚兴趣的青年人以多样的方式进行培训，扩大我国在该领域的后备人才队伍。

（4）进行国家层面的顶层设计，增加国家层面的科研经费投入，以重大研究计划为契机，集中国内优势力量，进一步凝练研究目标，选准优势方向进行重点突破，促进我国在生物适应的全基因组分子机制研究领域实现跨越式发展和研究水平的全面提升，使我国在国际生物适应研究领域的最前沿占据重要一席。

参考文献

于黎，张亚平 . 2006. 系统发育基因组学——重建生命之树的一条迷人途径 . 遗传，28：1445-1450.

周旭明，杨光 . 2010. 哺乳动物系统发育基因组学研究进展 . 兽类学报，30：339-345.

邹新慧，葛颂 . 2008. 基因树冲突与系统发育基因组学研究 . 植物分类学报，46：795-807.

Akey J M，Ruhe A L，Akey D T，et al. 2010. Tracking footprints of artificial selection in the dog genome. PNAS ，107：1160-1165.

Alexandra C，Mcpherron，Lee S J. 1997. Double muscling in cattle due to mutations in the myostatin gene. PNAS，94（23）：12457-12461.

Beall C M，Cavalleri G L，Deng L，et al. 2010. Natural selection on EPAS1（HIF2alpha）associated with low hemoglobin concentration in Tibetan highlanders. PNAS ，107（25）：11459-11464.

Cadieu E，Neff M，Quignon P，et al. 2009. Coat variation in the domestic dog is governed by variants in three genes. Science，326：150-153.

Crawford J. 1859. Review of on the origin of species. Examiner，1859：722，723.

Chan A P，Crabtree J，Zhao Q，et al. 2010. Draft genome sequence of the oilseed species Ricinus communis. Nat Biotechnol，28（9）：951-956.

Chen F C，Li W H. 2001. Genomic divergences between humans and other hominoids and the effective population size of the common ancestor of humans and chimpanzees. Am J Hum Genet，68：444-456.

Decker J E，Pires J C，Conant G C，et al. 2009. Resolving the evolution of extant and extinct ruminants with high-throughput phylogenomics. PNAS，106（44）：18644-18649.

Fisher R A. 1915. Frequency distribution of the values of the correlation coefficient in samples from an indefinitely large population. Biometrika，10：507-521.

Fisher R A. 1918. The correlation between relatives on the supposition of mendelian inheritance trans. Roy Soc Edinb，52：399-433.

Fisher R A. 1922. On the mathematical foundations of theoretical statistics Philosophical Transactions of the Royal Society，A（222）：309-368.

Futuyma D J. 1998. Evolutionary biology. Sunderland，MA：Sinauer Associates.

Grisart B，Farnir F，Karim L，et al. 2004. Genetic and functional confirmation of the causality of the DGAT1 K232A quantitative trait nucleotide in affecting milk yield and composition. PNAS，101 (8)：2398-2403.

Gunnarsson U，Hellström A R，Tixier-Boichard M，et al. 2007. Mutations in SLC45A2 cause plumage color variation in chicken and Japanese quail. Genetics，175 (2)：867-877.

Haldane，et al. 1934. London：London，Watts & Co.

Hoekstra R，Finch S，Kiers H A，et al. 2006. Probability as certainty：dichotomous thinking and the misuse of p values. Psychon Bull Rev，13 (6)：1033-1037.

Hou Z C，Romero R，Wildman D E. 2009. Phylogeny of the Ferungulata (Mammalia：Laurasiatheria) as determined from phylogenomic data. Mol Phyl Evol，52：660-664.

Kerje S，Lind J，Schütz K，et al. 2003. Melanocortin 1-receptor (MC1R) mutations are associated with plumage colour in chicken. Anim Genet，34 (4)：241-248.

Kerje S，Sharma P，Gunnarsson U，et al. 2004. The Dominant white，Dun and Smoky color variants in chicken are associated with insertion/deletion polymorphisms in the PMEL17 gene. Genetics，168 (3)：1507-1518.

Kimura M. 1968. Evolutionary rate at the molecular level. Nature，217 (5129)：624-626.

Metzker M L. 2010. Sequencing technologies-the next generation. Nat Rev Genet，11 (1)：31-46.

Mosher D S，Quignon P，Bustamante C D. 2007. A mutation in the myostatin gene increases muscle mass and enhances racing performance in heterozygote dogs. PLoS Genetics，3：779-786.

Murphy W J，Pevzner P A，O'Brien S J. 2004. Mammalian phyloge-nomics comes of age. Trends Genet，20：631-639.

Negrisolo E，Kuhl H，Forcato C，et al. 2010. Different phylogenomic approaches to resolve the evolutionary relationships among model fish species. Mol Biol Evol，27：2757-2774.

Nikaido M，Rooney A P，Okada N. 1999. Phylogenetic relationships among cetartiodactyls based on insertions of short and long in-terspersed elements：hippopotamuses are the closest extant rela-tives of whales. PNAS，96：10261-10266.

Nishihara H，Maruyama S，Okada N. 2009. Retroposon analysis and recent geological data suggest near-simultaneous divergence of the three superorders of mammals. PNAS，106：5235-5240.

O'Brien S J，Stanyon R. 1999. Ancestral primate viewed. Nature，402：365-366.

Palanichamy M G，Sun C，Agrawal S，et al. 2004. Phylogeny of mitochondrial DNA macrohaplogroup N in India，based on complete sequencing：implications for the peopling of South Asia. Am J Hum Genet，75：966-978.

Patterson N，Richter D J，Gnerre S，et al. 2006. Genetic evidence for complex speciation of humans and chimpanzees. Nature，441：1103-1108.

Peng Z，Elango N，Wildman D E，et al. 2009. Primate phylogenomics：Developing numerous nuclear non-coding，non-repetitive markers for ecological and phylogenetic applications and analysis of evolutionary rate variation. BMC Genomics，10：247.

Pollard D A，Iyer V N，Moses A M，et al. 2006. Widespread discordance of gene trees with species tree in Drosophila：Evidence for incomplete lineage sorting. PLoS Gene，t 2：e173.

Prasad A B，Allard M W，NISC Comparative Sequencing Program，et al. 2008. Confirming the phylogeny of mammals by use of large comparative sequence data sets. Mol Biol Evol，25：1795-1808.

Protas M E，Hersey C，Kochanek D，et al. 2006. Genetic analysis of cavefish reveals molecular convergence in the evolution of albinism. Nat Genet，38（1）：107-111.

Renaut S，Bernatchez L. 2011. Transcriptome-wide signature of hybrid breakdown associated with intrinsic reproductive isolation in lake whitefish species pairs（Coregonus spp. Salmonidae）. Heredity，106（6）：1003-1011.

Rokas A，Kruger D，Carroll S B. 2005. Animal evolution and the molecular signature of radiations compressed in time. Science，310：1933-1938.

Savard J，Tautz D，Richards S，et al. 2006. Phylogenomic analysis reveals bees and wasps（Hymenoptera）at the base of the radiation of Holometabolous insects. Genome Res，16：1334-1338.

Shen Y Y，Shi P，Sun Y B，et al. 2009. Relaxation of selective constraints on avian mitochondrial DNA following the degeneration of flight ability. Genome Res，19：1760-1765.

Shen Y Y，Liang L，Zhu Z H，et al. 2010. Adaptive evolution of energy metabolism genes and the origin of flight in bats. PNAS，107：8666-8671.

Sun Y B，Shen Y Y，Irwin D M，et al. 2010. Evaluating the roles of energetic functional constraints on teleost mitochondrial-encoded protein evolution. Mol Biol Evol，28（1）：39-44.

Shen Y Y，Liang L，Sun Y B，et al. 2010. A mitogenomic perspective on the ancient，rapid radiation in the Galliformes with an emphasis on the Phasianidae. BMC Evol Biol，10：132.

Shen Y Y，Liu J，Irwin D M，et al. 2010. Parallel and convergent evolution of the dim-light vision gene RH1 in bats（Order：Chiroptera）. PloS One，25：e8838.

Short T H，Rothschild M F，Southwood O I，et al. 1997. Effect of the estrogen receptor locus on reproduction and production traits in four commercial pig lines. J Anim Sci，75（12）：3138-3142.

Siepel A. 2009. Phylogenomics of primates and their ancestral populations. Genome Res，19：1929-1941.

Soltis E D，Soltis P S. 2000. Contributions of plant molecular systematics to studies of molecular evolution. Plant Mol Biol，42：45-75.

Song X，Goicoechea J L，Ammiraju J S，et al. 2011. The 19 genomes of Drosophila：A BAC library resource for genus-wide and genome-scale comparative evolutionary research. Genetics，187：1023-1030.

Sun C，Kong Q P，Palanichamy M G，et al. 2006. The dazzling array of basal branches in the mtDNA macrohaplogroup M from India as inferred from complete genomes. Mol Biol Evol，23：683-690.

Sutter N B，Bustamante C D，Chase K，et al. 2007. A single IGF1 allele is a major determinant of small size in dogs. Science，316：112-115.

Takezaki N，Figueroa F，Zaleska-Rutczynska Z，et al. 2004. The phylogenetic relationship of tetrapod，coelacanth，and lungfish revealed by the sequences of forty-four nuclear genes. Mol Biol Evol，21：1512-1524.

Thomas H M，Alfred H，Sturtevant H J，et al. 1915. The Mechanism of Mendelian Heredity. New York：Henry Holt.

Turner T L，Bourne E C，Von Wettberg E J，et al. 2010. Population resequencing reveals local adaptation of Arabidopsis lyrata to serpentine soils. Nat Genet，42（3）：260-263.

Venkatesh B，Ning Y，Brenner S. 1999. Late changes in spliceosomal introns define clades in vertebrate evolution. PNAS，96：10267-10271.

Wiens J J，Kuczynski C A，Townsend T，et al. 2010. Combining phylogenomics and fossils in higher-level squamate reptile phylogeny：molecular data change the placement of fossil taxa. Syst Biol，59：674-688.

Wright S. 1932. The roles of mutation，inbreeding，crossbreeding and selection in evolution. Proc 6th Int Cong Genet 1：356-366.

Wright S. 1986. Evolution：Selected Papers. Chicago：University of Chicago Press.

Yi X，Liang Y，Huerta-Sanchez E，et al. 2010. Sequencing of 50 human exomes reveals adaptation to high altitude. Science，329：75-78.

Yu L，Jin W，Wang JX，et al. 2010. Characterization of TRPC2，an essential genetic component of VNS chemoreception provides insights into the evolution of pheromonal olfaction in secondary-adapted marine mammals. Mol Biol Evol，27：1467-1477.

Yu L，Wang X Y，Jin W，et al. 2010. Adaptive evolution of digestive *RNASE1* genes in leaf-eating monkeys revisited：new insights from 10 additional Colobines. Mol Biol Evol，27：127-131.

Yu L，Zhang Y P. 2006. The unusual adaptive expansion of pancreatic ribonuclease gene in carnivora. Mol Biol Evol，23：2326-2335.

Yu L，Luan P T，Jin W，et al. 2011. Phylogenetic utility of nuclear introns in interfamilial relationships of caniformia（order carnivora）. Syst Biol，60：175-187.

Yu L，Peng D，Liu J，et al. 2011. On the phylogeny of mustelidae subfamilies：Analysis of seventeen nuclear non-coding loci and mitochondrial complete genomes. BMC Evol Biol，11：92.

Yu L，Li Y W，Ryder O A，et al. 2007. Analysis of complete mitochondrial genome sequences increases phylogenetic resolution of bears (Ursidae)，a mammalian family that experienced rapid speciation. BMC Evol Biol，7：198.

Zhou X，Xu S，Zhang P，et al. 2011. Developing a series of conservative anchor markers and their application to phylogenomics of Laurasiatherian mammals. Mol Ecol Resour，11：134-140.

第九章 生物信息学领域发展态势

随着大规模、高通量实验的发展和应用，大量的生物学数据开始积累。理解大量生物学数据所包括的生物学意义已成为后基因组时代极其重要的课题。迄今为止，在美国 GenBank 数据库中的 DNA 序列总量已超过 70 亿个碱基对。当然，生物学数据的积累并不仅仅表现在 DNA 序列方面，已有一万多种蛋白质的空间结构以不同的分辨率被测定。基于 cDNA 序列测序所建立起来的 EST 数据库的记录已达数百万条。这一切构成了一个生物学数据的海洋。

数据并不等于信息和知识，但却是信息和知识的源泉，关键在于如何从中挖掘它们。在这样的背景下，一门新兴的交叉科学——生物信息学被催生出来。美国在人类基因组计划实施 5 年后的总结报告中对它作了如下定义："它包含了生物信息的获取、处理、存储、分发、分析和解释等在内的所有方面，它综合运用数学、计算机科学和生物学的各种工具，来阐明和理解大量数据所包含的生物学意义。"生物学是生物信息学的核心和灵魂，数学与计算机技术则是它的基本工具。生物信息学是内涵非常丰富的学科，我们可以通过计算的手段了解基因组的信息结构、基因在染色体上的确切位置和各 DNA 片段的功能，同时在发现新基因信息之后进行蛋白质空间结构模拟和预测，并进一步整合多角度的实验数据，以了解基因表达的调控机理。生物信息学已成为整个生命科学发展的重要组成部分，成为生命科学研究的前沿。

我国是人口大国，面临着很严峻的健康问题、粮食问题、能源问题和环境问题。这些问题看似相互独立，其实从根本上都有赖于对生物分子调控系统的理解。系统生物学在医疗卫生和农业方面的应用前景已经得到了广大研究者的普遍认同和重视，这也是目前生物信息学的主要应用领域。在能源领域，对生物能源的研究依赖于系统生物学与合成生物学的进展，对基因调控线路的认识是其中的基础。在环境研究中，人们越来越认识到宏基因组研究的重要性，环境宏基因组学已经成为生物信息学研究中最有潜力的应用之一。在这些不同领域背后，有个共同的关键是利用生物信息学方法处理、分析、理解和描述各种复杂的组学数据。生物信息学在我国已经有 10 年以上的发展，最初只是少数几个大学和研究所的新兴研究方向，到现在已经形成了一个比较成熟的交叉学科体系，在多所大学和科研院所都有相关的研究人员。几年来，我国学者在基因组分析和组装、基因芯片数据处理与基因表达分析、转录因子及其结合位点分析、选择性剪接、microRNA 与非编码 RNA、复杂疾病的遗传分析、蛋白质结构与功能分析、质谱数据处理、蛋白质相互作用、生物医学文献挖掘、生物分子网络分析等多个方面都取得了很大的进展，形成了多学科交叉的研究队伍，奠定了较好的生物信息学研究基础。近年来，第二代高通量测序技术的发展和广泛应用，对生物信息学研究提出了新的课题和挑战。

第一节　新一代测序技术相关的生物信息学新方法与新理论

新一代深度测序技术，为现代生命科学研究带来了多方位的革命。人们不但可以用相对低廉的成本获取更多物种的基因组序列，还可以通过对同一物种多个个体的测序，获得物种遗传多样性的完整谱图。通过即将完成的国际千人基因组计划（1000 Genomes Project），我们对人类遗传多样性的研究，将从现在对人群中发生频率 5%以上的基因组差异的认识，扩展到对发生频率 0.1%（对蛋白质编码区）和 1%（对整个基因组）以上差异的全面认识，为深入的遗传学研究奠定了基础（Lander，2011）。我们可以对一些罕见疾病、常见复杂疾病和复杂表型性状进行更大规模的高分辨率基因组群体遗传学研究，从而发现更多疾病背后的可能关键遗传因子，揭示疾病的遗传结构。科学家已经预见到，能够以较低的成本快速检测一个普通人基因组的时代很快就要到来。通过对个体基因组的分析并结合遗传学背景，实现个体化诊断和个体化用药。而大量个体化基因组数据的积累和分析，又为探索众多复杂生理和病理现象的分子机理奠定了基础。

新一代深度测序的应用远远不止于对基因组 DNA 序列的直接测序，而是可以通过与多种其他技术的结合，应用到生物学研究的各个方面（Lander，2011；Mardis，2011；Hawkins et al.，2010）。RNA 测序（RNA-Seq）是将

RNA 反转录为 cDNA 后进行深度测序，通过对来自不同基因转录本的测序读段的匹配（mapping）和计数，实现对基因表达量的数字化测量。通过与染色质免疫沉降结合的 ChIP-Seq 技术，可以高分辨率地获取转录因子、组蛋白修饰的全基因组图谱，为直接解读基因转录调控系统的时空差异性打开了一个重要的缺口。通过免疫沉降与 RNA 测序的结合，紫外交联免疫沉淀结合高通量测序（CLIP-Seq，即 HITS-CLIP）等技术能够直接检测 RNA 结合蛋白与 RNA 的相互作用。通过亚硫酸盐测序（Bisulfate-Seq），可以对全基因组范围内 DNA 甲基化进行高分辨率检测；通过更新的 3C（染色体构象捕获）及其扩展技术，可以获得基因组三维结构方面的重要信息。各种深度测序的数据为解码基因表达、细胞分化、发育和疾病发生发展过程中的调控作用提供了大量信息和线索。

新一代深度测序技术为探索生命信息系统提供了空前的机遇，并持续地促进新方法与新理论的发展。但要抓住这些机遇，首先要面对的是新技术产生的数量巨大、内容复杂的数据对生物信息学带来的新挑战，这些挑战是各国生物信息学研究者共同面对的问题。

新一代测序技术的革命开始于 2005 年发表的 454 测序技术（Margulies et al.，2005），随后很快又发展起了 Solexa 和 SOLiD 技术，构成了第二代测序的主流技术。我国自行研制的 AG 系列测序仪也属于第二代测序技术。第三代测序技术目前仍处在试验阶段，有代表性的技术包括 Helicos 公司的 HeliScope 测序仪和 Pacific Bioscience 公司的 SMRT 实时单分子测序技术等。第三代测序技术已经开始产出数据（Harris et al.，2008；Chin et al.，2011），预计在近一两年内走向各基因组测序中心和实验室。

测序技术的早期个体应用，典型的是对克雷格·文特尔（Craig Venter）和詹姆斯·沃森（James Watson）的个人基因组的测序（Levy et al.，2007；Wheeler et al.，2008），以及后来“炎黄”个人基因组的测序（Wang et al.，2008）。这些应用向人们展示了新一代测序技术的强大能力。Keji Zhao 实验室最早应用 Solexa 技术获得了人 T 细胞全基因组组蛋白修饰的高分辨率图谱（Barski et al.，2007）。Martazavi 等（2008）对小鼠大脑、肝脏、骨骼肌等组织进行了 RNA 深度测序，又大大扩展了新一代测序技术的应用范围。很快地，ChIP-seq、RNA-seq、CLIP-seq 等测序应用如雨后春笋般蓬勃发展，测序技术应用深入到基因组学和系统生物学研究的各个角落。与此同时，国际上一些研究机构或联合体开始了多个对大量基因组、表观基因组进行测序的计划，包括千人基因组计划（1000 Genomes Project）、表观基因组路线图计划（Roadmap Epigenomics Project）、癌症基因组计划（Cancer Genome Atlas）、千种动植物基因组计划（1000 Plant and Animal Genomes Project）、万种微生物基因组计划（10 000 Microbial Genomes Project）等。而且，测序仪自身提供的数据处理软件无论从处理能力还是从能够处理的数据类型上，都已经远远不能满足各种测序技术应用的需要。2009 年 11 月，McPherson（2009）在《自然·方法》（*Nature Methods*）期刊以“新一代缺口”（next-generation gap）为题撰文指出：“在大规模并行产出数据和处理、分析这些数据的能力之间存在着越来越大的缺口。新的用户面对碱基读取、比对、组装和分析的工具，就像在令人晕头转向的迷宫中艰难前行，并且不知道怎样比较和确认所得到的结果”。

在这种情况下，国际上领先的生物信息学实验室都迅速投入力量展开对各种测序数据处理方法的研究。例如，对于短序列测序最基本的读段匹配问题，2008 年以来已经陆续发表了多个算法，如 ELAND、MAQ/BWA、RMAP、SOAP、Mosaik、BOWTIE、ZOOM 等，它们不断改进已有算法的不足，为新一代测序技术的推广应用奠定了基础。但从算法效率、对序列变异和测序错误的容忍程度、算法的可用性等方面，仍然不能满足急速增加的测序能力和更多普通实验室对测序的要求。对于诸如 RNA 测序、转录组拼接、宏基因组测序等进一步的应用，这些方法存在的未解决问题就更多。斯坦福大学的 Wing H. Wong 教授实验室是最早开展新一代测序数据处理、显示、分析方法研究的课题组之一，所发展的 CisGenome 数据显示与处理系统等很好地考虑了用户的需求（Ji et al.，2008；Jiang et al.，2009），为针对新一代测序数据的生物信息学研究树立了一个典范。马里兰大学的 Steven Salzberg 教授课题组研究发展了用于 RNA 测序数据处理的 TopHat 软件和 Cufflinks 软件（Haas et al.，2010），是当前使用较多的软件，他们还研究了用云计算方式从大量数据中发现新的 SNP 位点的方法。为了有效降低将来大量个体化基因组数据对存储能力和数据传输能力的要求，加利福尼亚大学欧文分校的 Xiaohui Xie 课题组、英国 EBI 的 Birney 研究组等还开展了针对基因组数据的特殊压缩算法（Daily et al.，2010；Fritz et al.，2011），希望实现通过电子邮件就能传送庞大的基因组数据的目标。不仅如此，人们也从计算机硬件和计算模式角度积极探索高效基因组运算的方法，包括在现有计算机构架下采用 GPU、FPGA 等进行算法加速和探讨新的计算服务模式等（Jung，2009；Kahn，2011）。从各个角度寻找新一代测序数据处理与分析中的各种信息学问题的有效解决方案，成为国际生物信息学领域研究的一个最新热点。

我国一批生物信息学研究者很早就关注到新一代测序技术的发展，清华大学、上海生物信息技术研究中心、中国科学院北京基因组研究所、东南大学、中山大学等多家研究单位和深圳华大基因研究院等，与国际同行同步开展了深度测序数据处理方法与应用的研究。例如，清华大学在国际上较早开展了从 RNA 测序数据中检测差异表达基因的研究，该成果于 2011 年 1 月被汤姆森-路透集团的 Science Watch 新闻网评选为 2010 年快速突破论文（fast breaking paper），并进行了专题报道。清华大学在选择性剪接基因的表达估计上也取得了一系列成果。清华大学与冷泉港实验室合作，最早利用深度测序得到的全基因组组蛋白修饰数据进行基因核心启动子的预测，达到了当时最高的预测精度，并实现了对 microRNA 启动子的预测（Wang et al.，2009）；深圳华大基因研究院在国际上较早开展了完全利用第二代测序的短序列进行基因组组装的研究，发展了短序列拼接和组装方法（Li et al.，2010）；中国科学院-马普学会计算生物学联合研究所较早采集和分析了人、黑猩猩和恒河猴大脑的 RNA 测序数据，得到了对转录组的新认识（Xu et al.，2010）；上海交通大学发展了一种针对双端 ChIP-seq 测序数据识别蛋白质-DNA 结合位点的有效方法；华中科技大学、中山大学、四川大学、电子科技大学等的研究者也在序列分析与显示、短序列比对、SNP 检测等方面取得了一些成果，等等。

在科学层面上面临的挑战是，如何从新一代测序数据中识别、挖掘出所需要的生物学信息，如何通过对多种类型海量信息的分析把信息转化成对复杂生物过程背后的分子调控系统的新的认识和数学描述。不论是国内还是国外，围绕新一代测序技术的生物信息学研究尚处在起步阶段，很多发表的成果尚停留在对现有方法的改进上，对新一代测序数据处理和挖掘的研究明显滞后于数据产生能力的发展，能够将数据产生、数据分析和对生物分子调控系统的探索密切结合起来的研究就更少。在我国已有研究基础上，组织多学科优势力量，结合对细胞分化、癌症发生发展等过程中复杂生物调控系统的探索，系统和深入地研究新一代测序带来的一系列生物信息学技术、理论、方法、应用问题，将有力地推动海量的测序数据转化成有价值的生物学知识和发现，使新一代测序技术的进步在探索生命的奥秘中真正发挥作用，帮助解码复杂的生物调控信息系统，同时推动相关信息科学与技术的发展。

新一代测序技术对生物信息学计算技术的挑战是摆在全世界生物信息学家、计算机学家和生物学家面前的共同问题。测序数据中的错误一直是一个困扰后续处理和分析的大问题，不但会干扰对数据的常规处理，更会混淆样本中本来存在的遗传信息多态性，导致后续研究无法得到有价值的结论。由于测序实验依赖很多生物化学反应，其中有很多不可控制的随机因素，单靠技术的进步难以彻底消除测序错误。在这种情况下，就必须通过已经获得的数据和对实验技术各个环节的定量分析，找到不同类型的测序设备所产生错误的规律，建立数据噪声的数学模型，并将这样的数学模型纳入后续的处理和分析方法中，最大限度地消除测序错误的影响。同时，这种对数据噪声模型的研究也将直接为测序技术本身的发展指出方向。

围绕基因组功能元件的识别、基因功能的分析和复杂分子调控系统的系统生物学建模，新一代测序技术的主要应用包括基因组、表观基因组、转录组、蛋白质-DNA/RNA 相互作用、宏基因组/转录组等方面。ChIP-Seq 测序、Bisulfite-Seq 测序、3C 测序等，是基因组尺度上高分辨率检测转录调控作用位点和表观遗传学修饰区域的主要手段，而基因和非编码 RNA 在转录因子调控、表观遗传学调控等方面的变化，是在诸如胚胎干细胞分化、细胞编程与重编程、癌症发生发展等重要生物过程中的关键调控因素。人们对这些调控因素作用的认识还处在起步阶段，深度测序数据中蕴涵了其中大量的规律。要在存在噪声和多种因素干扰的情况下准确地从数据中发现这些规律，比较不同分化和发育阶段、不同生理病理状态下这些规律的变化，精确注释基因组调控元件及其作用模式，已有的统计学和生物信息学方法尚不能很好地完成，需要根据特定的生物学问题，针对新一代测序数据的产生模型进行专门的研究，再将在特定问题上取得的方法学成果推广到更多的生物学问题中。

近 10 年来，高通量基因组学在推动统计遗传学方面有了很大的发展，利用能够同时检测几十到上百万个常见遗传多态性位点的基因芯片技术，人们对很多复杂疾病和性状开展了大样本的 GWAS。截至目前，全球科学家已经发表了 700 多项 GWAS 研究的成果，报道了上百种复杂疾病相关的数千个遗传多态性位点。然而，这些遗传学关联虽然具有统计显著性，却仅能解释很少一部分的发病病例，而且多数遗传位点也尚未能与生物学功能联系起来（Lander，2011；Moore，2009），同时这些位点也只局限于人群中常见的多态性。新一代深度测序技术突破了基因芯片只能检测已知常见遗传多态性的局限，提出了很多方法学问题，如从带有噪声的深度测序数据中准确检测 SNP 和 DNA 拷贝数的方法。根据新一代深度测序的特点，人们提出通过对混合样本的测序来进行大规模遗传学研究，可以大大节省研究成本，更有效地利用测序能力。但是，基于混合样本深度测序的关联研究，需要新的统计遗传学理论与方法。另外，由于新一代深度测序数据能够提供对基因组功能元件和基因表达的更全面的高分辨率信息，将这些信息与 GWAS 结果相结合，将生物信息学与统计遗传学相结合，有希望揭示复杂疾病遗传因素的生物学通路和疾病发展的分子机制。

新一代测序数据已经成为各种组学数据中最重要和数量最大的数据，国际上针对和围绕新一代测序数据的生物信息学方法尚未成熟，我国在这方面与国际同行站在同一个起点上，甚至一些学者已经在某些方面走到了国际学术前沿。在这一重要的历史机遇和挑战面前，我们应该不失时机地组织国内生物信息学及相关学科优势研究力量，基于和围绕新一代深度测序技术的发展，结合与我国人民健康和社会发展密切相关的基本生物学和医学问题，从数据产生模型、计算模型与算法、信息处理与挖掘、信息整合与网络分析等方面入手，系统研究和发展新一代生物信息学理论、方法与技术。我们在对新一代测序数据的处理、分析和综合应用的原创性研究上尚需付出更大的努力。希望中国的生物信息学研究者们通过这些努力，大大推动我国生命科学和信息科学的发展，为科学发展做出我们应有的贡献。

第二节　基因组拼接、组装及宏基因组学

随着熊猫基因组（Li et al.，2009）的完成，完全利用新测序技术揭秘大基因组全基因组序列成为了现实。如何将这些非常短的序列组装成长的基因组片段是一大难题。传统的组装算法和软件无法处理海量的短序列，尤其是很难计算这些短序列之间的重叠关系。近年来，新的组装算法和软件不断出现，一定程度上解决了短序列组装的难题，因此越来越多的基因组组装测序选择了新测序技术。

当前国际上短序列组装的发展呈现出多方向、多思路、与测序技术的发展紧密结合的特点。比较成熟的短序列组装软件包括：Velvet（Zerbino et al.，2008），适合于小基因组的组装；ABYSS（Simpson et al.，2009），能够并行运行于集群，有效解决了运行时间和内存的难题，可以用在大基因组的组装；ALLPATHS-LG（Gnerre et al.，2010），利用双向测序的特点，在大基因组组装中得到较好的结果；PE-Assembler（Ariyaratne et al.，2011），使用了非 de bruijn 图的数据结构，通过 3′末端延伸的方法组装，在准确性和长度上均有很好的表现。同时，从策略上改进组装的方法也有很大发展，例

如：综合多种 k-mer 下的组装结果得到更好的一致结果（Surget-Groba et al.，2010）；使用限制性内切酶将基因组分割成多份，减低重复序列对组装的影响（Young et al.，2010）；采用有标记的测序序列，将局部的短序列转化为长序列，再应用于组装中（Hiatt et al.，2010）。然而至今，并没有统一的、完善的大基因组短序列组装方案。

我国在短序列基因组组装研究领域上一直处于前沿，做出了很大的成绩。SOAPdenovo（Hiatt et al.，2010）是我国科学家研发的短序列组装软件，具有速度快、节约内存、一体化程度高的特点，能够在大基因组上得到很好的拼接结果，并且成功地组装出了国际上第一个大基因组（熊猫基因组），奠定了我国在该领域的领先地位。我国的另一个优势是基因组学普及较好，很多其他领域的研究都采用或开始采用基因组手段，为基因组组装的发展提供了动力。但是，基因组组装面临着一系列新问题和新机遇。

（1）研发更高效的确定短序列重叠关系的算法和数据结构是短序列组装的一个重要趋势。

（2）全基因组测序可以高通量低成本地完成，但是基因组组装工作往往占用了整个研究的很多时间和计算资源。开发更快、更节省内存的算法和软件是本领域的一个热点。

（3）重复序列是基因组组装一直存在的难题，更有效地利用序列读长来解决较小的重复序列，利用双向序列信息跨过大的重复序列将提高目前组装的结果。

（4）对于二倍体或多倍体来说，高杂合现象存在于很多动植物中，比较突出的是海洋生物。高杂合问题在短序列组装中更为严重，通常无法组装出可用的长片段。通过得到单倍体片段或单分子大片段来避免高杂合问题，是解决高杂合的发展趋势。

（5）准确的参考序列是下游研究的基础，短序列组装的准确性目前仍未达到传统的 BAC 克隆组装的水平。通过改进算法和软件，以及添加其他实验数据是提高组装准确性的一个发展趋势。

（6）非模式生物存在很多重要的生物学特性和与工农业相关的作用。目前，越来越多的农作物、经济作物、水产海产、濒危保护生物需要从全基因组水平开展研究，因此，非模式基因组组装将面临很多新的问题和挑战。

在生物体与环境交互作用的研究中，人们越来越认识到宏基因组研究的重要性，环境宏基因组学已经成为新一代测序中最有潜力的应用之一。生物信息学中的序列拼接、组装方法在宏基因组学的研究中被采纳并广泛使用。宏基因组学的概念最早由 Handelsman 等人在 1998 年提出，用来表示测定特定环境样品所包含的所有基因，分析它们的生化活性和复杂的相互作用。目前已有大量的生物信息学分析手段应用于宏基因组学研究。

(1) 序列组装。针对不同的数据类型，采用不同的组装算法。最早的研究发现，针对单基因组 Sanger 测序数据的组装软件如 Phrap、Forge、Arachne 和 JAZZ 等在应用于 宏基因组 Sanger 测序时，也能取得比较好的效果。随着第二代测序技术如 454 测序和 Illumina 测序在宏基因组中的广泛应用，研究人员也尝试比较 Newbler、Velvet、Euler-SR 等一些针对较短序列的组装方法，并将之应用于宏基因组的研究（Huang et al. ，2009）。特别地，一些研究组也针对宏基因组序列的独特性质，设计了专用的组装算法，如华大的组装软件 SOAP denovo、Velvet 软件的 MetaVelve 和 Meta-IDBA 插件，具有针对宏基因组的参数选项（Peng et al. ，2011）。

(2) 基因预测。在宏基因组学研究中，利用比较短的且错误率较高的序列进行基因预测至关重要。印第安纳大学伯明顿分校的 Yuzhen Ye 课题组结合测序误差模型和密码子使用频率提出了 FragGeneScan 算法（Rho et al. ，2010）；佐治亚理工学院的 Mark Borodovsky 课题组在他们的基因预测软件 GeneMark 的基础上发布了 MetaGeneMark 算法。

(3) 度量样本的复杂度：基于 16S rRNA 或者其他的基因作为标记序列（sequence marker）的聚类分析，可以用于度量宏基因组样本的复杂度。常用的方法包括基于序列在不同物种的分布的 Binning 算法（Urich et al. ，2008）和基于核苷酸组成的 Phylophia 方法。马里兰大学 Steven Salzberg 教授课题组则将插值马氏模型与 BLAST 序列比对相结合，提出了 PhymmBL 模型，得到了比较好的分类效果（Brady et al. ，2009）。

国内关于宏基因组的研究方面，华大基因和上海交通大学的赵立平在肠道宏基因组方面做出了颇具代表性的工作（Qin et al. ，2010），上海交通大学的赵立平对于肠道 microbiome 的研究（Zhang et al. ，2010）。

随着测序技术的进一步发展，第二代测序技术的提高将得到更长、更准确的序列。结合长序列并利用已知的基因组信息，将提高宏基因组序列组装的可靠性。宏转录组学、宏蛋白质组将辅助宏基因组，刻画生物体与环境之间的交互作用。

第三节　表观遗传学的生物信息分析方法

近些年来，越来越多的实验数据表明，核小体翻译后修饰（包括甲基化、乙酰化、磷酸化、泛素化等）能够影响基因表达，并且该类修饰具有可逆性和可遗传性。广为接受的核小体密码（histone code）假说认为，在同一个核小体上不同的核小体翻译后修饰的组合为不同的调控蛋白充当结合靶标，从而影响一系列能够改变特定基因表达活性的蛋白结合。随着研究的深入，许多的实例不断佐证着这一假说：H3K4 和 H3K36 的甲基化能活化控制区基因表达；而 H3K9 和 H3K27 的甲基化则抑制控制区基因表达等。同时，许多试验表明这些核小体修饰间存在着复杂的相互关系，如 H3K4 甲基化和 H3K27 甲基化会并存于某些基因调控区域。这不仅表明核小体密码假说的可能性，同时暗示了这些核小体密码间可能存在更为复杂的先后因果关系。

随着高通量测序技术的发展，特别是 ChIP-Seq 和 RNA-Seq 的广泛应用，表观遗传学方面的研究进展迅速。2007 年，Zhao Keji 实验室在人类 T 淋巴细胞中利用 ChIP-Seq 技术检测了 20 种核小体甲基化及核小体变体 H2A. Z、PolII 和 CTCF 结合的 DNA 序列，暗示了核小体密码的存在。2008 年，Han Jingdong 实验室在这套 ChIP-Seq 数据的基础上，结合人类 T 细胞的全基因组表达芯片数据，利用贝叶斯网络（Bayesian network）统计推断的方法揭示出这些核小体密码间的因果联系及与基因调控间的逻辑关系，给出了更为精确的核小体修饰因果关系网络（Wang et al.，2008）。

另外，表观遗传学的发展为基因组功能元件的预测提供了新的信息和解决方法。以转录起始位点（transcription start sites，TSS）为例，如何用生物信息学的方法在全基因组范围内对转录起始位点进行精确定位，显得十分重要。传统的 TSS 预测，主要基于识别起始位点附近的核心启动子区域的特异序列。然而，并非所有的启动子都有这些已知的特征序列，也有很多区域虽然有这些特征，却与转录无关，并且这些特征与起始位点的距离也是不确定的。这些难以克服的问题都会影响预测的准确性和精确度。随着表观遗传学的发展，多种组蛋白修饰都被证实对基因转录有调控作用，且在启动子区域富集。这些表观遗传信息有助于起始位点的预测。2009 年，清华的 Micheal Zhang 实验室在《染色体组研究》（*Genome Reseasrh*）（Wang et al.，2009）发表的文章证实了这一猜想。韩敬东研究员在《核酸研究》（*Nucleic Acids Research*）上发表的文章中，成功地预测了恒河猴全基因组的转录起始位点（Liu et al.，2010）。这些工作不但提供了一种低成本、高效的基于实验数据的全基因组转录起始位点的预测方法，更对运用表观遗传学信息进行功能分析有启示作用。

近年来，表观遗传学在各个具体的生物学领域（如衰老、癌症、干细胞分化等）中都取得了长足的进展，前所未有地加深了人们对这些领域中内在的生物学调控机理的认识。这些进展不胜枚举：在癌症研究领域，人们发现DNA 甲基化和组蛋白修饰等表观遗传学调控可以使一些抑癌基因失活（Berdasco et al.，2010；Esteller，2007；Jones et al.，2007），而 Irizarry 等（2009）的研究首次提出了 CpG 岛岸（CpG island shores）的概念并在结肠癌肿瘤中发现DNA 甲基化的变化主要发生在CpG 岛岸上；在干细胞研究领域，人们发现 H3K4me3 和 H3K37me3 这两种修饰的共定位（bivalent domain）对干细胞分化起重要的调控作用（Pan et al.，2007；Zhao et al.，2007），而对干细胞和 iPS 细胞的全基因组高精度甲基化检测则揭示了干细胞中和 iPS 细胞重编程过程中 DNA 甲基化的特点（Lister et al.，2011，2009）；在衰老相关领域，研究热点主要集中在 Sir2 家族的组蛋白去乙酰化作用对衰老的影响（Oberdoerffer et al.，2008；Dang et al.，2009），此外，Peleg 等人发现在衰老小鼠的大脑中，H4K12 乙酰化水平的降低会使学习记忆相关的基因低表达（Peleg et al.，2010），而 Greer 等（2010）的研究表明 ASH-2 和 RBR-2 在生殖细胞系中可以通过调控 H3K4me3 影响线虫的寿命。

面对纷繁复杂的高通量表观遗传学数据，上述研究都广泛地运用了生物信息学的分析方法。在将来的研究中，随着高通量表观遗传学数据的日益增加，生物信息学将在以下几个方面得到应用：首先是大规模表观数据的预处理。合理地优化已有的算法，或开发新算法，使数据的预处理更趋合理；使不同样本、不同跑道（lane）、甚至不同批次的测序数据更具可比性。其次，研究各种表观遗传学修饰之间和其他异质高通量数据（如基因表达、microRNA 表达、染色体结构 / 拷贝数变异等）之间的调控关系。该项研究的目的是发现异质的功能模块，并预示可能的模块间的相互作用/调控网络，发现少数起关键性调控作用的因子，从而加深人们对衰老、癌症、干细胞分化等过程的认识。为了实现这一目标，可能会运用到贝叶斯网络（BN）（Yu et al.，2008）或其他的机器学习算法，也可能催生新的更具体地解决这一问题的算法。最后，也是最为重要的一点，研究不同状态之间表观遗传学修饰的动态变化。例如，衰老的过程，干细胞分化的过程，癌症从早期到晚期、从初诊到复发的动态变化。同时，如何从这一过程中推断出使机体发生这些变化的诱因。这项工作不仅需要相关生物信息学方法的进一步完善，更需要前期合理且缜密的实验设计。

第四节　基因功能预测与注释

理解基因的功能，包括其生物化学功能、在细胞内的定位、所参与的生物通路，以及基因功能异常所可能导致的表型或疾病，是生物学研究的一个核心问题。传统上，对基因功能的实验研究仅能对一个或数个基因针对少数功能来进行，而且往往要经过长时间的摸索以确定研究的方向，效率较低。现在，随着生物信息学这一交叉学科的兴起，通过计算机、统计或数学方法对由已知基因功能进行分析和总结并构建功能预测模型的，可针对特定基因和特定功能来设计实验并进行验证，极大地提高了基因功能研究的效率。

基因功能预测领域的发展与高通量实验手段在现代生物学中的应用紧密相关。在早期的基因组时代，高通量测序技术的重大突破带来了全基因组序列，基因功能预测要解决的一个主要问题是如何在仅有基因的 DNA 或蛋白质序列的情况下来预测其功能。之后，寡核苷酸芯片、cDNA 芯片、高通量双杂系统和质谱技术等高通量实验技术的发展带来了各种功能基因组数据，相应地，基因功能预测的一大需求就是对这些组学数据的整合和分析以预测基因功能。现在，基于测序的转录组学、调控组学及表观遗传组学等数据大量积累，如何整合这些新型的组学数据就成为了基因功能预测领域的一个新的挑战。

要构建一个成功的基因功能预测模型，首先要建立一个标准化、可被计算机识别的基因功能注释系统。基因本体（gene ontology，GO）就是这样的一个系统（Ashburner et al.，2000）。它由三个子系统组成，包括分子功能（molecular function）、细胞定位（cellular component）和生物通路（biological process）。目前，绝大部分的基因功能预测方法的目标是预测一个基因所有可能的 GO 条目。

计算方法从序列信息预测基因功能的重要依据是序列同源的基因倾向于具有同样的功能。其中，如何界定序列的同源域值是一个关键问题（Brenner，1999）。在酶蛋白家族的功能预测中，需要序列同源性域值在 60%以上（Tian et al.，2003）。相比于基因全序列的同源性，基因或蛋白质中的少数直接或间接与功能关联的氨基酸位点对于功能具有更直接的决定作用，而这些位点由于进化的压力，在序列上相对于其他位点具有较高的保守性。因而，通过序列比对和保守性分析来鉴定基因的功能位点（functional residues）或功能元件（functional motif or pattern）也是基于序列预测基因功能的一个重要研究方向。在这个大原则下，现在已开发出了各种方法，包括基于功能活性位点在同一亚家族中保守、但亚家族之间分化的“进化痕迹法”（evolutionary trace）（Lichtarge et al.，1996），基于亚家族和家族的保守分析来预测在亚家族中功能特异性位点的进化印迹法（evolutionary footprinting）（Tian et al.，2004），以及利用蛋白质的三维结构信息鉴定在蛋白质表面上保守位点的 ConSurf 法（Armon et al.，2001）等。此外，根据基因的直系同源（orthology）基因比旁系同源（paralogy）基因更倾向于功能保守的特点所开发的鉴定直系同源基因的方法（Clark et al.，2003）。以上这些方法都仅能对包含有功能已知的基因的同源家族进行预测，而据估计，由于已知功能基因的稀缺性，基于序列同源的方法只能对基因组中大约 50%的基因进行功能分析（Hawkins et al.，2007）。要解决这个问题，一种办法是依据生物通路对参与其中的基因的共进化压力，通过对基因家族进行共进化分析，来预测没有已知功能的基因家族所可能参与的生物通路（Marcotte et al.，1996；Date et al.，2003）。

现在，高通量实验手段的发展已带来了各种功能基因组数据。因而，目前基因功能预测领域的一个重要研究方向就是利用机器学习方法整合组学数据来预测基因功能。目前的机器学习方法可根据关注基因属性或基因间相互关系的不同而大致分为两大类。前者基于的假设是功能相关的基因具有相似的特征（Pavlidis et al.，2001；Jensen et al.，2002；Troyanskaya et al.，2003；Lanckriet et al.，2004；Zhang et al.，2004），而后者的假设则认为功能关联的基因倾向于相互之间具有某种联系，如共表达、蛋白相互作用等（Karaoz et al.，2004；Lee et al.，2004；Guan et al.，2008；Kim et al.，2008；Linghu et al.，2008）。整合的基因特征和基因间的相互作用信息、生物网络的拓扑结构也被用于指导基因功能的预测（Schwikowski et al.，2000；Vazquez et al.，2003；Chua et al.，2006）。Funckenstein 在小鼠全基因组中综合评估了各类基因功能预测算法（Pena-Castillo et al.，2008）。现在，随着新一代测序技术的快速发展，围绕基于测序的各种组学数据，如 ENCODE（Thomas et al.，2007）、Roadmap Epigenomics（Bernstein et al.，2010）等计划所产生的新型调控和表观组学数据，如何开发出更准确的基因功能预测模型是我们的新的挑战。

我国在基因预测功能预测方面取得了一定成绩。例如，通过序列及衍生信息预测基因功能（Cai et al.，2004；Huang et al.，2004；Lin et al.，

2006；Zhao et al.，2008a）；通过结构域预测蛋白功能（Xiao et al.，2011）；通过芯片数据构建共表达网络预测功能（Huang et al.，2006；Luo et al.，2007；Li et al.，2008b）；以及通过整合不同类别的数据预测基因功能（Chen et al.，2010；Mei et al.，2011；Xiong et al.，2006；Tian et al.，2008）等。但是，我国与国际研究前沿还是存在较大的差距。我国在基因功能预测领域的影响还比较小，我们在这个研究方向上要取得突出的成绩还任重道远。

目前，我国在基因功能预测领域的发展中存在着一些问题，同时也面临着一些机遇。

（1）对最新的组学数据的利用程度不够，对数据的生物学意义的理解程度不够。大部分的研究工作都集中于对算法本身的改进和提高，缺乏对数据本身的生物学意义的理解；通过关注数据本身的生物学意义进行处理、提取与基因功能预测紧密相关的信息，比致力于开发更复杂的算法或整合更多的组学数据，更有事半功倍的效果。基于测序的表观遗传组学数据和基因调控组学数据在快速积累之中。这些新型组学数据提供了关于基因表达调控的重要信息，对预测功能尤其是生物通路有重要意义。因此，对这些新型组学数据的分析和整合应是基因功能预测领域的重要发展方向。

（2）研究者追求开发更复杂的方法。盲目致力于开发更复杂的利用网络拓扑结构的预测方法，并不一定能取得好的效果。事实上，利用蛋白质相互作用网络预测基因功能时，简单的关联方法的预测效果反倒要优于一些利用拓扑结构的复杂方法（Murali et al.，2006）。目前，基因功能预测领域对组学数据的时空性关注不够。而对生物学家而言，基因的功能只有在特定时空中讨论才会有意义。因此，把数据的时空性质整合到预测模型中也应是一个重要的发展方向。

（3）方法的创新型不够。目前，大部分国内的研究都属于跟踪式的研究。这些研究虽然有一定程度的科学价值，但缺乏原创性方法的建立，从而导致论文的影响度和受关注程度不高。基因功能预测的一个主要目的是帮助生物学家加速对基因功能的研究。因此，只有加强与生物学家的合作，才能使基因功能预测有真正的影响力，而这也是国内生物信息学研究者尤其应该加强的方面。

第五节　非编码区 RNA 信息结构分析

非编码 RNA 是指不翻译成蛋白质、以 RNA 的形式发挥功能的 RNA 分子。在经典的遗传学理论中，非编码 RNA 主要是指参与蛋白质合成的转运 RNA（tRNA）和核糖体 RNA（rRNA）。随着人们对 RNA 种类与功能认识的不断深入，科学家在真核生物细胞中发现了大量转录但不翻译的 RNA 分子，并且证明其中很多具有至关重要的调控功能。这些具体调节功能的 RNA 分子被统称为非编码 RNA。数据显示基因组中有 70%的部分都被转录，表明大部分转录本为非编码 RNA，这暗示着非编码 RNA 有重要的生物学意义（Guttman et al.，2009）。

小分子非编码 RNA 主要包括 22nt 左右通过序列互补调节 mRNA 翻译的 microRNA（Bushati et al.，2007）、21～24 nt 的内源 siRNA（Saito et al.，2010）、与转座子沉默相关的 piRNA（Aravin et al.，2006）、与 DNA 损伤有关的 qiRNA（Lee et al.，2009）等。中等长度的非编码 RNA 除了 tRNA 与 rRNA 外，还包括参与前体 mRNA 剪切调控的小核 RNA（snRNA）、参与 rRNA 修饰的核仁小 RNA（snoRNA）和最近发现的 upstream antisense（uaRNA）（Flynn et al.，2011）等。长的非编码 RNA 包括参与 X 染色体失活调控的 Xist RNA（Nagano et al.，2011）、普遍存在的内源反义 RNA（natural antisense RNA）（Faghihi et al.，2009）、近期发现的大量基因间区非编码 RNA（lncRNA）（Hung et al.，2010）和增强子区域转录的增强子 RNA（enhancer RNA，eRNA）（Kim et al.，2010）等。

对调节性非编码 RNA 的系统发现是在 21 世纪以后逐渐兴起的。目前，对非编码 RNA 的功能研究已经成为当今生命科学研究领域的一个新兴热点。以 microRNA 为例，microRNA 是目前研究最为深入、功能最广泛的一类非编码 RNA 分子，在绝大多数真核生物中普遍存在。越来越多的研究成果表明 microRNA 在胚胎发育、器官与组织形成、代谢信号传导和机体免疫应答等多种基本生命过程的调控中都发挥至关重要的作用，并且参与影响肿瘤等多种疾病的发生（Bushati et al.，2007）。microRNA 在胚胎干细胞的自我复制和定向分化方面也具有决定性的作用。近期的研究表明，仅仅利用几个 microRNA 就可以将分化的表皮成纤维细胞重新诱导为 iPS 细胞（Anokye-Danso et al.，2011），预示了 microRNA 在再生医学研究与应用方面可能具有广阔的前景。对于其他新类型的非编码 RNA 的功能研究也日益增多并且更加深入。

对非编码 RNA 的关注不仅使科研人员发现了大量新类型的具有重要功能的非编码 RNA，而且也发现了一些已知类型的非编码 RNA 的新的功能。例如，发现负责 rRNA 修饰的 snoRNA 可以调节选择性剪切并导致遗传疾病普拉德-威利综合征（Prader-Willi syndrome）的发生（Kishore et al.，2010）、脉孢菌的 rRNA 在 DNA 损伤的情况下会产生 qiRNA；tRNA 在肿瘤细胞系中产生促进细胞增殖的小分子 RNA 片段（Lee et al.，2009a，2009b）；等等。这些研究提示非编码 RNA 可能具有很多未知的、更为广泛的功能。因此，对于非编码 RNA 的发现与功能研究在未来十几年中还将持续成为生命科学研究中的一个热点领域。

非编码 RNA 研究领域是生物信息学促进生命科学研究发展的典型领域，在非编码 RNA 的发现与功能研究中，生物信息学起到了重要的推动作用。传统发现 microRNA 的方法主要依赖于小分子 RNA 克隆测序。这种方法不仅耗时、费力，而且通常会重复发现高表达的 microRNA，很难发现表达丰度低、组织特异性强的 microRNA。21 世纪初，利用生物信息学的方法进行全基因组 microRNA 预测并辅以表达验证的方法显著地提高了 microRNA 发现的速度，使得人们对 microRNA 存在的普遍性和其进化上的保守性有了更加深入的认识。microRNA 与靶 mRNA 通过序列互补相结合的作用机制也是通过生物信息分析的方法发现的。目前，各种 microRNA 靶基因预测软件已经成为了研究 microRNA 功能不可缺少的工具。类似地，内源反义 RNA 的普遍存在也主要是通过生物信息方法对不同物种的全基因组进行系统分析来发现的。新一代高通量测序技术的广泛应用使得非编码 RNA 的系统发现与功能研究更加依赖于生物信息学。利用生物信息学对高通量测序获得的千百万条序列进行系统分析，促成了新类型的非编码 RNA，如 siRNA、piRNA、eRNA、lncRNA 等的系统发现，也推动了非编码 RNA 的产生机制与功能研究的发展，如发现小分子非编码 RNA 产生途径中的重要蛋白 ARGONAUTE 蛋白家族的不同成员对小分子 RNA 5′端第一个碱基类型的选择差异、发现 piRNA 与转座子的关系、系统发现 microRNA 的靶基因等。

目前，国际上非编码 RNA 相关的生物信息学研究主要可以分为两个方向。一是非编码 RNA 的发现、特征鉴定和功能分析相关的算法、软件与数据库资源的开发；二是非编码 RNA 相关的大规模数据的分析与挖掘。这两个方向是相辅相成的。好的非编码 RNA 发现与分析软件可以促进非编码 RNA 相关数据的分析与利用，而从数据分析中总结出的规律又可以促进算法的优化并提高数据资源的丰富度。最新的研究表明多种信息的综合使用将会大大促进 ncRNA 发现的准确性。例如，RNAz（Washietl et al.，2007，2005）和 Dynalign/SVM（Uzilov et al.，2006）等算法将 RNA 的二级结构稳定性和 DNA 进化上的保守性结合起来，incRNA（Lu et al.，2011）将高通量实验数据和 RNA 二级结构等计算预测值结合起来，大大提高了 ncRNA 在不同的高等和低等生物中的发现率和准确率。由于我们对非编码 RNA 世界的认识还仅仅是冰山一角，在未来一段时间内，生物信息学研究中关于非编码 RNA 的这两个方向还将并肩和交互发展。

我国在非编码 RNA 相关的生物信息学研究方面起步较早，拥有以陈润生院士为代表的较强研究队伍，并且取得了一些具有一定国际影响的研究成果。在非编码 RNA 的系统发现方面，取得的重要成果包括：陈润生院士研究组首次系统发现了线虫中等长度的非编码 RNA（Deng et al.，2006），在国际上取得了较大反响；屈良鹄教授与朱大海教授在 snoRNA 的系统发现方面开展了很多工作（Huang et al.，2005；Zhang et al.，2009）；王秀杰研究员与戚益军研究员合作，首次发现单细胞生物衣藻中存在 microRNA（Zhao et al.，2007），为研究 microRNA 的起源提供了新的线索；王秀杰研究员与魏丽萍教授分别在植物和动物中开展了系统的内源反义 RNA 的预测工作（Wang et al.，2006；Li et al.，2008）；鲁志副教授在线虫中也准确地预测出了大量的新型 ncRNA（Gerstein et al.，2010；Lu et al.，2011）。在非编码 RNA 的功能研究方面，利用生物信息分析获得的重要研究成果包括：吴仲义研究员和宿兵研究员分别在 microRNA 进化方面的工作（Zhang et al.，2008；Wu et al.，2009）；戚益军研究员发现 Argunaute 蛋白与小分子 RNA 间存在的序列特异选择关系（Mi et al.，2008）；陈润生院士对microRNA与 lncRNA 相互作用网络的分析（Zhao et al.，2008）；王秀杰研究员与周琪研究员合作发现与小鼠胚胎干细胞多能性相关的 microRNA 簇（Liu et al.，2010）；李霞教授对 microRNA 在疾病调控网络中的作用研究（Xu et al.，2010）等。在非编码 RNA 相关的数据库与分析软件方面，具有代表性的成果包括李衍达院士研究组开发的 microRNA 识别软件（Wang et al.，2005）、陈润生院士研究组构建的 NONCODE 数据库（He et al.，2008）、赵屹研究员开发的对长的非编码 RNA 进行功能注释的 ncFANs（Liao et al.，2011）和屈良鹄教授开发的 snoRNA预测软件（Yang et al.，2006）等。

第六节　生物大分子结构模拟与预测

随着人类基因组计划的执行，估计几年之内就可找到人类的 8 万～10 万个基因，也就是发现它们的一级序列。然而要了解它们的功能、找到这些生物大分子功能的分子基础，必须进一步知道它们的三维结构。与此同时，设计药物也需要了解相应的蛋白质受体的三维结构。这是摆在科学家面前的紧迫任务。

华盛顿大学的 David Baker 实验室开发的 ROSETTA 服务器是蛋白质结构预测领域使用较多的软件。而近几年，他们在蛋白质设计领域也做出了开创性的贡献。他们的研究主要集中于蛋白质-蛋白质相互作用的设计，设计新的酶以实现新的催化作用或设计新的限制性内切酶及针对 HIV 的新的疫苗。在 2012 年 5 月的《科学》杂志上，他们通过计算设计了两个可与流感病毒中的某个关键蛋白结合的新型蛋白质。这一创新成果将有可能开启新的抗病毒疗法之门（Fleishman et al.，2011）。Zhang 和 Jeffrey Skolnick 提出了 TASSER 算法用于蛋白质结构预测，综合应用同源模拟、折叠模拟和“从头计算”三种方法的优点，将类似的结构片段剪切出来，然后再按最低自由能法让计算机将片断组合起来（Zhang et al.，2005）。在此基础上 Zhang 课题组（现位于密歇根大学安娜堡）开发设计了 I-TASSER 算法，引入了重复迭代组装的思想（iterative TASSER assembly simulation），并在最近三届的全球蛋白质结构预测比赛中蝉联第一（Zhang，2009）。他们还专门针对无法找到合适模板的蛋白质开发了 QUARK 算法，并在 CASP9 的非模型建模类别（free-modeling）中排名第一。加利福尼亚大学旧金山分校的 Andrej Sali 实验室则关注大分子组装（macromolecular assemblies）的结构预测。通过实验分析与计算预测结合的方法，他们获得了酵母核孔复合体（由 456 个蛋白质组成）的结构信息（Alber et al.，2007）。在 RNA 结构预测方面，最近加州大学伯克利分校的 Lior Patcher 实验室将 RNA 结构预测和快速发展的测序技术结合在一起，通过对 RNA 用特殊的试剂 1M7 进行处理，再逆转录成 cDNA 进行测序（Aviran et al.，2011）。通过序列比对可以获得 1M7 在 RNA 上修饰的位点，从而推断出 RNA 的结构。通过这种实验与生物信息学相结合的方法，研究人员可以同时测定多个 RNA 的二级和三级结构。

北京大学的来鲁华课题组在蛋白质设计方面也做出了很重要的贡献，他们设计出“蛋白质关键残基嫁接”（key residues grafting）的算法，用于将一个蛋白质的关键功能性残基嫁接到另一个不同结构的蛋白质上，从而实现了自然界中不存在的蛋白质相互作用（Liu et al.，2007）。此外，他们还在预测蛋白质对接（protein-protein docking）、蛋白质相互作用的动力学常数等方面提出了不同的算法（Zhang et al.，2011）。中国科学院生物物理研究所（简称生物物理所）蒋太交研究组引入了基于知识的打分函数（knowledge-based scoring function）NCACO，能够有效地引导蛋白质结构片段的组装（Tian et al.，2011）。在 2010 年第九届全球蛋白结构预测比赛[①]（Critical Assessment of Techniques for Protein Structure Prediction，CASP9）中，他们设计的 Jiang _ Assembly 蛋白质结构预测服务器也取得了很好的结果。

在蛋白质结构预测中，如果能够找到已经解出晶体结构的同源性较高的蛋白质作为模板，已有的各种算法都能实现较高的预测精度。但是对于很难找到模板的蛋白质而言，预测精度则相对较低。这方面从头预测（ab initio）是一个十分重要的方向，而其中的主要挑战在于准确的自由能函数以及有效地遍历蛋白质结构构象空间。在实际研究和应用中，研究人员对于感兴趣的蛋白质，在无法获得晶体结构的情况下，总会尝试设计各种实验来了解其相关特性，如果将不同实验的结果转化为蛋白质结构的约束条件，并与蛋白质序列的信息相结合，也是一个值得重视的研究方向。蛋白质在生物体中是通过与其他蛋白质或 DNA 相互作用实现其功能的，预测和模拟生物大分子结构时，需要格外考虑蛋白质-DNA、蛋白质-蛋白质相互作用及不同环境对于预测结构的影响。

第七节　基因网络的生物信息学

随着各种高通量技术的发展和应用，人们开始有能力获得大尺度的基因相互作用数据，尝试从整体上理解生命活动规律的能力。例如：蛋白质芯片技术和酵母双杂交技术帮助人们获得蛋白质-蛋白质在体外或者体内的相互作用图谱；染色质免疫沉淀结合微芯片技术（ChIP-chip）帮助人们获得蛋白质-DNA 的相互作用图谱（Lee et al.，2002）。这些大规模的数据开始揭示在全基因组尺度上的基因相互作用图景，它促使了生物信息学对基因网络[②]的早期研究。

基因网络的早期研究主要集中在下面几个层次：首先是网络的全局拓扑结构。例如，发现了生物网络的小世界属性（Wagner et al.，2001）、无规度网络属性（Jeong et al.，2000）和层次化的结构属性（Ravasz et al.，2002）。其次是基因网络的局部拓扑结构。生物信息学的研究发现了基因网络

① 参见：http：//predictioncenter. org/casp9/.

② 下文如不特别指出，我们将用“基因网络”指代各种类型的基因/蛋白/代谢分子等之间相互作用网络的全体。

模块化拓扑结构和基因的功能的相关性（Bhalla et al.，2002），以及相对随机网络大量的非随机高重现网络模体（motif）（Shen-Orr et al.，2002；Milo et al.，2002），并初步探讨了一些简单模体，如前馈环（FFL）的动力学特征；另外，对于基因网络的一些非拓扑性质，如网络对随机损伤的鲁棒性（Maslov et al.，2002；Albert et al.，2000；Barkai et al.，1997），也在这一时期得到深入的研究。在同一时期出现的基因表达的微芯片技术为研究基因网络的时空特征提供了一种可能性（Han et al.，2004；Zhang et al.，2006；Luscombe et al.，2004）。

近年来，随着第二代高通量测序技术的发展，越来越多不同类型的相互作用在更多更高等的物种上得到了大规模的测量。这使得基因网络的研究进入一个全新的时期。总体来说，当前基因网络研究呈现以下几个趋势。

一、异种数据的整合

目前，以“ENCODE 计划”为代表的一系列大型项目（Myers et al.，2011），以获得全基因组尺度上完备的调控组、转录组、蛋白组、代谢组等数据为目标，正在深刻地改变着基因网络的研究。过去单一数据给出的是生物过程中静态的受限制的特定信息。通过整合各种类型数据，人们开始了解基因网络的多层次结构。如基因的转录调控网络是一个由转录因子和 DNA 的相互作用、转录因子和组蛋白修饰的相互作用、组蛋白修饰和组蛋白附着因子的相互作用、转录因子和转录因子的相互作用、转录因子和非编码调控 RNA 的相互作用、非编码调控 RNA 和翻译过程的相互作用，以及染色体在三维空间中的结构和相互作用等一系列网络-网络的相互作用交织而成的综合的、多层次的复杂网络。对这样一个复杂的多层次网络建模不可避免地需要对海量的异种数据进行整合（Beyer et al.，2007）。

二、基因网络时空动态特性

基因网络在不同的亚细胞器中、不同的细胞类型中、不同的组织器官中、不同的发育时期和不同的外界环境条件下，往往呈现出不同的拓扑结构和行为模式。通过实验并结合生物信息学的建模方法，去研究这种网络的动态特征是目前基因网络研究的另一个重要趋势。如人们研究了转录调控网络在人类白血病细胞生长和分化过程中的变化（Suzuki et al.，2009），以及在不同物种之间的重构性（Cai et al.，2010；Xie et al.，2010）。值得我们注意的是基因网络的时空动态研究和异种数据的整合既有区别，又有紧密的联系。

1. 基因网络精细回路的动力学特性及与合成生物学的结合

在早期的基因网络模体研究中，人们主要关注的是模体在整体基因网络中的统计特性。然而，若要揭示网络模体的具体生物学功能，则必须研究网络模体在具体的调控环境下的动力学特征（Alon，2007），如噪声特性（Pannala et al.，2010；Locke et al.，2009）。研究模体或其他功能性精细回路（gene circuit）的动力学特征在与合成生物学（synthetic biology）的结合中得到了长足的发展（Purnick et al.，2009）。合成生物学作为研究精细回路的有力工具和应用，不仅大大地促进了我们对网络精细回路的理解，而且为生物信息学在工农业生产中的应用提供了一个可能的途径。

2. 基因网络研究和复杂疾病研究的结合

作为复杂系统的生命系统，各组分之间的复杂相互作用造成的一个客观事实是，很少有疾病是由单个因素造成的。因而，在基因网络的背景下研究人类疾病是非常必然的。当前基于基因网络的疾病研究包括但不限于下面的方向：①发现致病基因群和致病突变；②发现不同疾病致病基因之间的关系；③发现致病基因的突变在信号传导中的影响（Barabasi et al.，2011）；④发现药物和疾病表型之间的关系（Lamb et al.，2006；Ross et al.，2000）。

当前，国际上的基因网络研究发展现状的主要特点可以简单概括为，更复杂的模型、海量的数据、全球科学共同体的紧密合作，以及同基本的生命科学问题和疾病研究之间更紧密的联系。近年来，人类对真核生物基因调控的认识有了较大的更新。例如，基因的双向启动子（Neil et al.，2009）、转录起始位点簇（Carninci et al.，2006，2005）和大量在非活跃基因启动子区停留的 Pol Ⅱ的存在（Core et al.，2008）等发现，暗示了一个比经典教科书所描述的要复杂得多的真核生物转录调控机制。而在多细胞生物中因发育和分化而产生的组织特异性调控，使得这一过程更加复杂。这个组织特异性的调控包含了转录因子之间的特定组合模式（Smith et al.，2006）、转录因子与组蛋白修饰之间的相互作用（Zhang et al.，2011；Heintzman et al.，2009），以及也许更为重要的远端增强子和启动子之间的相互作用（Ong et al.，2011；Bernstein et al.，2010）。当生物信息学试图为这样的复杂过程建立网络模型时，必然需要更加复杂的数学模型，也必然牵涉到更复杂的数据类型。为此，产生了多个国际合作的研究计划，如 ENCODE 计划，该计划的目标是注释人类基因组上的所有功能元件（Myers et al.，2011）。ENCODE目前已经结束了第一期的小规模阶段（pilot）而进入全基因组阶段。整个项目期望测量4～200种人类细胞系的转录组、调控组、组蛋白修饰组等数十种数据。除此之外，还有美国NIH的表观遗传学Roadmap计划（Bernstein et al.，2010）、模式生物的ENCODE计划（modENCODE）（Roy et al.，2010）和癌症基因组计划（TCGA）等。这些项目为构建基因调控和相互作用的网络模型提供了过去无法想象的海量数据。但是，这些海量但仍欠完备的数据，为基因网络的研究带来了全新的挑战。这些挑战主要有下面几个方面。

（1）基因网络建模方法。不同于早期的单数据类型网络，新的基因调控及相互作用网络将整合异种的数据类型，以期表述在基因调控中不同层次、不同类型之间的相互作用关系。但是这种高维的模型在数学上有一定的困难。在全局上的网络动力学目前还比较依赖昂贵的实验手段，而在微观层面，我们已经开始对精细网络回路的动力学有了一定的了解，但是还远远没有开始研究如何整合独立的网络回路，使其成为一个完整系统。

（2）数据整合和呈现。过去基于实验，知识和假设的科学发现方式被称为第一、第二和第三范式。近年来随着海量数据的出现，从数据本身挖掘未知知识的科学方式越来越起到更重要的作用，从而出现所谓的科学发现的“第四范式”（Nielsen，2009）。在异种数据爆炸式增长的今天，如何发挥第四范式作用，真正整合并从中挖掘有用的知识，以高效而易于理解的方式呈现，是生命科学界、当然也是生物信息学界的重大挑战。

（3）基因网络的研究和疾病研究的关联。针对基因网络的生物信息学研究如何促进我们对复杂疾病包括癌症、逆转录病毒传染病、糖尿病等的理解，以及通过这种理解如何能使我们改进治疗手段，或者发现新的药物靶点，将是新世纪生物信息学基因网络研究的重大挑战。

我国在基因网络的研究中取得了一定的成绩。生物物理所陈润生研究组研究了蛋白质相互作用网络与生物功能的关联（Bu et al.，2003），以及基因调控网络在环境变化下的动态（Zhang et al.，2006）。中国科学院遗传与发育生物学研究所韩敬东研究组尝试从网络的角度对基因组大小和物种复杂度不相关的问题做出解释（Xia et al.，2008）。清华大学自动化系李稍研究组开发了用蛋白网络预测疾病相关基因的CIPHER算法（Wu et al.，2008）。北京大学理论生物学中心李方廷研究了细胞周期网络设计的鲁棒性（Li et al.，2004）。这些工作为我国的基因网络研究培养了人才，锻炼了队伍，开阔了视野，做出了重要贡献。

我国的基因网络研究目前有了一定的积累，但是在取得成就的同时，仍然存在一些问题：与生物实验合作还处于实验验证或是辅助分析的初级阶段，同时缺乏对于生命科学最基本问题的敏感性，缺乏开创性的工作；过于偏重于基础性研究，在与医学临床的结合，或者与新生物医药技术开发的合作上，尚有较大的可提升空间。

（1）加深理论和实验的紧密合作。理论方面要加强不同学科领域的深度交叉。基因网络模型的建立从理论上来说仍然是一个挑战，需要不同学科领域群策群力。计算机、随机过程、动力系统、机器学习、信号系统和统计学等都是迎接这个挑战的有力武器。理论研究应该着眼于生命科学最重要、最基本的问题；而实验科学要从理论研究中找到新问题和新思路，加强新方法、新技术的开发。理论和实验的紧密合作是成功的关键。

（2）加强从演化（evolution）的角度研究基因网络。随着越来越多的证据显示很多复杂疾病如癌症的发生是一个演化过程，从演化的角度研究基因网络是链接理论和应用的一个重要桥梁。

（3）加强和临床医疗的结合。在对基因网络演化的充分研究的基础上，我们认为基因网络可以对包括疾病诊断和治疗在内的临床问题做出帮助。同时，临床医疗提出的新问题可以促进我们对基因网络、进而对生命现象本身的研究和理解。

（4）随着呈指数增长的海量数据存储问题的日益严峻，通过互联网获取、分享国际公共数据将会越来越困难。建立中国的云数据中心迫在眉睫，它不仅仅是国际数据的镜像，更是安全地存储中国人群特异的数据包括 GWAS、表型、Hapmap 等的数据中心。此外，它还应该是一个安全的系统生物学平台。

第八节　群体基因组学

一、群体基因组学发展态势

群体基因组学是指群体遗传学和基因组学、生物信息学的交叉科学。随着基因组学特别是人类基因组的完成和发展，群体基因组学在多学科交叉的大背景下出现，并已成为现代基因组学、生物信息学的核心分支学科之一。

群体遗传学，是指研究种群在突变、自然选择、遗传漂变、重组和基因交流作用下的演化规律的学科（Ewens，2004）。群体遗传学诞生于 20 世纪初，由英国统计学家 R. A. Fisher、美国的生理学家 S. Wright 和英国化学家

J. B. S Haldane 共同创建（Provine，2001）。随着 20 世纪二三十年代分子生物学和遗传学的发展，达尔文的宏观进化理论和遗传学在微观层次上的分子基础上进行了一系列的融合，并将传统的描述宏观进化的达尔文进化理论和现代遗传学作了有机的融合。群体生物学家将历史上这段从三十年代至五十年代的时期称为“modern synthesis”（Huxley，2009）。Modern Synthesis 赋予了达尔文进化理论真正的遗传学基础。

20 世纪 60 年代，随着分子生物学的进一步推进，新出现了一系列研究手段和技术，为在分子水平上研究种群多态性提供了重要的媒介。1966 年，利用电泳法，Lewontin 和 Hubby 对果蝇（Lewontin et al.，1966），以及 Harris 对人群（Harris，1966）进行了多态性的研究，开启了发现和刻画种群多态性的大幕。大半个世纪以来，科学家通过各种分子生物学手段，对存在于基因组内的多态性进行了广泛而深刻的探索。多态性的大规模发现和刻画推动了 20 世纪后半叶群体遗传学最为重要的理论——进化中性理论（evolutionary neutral theory）的萌发和发展（Kimura，1968）。进化中性理论和先前提出的 Wright-Fisher 模型为在分子水平上刻画种群演化提供了一个重要的数学和理论框架。该理论的出现奠定了群体遗传学在分子水平上的根基。

20 世纪 80 年代，随着 DNA 测序数据的出现，群体遗传学经历了另一场革命。传统的群体遗传学关注的问题是种群在将来的某个时间点可能的状态，回答的问题多数是给定群体现在的状态。如果有一系列的进化力量作用（如选择、基因交流等），将来种群会达到什么样的一个状态？这类问题的角度通常被称为时间前进手段（forward in time approaches）。然而随着 DNA 序列的大量涌现，人类开始关注种群演化历史的推断。也就是给定种群现在的状态，通过对 DNA 数据的研究来了解种群的演化历史。这一类研究推动了群体遗传学新理论的出现和发展。特别是溯祖（coalescent theory）理论的出现和发展（Kingman，2000），为推断种群演化历史提供了重要的理论架构。我们把推断历史性的研究称为时间后退式（backward in time）的研究。

20 世纪末，一系列的模式生物和重要野生物种的基因组得以测序，这为系统刻画和描述种群多态性提供了重要的蓝本和基础。这里尤其以人类基因组计划（Lander et al.，2001；Venter et al.，2001）和人类的单倍型计划（Consortium，2005）最为重要和影响深远。

到了 21 世纪，人们对物种内的多态性刻画进入了一个全新的基因组时代。随着第二代测序技术的出现和成熟，测序成本大幅度地下降，全基因组测序已经逐渐成为研究种群多态性的一个“常规”手段。这个时期的群体遗传学已经和基因组学、生物信息学进行了广泛而深入的交融（Pool et al.，2010）。

下文将分别对群体基因组学的几个重要方向的最新研究做一个系统的阐述。

1. 适应性进化的研究

整个进化生物学的核心问题是表型适应的遗传学基础。查找基因组上发生过的、和表型相关的适应性进化的基因是进化生物学的核心问题，也是群体遗传学的主要研究问题之一。最为典型的例证是在人类进化过程中对适应性进化的查找和刻画。2002 年前后，全基因组大规模数据开始涌现，在人群中查找受选择的基因研究得到了突飞猛进的发展（Sabeti et al.，2006；Nielsen et al.，2007）。特别是国际合作的单倍型计划（Consortium，2005）和千人基因组计划（Consortium，2010）对人群自身进行了前所未有的深入的研究。目前，除了非洲大陆之外，全世界绝大多数的人群都得到了一定层次的研究。这一方向的研究，在数据积累上正在走向饱和。

同时，人群的研究手段和方式也正快速地被推广到一些重要的模式生物和家养动植物中（包括 50 个果蝇基因组项目、1001 拟南芥项目和水稻、玉米、大豆等）。这些研究的深入为刻画群体内部自然选择的全景（landscape）及查找农业经济的重要性状基因提供了重要的方法和指引。

2. 种群历史的构建

人类和一些重要的自然物种的进化历史是进化生物学家关心的核心问题之一（Stringer et al.，1988；Wolpoff et al.，2000），尤其以人类自身的演化历史的研究最为引人关注。从古生物学开始的化石形态学研究，到近代的线粒体、Y 染色体，一直到核基因组的研究，对人类种群历史的研究正步入一个黄金的时段。目前，人们对于人类走出非洲的演化历史已经大体有了一个比较共同的认识（Stringer et al.，1988）。但是对于非洲人群的相互关系、人群之间的混合，目前还缺乏一个系统性的探寻。

同时值得强调的是，种群历史的构建也是基因组其他研究的“背景”。如在查找基因组受选择区段的基因时，由于种群历史有可能产生和选择比较类似的特征，这时有一个比较贴切的全基因组背景，会很好地控制方法可能产生的假阳性和假阴性（Nielsen et al.，2009）。

3. 古DNA相关的群体基因组学

近来由于测序技术的推进和发展，人们逐渐能从比较古老的化石中提取出遗传物质，从而能对古老种群作比较直接的研究。如近年来开展的尼安得特人（Green et al.，2010）、爱斯基摩人（Rasmussen et al.，2010）、猛犸象（Miller et al.，2008）等的研究，引领起通过古化石研究古代种群的潮流。

由于古DNA在化学、物理的作用下，序列结构会有很多化学上的改变（Burbano et al.，2010）。在处理和研究古DNA样本过程中，有很多配合性的技术和方法需要探索和开发，在今后这段时间内，这也将是本方向面临的主要问题和进一步研究的重点。同时，多个古代样本的获取，也会推动群体遗传学相应方法的拓展。目前该方向的研究非常活跃，也取得了很多不错的进展。

4. 基因组关联性分析

全基因组关联性分析和群体基因组学有着重要的联系。所谓的全基因组关联性分析，就是将研究对象按照表型分成不同的类型，比较各个表型类型之间基因频率的差异，从而找到和表型相关的基因。全基因组关联性分析的主要例证就是关于人群疾病的相关性分析。一直以来，人们想了解为什么不同人群对一些疾病的易感性不一致，它们的遗传学基础是什么。了解这些遗传基础，对于理解、治疗和预防疾病有非常重要的意义。

近年来，由于DNA微阵列（microarray）技术的发展和成熟，大规模全基因组检测基因型成为可能。从2007年开始，全基因组关联性分析取得了一系列令人振奋的结果。同时，全基因组关联分析也面临不少问题。如丢失遗传力（missing heritability）、群体结构（population structure）和罕见多态性（rare variant）问题等。目前，整个领域还是关注收集数据和结果，对于方法学的探索整体偏少。在接下来的几年中，全基因组关联性分析会慢慢回到对结果的重新认识和理论的进一步探索（McClellan et al.，2010）上来。

二、我国基因组学发展态势及存在问题

我国在基因组学上的发展起步比较早。从最早的1%人类基因组计划到后期的单倍型计划，我国研究人员在世界范围内较早开展了基因组学的研究。在一系列的基因组测序型研究上，取得了一些成就，如水稻（Yu et al.，2002）、家蚕（Xia et al.，2009）和熊猫（Li et al.，2009）的基因组测序工

作。同时，我国在多个个体和物种的研究上也取得了一些不错的成绩。例如，东亚人群的起源和迁徙（Abdulla et al.，2009），藏族人群高山适应的研究（Beall et al.，2010；Simonson et al.，2010；Yi et al.，2010；Xu et al.，2011），人群疾病（Sun et al.，2010）和水稻全基因组关联性分析（Huang et al.，2010），水稻、家蚕（Xia et al.，2009）和大豆（Lam et al.，2010）的全基因组适应性基因的查找等，取得了一系列不错的成绩。

然而由于我国群体基因组的基础比较薄弱，这些前期研究中基因组的比重比较大，而且研究的对象大多是我国比较独特的物种。同时，研究的手段和方法大多比较程式化，缺乏对原创性的研究和方法的开拓。我国的群体基因组信息学近年来有了长足的发展，但仍然存在一些普遍性的问题。

（1）原创性研究较少，以资源为主要推动，过于注重技术，缺乏核心科学想法。如前所述，我国研究的物种，大多数是我国比较有资源优势的群体。同时，由于基因组学的特殊性，研究的整体趋势偏向于强调数据规模和技术的实现。在学术和科学想法上，大多是跟随性的，比较缺乏领先性和原创性。

（2）理论架构的缺乏和科学人员的匮乏。对于微观层次的种群内研究比较匮乏。由于群体遗传学是一个多学科交叉的科学，对数量科学（如数学）的要求比较高，在我国乃至世界范围内，比较难以培养和吸引合适的年轻人才。因此，加强学生群体基因组信息学的理论培养显得迫在眉睫。

参考文献

Abdulla M A，Ahmed I，Assawamakin A，et al. 2009. Mapping human genetic diversity in Asia. Science，326（5959）：1541-1545.

Alber F，Dokudovskaya S，Veenhoff L M，et al. 2007. Determining the architectures of macromolecular assemblies. Nature，450（7170）：683-694.

Albert R，Jeong H，Barabasi A L. 2000. Error and attack tolerance of complex networks. Nature，406（6794）：378-382.

Alon U. 2007. Network motifs：theory and experimental approaches. Nature Reviews Genetics，8（6）：450-461.

Anokye-Danso F，Trivedi C M，Juhr D，et al. 2011. Highly efficient microRNA-mediated reprogramming of mouse and human somatic cells to pluripotency. Cell Stem Cell，8（4）：376-388.

Aravin A，Gaidatzis D，Pfeffer S，et al. 2006. A novel class of small RNAs bind to MILI protein in mouse testes. Nature，442（7099）：203-207.

Ariyaratne P N, Sung W K. 2011. PE-Assembler: De novo assembler using short paired-end reads. Bioinformatics, 27 (2): 167-174.

Armon A, Graur D, Ben-Tal N. 2001. ConSurf: an algorithmic tool for the identification of functional regions in proteins by surface mapping of phylogenetic information. J Mol Biol, 307: 447-463.

Ashburner M, Ball C A, Blake J A, et al. 2000. Gene ontology: tool for the unification of biology. The Gene Ontology Consortium. Nat Genet, 25 (1): 25-29.

Aviran S, Trapnell C, Lucks J B, et al. 2011. From the cover: Modeling and automation of sequencing-based characterization of RNA structure. PNAS, 108 (27): 11069-11074.

Barabasi A L, Gulbahce N, Loscalzo J. 2011. Network medicine: A network-based approach to human disease. Nature Reviews Genetics, 12 (1): 56-68.

Barkai N, Leibler S. 1997. Robustness in simple biochemical networks. Nature, 387 (6636): 913-917.

Barski A, Cuddapah S, Cui K, et al. 2007. High-resolution profiling of histone methylations in the human genome. Cell, 129 (4): 823-837.

Beall C M, Cavalleri G L, Deng L, et al. 2010. Natural selection on EPAS1 (HIF2alpha) associated with low hemoglobin concentration in Tibetan highlanders. PNAS, 107 (25): 11459-11464.

Berdasco M, Esteller M. 2010. Aberrant epigenetic landscape in cancer: how cellular identity goes awry. Dev Cell, 19 (5): 698-711.

Bernstein B E, Stamatoyannopoulos J A, Costello J F, et al. 2010. The NIH Roadmap Epigenomics Mapping Consortium. Nature Biotechnology, 28 (10): 1045-1048.

Beyer A, Bandyopadhyay S, Ideker T. 2007. Integrating physical and genetic maps: From genomes to interaction networks. Nature Reviews Genetics, 8 (9): 699-710.

Bhalla U S, Ram P T, Iyengar R. 2002. MAP kinase phosphatase as a locus of flexibility in a mitogen-activated protein kinase signaling network. Science, 297 (5583): 1018-1023.

Brady A, Salzberg S L. 2009. Phymm and phymmBL: Metagenomic phylogenetic classification with interpolated Markov models. Nat Methods, 6 (9): 673-676.

Brenner S E. 1999. Errors in genome annotation. Trends Genet, 15: 132-133.

Bu D B, Zhao Y, Cai L, et al. 2003. Topological structure analysis of the protein-protein interaction network in budding yeast. Nucleic Acids Res, 31 (9): 2443-2450.

Burbano H A, Hodges E, Green R E, et al. 2010. Targeted investigation of the Neandertal genome by array-based sequence capture. Science, 328 (5979): 723-725.

Bushati N, Cohen S M. 2007. MicroRNA functions. Annu Rev Cell Dev Biol, 23: 175-205.

Cai J, Xie D, Fan Z W, et al. 2010. Modeling co-expression across Species for complex traits: Insights to the difference of human and mouse embryonic stem cells. PloS Comput Biol, 6 (3): e1000707.

Cai Y D, Chou K C. 2004. Predicting subcellular localization of proteins in a hybridization space. Bioinformatics, 20 (7): 1151-1156.

Carninci P, Kasukawa T, Katayama S, et al. 2005. The transcriptional landscape of the mammalian genome. Science, 309 (5740): 1559-1563.

Carninci P, Sandelin A, Lenhard B, et al. 2006. Genome-wide analysis of mammalian promoter architecture and evolution. Nat Genet, 38 (6): 626-635.

Chen Y M, Li Z J, Wang X F, et al. 2010. Predicting gene function using few positive examples and unlabeled ones. BMC Genomics, 11: 9.

Chin C S, Sorenson J, Harris J B, et al. 2011. The origin of the Haitian cholera outbreak strain. N Engl J Med, 364 (1): 33-42.

Chua H, Sung W, Wong L. 2006. Exploiting indirect neighbours and topological weight to predict protein function from protein-protein interactions. Bioinformatics, 22 (13): 1623-1630.

Clark A G, Glanowski S, Nielsen R, et al. 2003. Inferring nonneutral evolution from human-chimp-mouse orthologous gene trios. Science, 302 (5652): 1960-1963.

Consortium G. 2010. A map of human genome variation from population-scale sequencing. Nature, 467 (7319): 1061-1073.

Consortium H. 2005. A haplotype map of the human genome. Nature, 437 (7063): 1299-1320.

Core L J, Waterfall J J, Lis J T. 2008. Nascent RNA sequencing reveals widespread pausing and divergent initiation at human promoters. Science, 322 (5909): 1845-1848.

Daily K, Rigor P, Christley S, et al. 2010. Data structures and compression algorithms for high-throughput sequencing technologies. BMC Bioinformatics, 11: 514-525.

Dang W, Steffen K K, Perry R, et al. 2009. Histone H4 lysine 16 acetylation regulates cellular lifespan. Nature, 459 (7248): 802-807.

Date S V, Marcotte E M. 2003. Discovery of uncharacterized cellular systems by genome-wide analysis of functional linkages. Nat Biotechnol, 21 (9): 1055-1062.

Deng W, Zhu X, Skogerbo G, et al. 2006. Organization of the Caenorhabditis elegans small non-coding transcriptome: genomic features, biogenesis, and expression. Genome Res, 16 (1): 20-29.

Esteller M. 2007. Cancer epigenomics: DNA methylomes and histone-modification maps. Nat Rev Genet, 8 (4): 286-298.

Ewens W J. 2004. Mathematical Population Genetics. New York: Springer.

Faghihi M A, Wahlestedt C. 2009. Regulatory roles of natural antisense transcripts. Nat Rev Mol Cell Biol, 10 (9): 637-643.

Fleishman S J, Whitehead T A, Ekiert D C, et al. 2011. Computational design of proteins targeting the conserved stem region of influenza hemagglutinin. Science，332 (6031)：816-821.

Flynn R A，Almada AE，Zamudio J R，et al. 2011. Antisense RNA polymerase Ⅱ divergent transcripts are P-TEFb dependent and substrates for the RNA exosome. PNAS，108 (26)：10460-10465.

Gerstein M B，Lu Z J，Van Nostrand E L，et al. 2010. Integrative analysis of the caenorhabditis elegans genome by the modENCODE project. Science，330 (6012)：1775-1787.

Gnerre S，Maccallum I，Przybylski D，et al. 2010. High-quality draft assemblies of mammalian genomes from massively parallel sequence data. PNAS，108 (4)：1513-1518.

Green R E，Krause J，Briggs A W，et al. 2010. A draft sequence of the Neandertal genome. Science，328 (5979)：710-722.

Greer E L，Maures T J，Hauswirth A G，et al. 2010. Members of the H3K4 trimethylation complex regulate lifespan in a germline-dependent manner in C. elegans. Nature，466 (7304)：383-387.

Guan Y，Myers C，Lu R，et al. 2008. A genomewide functional network for the laboratory mouse. PLoS Computational Biology，4 (9)：e1000165.

Guttman M，Amit I，Garber M，et al. 2009. Chromatin signature reveals over a thousand highly conserved large non-coding RNAs in mammals. Nature，458 (7235)：223-227.

Haas B J，Zody M C. 2010. Advancing RNA-seq analysis. Nat Biotechnol，28 (5)：421-423.

Han J D J，Bertin N，Hao T，et al. 2004. Evidence for dynamically organized modularity in the yeast protein-protein interaction network. Nature，430 (6995)：88-93.

Harris H. 1966. Enzyme polymorphisms in man. Proc R Soc Lond B Biol Sci，164 (995)：298-310.

Harris T D，Buzby P R，Babcock H，et al. 2008. Single-molecule DNA sequencing of a viral genome. Science，320 (5872)：106-109.

Hawkins R D，Hon G C，Ren B. 2010. Next-generation genomics：An integrative approach. Nat Rev Genet，11 (7)：476-486.

Hawkins T，Kihara D. 2007. Function prediction of uncharacterized proteins. J Bioinform Comput Biol，5 (1)：1-30.

He S，Liu C，Skogerbo G，et al. 2008. NONCODE v2. 0：Decoding the non-coding. Nucleic Acids Res，36：D170-172.

Heintzman N D，Hon G C，Hawkins R D，et al. 2009. Histone modifications at human enhancers reflect global cell-type-specific gene expression. Nature，459 (7243)：108-112.

Hiatt J B，Patwardhan R P，Turner E H，et al. 2010. Parallel，tag-directed assembly of locally derived short sequence reads. Nat Methods，7 (2)：119-122.

Hsi-Yang Fritz M, Leinonen R, Cochrane G, et al. 2011. Efficient storage of high throughput DNA sequencing data using reference-based compression. Genome Res, 21 (5): 734-740.

Huang D S, Pan W. 2006. Incorporating biological knowledge into distance-based clustering analysis of microarray gene expression data. Bioinformatics, 22 (10): 1259-1268.

Huang X, Wei X, Sang T, et al. 2010. Genome-wide association studies of 14 agronomic traits in rice landraces. Nat Genet, 42 (11): 961-967.

Huang Y, Gilna P, Li W. 2009. Identification of ribosomal RNA genes in metagenomic fragments. Bioinformatics, 25 (10): 1338-1340.

Huang Y, Li Y. 2004. Prediction of protein subcellular locations using fuzzy k-NN method. Bioinformatics, 20 (1): 21-28.

Huang Z P, Zhou H, He H L, et al. 2005. Genome-wide analyses of two families of snoRNA genes from Drosophila melanogaster, demonstrating the extensive utilization of introns for coding of snoRNAs. RNA, 11 (8): 1303-1316.

Hung T, Chang H Y. 2010. Long noncoding RNA in genome regulation: prospects and mechanisms. RNA Biol, 7 (5): 582-585.

Huxley J. 2009. Evolution: The Modern Synthesis. Massac: The MIT Press: 779-780.

Irizarry R A, Ladd-Acosta C, Wen B, et al. 2009. The human colon cancer methylome shows similar hypo-and hypermethylation at conserved tissue-specific CpG island shores. Nat Genet, 41 (2): 178-186.

Jensen L, Gupta R, Blom N, et al. 2002. Prediction of human protein function from post-translational modifications and localization features. Journal of Molecular Biology, 319 (5): 1257-1265.

Jeong H, Tombor B, Albert R, et al. 2000. The large-scale organization of metabolic networks. Nature, 407 (6804): 651-654.

Ji H, Jiang H, Ma W, et al. 2008. An integrated software system for analyzing ChIP-chip and ChIP-seq data. Nat Biotechnol, 26 (11): 1293-1300.

Jiang H, Wong W H. 2009. Statistical inferences for isoform expression in RNA-Seq. Bioinformatics, 25 (8): 1026-1032.

Jones P A, Baylin S B. 2007. The epigenomics of cancer. Cell, 128 (4): 683-692.

Jung S B. 2009. Parallelized pairwise sequence alignment using CUDA on multiple GPUs. BMC Bioinformatics, 10: A3.

Kahn S D. 2011. On the Future of Genomic Data. Science, 331 (6018): 728, 729.

Karaoz U, Murali T, Letovsky S, et al. 2004. Whole-genome annotation by using evidence integration in functional-linkage networks. PNAS, 101 (9): 2888.

Kim T K, Hemberg M, Gray J M, et al. 2010. Widespread transcription at neuronal activity-regulated enhancers. Nature, 465 (7295): 182-187.

Kim W, Krumpelman C, Marcotte E. 2008. Inferring mouse gene functions from genomic-scale data using a combined functional network/classification strategy. Genome Biology, 9: S5.

Kimura M. 1968. Evolutionary rate at the molecular level. Nature, 217 (5129): 624-626.

Kingman J F. 2000. Origins of the coalescent. 1974-1982. Genetics, 156 (4): 1461-1463.

Kishore S, Khanna A, Zhang Z, et al. 2010. The snoRNA MBII-52 (SNORD 115) is processed into smaller RNAs and regulates alternative splicing. Hum Mol Genet, 19 (7): 1153-1164.

Lam H M, Xu X, Liu X, et al. 2010. Resequencing of 31 wild and cultivated soybean genomes identifies patterns of genetic diversity and selection. Nat Genet, 42 (12): 1053-1059.

Lamb J, Crawford E D, Peck D, et al. 2006. The connectivity map: Using gene-expression signatures to connect small molecules, genes, and disease. Science, 313 (5795): 1929-1935.

Lanckriet G, De Bie T, Cristianini N, et al. 2004. A statistical framework for genomic data fusion. Bioinformatics, 20 (16): 2626-2635.

Lander E S, Linton L M, Birren B, et al. 2001. Initial sequencing and analysis of the human genome. Nature, 409 (6822): 860-921.

Lander E S. 2011. Initial impact of the sequencing of the human genome. Nature, 470 (7333): 187-197.

Lee H C, Chang S S, Choudhary S, et al. 2009. qiRNA is a new type of small interfering RNA induced by DNA damage. Nature, 459 (7244): 274-277.

Lee I, Date S, Adai A, et al. 2004. A probabilistic functional network of yeast genes. Science, 306 (5701): 1555-1558.

Lee T I, Rinaldi N J, Robert F, et al. 2002. Transcriptional regulatory networks in Saccharomyces cerevisiae. Science, 298 (5594): 799-804.

Lee Y S, Shibata Y, Malhotra A, et al. 2009. A novel class of small RNAs: tRNA-derived RNA fragments (tRFs). Genes Dev, 23 (22): 2639-2649.

Levy S, Sutton G, Ng P C, et al. 2007. The diploid genome sequence of an individual human. PLoS Biol, 5 (10): e254.

Lewontin R C, Hubby J L. 1966. A molecular approach to the study of genic heterozygosity in natural populations. II. Amount of variation and degree of heterozygosity in natural populations of Drosophila pseudoobscura. Genetics, 54 (2): 595-609.

Li F T, Long T, Lu Y, et al. 2004. The yeast cell-cycle network is robustly designed. P Natl Acad Sci USA, 101 (14): 4781-4786.

Li J T, Zhang Y, Kong L, et al. 2008. Trans-natural antisense transcripts including noncoding RNAs in 10 species: Implications for expression regulation. Nucleic Acids Res,

36 (15): 4833-4844.

Li R Q, Fan W, Tian G, et al. 2009. The sequence and de novo assembly of the giant panda genome. Nature, 463 (7279): 311-317.

Li R Q, Zhu H, Ruan J, et al. 2010. De novo assembly of human genomes with massively parallel short read sequencing. Genome Res, 20 (2): 265-272.

Li Y, Hao P, Zheng S Y, et al. 2008. Gene expression module-based chemical function similarity search. Nucleic Acids Res, 36 (20): e137.

Liao Q, Xiao H, Bu D, et al. 2011. ncFANs: A web server for functional annotation of long non-coding RNAs Nucleic Acids Research, 39: W118-W124.

Lichtarge O, Bourne H R, Cohen F E. 1996. An evolutionary trace method defines binding surfaces common to protein families. J Mol Biol, 257: 342-358.

Lin H H, Han L Y, Zhang H L, et al. 2006. Prediction of the functional class of metal-binding proteins from sequence derived physicochemical properties by support vector machine approach. BMC Bioinformatics, 7: S13.

Linghu B, Snitkin E, Holloway D, et al. 2008. High-precision high-coverage functional inference from integrated data sources. BMC bioinformatics, 9 (1): 119.

Lister R, Pelizzola M, Dowen R H, et al. 2009. Human DNA methylomes at base resolution show widespread epigenomic differences. Nature, 462 (7271): 315-322.

Lister R, Pelizzola M, Kida Y S, et al. 2011. Hotspots of aberrant epigenomic reprogramming in human induced pluripotent stem cells. Nature, 471 (7336): 68-73.

Liu L, Luo G Z, Yang W, et al. 2010. Activation of the imprinted Dlk1-Dio3 region correlates with pluripotency levels of mouse stem cells. J Biol Chem, 285 (25): 19483-19490.

Liu S, Liu S, Zhu X, et al. 2007. Nonnatural protein-protein interaction-pair design by key residues grafting. PNAS, 104 (13): 5330-5335.

Liu Y, Han D, Han Y, et al. 2011. Ab initio identification of transcription start sites in the Rhesus macaque genome by histone modification and RNA-Seq. Nucleic acids research, 39: 1408-1418.

Locke J C W, Elowitz M B. 2009. Using movies to analyse gene circuit dynamics in single cells. Nat Rev Microbiol, 7 (5): 383-392.

Lu Z J, Yip K Y, Wang G, et al. 2011. Prediction and characterization of noncoding RNAs in C. elegans by integrating conservation, secondary structure, and high-throughput sequencing and array data. Genome Res, 21 (2): 276-285.

Luo F, Yang Y, Zhong J, et al. 2007. Constructing gene co-expression networks and predicting functions of unknown genes by random matrix theory. BMC Bioinformatics, 8: 17.

Luscombe N M, Babu M M, Yu H Y, et al. 2004. Genomic analysis of regulatory network dynamics reveals large topological changes. Nature, 431 (7006): 308-312.

Marcotte E, Pellegrini M, Thompson M, et al. 1996. A combined algorithm for genome-wide prediction of protein function. PNAS, 93: 4787-4792.

Mardis E R. 2011. A decade's perspective on DNA sequencing technology. Nature, 470 (7333): 198-203.

Margulies M, Egholm M, Altman W E, et al. 2005. Genome sequencing in microfabricated high-density picolitre reactors. Nature, 437 (7057): 376-380.

Maslov S, Sneppen K. 2002. Specificity and stability in topology of protein networks. Science, 296 (5569): 910-913.

McClellan J, King M C. 2010. Genetic heterogeneity in human disease. Cell, 141 (2): 210-217.

McPherson J D. 2009. Next-generation gap. Nat Methods, 6 (11): S2-5.

Mei S Y, Fei W, Zhou S G. 2011. Gene ontology based transfer learning for protein subcellular localization. BMC Bioinformatics, 12: 12.

Mi S, Cai T, Hu Y, et al. 2008. Sorting of small RNAs into Arabidopsis argonaute complexes is directed by the 5' terminal nucleotide. Cell, 133 (1): 116-127.

Miller W, Drautz D I, Ratan A, et al. 2008. Sequencing the nuclear genome of the extinct woolly mammoth. Nature, 456 (7220): 387-390.

Milo R, Shen-Orr S, Itzkovitz S, et al. 2002. Network motifs: Simple building blocks of complex networks. Science, 298 (5594): 824-827.

Moore J H. 2009. From genotypes to genometypes: Putting the genome back in genome-wide association studies. Eur J Hum Genet, 17 (10): 1205, 1206.

Mortazavi A, Williams B A, McCue K, et al. 2008. Mapping and quantifying mammalian transcriptomes by RNA-Seq. Nat Methods, 5 (7): 621-628.

Murali T M, Wu C J, Kasif S. 2011. The art of gene function prediction. Nat Biotechnol, 2006. 24 (12): 1474-1476.

Myers R M, Stamatoyannopoulos J, Snyder M, et al. 2011. A user's guide to the encyclopedia of DNA elements (ENCODE). PloS Biology, 9 (4): e1001046.

Nagano T, Fraser P. 2011. No-nonsense functions for long noncoding RNAs. Cell, 145 (2): 178-181.

Neil H, Malabat C, d'Aubenton-Carafa Y, et al. 2009. Widespread bidirectional promoters are the major source of cryptic transcripts in yeast. Nature, 457 (7232): 1038-1042.

Nielsen M. 2009. The Fourth Paradigm: Data-intensive scientific discovery. Nature, 462 (7274): 722, 723.

Nielsen R, Hellmann I, Hubisz M, et al. 2007. Recent and ongoing selection in the human genome. Nat Rev Genet, 8 (11): 857-868.

Nielsen R, Hubisz M J, Hellmann I, et al. 2009. Darwinian and demographic forces affecting human protein coding genes. Genome Res, 19 (5): 838-849.

Oberdoerffer P, Michan S, McVay M, et al. 2008. SIRT1 redistribution on chromatin promotes genomic stability but alters gene expression during aging. Cell, 135 (5): 907-918.

Ong C T, Corces V G. 2011. Enhancer function: new insights into the regulation of tissue-specific gene expression. Nature Reviews Genetics, 12 (4): 283-293.

Pan G, Tian S, Nie J, et al. 2007. Whole-genome analysis of histone H3 lysine 4 and lysine 27 methylation in human embryonic stem cells. Cell Stem Cell, 1 (3): 299-312.

Pannala V R, Bhat P J, Bhartiya S, et al. 2010. Systems biology of GAL regulon in Saccharomyces cerevisiae. Wires Syst Biol Med, 2 (1): 98-106.

Pavlidis P, Weston J, Cai J, et al. 2001. Gene Functional Classification from Heterogeneous Data. ACM New York, 249-255.

Peleg S, Sananbenesi F , Zovoilis A, et al. 2010. Altered histone acetylation is associated with age-dependent memory impairment in mice. Science, 328 (5979): 753-756.

Pena-Castillo L, Tasan M, Myers C L, et al. 2008. A critical assessment of Mus musculus gene function prediction using integrated genomic evidence. Genome Biol, 9 (1): S2.

Peng Y, Leung H C, Yiu S M, et al. 2011. Meta-IDBA: A de Novo assembler for metagenomic data. Bioinformatics, 27 (13): i94-i101.

Pool J E, Hellmann I, Jensen J D, et al. 2010. Population genetic inference from genomic sequence variation. Genome Res, 20 (3): 291-300.

Provine W B. 2001. The Origins of Theoretical Population Genetics. Chicago: University of Chicago Press, 240.

Purnick P E M, Weiss R. 2009. The second wave of synthetic biology: From modules to systems. Nat Rev Mol Cell Bio, 10 (6): 410-422.

Qin J, Li R, Raes J, et al. 2010. A human gut microbial gene catalogue established by metagenomic sequencing. Nature, 464 (7285): 59-65.

Rasmussen M, Li Y, Lindgreen S, et al. 2010. Ancient human genome sequence of an extinct Palaeo-Eskimo. Nature, 463 (7282): 757-762.

Ravasz E, Somera A L, Mongru D A, et al. 2002. Hierarchical organization of modularity in metabolic networks. Science, 297 (5586): 1551-1555.

Rho M, Tang H, Ye Y. 2010. FragGeneScan: predicting genes in short and error-prone reads. Nucleic Acids Res, 38 (20): e191.

Ross D T, Scherf U, Eisen M B, et al. 2000. Systematic variation in gene expression patterns in human cancer cell lines. Nat Genet, 24 (3): 227-235.

Roy S, Ernst J, Kharchenko P V, et al. 2010. Identification of Functional Elements and Regulatory Circuits by Drosophila modENCODE. Science, 330 (6012): 1787-1797.

Sabeti P C, Schaffner S F, Fry B, et al. 2006. Positive natural selection in the human lineage. Science，312（5780）：1614-1620.

Saito K，Siomi M C. 2010. Small RNA-mediated quiescence of transposable elements in animals. Dev Cell，19（5）：687-697.

Schwikowski B，Uetz P，Fields S. 2000. A network of protein-protein interactions in yeast. Nature Biotechnology，18（12）：1257-1261.

Shen-Orr S S，Milo R，Mangan S，et al. 2002. Network motifs in the transcriptional regulation network of Escherichia coli. Nat Genet，31（1）：64-68.

Simonson T S，Yang Y，Huff C D，et al. 2010. Genetic evidence for high-altitude adaptation in Tibet. Science，329（5987）：72-75.

Simpson J T，Wong K，Jackman S D，et al. 2009. ABySS：A parallel assembler for short read sequence data. Genome Res，19（6）：1117-1123.

Smith A D，Sumazin P，Xuan Z Y，et al. 2006. DNA motifs in human and mouse proximal promoters predict tissue-specific expression. PNAS，103（16）：6275-6280.

Stringer C B，Andrews P. 1988. Genetic and fossil evidence for the origin of modern humans. Science，239（4845）：1263-1268.

Sun L D，Cheng H，Wang Z X，et al. 2010. Association analyses identify six new psoriasis susceptibility loci in the Chinese population. Nat Genet，42（11）：1005-1009.

Surget-Groba Y，Montoya-Burgos J I. 2010. Optimization of de novo transcriptome assembly from next-generation sequencing data. Genome Res，20（10）：1432-1440.

Suzuki H，Forrest A R R，van Nimwegen E，et al. 2009. The transcriptional network that controls growth arrest and differentiation in a human myeloid leukemia cell line. Nat Genet，41（5）：553-562.

Thomas D J，Rosenbloom K R，Clawson H，et al. 2007. The ENCODE project at UC santa Cruz. Nucleic Acids Res，35：D663-667.

Tian L，Wu A，Cao Y，et al. 2011. NCACO-score：An effective main-chain dependent scoring function for structure modeling. BMC Bioinformatics，12：208.

Tian W，Arakaki A K，Skolnick J. 2004. EFICAz：A comprehensive approach for accurate genome-scale enzyme function inference. Nucleic Acids Res，32（21）：6226-6239.

Tian W，Skolnick J. 2003. How well is enzyme function conserved as a function of pairwise sequence identity? J Mol Biol，333（4）：863-882.

Tian W，Zhang L V，Tasan M，et al. 2008. Combining guilt-by-association and guilt-by-profiling to predict Saccharomyces cerevisiae gene function. Genome Biol，9：S7.

Troyanskaya O，Dolinski K，Owen A，et al. 2003. A Bayesian framework for combining heterogeneous data sources for gene function prediction（in Saccharomyces cerevisiae）. PNAS，100（14）：8348-8353.

Urich T，Lanzen A，Qi J，et al. 2008. Simultaneous assessment of soil microbial community structure and function through analysis of the meta-transcriptome. PLoS One，3

(6): e2527.

Uzilov A V, Keegan J M, Mathews D H. 2006. Detection of non-coding RNAs on the basis of predicted secondary structure formation free energy change. BMC Bioinformatics, 7 (1): 173.

Vazquez A, Flammini A, Maritan A, et al. 2003. Global protein function prediction in protein-protein interaction networks. Nature Biotech, 21: 697-700.

Venter J C, Adams M D, Myers E W, et al. 2001. The sequence of the human genome. Science, 291 (5507): 1304-1351.

WagnerA, Fell D A. 2001. The small world inside large metabolic networks. P Roy Soc Lond B Bio, 268 (1478): 1803-1810.

Wang H, Chua N H, Wang X J. 2006. Prediction of trans-antisense transcripts in Arabidopsis thaliana. Genome Biol, 7 (10): R92.

Wang J, Wang W, Li R, et al. 2008. The diploid genome sequence of an Asian individual. Nature, 456 (7218): 60-65.

Wang X, Xuan Z, Zhao X, et al. 2009. High-resolution human core-promoter prediction with CoreBoost _ HM. Genome research, 19 (2): 266-275.

Wang X, Zhang J, Li F, et al. 2005. MicroRNA identification based on sequence and structure alignment. Bioinformatics, 21 (18): 3610-3614.

Washietl S, Hofacker I L, Stadler P F. 2005. Fast and reliable prediction of noncoding RNAs. PNAS, 102 (7): 2454-2459.

Washietl S, Pedersen J S, Korbel J O, et al. 2007. Structured RNAs in the ENCODE selected regions of the human genome. Genome Res, 17 (6): 852-864.

Wheeler D A, Srinivasan M, Egholm M, et al. 2008. The complete genome of an individual by massively parallel DNA sequencing. Nature, 452 (7189): 872-876.

Wolpoff M H, Hawks J, Caspari R. 2000. Multiregional, not multiple origins. Am J Phys Anthropol, 112 (1): 129-136.

Wu C I, Shen Y, Tang T. 2009. Evolution under canalization and the dual roles of microRNAs: a hypothesis. Genome Res, 19 (5): 734-743.

Wu X B, Jiang R, Zhang M Q, et al. 2008. Network-based global inference of human disease genes. Mol Syst Biol, 4: 189-199.

Xia K, Fu Z, Hou L, et al. 2008. Impacts of protein-protein interaction domains on organism and network complexity. Genome Research, 18 (9): 1500-1508.

Xia Q, Guo Y, Zhang Z, et al. 2009. Complete resequencing of 40 genomes reveals domestication events and genes in silkworm (Bombyx). Science, 326 (5951): 433-436.

Xiao X, Wu Z C, Chou K C. 2011. A Multi-Label Classifier for Predicting the Subcellular Localization of Gram-Negative Bacterial Proteins with Both Single and Multiple Sites. PLoS One, 6 (6): 10.

Xie D，Chen C C，Ptaszek L M，et al. 2010. Rewirable gene regulatory networks in the preimplantation embryonic development of three mammalian species. Genome Research，20（6）：804-815.

Xiong J H，Rayner S，Luo K Y，et al. 2006. Genome wide prediction of protein function via a generic knowledge discovery approach based on evidence integration. BMC Bioinformatics，7：14.

Xu A G，He L，Li Z S，et al. 2010. Intergenic and repeat transcription in human，chimpanzee and macaque brains measured by RNA-Seq. Plos Comput Biol，6（7）：e1000843.

Xu J，Li C X，Li Y S，et al. 2010. MiRNA-microRNA synergistic network：construction via co-regulating functional modules and disease microRNA topological features. Nucleic Acids Res，39（3）：825-836.

Xu S，Li S，Yang Y，et al. 2011. A genome-wide search for signals of high-altitude adaptation in Tibetans. Mol Biol Evol，28（2）：1003-1011.

Yang J H，Zhang X C，Huang Z P，et al. 2006. snoSeeker：an advanced computational package for screening of guide and orphan snoRNA genes in the human genome. Nucleic Acids Res，34（18）：5112-5123.

Yi X，Liang Y，Huerta-Sanchez E，et al. 2010. Sequencing of 50 human exomes reveals adaptation to high altitude. Science，329（5987）：75-78.

Young A L，Abaan H O，Zerbino D，et al. 2010. A new strategy for genome assembly using short sequence reads and reduced representation libraries. Genome Res，20（2）：249-256.

Yu H，Zhu S，Zhou B，et al. 2008. Inferring causal relationships among different histone modifications and gene expression. Genome Res，18（8）：1314-1324.

Yu J，Hu S，Wang J，et al. 2002. A draft sequence of the rice genome（Oryza sativa L. ssp. indica）. Science，296（5565）：79-92.

Zerbino D R，Birney E. 2008. Velvet：Algorithms for de novo short read assembly using de Bruijn graphs. Genome Res，18（5）：821-829.

Zhang C，Lai L. 2011. Sdock：A global protein-protein docking program using stepwise force-field potentials. J Comput Chem，32（12）：2598-2612.

Zhang C，Zhang M，Wang S，et al. 2010. Interactions between gut microbiota，host genetics and diet relevant to development of metabolic syndromes in mice. Isme J，4（2）：232-241.

Zhang L，Wong S，King O，et al. 2004. Predicting co-complexed protein pairs using genomic and proteomic data integration. BMC Bioinformatics，5（1）：38.

Zhang R，Wang Y Q，Su B. 2008. Molecular evolution of a primate-specific microRNA family. Mol Biol Evol，25（7）：1493-1502.

Zhang Y，Arakaki A K，Skolnick J. 2005. TASSER：An automated method for the prediction of protein tertiary structures in CASP6. Proteins，61：91-98.

Zhang Y，Wang J，Huang S，et al. 2009. Systematic identification and characterization of chicken（Gallus gallus）ncRNAs. Nucleic Acids Res，37（19）：6562-6574.

Zhang Y. 2009. I-TASSER：fully automated protein structure prediction in CASP8. Proteins，77：100-113.

Zhang Z H，Liu C N，Skogerbo G，et al. 2006. Dynamic changes in subgraph preference profiles of crucial transcription factors. Plos Comput Biol，2（5）：383-391.

Zhang Z H，Zhang M Q. 2011. Histone modification profiles are predictive for tissue/cell-type specific expression of both protein-coding and microRNA genes. BMC Bioinformatics，12：155-167.

Zhao T，Li G，Mi S，et al. 2007. A complex system of small RNAs in the unicellular green alga Chlamydomonas reinhardtii. Genes Dev，21（10）：1190-1203.

Zhao X D，Han X，Chew J L，et al. 2007. Whole-genome mapping of histone H3 Lys4 and 27 trimethylations reveals distinct genomic compartments in human embryonic stem cells. Cell Stem Cell，1（3）：286-298.

Zhao X M，Wang Y，Chen L N，et al. 2008. Gene function prediction using labeled and unlabeled data. BMC Bioinformatics，9：57-70.

Zhao Y，He S，Liu C，et al. 2008. MicroRNA regulation of messenger-like noncoding RNAs：a network of mutual microRNA control. Trends Genet，24（7）：323-327.

第十章 新技术、新方法领域发展态势

第一节 总体发展趋势

生命科学的发展从来都是与方法的创新密不可分的。在科学越来越依赖于研究手段的今天，实验手段的进步为科学打开新的窗口，不仅有利于理论的突破，甚至可以改变科学家的思路。目前，生命科学领域技术方法研究呈现多学科交叉的特点，发展重点与发展趋势主要集中在以下几个方面。

(1) 蛋白质研究技术是生命科学领域技术发展的前沿阵地。蛋白质组学技术从大规模的蛋白质鉴定和表达谱分析转移到利用蛋白质定量的新技术、新方法来解决关键性生物学问题；发展高效稳定的蛋白质标记技术，在活体内实时动态地揭示蛋白质的定位和作用机制；发展除定位研究外的多功能标签，已成为国际蛋白质科学新技术、新方法研究的热点和前沿；荧光共振能量转移技术（FRET)、表面等离子共振技术（SPR)、等温滴定量热技术（ITC)、核磁共振技术（NMR）是用于研究蛋白质相互作用的主要技术。

(2) 作为结构生物学研究的三大手段，X 射线晶体学、核磁共振技术（NMR）和电子显微三维重构技术，其重点主要是发展高亮度、微聚焦、高稳定性的自动化同步辐射技术；发展对瞬时、不稳定的复合物，以及活细胞内蛋白质结构进行测定的核磁共振技术；发展高稳定性的高分辨率场发射电镜成像技术。今后结构生物学研究将综合多种生物物理技术，弥补彼此之间的不足，从而将对生物大分子结构的理解扩展到超分子复合体乃至整个细胞中去。

(3) 各种超高分辨率光学成像手段使得我们能够“看到”生物的结构，

以及生物分子在机体内的定位与功能。如受激发射损耗显微技术（STED）、光敏定位显微技术（PALM）、随机光学重构显微技术（STORM）等，相继打破了光学显微镜的分辨极限，达到几十纳米。成像技术现在正朝着在体的、活细胞、高灵敏、多分子、高通量的方向发展。在体分子标记和分子影像技术中，核磁共振成像（MRI）随着超高磁场（7 特斯拉以上）核磁共振成像技术的发展，开始从单一的氢核成像发展到多原子杂核成像和代谢成像，将极大增强对生物体功能过程的观测能力。

（4）基于原子力显微镜（AFM）、光镊、荧光相关广光谱技术（FCS）的单分子操纵、组装和检测技术，已经成为生命科学与化学、物理、工程、材料、电子等学科交叉的共同课题，期待在生物分子复合物组装、定向单分子操纵、纳米分子器件等关键技术上取得突破。

（5）下一代测序技术的发展，对传统测序技术是革命性的改变，其发展的方向是高通量、低成本、单分子测序，以及不依赖化学试剂、直接读取基因组序列信息。RNA 干扰技术（RNAi）以其特异性、高效性，逐步用于基因功能分析、信号传导通路的探索、疾病的基因质量研究等。

（6）生命科学研究的主战场之一是细胞科学领域。细胞重编程技术在人类疾病模型和治疗方面具有巨大潜力，研究重编程的分子机制和完善重编程技术是今后发展的主轴。此外，单细胞测序技术、细胞连接分析技术、细胞信息交流的影像学技术近年来得到了蓬勃发展。

（7）计算与系统生物学领域，芯片技术和微流控使得对单个细胞的高通量检测成为可能，而单个细胞表达谱、转录组和 DNA 修饰检测是今后发展的目标。组学网络分析技术将综合各个组学研究产生的海量数据，整合成为一个信息扩展的、真实的“组学数据库”，完整地解释生命现象。

第二节　国际科研发展现状

一、基因操作技术

（一）新一代测序技术

基因测序技术自发明以来在推动分子生物学发展方面起着至关重要的作用。大约 30 年前 Frederick Sanger 和 Walter Gilbert 建立了 DNA 测序技术。到目前为止，DNA 测序技术已经取得了很大的进展，并逐步演变成为更多依靠于工程学和物理学基础理论的新技术领域。

经历了第一代荧光标记Sanger法低通量和高成本的测序历程，现在大家普遍使用的DNA测序技术是第二代循环阵列合成测序法，即对布满DNA样品的微阵列重复进行聚合酶或连接酶反应，通过互补链延伸过程中引入的荧光标记来识别每个碱基，然后记录连续测序循环中的荧光信号。这种方法操作简单，费用低廉。第二代DNA测序仪主要有Roche公司的454测序仪、Illumina公司的Solexa/HiSeq系列测序仪、Applied Biosystems公司的SOLiD测序仪、Danaher公司的Polonator测序仪，这些测序仪都能够进行高通量、高准确率的测序。虽然满足了现阶段大部分研究工作需要，可是第二代测序技术在模板扩增和序列读长上仍然存在技术瓶颈。

物理、化学、材料等学科的飞速发展及其与生命科学的不断融合，催化了第三代测序技术的产生。第三代测序技术的标志就是单分子测序和长读长，通过在单一DNA分子组成的阵列上进行合成测序。在一个限定的表面上，使用单个分子可以独立分析原始模板中的DNA片段，从而降低测序数据偏向性；同时，去除昂贵的DNA簇扩增步骤，进一步降低了测序的成本和时间。但这一技术也带来了一些新的挑战，主要是在单分子水平光学信号检测时降低特异性的背景干扰（Braslavsky et al.，2003；Eid et al.，2009；Zhou et al.，2010）。目前，已上市或者即将面世的第三代测序仪仅有Helicos公司和Pacific Biosciences公司的两款产品。因为是单分子测序，这一代测序技术准确性较低，还需要在不断的成熟过程中逐渐克服其技术劣势。

前三代测序技术利用生物化学反应读取碱基序列仍然依赖于生化试剂的使用，测序成本较高。第四代测序技术将采用不使用化学试剂、直接读取基因组序列信息的手段。第四代测序技术可以利用非光学显微镜成像进行实现。确定DNA序列的最直接方法之一就是将核苷酸的空间线性排列方式可视化。如果一个DNA链的显微照片具有足够高的分辨率，就可以将DNA链上的4种碱基区分开来，那么序列将非常容易地被读出（Zhou et al.，2010）。这一设想是借助具有原子水平分辨率的非光学显微镜，如扫描隧道显微镜（STM）、原子力显微镜（AFM）等（Driscoll et al.，1990；Tanaka and Kawai，2009）。另外，第四代测序技术还可以利用碱基的电学特异性差异，通过纳米孔、石墨烯、半导体或者微电极等直接对碱基穿过电极时的电流差变进行测量（Branton et al.，2008；Postma，2010），通常这种电流变化都是纳安培（nA）甚至皮安培（pA）级别的。目前，这类技术在控制DNA的运动、移动方向及通过孔隙的速度方面都具有局限性，因此该技术的实现还有很长的路要走。

(二) 锌指核酸酶技术

随着越来越多不同物种的基因组完成测序，解读基因组的功能显得日益重要。基因组靶向修饰是进行基因组改造与基因功能研究的一个重要手段。然而，传统的基因组靶向修饰方法，如同源重组和逆转录病毒法，不仅效率低，特异性也不高。锌指核酸酶（Zinc-finger nucleases，ZFNs）是人工改造的限制性核酶内切酶，通过将锌指结构的 DNA 结合结构域和 DNA 切割结构域融合在一起而构成。研究显示，ZFNs 能够定向删除多种细胞类型及生物体的大片段 DNA，让研究人员随心所欲地进行基因组编辑（Porteus et al.，2005）。ZFNs 技术的出现，将给基因组靶向修饰的研究和应用领域带来革命，特别是在基因治疗人类疾病方面有巨大的潜力和广阔的前景（肖安等，2011）。

ZFNs 技术的核心设计思想是把两个有特定功能的结构域——特异性识别模块和 DNA 切割功能模块，进行了巧妙的嵌合。ZFNs 中的锌指结构域是用于特异识别并结合靶 DNA 的，通常由 3～6 个 C_2H_2 类型的锌指重复单位串联而成。每个锌指大约含有 30 个氨基酸残基，折叠形成 α-β-β（C 端→N 端）类型的二级结构，其中 α-螺旋嵌入到 DNA 分子的大沟中，可以直接识别 DNA 单链上 3 个连续的核苷酸（称为一个三联子，triplet）（Klug，2010）。以此推算一对含有 3 个串联锌指的 ZFNs 总共能够识别 18 个碱基对，从而特异性地靶向高等动物全基因组上的唯一位点。ZFNs 中的 DNA 切割结构域来源于限制性核酸内切酶 *Fok* I。切割结构域形成二聚体活性形式后，在靶位点下游非特异性地对 DNA 双链进行切割（Sanders et al.，2009）。通常 *Fok I* 切割结构域同锌指结构域的 C 端融合后构成 ZFN 单体。当两个 ZFN 单体与各自的 DNA 位点特异结合时，若它们的 C 末端的距离符合一定的要求，则切割结构域二聚化，在两个结合位点的间隔区（spacer，通常为 5～7 bp）中发生切割，产生 DNA 的双链断裂（double-strand break，DSB）切口（Doyon et al.，2011）。双链断裂以后，细胞的修复机制被激活，可通过非同源末端连接（non-homologous end joining）或同源重组（homologous recombination）等方式修复 DSB，使切开处的单链部分被删除或人工引入外源的同源片段，从而达到改变基因组 DNA 序列的目的。

ZFNs 技术的关键在于提高 ZFN 识别靶 DNA 的特异性。根据已知的锌指结构域与其靶位点的对应规律，从选定的 DNA 序列中选择合适的靶位点、构建锌指文库，通过DNA结合活性或切割活性检测体系筛选具有高活性和特异性的ZFNs锌指结构域（Maeder et al.，2009；Sander et al.，2011）。

作为一种新兴的基因组定点修饰工具，ZFNs在黑长尾猴、小鼠、大鼠、斑马鱼、海胆等模式动物，拟南芥、烟草、玉米、大豆等模式植物，以及中国仓鼠细胞（CHO）、多种人类细胞中成功实现了内源基因的切割和致变（Cui et al.，2011；Doyon et al.，2008；Geurts et al.，2009）。此外，ZFNs还初步被尝试用于人类遗传性疾病的治疗（Zou et al.，2011）。不过，目前ZFNs技术仍然存在着一些问题，如ZFNs有可能发生非特异性识别与结合并发生脱靶切割，从而给生物体或培养细胞带来毒性。进一步增强ZFNs效率和特异性，抑制其毒性，并与多样化的DNA修饰手段相结合，将使ZFNs技术的应用形式将更加灵活，成为更有力的分子工具（Doyon et al.，2010；Miller et al.，2007）。

（三）RNA干扰技术

近年来，RNA干扰（RNA interference，RNAi）技术的研究成为热点，被预测为未来10年间最有可能出重大成果的领域之一。RNAi现象是一种进化上保守的抵御转基因或外来病毒侵犯的防御机制，是通过内源性或外源性双链RNA介导细胞内mRNA发生特异性降解，导致靶基因的表达沉默，并产生相应的功能表型缺失的一种现象。这种现象发生在转录后水平，又称为转录后基因沉默（post-transcriptional gene silencing，PTGS）。RNAi的作用提供了一种经济、快捷、高效的抑制特异基因表达的技术，有助于研究基因在生物模型系统中的功能。

当病毒基因、人工转入基因、转座子等外源性基因随机整合到宿主细胞基因组内，并利用宿主细胞进行转录时，常产生一些双链RNA（dsRNA），然后由胞质中的核酸内切酶Dicer切割成多个具有特定长度和结构的小片段RNA（21～23 bp），即siRNA。siRNA与体内一些酶（如argonaute等）结合形成RNA诱导的沉默复合物（RNA-induced silencing complex，RISC），并解链成正义链和反义链。RISC在反义siRNA引导下，特异性地识别、结合并切割互补mRNA，从而诱发宿主细胞针对这些mRNA的降解反应。在此过程中，siRNA还可作为引物，以互补RNA作为模板，在RNA依赖的RNA聚合酶（RNA-dependent RNA polymerase，RdRP）作用下合成更多dsRNA。新合成的dsRNA再由Dicer切割产生大量的次级siRNA，完成RNAi作用的循环放大（Mello et al.，2004）。这一技术关键是siRNA结合

RISC 复合物后与靶标基因非翻译区（UTR）互补配对，降解与其序列互补的 mRNA。siRNA 识别靶序列是有高度特异性的，因为降解首先发生在相对于 siRNA 的中央位置，所以这些中央的碱基互补配对极为重要，一旦发生错配就会显著降低 RNAi 的效应，另外 siRNA 的次级结构也对 RNAi 的效应有明显的影响（Patzel et al.，2005；Reynolds et al.，2004）。常用的制备 siRNA的方法包括化学合成、体外转录合成、长片断 dsRNA 经 RNase III 类酶降解、siRNA 表达载体或病毒载体在细胞中表达、PCR 制备的 siRNA 表达框在细胞中表达等 5 种。目前，研究人员多通过脂质体转染、电穿孔、显微注射等方法将 siRNA 导入细胞中，诱发 RNAi 效应。

除了 siRNA 之外，研究发现另一类小分子 RNA——microRNA 也参与 RNAi 作用。microRNA 是由约 70 个碱基大小形成发夹结构的单链前体，microRNA经过 Dicer 酶加工后生成的，是带有 5′端磷酸基和 3′端羟基，长度为 21～25nt 的小分子 RNA 片断（Bartel，2004）。与 siRNA 的外源性不同，microRNA是内源的，是生物体的固有因素，能够在转录后水平和翻译水平抑制基因的表达，在生长发育调控方面起着重要的作用（Carthew et al.，2009）。近年来利用人工 microRNA 的技术，实现特定基因的沉默，特别是用于共同抑制几个相关基因。这种包含一个发夹结构前体的载体也被称做第二代 RNAi 载体。

RNAi 技术以其特异性、高效性受到了研究人员的关注，正逐步应用于基因功能分析、信号传导通路的探索、新药物靶标的开发，以及病毒性疾病、遗传性疾病和肿瘤等的基因治疗研究（Haasnoot et al.，2007）。虽然目前 RNAi 仍存在寡聚核酸合成困难、易被降解、导入困难等问题，但随着对 RNAi 机制的进一步认识和技术的改进，RNAi 技术将会有更广阔的应用前景（Shan et al.，2008）。

二、蛋白质研究技术

（一）蛋白质分离和富集技术

蛋白质分离和富集技术（protein separation and enrichment techniques）是蛋白质科学研究中的关键技术，是蛋白质组学技术的重要组成部分，同时也是分离科学的研究前沿（Liu et al.，2002）。蛋白质属于生物大分子，在生物样品中极其复杂。主要表现在：①蛋白质表达是个动态变化过程，表达水平相差高达 6 个数量级；②蛋白质的多种翻译后修饰和不同程度的降解使得蛋白质多种异构体共存。和小分子有机化合物相比，蛋白质的分离、纯化和富集难度较大，极具挑战性，通常需要由不同分离技术组成多维分离模式来完成有效的分离。目前，一些现有的分离技术仍然具有较大的改进和发展的空间，用于低丰度蛋白质、不同修饰蛋白质（如磷酸化蛋白质和糖蛋白）的富集技术仍处于快速发展阶段。

蛋白质分离和富集技术按照分离的原理可以分为色谱技术和电泳技术两大类。

1. 色谱

（1）反相液相色谱

反相液相色谱（reverse phase liquid chromatography，RPLC）的分离原理是依据化合物疏水性的差异。根据所键合的碳链的长短不同，RPLC 色谱柱可分为 C18、C8 和 C4，分别适合不同极性的化合物的分离纯化，还常常用于样品的脱盐，且易于和质谱联用。RPLC 已经广泛应用于有机小分子化合物的分析分离，以及蛋白质组学研究中多肽的分离鉴定（Su et al.，2007）。基于超微粒径（1～2 微米）的反相色谱填料的超高压（高速）RPLC 技术的出现大大提高了色谱的分离度和分析速度。虽然一些大孔径（如 300Å）的反相色谱填料已普遍应用于蛋白质的分离纯化（Pavlou et al.，2010），但是不可逆吸附现象依然严重，仍然缺乏比较理想的反相色谱填料。

（2）离子交换色谱

离子交换色谱（ion-exchange chromatography，IEC）的分离原理依据化合物所带电荷的差异。化合物所带电荷数可以通过流动相的 pH 和盐浓度或阴离子和阳离子交换剂来调节。IEC 根据填料上离子交换基团酸碱性的强弱可分为强阳离子交换色谱（strong cation exchange chromatography，SCX）、强阴离子交换色谱（strong anion exchange chromatography，SAX）、弱阳离子交换色谱（weak cation exchange chromatography，WCX）和弱阴离子交换色谱（weak anion exchange chromatography，WAX）等。IEC 已经广泛应用于复杂生物样品中蛋白质的分离或分组分离（Fuller et al.，2009；Rocchiccioli et al.，2010；Liu et al.，2008），或与其他分离技术如双向凝胶电泳技术（2-DE）（Faca et al.，2007）、SDS-聚丙烯酰胺凝胶电泳（SDS-PAGE）（Pepaj et al.，2006）和 RPLC（Gao et al.，2008；Wolters et al.，2001）联合使用并应用于蛋白质组学研究。SCX 与 RPLC 联用的典范是 Yates 研究组发展的多维蛋白质鉴定系统（multidimensional protein identification technology, MudPIT) (Washburn et al., 2001; Krapfenbauer et al., 2001), 目前已广泛应用于蛋白质组学研究。然而，IEC 在流动相中使用高浓度盐（如 2 摩尔 NaCl）时可能导致蛋白质在分离介质上发生不可逆吸附从而造成损失（Righetti et al., 2003; Voet et al., 1999)，与后续联用的等电聚焦和质谱等技术发生冲突，或需要样品脱盐从而增加样品损失的机会。

(3) 分子排阻色谱

分子排阻色谱（size-exclusion chromatography，SEC）也叫凝胶过滤色谱（gel-filtration chromatography)。其分离原理是基于蛋白质或多肽的分子体积的大小不同（Irvine，1997)。SEC 能分离蛋白质等生物大分子的分子量范围较大（0.1～100 kDa）(Gong et al., 2006)，已广泛用于蛋白质复合物的分离纯化。但是由于其分离能力较低，因此通常与其他技术（如 SCX、SDS-PAGE、2-DE 等）联用，或仅用于样品预分离。SEC 也可以用于蛋白质样品的脱盐。目前 SEC 柱有小型化的趋势，有利于和质谱联用，用于在线分析完整蛋白质，测定其分子量。

(4) 亲和色谱

亲和色谱（affinity chromatography，AC）的分离原理是在具有大孔径、亲水性的固相载体上偶联能够与目标蛋白质分子发生特异性、可逆的吸附结合的配体或抗体制成专一的亲和吸附色谱填料，从而实现高特异性的色谱分离和富集。亲和色谱已广泛用于重组蛋白、抗体的分离。在结构生物学研究中，在表达蛋白质时通常在蛋白质的 N 端接一个多聚组氨酸标签（His tag)，然后利用镍柱对目标蛋白进行亲和分离纯化。在蛋白质组学研究中，亲和色谱已普遍用于血浆中高丰度蛋白质的去除（Cantin et al., 2008)，以及低丰度蛋白质（包括磷酸化蛋白、糖基化蛋白和其他目标蛋白质）的富集等，并由此产生新的亲和色谱技术，包括固定化金属亲和色谱（immobilized metal affinity chromatography，IMAC）(Larsen et al., 2005)、二氧化钛亲和色谱（titanium dioxide affinity chromatography）(McDonald et al., 2009)、凝集素亲和色谱（lectin affinity chromatography）(Lei et al., 2008)、肝磷脂亲和色谱（heparin affinity chromatography）(Elia，2008)、抗生物素蛋白亲和色谱（avidin affinity chromatography）(Bürckstümmer et al., 2006)，以及串联亲和纯化（tandem affinity purification，TAP）(Righetti et al., 2005）等。其中，串联亲和纯化与免疫亲和色谱技术已广泛应用于蛋白质复合物的分离纯化和蛋白质-蛋白质相互作用研究。目前，美国 NIH 已经立项支持基于亲和相互作用的蛋白质富集材料和技术的研发。

2. 电泳

电泳（electrophoresis）技术可以根据蛋白质的等电点的差异和分子量的大小来分离蛋白质。电泳具有超常的分辨率，使得以双向凝胶电泳（two dimensional gel electrophoresis，2-DE）为代表的电泳技术广泛应用于蛋白质的分离分析和蛋白质组学研究。SDS-PAGE 也已成为实验室中蛋白质分离检测的常规手段。除此之外，一些新型电泳不断问世，并在蛋白质分离、纯化和富集中得到广泛应用。

（1）液相等电聚焦

液相等电聚焦（liquid-phase isoelectric focusing，LIEF）（Islinger et al.，2010）是在胶内等电聚焦技术的基础上发展而来，其分离完全在溶液中进行。LIEF 通过使用两性电解质而沿分离腔（通常又用膜分隔成约 10 个单元）产生一个连续的 pH 梯度，依据蛋白质等电点（pI）的差异而实现分离，分离后的蛋白质可以保持天然状态。LIEF 是降低蛋白质样品复杂性并同时富集低丰度蛋白的一种预分离方法。LIEF 属制备型技术，具有上样量高和蛋白质回收率高等特点，同时为研究偏酸、偏碱性蛋白和膜蛋白质的后续分析创造了条件。LIEF 已广泛应用于蛋白质组学研究。

（2）自由流电泳

自由流电泳（free-flow electrophoresis，FFE）的分离原理是在两块平行板构成的分离室中，电场与溶液流向垂直，电泳迁移率不同的组分在电场作用下与液流方向形成不同的转角，分离完成后各分离组分经由不同出口流出。FFE 是半制备型分离技术，分离完全在溶液中进行。FFE 具有可连续上样、连续分离收集（如最多可以分成 96 个组分）、多种分离模式、无固体支持介质等特点。FFE 依据蛋白质不同的物理化学特性的差异所进行的分离模式可分为区带电泳（zone electrophoresis，ZE）、等速电泳（isotachophoresis，ITP）、等电聚焦（isoelectric focusing，IEF）等。

FF-ZE 已成功应用于亚细胞器的分离，包括线粒体、过氧化物酶体（Ellinger et al.，2002）、内涵体（Jethwaney et al.，2007）、分泌囊泡（Senis et al.，2007）及细胞质膜和内膜等（Moritz et al.，2005）。FF-IEF 可以用于生物样品蛋白质组的蛋白质或酶解后的肽段的预分离。其优点包括：①通过使用两性电解质可以产生宽或窄的 pH 梯度范围，其分辨率可高达 0.02～0.10 pH 单元（Weber et al.，2008）；②样品回收率高达 98%，可连续上高浓度的样品（50 毫克蛋白/小时）（Weber et al.，2004）；③分离后可以保留蛋白质的天然态，也可以进行变性后分离；④具备分离膜蛋白的能力（Lemeer et al.，2008）；⑤通过降低样品的复杂性，增加了低丰度蛋白质的鉴定率。

通过和其他分离技术联用，FFE 已广泛应用于蛋白质组学研究。当然，FFE 也有一些缺点，包括：分离缓冲液和下游质谱检测技术不兼容；样品被过度稀释，需要进一步浓缩；仪器设置复杂，使用成本均昂贵。然而，一个新的微流控 FF-IEF 装置实现了高流速（约 1 毫升/小时）和高浓度（毫克/毫升）的蛋白质混合物的分离，能将蛋白质浓缩 10～20 倍，且具有较好的重现性和分辨率（Simpson et al.，2005）。

(3) 毛细管电泳

毛细管电泳（capillary electrophoresis，CE）技术所进行的分离在两端加有电场的石英毛细管中完成（Huang et al.，2006）。CE 和 FFE 相似，分离模式分为毛细管区带电泳（capillary zone electrophoresis，CZE）、毛细管等电聚焦（capillary isoelectric focusing，CIEF）、毛细管等速电泳（capillary isotachophoresis，CITP）和毛细管凝胶电泳（capillary gel electrophoresis）等（Kolch et al.，2005）。CE 和其他电泳分离技术相比，具有高的分离效率和分辨能力、快速分离、宽缓冲液范围的兼容性、易于自动化，以及样品和试剂的消耗小等优点（Kolch et al.，2005；Shen et al.，2007）。

在所有 CE 模式中，CZE 是最普遍和最简单的一种分离蛋白质和多肽的方法。CZE-MS 联用技术可用于复杂样品中蛋白质的分析和分子量的直接测定，弥补了 RPLC-MS 的不足。CZE 的不足之处是上样量较小（纳升级），为此开发了一些技术以提高 CZE 的上样量。

CIEF 根据蛋白质和多肽等电点（pI）的差异进行分离，因此具有较高的分辨率。CIEF 和传统的 CZE 相比具有较高的上样量（微升级）。CIEF 具有聚焦能力，分离过程中会发生样品浓缩，因此检测灵敏度比 CZE 和 RPLC 都高（Shen et al.，2007）。CIEF 通过和 RPLC-MS 技术整合为多维分离模式，大大提高了系统分辨能力和峰容量，最终提高了系统的动态检测范围（Chen et al.，2002），并成功应用于蛋白质异构体和具有不同翻译后修饰的蛋白质的分析检测（Zhou et al.，2007）。Wang 等（2007）利用 CIEF-RPLC-MS/MS 从大约 20 000 个细胞的膜组分中鉴定了 773 个膜蛋白质，约占膜蛋白质组 22%的覆盖率，充分证明了 CIEF 具有极大的分离能力。

（二）质谱技术

质谱技术（mass spectrometry，MS）是指将样品分子离子化并经过电磁场分离从而检测分子质量电荷比（m/z）的一类技术，具有高灵敏度、高特异性的检测特点（Matsuo，2000）。20 世纪 80 年代出现的两种新型电离技术——电喷雾电离（electrospray ionization，ESI）和基质辅助激光解吸电离（matrix-assisted laser desorption ionization，MALDI），使得质谱对生物大分子的检测成为可能，极大地促进了生命科学研究领域的发展，特别是在蛋白质表达、蛋白质翻译后修饰、糖和脂质等代谢产物及其在细胞表达位点等研究领域，对生物分子的功能研究起到了不可替代的作用（Banks，1997；von Brocke et al.，2001；Fenselau et al.，1993；Kaufmann，1995）。

1. 生物分子的定性检测

随着生物技术的发展，质谱技术对蛋白质组学的定性研究已经趋于成熟。近年来，质谱技术的发展主要体现在新型的高灵敏度质谱仪的研发和应用中。例如，新型的离子阱静电场轨道阱质谱仪（LTQ Orbitrap）可以实现超飞摩尔（10^{-15}mol）级灵敏度和高达 100 K 的分辨能力，这种极高的质量电荷比分辨率和精确质量鉴定能力使它能够完成高特异性、高通量的多肽序列分析及蛋白质组的鉴定（Scigelova et al.，2009；Yates et al.，2009）。

对于小分子代谢产物（糖、脂质等）的鉴定，多种新型的离子阱质谱可以实现多极串联质谱分析（MSn），如基质辅助激光解析离子阱-飞行时间串联质谱（MALDI-IT-TOF）等出色地提供了一级质谱（MS1）和多级质谱（MSn）的质量精确度、分辨能力、动态范围和灵敏度，从而实现了生物小分子的分子序列和结构鉴定，为功能研究提供了基本信息（Ashline et al.，2007）。与蛋白质组学研究相比，小分子的数据库搜索（database search）引擎和相关软件还有待开发，目前尚无成熟的商业配套产品可以直接应用于生物研究。

2. 生物分子的定量检测

新型的生物分子的定量检测主要集中于质谱多反应监测技术（multiple reaction monitoring，MRM）的发展和同位素标记的多肽库的建立。质谱多反应监测技术是指在已知生物分子结构的基础上，针对特定分子的特定离子碎片的定量检测分析。该方法屏蔽了大量的杂质分子，特异性地检测指定的离子碎片，极大地降低了背景噪音，提高了信噪比和检测灵敏度（Picotti et al.，2009；Schiess et al.，2009；Reiter et al.，2011；Li et al.，2011）。同时，在样品中加入特定分子的同位素标记物，可以大大提高质谱检测的重复性和线性定量范围，缩短检测时间（Picotti et al.，2009）。该方法对发展新型临床诊断和疾病标记物具有重要意义，可以在缺乏适当抗体的情况下，应用 MRM 技术实现高特异性、高灵敏度和高通量的临床检测。

（三）蛋白质标记技术

活细胞和活体生物是一个高度有序的机器，如何在活细胞和活体中实现蛋白质结构与功能的实时动态监测与精准操纵，已经成为蛋白质科学的主要问题。要研究蛋白质分子在胞内的定位、运动及与其他生物分子间的动态相互作用，需要对蛋白质进行特异标记。

人们可以在体外、活细胞和活体三个层次对蛋白质进行标记。人们可以在体外对蛋白质侧链进行糖基化、荧光标记等修饰和标记，进行蛋白质的折叠、构象变化等研究。然而，由于体外环境远不能模拟和替代复杂的细胞内环境，因此需要在细胞水平进行蛋白质的特异标记。例如，通过胞内荧光蛋白标记技术，可以方便地观察目标蛋白质在活细胞中的表达、定位和转运过程。在活体内实时动态地揭示蛋白质的定位和作用机制，实现在体重要生理过程的可视化，是蛋白质标记的第三个层次，也是当今生命科学最富有挑战性的前沿研究领域之一。

为了在活细胞或者活体中实现蛋白质标记，需要借助分子生物学的方法给目标蛋白标记上一个标签（tag），该标签具有高特异性、可视化、不影响目标蛋白定位和功能等特点。根据标签的不同，蛋白质标记主要分为荧光蛋白标记和化学小分子标记。荧光蛋白标记方法利用荧光蛋白作为标签，荧光蛋白在一定波长的光的激发下能发出荧光，因此可以方便地监测目标蛋白在细胞中的定位和转运过程。该技术已经成为生命科学研究的主要工具，Roger Tsien 等人也因在这方面的重大贡献获得了 2008 年的诺贝尔化学奖。然而，荧光蛋白体积较大，可能会改变目标蛋白质的定位、结构和功能。化学小分子标记是通过能与特定蛋白质或肽段特异结合的小分子，实现对这些特定蛋白质或含有肽段的蛋白质的特异性标记技术。目前普遍采用的化学小分子标记是以多肽为标签，通过与多肽特异结合的化学小分子探针实现对蛋白的标记，如 Roger Tsien 实验室发展的带有不同荧光基团的小分子（FlAsH 和 ReAsH）可标记含有 4 个半胱氨酸基序（tetracysteine motif）的标签。相对于荧光蛋白而言，化学荧光小分子具有发射光子数多、荧光强、寿命长等优越的荧光特性，缺点是标记过程没有荧光蛋白方便，有时会存在非特异性结合。

具有特殊光化学性质的标签可以有不同的用途，如具有光激活/光转化性质的荧光蛋白或者荧光探针可以用于蛋白的超高分辨定位研究（Shroff et al.，2008）。发展除定位研究外的多功能标签，已成为国际蛋白质科学新技术和新方法研究的热点和前沿。例如，Killer Red 荧光蛋白除了可用于定位研究外，还可利用光激活致失活技术（CALI），通过光激活产生活性氧失活目标蛋白，进行功能研究（Bulina，2006）。miniSOG 标签可同时进行荧光定位和电镜中目标蛋白的标记（Shu，2011），势必引领和推动光镜电镜结合技术的发展。另外，借助蛋白标记，发展可实时动态检测蛋白活性或者信号通路的功能探针，是一个非常重要的前沿方向。例如，利用对 pH 敏感的 pHluorin 探针，可动态检测囊泡分泌的融合步骤（Jiang，2008）。又如，通过标记肌动蛋白关键调控蛋白，结合 FRET 技术，可实时动态检测学习和记忆过程中神经元的兴奋过程（Murakoshi，2011）。

（四）非天然氨基酸标记技术

通过基因密码子扩展技术在活体蛋白中引入非天然氨基酸，是实现蛋白质标记技术革命的重要契机，是蛋白质研究国际前沿的关键问题和热点。通过基因密码扩展技术，可以使活细胞编码具有荧光性质或者具有优良生物正交反应活性的非天然氨基酸，从而在目标蛋白质的特定位点引入功能优化的基团。由于只用单个非天然氨基酸标记目标蛋白，对目标蛋白质的干扰最小，完全避开荧光蛋白由于体积大对目标蛋白造成的影响；更重要的是借助化学合成的荧光基团所具有的高吸收常数、高量子产率、可调的吸收及发射波长，有可能使现代荧光成像技术的定位精度达到 1～10 纳米，并显著提高其在活细胞检测中的灵敏度。特别是利用基因密码子扩展技术将过渡金属发光化合物引入到目标蛋白，不仅实现对目标蛋白的荧光标记，而且借助过渡金属发光化合物具有微秒级的荧光寿命（一般有机染料的荧光寿命在纳秒数量级）的特点，使活细胞内的荧光寿命成像（fluorescence lifetime imaging）发生重大变革，这必将对实现活体中蛋白质作用网络的实时动态监测研究做出巨大的贡献。

通过对蛋白质特异标记，实现在活体实时动态水平揭示蛋白质的生物过程，是当今生命科学最富有挑战性的前沿研究领域之一。例如，在蛋白质特定位点引入磷酸化的氨基酸，将有利于从分子水平探索磷酸化对蛋白复合物形成和解离的动态调节作用；在蛋白质特定位点引入甲基化、乙酰化、磷酸化等翻译后修饰的氨基酸，将有利于实现蛋白质作用网络的实时动态观测；

在目标蛋白质特定位点引入含有^{19}F或具有顺磁活性的氨基酸，利用核磁和顺磁共振技术，可以在活体内研究蛋白质间的实时动态相互作用；在目标蛋白的关键位点引入具有光活性的氨基酸，可以使我们利用光学手段实现对其功能的高时空精度调控；在目标蛋白的关键位点引入具有光交联活性的氨基酸，有利于研究蛋白质的动态相互作用。

（五）蛋白质相互作用检测

细胞内蛋白质之间的相互作用是保证所有生理活动正常进行的基础。因此，鉴定和检测蛋白质相互作用，建立相应关系的网络图一直是学界关注的焦点。蛋白质相互作用检测的方法很多，经典研究方法包括双杂交系统、噬菌体展示技术、pull-down 实验、免疫共沉淀技术和化学交联技术等。近年来，一些基于物理方法的检测技术逐渐发展成熟，已被学界所广泛应用。下面主要介绍其中几种发展迅速、有较好应用前景的蛋白质相互作用检测技术。

1. 荧光共振能量转移技术

以绿色荧光蛋白（GFP）的两个突变体——蓝绿色荧光蛋白质（CFP）和黄色荧光蛋白（YFP）为例，简要说明其原理。CFP 的发射光谱与 YFP 的吸收光谱有相当的重叠，当它们足够接近时，用 CFP 的吸收波长激发，CFP 的发色基团将会把能量高效率地共振转移到 YFP 的发色基团上，所以 CFP 的发射荧光将减弱或消失，主要发射 YFP 的荧光。

荧光共振能量转移技术（fluorescence resonance energy transfer，FRET）用于检测细胞内蛋白质间的相互作用及作用时蛋白质复合物的构象变化，能动态反映活细胞生理过程的时空变化和细胞信号转导通路的时空传递特性。然而，由于荧光蛋白共振能量转移效率低，直到目前为止，荧光共振能量转移技术仍难以发展成为一种定量检测技术（Yang，2011）。目前，有一种将流式细胞术（FACS）和荧光共振能量转移技术（FRET）相结合的方法，可以大规模、高通量、快速地测定活细胞中的蛋白质作用。与传统荧光共振能量转移技术的区别是，它可以用于高通量筛选，与哺乳或酵母双杂交相比，它不只限于发生在核内的反应，而且假阳性率降低（Banning，2010）。

此外，近年来一种基于全内反射的单分子荧光共振能量转移技术（single-molecule FRET，smFRET）逐渐发展起来。与荧光共振能量转移技术不同，它可以在体外同步检测到生物分子的构象变化，以及其他方法难以检测到的瞬时中间体。对于单分子荧光共振能量转移技术来说，其发展的重要方向是蛋白位点特异的荧光标记和精确的距离信息（Roy，2008）。

2. 表面等离子共振和等温滴定量热技术

表面等离子共振（surface plasmon resonance）和等温滴定量热技术（isothermal titration calorimetry）是两种检测蛋白质相互作用的技术。

表面等离子共振通过芯片表面质量变化测定反应的亲和速率和解离速率，并计算两者的亲和力。等温滴定量热技术则通过测量反应过程中的热量变化来计算两者的化学计量关系和相互作用的驱动力等参数。这些参数在抗原/抗体、配体/受体及药物/药靶等结合过程的研究中非常重要。表面等离子共振针对不同样品（如膜蛋白）和实验目的要设计合适的实验方案，因此，比较重要的是开发芯片表面修饰和实验条件等方法。将结构生物学的 X 射线晶体衍射技术与这两种方法结合，可以更加全面地了解分子间相互作用，并将其与生理功能紧密联系起来。

3. 核磁共振技术

核磁共振技术（nuclear magnetic resonance，NMR）能够在溶液状态和原子分辨率下测定蛋白质三维结构和蛋白质相互作用动力学（Cavanagh，2007），尤其是蛋白质-蛋白质等复合物分子间结合界面的研究。

生物机体内蛋白质之间的相互作用构成了一个复杂的蛋白质网络，是机体完成各项生命活动的保证。因此，了解蛋白质间的相互作用，能解开生命的奥秘，造福于人类。目前，各种检测技术实现交叉互补，对于准确理解蛋白质的相互作用、揭开生命奥秘具有重要的作用。

三、结构生物学技术

结构生物学是通过研究生物大分子的结构与功能阐明生命现象的科学。药物设计、疫苗开发和蛋白质分子性能改造等应用领域都以结构生物学的研究成果为基础。随着技术的进步，结构生物学研究取得了巨大的发展，在近年来的分子生物学研究中占据了主流地位，并且逐渐成为生命科学研究的重要组成部分。X 射线晶体学、核磁共振波谱学、电子显微三维重构（亦称电镜三维重构）是结构生物学的三大研究手段，适于不同的分辨率和研究尺度，具有各自的优势（图 10-1）（张凯等，2010）。今后结构生物学研究的发展方向，是将包括 X 射线晶体学、核磁共振、低温电子显微三维重构、荧光能量共振（FRET）等在内的多种生物物理技术联合起来，弥补彼此之间的不足，将对蛋白质结构的理解放到蛋白质超分子复合体乃至整个细胞中去，从而最终在分子水平上理解细胞的结构（Sali et al.，2003；Feng et al.，2011）。

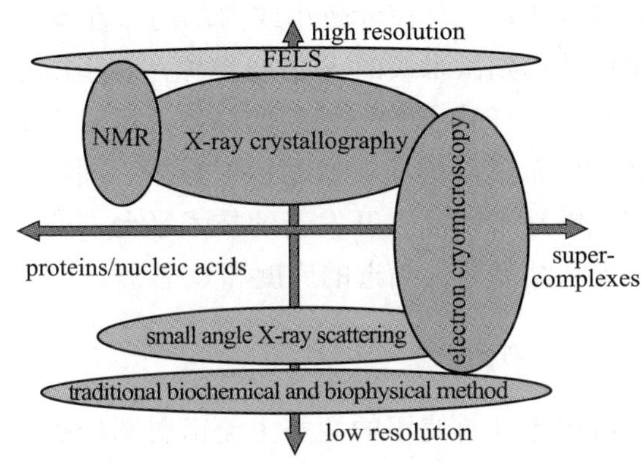

图 10-1　结构生物学各种研究手段的比较

纵轴表示分辨率（从下向上，分辨率逐渐升高），横轴表示研究尺度（从左至右，尺度逐渐增大）。小角散射（small angle X-ray scattering）和众多传统生物物理生物化学技术（traditional biochemical and biophysical method）能够适于研究各种尺度的生物分子，但分辨率信息较低；核磁共振技术（NMR）的解析分辨率较高，但是研究尺度较小；X 射线晶体学（X-ray crystallography）的研究尺度范围较宽，并能得到较高分辨率的结构（多数情况下可以得到原子分辨率），然而其瓶颈是需要结晶；冷冻电镜技术（cryo-electron microscopy）可以获得超大分子复合物的三维结构，并一般能达到中等分辨率（纳米级）；自由电子激光散射技术（free electron laser scattering，FELS）是目前正在发展的技术，有望能够在多种尺度上获得生物大分子接近原子分辨率的三维结构（张凯等，2010）。

（一）X 射线晶体学

X 射线晶体学（X-ray crystallography）是最早、也是最主要的结构生物学研究的方法。目前，PDB 中收录的蛋白质结构有 85％左右是利用 X 射线晶体学方法解析的。从 20 世纪 80 年代以来，DNA 重组技术、蛋白质纯化和晶体筛选技术的发展，同步辐射光源与高效、高速探测器的发明，计算机运行速度的大幅提高和晶体学计算程序的快速发展，极大地推动了蛋白质晶体学技术的发展（李兰芬等，2007）。虽然 X 射线晶体学具有其他结构生物学实验手段所不具备的高分辨率，但也存在着它的局限性，如无法测定大分子的溶液结构，无法测定柔性较强的大分子结构，无法测定结构的大范围动态变化等。因此就需要发展核磁共振、电镜技术、小角散射（SAXS）、电子顺磁共振（EPR）等方法，与 X 射线晶体学联合来进行结构生物学研究。

目前，X 射线晶体学技术发展研究热点主要集中在以下几方面。

1. 针对微小晶体结构测定技术

蛋白质复合体、膜蛋白等重要生物大分子的结构研究受限于结晶技术而进展缓慢，即使得到晶体，往往尺寸较小或内部均一性差。发展微聚焦 X 射线光源，实现光斑尺寸达到微米级的 X 射线光源，对于微小晶体即可进行正常的 X 射线衍射实验；对于内部均一性差的晶体，可以在晶体上逐点筛选衍射能力最强的区域，从而获得更高质量的衍射数据。同时，发展改造和修饰蛋白质的方法，使之更易于结晶；开发新的技术平台，通过高产出自动化的仪器系统，大幅度提高结晶条件筛选的广度和效率。

2. 发展像素阵列探测器

像素阵列探测器相比目前使用的两类主流衍射图样探测器：面探测器和 CCD 探测器，由于其不需要从 X 光到可见光的转换装置，从而避免了转换产生的误差，加快了数据采集速度。目前，像素阵列探测器的读出时间已提高到毫秒量级，使得连续成像成为可能，从而能够研究分子结构的动态变化。

3. 发展基于蛋白质分子中固有的硫等弱反常散射信号元素的晶体结构相位解析方法

目前，常用的重原子的反常散射信号求解相位的方法，需要人工引入硒等重原子，这样会影响蛋白质本身的三维结构。利用硫、磷、钙等蛋白质或核酸中天然存在的元素的反常散射信号求解相位，需要采用较长波长的 X 射线，以及需要发展和改进利用弱反常散射信号求解相位的算法。

4. 发展第四代同步辐射光源

第四代同步辐射所产生的硬 X 射线被称为自由电子激光。由于自由电子激光具备激光的相干性等优良光学性质，无须再对蛋白质进行结晶，通过单个蛋白质分子的衍射便可求解相位，再将不同取向的衍射图像加以重构，即可获得该蛋白质分子的三维原子结构。然而，利用第四代同步辐射解析单分子结构目前仅在理论上可行，实践中还面临不少技术问题，如单分子喷射装置的调校与控制、单分子衍射能力过弱、单分子构象差异引发的衍射差异、单分子取向的确定、衍射点的叠加、单分子衍射的相位求解等。目前已经建成的第四代同步辐射直线加速器相干光源（LCLS）位于美国斯坦福大学，其已经完成的实验还只是针对蛋白质的纳米微晶和单个病毒颗粒。

（二）核磁共振技术

核磁共振技术（NMR spectroscopy）是结构生物学研究的主要手段之一，目前在蛋白质三维结构数据库中，用该方法解出结构的数目占 15%左右。相比较其他结构生物学方法，核磁共振波谱技术的优势在于：能够解析蛋白质在溶液中的空间三维结构，而不需要制备晶体；能够真实地反映蛋白质在生物活体内（溶液状态）执行功能时的动态构象和分子作用机理；能够研究生物大分子之间的相互作用关系，并快速、准确定位具体的相互作用位点；能够对蛋白质三维空间结构的折叠机理进行研究。其最显著的特点就是可以无损地检测生物大分子中每一个原子在溶液状态中的结构和动态信息。核磁共振技术可以同时提供蛋白质动态结构和动力学信息，从而更好地满足了现阶段蛋白质研究的需求（Feng et al.，2011；施蕴渝等，2007）。

核磁共振技术的局限性主要在于可研究的分子大小受限，一般不超过 30 kDa。针对这样的局限性，核磁共振技术不断在软件和硬件上进行改进和创新。在软件方面，发展了能够提高分辨率和灵敏度的脉冲实验方法（如 TROSY、CRINEPT），发展了选择性定点同位素标记技术等，从而大幅度降低了核磁共振图谱的重叠。在硬件方面，针对核磁共振信号强度的减弱，研制了高磁场强度的核磁共振谱仪（如 800 兆赫兹、900 兆赫兹核磁谱仪），发展了低温探头技术，从而大幅度提高核磁共振信号采集的灵敏度（施蕴渝等，2007）。通过这些方法的使用，可用核磁共振方法测定的蛋白质的分子量将从理论上不受限制。目前可用核磁共振测量的蛋白质分子量可达 100 kD，DNA 和 RNA 的分子量可达 35 kD（Andreas et al.，2006）。

蛋白质在细胞活体内的动态空间结构和发生功能作用时的分子动力学，已逐渐成为结构生物学新的研究重点和热点。近期，新发展了活体内核磁结构解析技术，可以利用核磁共振技术，结合同位素标记技术，来解析蛋白质在活体内的空间结构，从而真实反映蛋白质在活体内的结构状态。这不仅对蛋白质活体功能的研究有重要意义，而且可以跟踪蛋白质在活体内的变化情况。这一技术还可应用于活体药物的筛选和研究，以及蛋白质组学和代谢组学。

此外，基于固体的核磁共振技术目前发展迅速，动态核极化（DNP）技术的应用极大提高了信号检测的灵敏度，相关配套核磁共振谱仪的研制也促进了这一方向的发展。固体核磁共振技术可以应用于 X 射线晶体学和液体核磁共振技术很难研究的生物大分子，如膜蛋白的三维结构研究。

（三）冷冻电镜三维重构技术

冷冻电镜三维重构技术（cryo-electron microscopy 3D reconstruction）利用快速冷冻法将处于生理状态的生物样品保存在玻璃态冰中，然后通过高分辨冷冻透射电子显微镜对样品成像，得到大量的与样品结构相对应的二维密度投影图，最后通过三维重构方法从这些二维密度投影图中计算得到生物大分子复合体的三维密度图。与X射线晶体学和核磁共振技术等传统的结构生物学方法相比较，冷冻电镜三维重构技术通过快速冷冻技术使生物样品保持其活性和功能状态，从而能够直接研究超大蛋白质复合物在其正常生理状态下的高分辨率三维结构。该技术突破了蛋白质结晶的瓶颈，特别适合难以结晶的超大分子及其复合物的三维结构测定；其研究尺度覆盖从分子到细胞水平的各个尺度，弥补了晶体学和核磁共振难以解析分子量较大的大分子复合体结构，以及普通光学显微镜分辨率较差的不足，从而使开展高分辨率结构细胞生物学研究成为可能（张凯等，2010）。

近几年，冷冻电镜三维重构方法发展迅速，取得了许多重要的标志性突破。世界上少数几个实验室已经突破原子分辨率的瓶颈，在原子或准原子分辨率下解析具有高度对称性的病毒分子结构，最高重构精度达到3.3 Å左右（Zhang et al.，2010）。在这种原子或准原子分辨率下，生物大分子的许多结构上的细节包括氨基酸的侧链都清晰可见，使得不依赖于蛋白质晶体而完全基于冷冻电镜密度图构建蛋白质的三维空间结构全原子模型成为可能。而对于不具有对称性的大分子复合体（如核糖体），其结构解析的分辨率也在迅速提高，目前最佳分辨率也达到了5～6Å（Seidelt et al.，2009）。

目前，基于冷冻电镜三维重构的结构生物学研究的热点工作主要集中在以下四个方面。

（1）不断推进冷冻电镜三维重构的分辨率，获取生物大分子的原子或准原子分辨率三维结构。

（2）针对各种重要功能的分子机器（molecular machine）所开展的与其功能直接相关的动态过程的结构解析。

（3）对结构异质性（structural heterogeneity）进行分类以研究生物大分子不同构象下的三维结构。

（4）拓展研究尺度，与超分辨率光学显微技术进行整合，发展光电联合显微成像技术，在研究尺度和分辨率上将结构生物学和细胞生物学两大研究领域结合起来，对同一区域进行光学显微和冷冻电子成像的联合观察，从而获得大量关于分子机器在细胞原位的三维结构信息和动态变化规律。

随着实验设备的改进，新型样品制备方法的开发，全自动化、高通量电镜数据采集和处理方法的建立，三维重构算法的改进，以及在细胞及亚细胞水平上的电子断层成像方法的发展，冷冻电镜三维重构已经成为结构生物学的重要研究手段之一，对许多与重大疾病和重要生命过程相关的生物大分子复合体或分子机器的结构解析和功能研究起着举足轻重的作用。

四、单分子技术

单分子技术是指在单分子水平上对生物大分子的行为（包括构象变化、相互作用、相互识别等）进行实时、动态检测，以及在此基础上的操纵、调控等（赵南明等，2000）。单分子技术能对细胞中单个分子的行为进行实时“拍摄”，得到细胞过程的分子“电影”，从而揭示生命过程的机制和奥秘。单分子技术主要包括单分子光谱测量、单分子操纵技术和单分子成像等。

（一）单分子光谱学

荧光共振能量转移（FRET）是指两个荧光基团间能量通过偶极-偶极耦合作用以非辐射方式从供体传递给受体的现象，可被用于测定分子间的距离。FRET 荧光探针主要有荧光蛋白、有机荧光染料、镧系染料和量子点，近年来有许多新的应用（赛尔文等，2009）；测试方法上与时间分辨、单分子检测、荧光寿命和荧光相关光谱等技术联用取得了更好的成效（陈宜张等，2005）。FRET 已被广泛地应用于生物化学和生物物理学的研究（张普敦等，2005；张志毅等，2007；杨新星等，2008）。随着单分子技术的发展，单分子对间的荧光共振能量转移（spFRET）已成功地应用于许多实验中。spFRET 方法在研究生物大分子催化、折叠等过程中的构象变化的动力学过程时是相当有效的。

由于光学检测具有无损、检测样品深度大，以及可与多种时间分辨和频率分辨的谱学技术相结合的优势，使其成为生物单分子研究的常用方法。然而，当前 FRET 技术努力解决的问题仍是如何减少和排除非特异信号和提高对极低水平信号的探测。

FRET 方法能够给出纳米量级的空间分辨率，但却无法给出瞬间的时间分辨信息。而荧光寿命成像（fluorescence lifetime resolved imaging，FLIM）技术则可以计算出细胞内不同区域的荧光寿命分布，从而给出荧光寿命图像。FRET-FLIM 技术是将荧光寿命成像用于 FRET 实验中，通过比较在有无受体的情况下供体的荧光寿命的变化，可以确定供受体间是否发生了共振能量转移。

（二）光镊技术

光镊（optical tweezers）又称为单光束梯度力光阱（single-beam optical gradient force trap），是利用光与物质间动量传递的力学效应而形成的三维势阱来捕获和操纵微粒的技术。基本的光镊装置包括三大部分：光路系统、操控系统和测量系统。

光镊在问世之初被看做是微小宏观粒子的操控手段。1986 年，美国贝尔实验室的科学家首先将光镊技术用于生命科学的研究，同时，他们用一束强聚焦激光实现了三维梯度力势阱。光镊的基本原理在于光与物质微粒之间的动量传递的力学效应，它可以准确地、无损伤地捕获几十微米到几十纳米大小的粒子，这种非机械性的操控对捕获微粒的周围环境影响很小，这些特点使得它在物理、生物和化学领域得到了广泛的应用。随着近来科学的发展，光镊操控、高分辨率成像、位移标定及与数字图像分析的结合已经逐渐形成了一个全新的实验技术，被日益广泛地应用在生物大分子分散体系等研究领域中。

光镊具有捕获操纵的微粒小、无机械损伤、远端遥控、无菌、非刚性的优点。同时，光镊可以捕获并操控 $10^{-8}\sim10^{-5}$ 米级的微粒。而大多生物微粒如细胞、细胞器直至生物大分子都在这一尺度范围内，光镊特别适于对细胞、细胞器及单分子的操控和研究。但同时光镊通过微米球作为手柄间接操控纳米粒子，还不能对生物大分子进行直接操纵，其时间和空间分辨率也有待进一步提高。

结合生命科学的发展，光镊技术将会在从分子水平上探究生物大分子的力学性质、运动特性、特异性分子识别、生物信号传导等领域发挥重大作用；同时亦会在单细胞层面上将细胞结构、组成与生物生理功能之间关系的研究提高到一个新的水平。与其他的技术手段相结合，可以更充分地提取信息，如将光镊与高空间分辨率的技术（如原子力显微镜）相结合，使之具备精细的结构分辨能力和动态操控与功能研究的能力（Westphal et al.，2008）。

（三）原子力显微镜

近年来，原子力显微镜（atomic force microscopy，AFM）已经成为一种对细胞及生物大分子形态结构进行观测的强有力的工具（Zhao et al.，

1999)。其主要原因有两个：其一，AFM 作为扫描探针显微镜的一种，构建了一种非常有用的在中等量级（亚微米）上对生物系统的一般形态结构进行研究的工具；其二，利用 AFM 可以使细胞及生物大分子在生理溶液的条件下成像。

AFM 成像最早使用的操作模式是接触模式。AFM 在整个扫描成像过程中，探针针尖始终与样品表面保持亲密的接触，其缺点是扫描时悬臂施加在针尖上的力有可能破坏样品的表面结构。近年来又发展出了一种新的成像模式——间歇接触模式，也叫轻敲模式。在用间歇接触模式扫描时，由于针尖仅与样品表面周期性地短暂接触，针尖对样品施加的侧向力被最小化了，而且样品脱离表面的几率也被大大降低了。这一特性使间歇接触模式成为扫描柔嫩的生物学样品的最佳选择。

除了能在空气中和高真空中操作外，AFM 也能在液体中操作。液体中操作 AFM 有着许多吸引人的特征，其中最明显的就是能够追踪单个分子的动态结构变化和能够在生理相近条件下实时观察生物大分子间的相互作用。此外，AFM 还可以被用来研究生物分子间的相互作用力（徐永春，2008）。在典型的测力实验中，一种相互作用配体固定在表面上，另一种固定在针尖上，打破分子间相互作用所需要的断裂力可以从力-距离曲线中推导出来。

AFM 已经成为生物大分子体系结构研究的一种新型工具，这种技术主要的优点就是它可以在生理溶液中进行，不需要样品结晶，并且对于所测样品的尺寸没有基本的限制。然而，AFM 是一种表面敏感性技术，即所得的图像仅限于样品表面，不能给出更多样品内部结构与相互作用的信息（Woolley et al.，2000）。

自从 AFM 问世以来，为了增加它的分辨率已经做了很多改进。最新发展的冷冻 AFM 技术有望获得许多生物学样品的高分辨率图像，可以与电镜相媲美。探针是 AFM 的核心部件，直接决定 AFM 的分辨率。新近发展起来的碳纳米管针尖效果得到了较大改善，很有希望演化成新一代超分辨 AFM 探针。

（四）荧光相关光谱

生命科学的发展对分析检测技术的灵敏度要求越来越高，人们希望在单分子水平上了解物质之间的相互作用和生命的过程。与传统的分析方法相比，单分子检测法研究体系处于非平衡状态下的个体行为，或平衡状态下的波动行为，因此特别适合研究化学及生化反应动力学、生物分子的相互作用、结构与功能信息等（Berland et al.，1996）。

荧光相关光谱（fluorescence correlation spectroscopy，FCS）是一种新兴的单分子检测技术（Digman et al.，2009，2005）。简单来说，其原理是设计光学照明方式（共聚焦、全内反射等），照亮样本内微量的区域（≤10^{-15}升），而该区域内物质的荧光强度与其浓度（即荧光分子数）成正比。当由于布朗运动或化学反应使进入或离开微区的分子数目发生变化时，会产生依赖于时间的荧光涨落现象。通过在时间轴上将荧光信号做自相关或者互相关变化，从而可以得到所研究荧光分子的浓度、运动速度以及可能的相互作用等信息。单点FCS是最早的形式，主要应用于化学相关的动力学分析中。应用在生物样本上的优点是时间分辨率极高，但是由于仅仅扫描单个像素，其并不具备空间分辨能力。因此，在细胞内某个特定的点进行扫描的实验，由于细胞胞质内的不均一性（不同的光漂白过程和不同的运动速度），导致即使是同一个细胞内的结果也缺乏重复性，较难从结果中提取有生理意义的信息。1995年，Gratton等首先提出用环形的FCS扫描的方式来测量不同位置随时间变化的相关性，从而得到细胞内不同位置的荧光分子的信息。1999年，Wiseman等提出了时间相关的图像相关光谱（image correlation spectroscopy）的概念，同样可以得到细胞内不同区域内的单分子信息（Wiseman et al.，1999）。尽管这些方法都有较高的空间分辨率，但是它们最大的缺陷在于时间分辨率较低。扫描型的FCS分析的时间分辨率为毫秒（ms）级，而时间相关的图像相关光谱分析的时间分辨率更是只有几百毫秒。2008年，同样是Gratton等，提出了光栅图像相关光谱分析技术（raster image correlation spectroscopy，RICS）。在共聚焦成像时，激光按顺序扫描不同像素，因此不同像素之间也包含了时间的信息这个原理。利用这个原理，RICS计算不同位置、不同像素之间的相关状态，从而得到细胞内不同位置的荧光单分子信息（Brown et al.，2008）。由于共聚焦可以以点扫描、线扫描等不同速度的扫描方式工作，RICS也可以在提供合适的空间分辨率的前提条件下提供高的时间分辨率。由于RICS技术适应性强，可以应用在普通的商业共聚焦显微镜上，因此成为目前最流行的技术。RICS等技术已经可以被用来测量活细胞内不同位置蛋白的数量、浓度、运动速度、结合速度等过程。进一步的发展包括双色的光栅图像互相关光谱分析技术等，将可以在活细胞内研究蛋白-蛋白相互作用、蛋白质复合体的组成等过程。

除了与成像技术的结合外，FCS技术还可以和其他技术联用。例如，FCS快速（一个样品的分析时间为2～30秒）和超高灵敏（单分子水平）的特点特别适合高通量筛选。如果和微阵列芯片结合，筛选效率会更高。Koltermann 等（1998）将一种称之为集成双色荧光相关光谱快速分析处理方法（rapid assay processing by integration of dual color FCS，RAPID FCS）用于高通量酶活性筛选研究中，分析时间一般在 1～2 秒，每天可处理 104～105 个样品。FCS 还可以与毛细管电泳（CE）结合，大大提高后者的灵敏度。在疾病诊断方面，由于 FCS 技术的高灵敏度，其与链扩增技术的结合可以检测疾病（特别是传染病）初期阶段的微量致病物质。

五、细胞技术

（一）细胞重编程技术

细胞重编程（reprogramming cells）指的是分化的细胞在特定的条件下被逆转后恢复到全能性状态，或者形成胚胎干细胞系，或者进一步发育成一个新的个体的过程。现阶段，细胞重编程可通过三种途径实现，即体细胞核移植、细胞融合、由外源基因诱导重编程。

体细胞核移植技术就是将体细胞的细胞核和去核卵母细胞融合获得重组细胞，在体外培养，然后通过胚胎移植将其转入动物的子宫中发育，最终得到成熟的个体。早期对青蛙克隆的研究为重编程提供了初步的实验证据。后来这一领域的突破来自于多莉羊的成功克隆。自多莉羊之后，人类克隆了牛、猪等动物。但由于人卵母细胞的获取受到伦理学问题的困扰，现在还不能通过体细胞核移植建立人胚胎干细胞系。

细胞融合实验也可以实现细胞重编程。通过将体细胞与胚胎干细胞融合即可得到与胚胎干细胞相似的多能干细胞系。但重编程后的多能干细胞是四倍体细胞，无法在医学上应用。有研究表明从融合细胞中选择性地除去特定染色体是其中一个方法，但迄今仍没有完全成功的范例。所以这种方法也存在着较大的局限性。

直至 2006 年，日本科学家 Yamanaka 的研究组将 4 种与维持胚胎干细胞全能性相关的转录因子导入已分化的小鼠皮肤成纤维细胞，可获得类似于胚胎干细胞的多能干细胞，称之为诱导性多能干细胞（induced pluripotent stem cells，iPS 细胞）。iPS 细胞的分离培养成功是干细胞研究乃至生命科学领域的里程碑。它的意义在于：有可能通过建立患者特异的 iPS 细胞，诱导其分化并用于细胞治疗，从而解决异体移植的免疫排斥，避开建立人胚胎干细胞系所涉及的伦理问题。同时，通过建立某一疾病特异的 iPS 细胞，可对该疾病的发生机理和治疗途径作深入的研究。自 iPS 细胞建系以来，科学家们就试图寻找比 Yamanaka 更安全有效生成 iPS 细胞的方法。在过去的几年中，几乎每个月都有一些新的改良的重编程技术公布，如应用非基因组整合性的表达系统转入外源基因、减少导入外源基因的种类、将外源基因导入与小分子化合物相结合等，都已获得通过导入蛋白质或 mRNA 分子或 microRNA 分子建立的 iPS 细胞系。研究人员已经利用 iPS 细胞构建了大量疾病如心脏病、精神分裂症等的细胞模型。但 iPS 研究领域依然存在重编程效率低下、诱导突变、重编程细胞无法分化形成某些细胞类型、构建的并非总是理想的疾病模型等局限性。最近有文章证实将 iPS 细胞分化生成的多种组织移植到小鼠体内会产生快速的免疫排斥反应，即便 iPS 细胞的起源细胞来自于移植小鼠本身。iPS 细胞生物学是一个令人激动的研究领域，在人类疾病模型和治疗方面具有巨大的潜力；但它也是一个非常年轻的领域，存在许多未知因素，需要人类长期地探索。

另外，近来的几项研究提出，重编程的出路并不一定要回到胚胎状态，而可以让一种已分化细胞直接变成另一种分化细胞。这种细胞的直接重编程对治疗某些疾病来说，也许比采用多能干细胞更简单、更安全。这项技术也能使科学家们加快在实验室培养所需细胞类型，用确定的因子把培养的一种细胞转变成另一种。

基于细胞重编程的广泛应用前景和取得的突破性进展，2008 年，细胞重编程被《科学》评为十大科学突破之一。但细胞重编程未来的道路还很漫长。只有解决了细胞重编程中的安全问题和效率问题，才能应用于临床。且细胞重编程的机制尚未明确，只有弄清它的机理，人们才能放心地将其广泛应用于医学等领域。因此在未来，细胞重编程的研究方向将以研究其分子机制为主轴来进行，并在完善细胞重编程技术上走得更远。

（二）单细胞操作技术

2007 年至今，以 Illumina 公司 Genome Analyzer（GA）为代表的第二代测序平台已经大规模普及。同时，人类单倍型计划、千人基因组计划、癌症基因组计划、Meta-Hit 计划等重大国际合作项目也将基因组研究日渐推向高潮。然而，迄今为止使用的测序材料无一例外的是大量细胞的混合 DNA 样本。在微生物生态学、癌症基因组、法医学、微量诊断、遗传印记等研究中，这样的材料显然是无法满足要求的，而单细胞微量测序为解决以上难题打开了一扇崭新的大门。

单细胞测序（single-cell sequencing）是指在单个细胞水平上对基因组进行扩增与测序的一项新技术。该技术的建立需要两个必备条件：高质量的全基因组扩增技术和高通量、低成本的测序技术。单细胞测序技术的基本操作方法如图 10-2 所示。

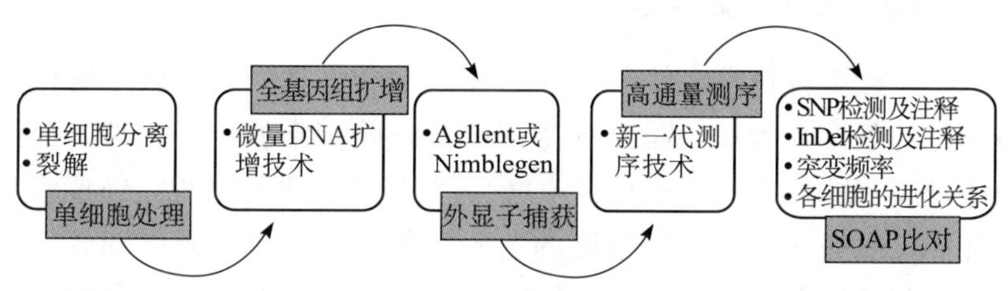

图 10-2　单细胞测序流程

单细胞测序技术在生物样本遗传学分析领域有较明显的优势：结合外显子捕获测序技术，可获得大量重要变异，节省项目成本；可挖掘 DNA 突变的来源和频率，结果验证率高；可分析癌细胞的发生、发展和演化过程；能从遗传变异水平区分正常细胞与癌细胞。通过对结果的分析，可获取单细胞所有点突变信息列表、对所有检测出的 SNP 和插入缺失位点 InDel 进行注释、获取正常细胞和癌细胞的突变频率图谱、建立进化树分析各肿瘤细胞的关系。

单细胞测序的关键步骤在于 DNA 的高保真微量扩增，采用的单细胞扩增技术错误率仅为 10^{-6}左右，大约比 Taq DNA 聚合酶低 100 倍，因此可以保证扩增的高保真性。通过该反应，最终可以获得大量高分子量的 DNA。随后，将扩增产物利用高通量测序平台进行测序，最终测序数据可以覆盖绝大多数的基因组区域。

单细胞癌症测序能够突破传统癌症基因组研究的瓶颈问题，如混合样品测序无法判断具体突变来源及频率，无法研究癌症发生、发展、演化过程中的细节，难以区分主动与被动突变；细胞系测序无法除去体外培养时产生的新突变等。随着测序成本的进一步降低，比较基因组学、基因诊断、变异分析、遗传印记分析、癌症发展演化等方面对单细胞测序的需求会越来越大。相信结合外显子捕获（exon capture）等价廉且相对成熟的技术，近期会有超大规模数量的癌症单细胞样本被测序，人们也会发现传统癌症基因组研究中难以取得的一些新突破。

单细胞测序对癌症研究重点不仅放在突变信息上，也从群体遗传学的角度分析癌细胞的群体关系（进化关系）。冷泉港实验室（CSHL）的研究人员利用单细胞测序技术发现了乳腺癌细胞的多个亚群和多个突变，下一步他们将评估前列腺癌、慢性淋巴细胞性白血病等更多类型的肿瘤。另外，单细胞测序还可以用于其他疾病的研究，如孤独症、神经方面的疾病和自体免疫疾病。

（三）细胞长时程影像技术

细胞长时程影像技术，就是对细胞长时间的信息采集，满足这种要求需要配备相应的条件，例如，需要维持细胞长时间正常的生存条件，恒温、恒湿和恒酸碱度（即恒定的二氧化碳浓度），如果需要更长时程，还要满足无菌培养条件等；要有快速的、高精度的信号采集工具，包括硬件和软件；要有数据的导出和分析系统。目前，在研究各种外界环境刺激细胞导致细胞应答的过程中，活细胞动态的生物学行为检测有着不可替代的优势。因为该技术能够实时地监测同一个细胞在接受刺激前后产生的一系列反应，排除了细胞的个体差异，减少了误差。并且，除了外加刺激不同外，所有的条件都相同，因此可以更直观地找到关键的信息，减少后期的数据分析工作。当然，该技术也有无法避免的缺点，主要有以下几点，由于是活细胞实验，在实验设计上就没有用死细胞那么从容，一旦开始，就要求所有的硬件设施保持相应的稳定时间；由于很多信号是细胞自身表达的，如一些融合了荧光蛋白的分子探针，过高表达会导致不正常的细胞定位和功能异常；同时，在采集图像时，为了防止细胞荧光淬灭，光源的强度不能太大，因此得到的信号会弱些。但是，对于高度灵敏的仪器，这种缺点是可以避免的。在追求更精细、更全面、更真实的实验要求时，要一次实验能够尽可能地获得所有的信息，对于大量的实验数据，需要更准确、更高效率地处理分析，去伪存真。因此，对于细胞长时程影像技术的开发还需要在信息采集速度、精度和数据处理方面进一步地努力，揭开细胞微观世界的丰富而有趣的神秘面纱。

（四）细胞连接分析技术

透彻地了解和掌握一个神经回路的工作规律首先需要有其连接图。但是目前除了极少数有大量前期研究的生物系统，多数神经连接还是未知的。普适、高效地鉴定两个神经元的连接的实验方法，正在走向成熟。伴随基因组学及其他组学的深入开展，使对在分子及细胞之上的更高层次结构的探索成为可能，脑连接组学（connectomics）应运而生。

脑神经连接图在分子和细胞研究领域占主导地位的年代未受重视，进展缓慢。传统的研究方法大多依靠目标系统的独特性质，不能推广，无法深入，而且工作量大。在前基因组时代，各个课题独立测定基因组的一小段序列，虽然能够保证各个项目的进行，但不能满足对整个细胞及生物体作更大范围、更多因子、更多层次、更系统的研究和了解的要求。现阶段脑连接组正在经历类似的过程。

神经环路是由神经元的投射和它们间的连接（突触）构成的。两个神经元的连接部分形成特殊结构，物理上要求两个细胞的有些部分在连接处相互靠近，因此这也是神经生物学用以判断两个神经元是否有连接的证据之一。通用的方法是通过光学显微镜（包括共聚焦显微镜）观察总结投射在某一区域的各类神经元的形态，尤其是分支和末端，如果两个神经元在同一个窄小区间都有突触结构存在，它们很可能形成连接。

一方面，神经细胞形态复杂，详尽追踪其所有投射的难度较大；另一方面，突触的尺寸很小，很容易被忽略掉。遗传标记为主的方法显示了巨大作用。用在果蝇和小鼠中的 MARCM（mosaic analysis with a repressible cell marker）方法，能够随机地标记某类神经元的一小部分，这种“稀疏标记”有利于对单一细胞的形态进行精确描述（Luo，2007）。近期发展起来的 Brainbow 方法（Livet，2007）又向前迈进了一步。Brainbow 利用分子遗传学手段，在基因组中连续插入多个拷贝的模块，每个模块都含有一组 GFP、RFP 等不同颜色的荧光蛋白基因，尽管它们共享同一个操纵子，但是由于特殊设计的多个不兼容 loxP 位点受 Cre 重组作用后，导致每个模块在某一细胞中仅有一个荧光蛋白能够随机地得到表达。由于每个模块的荧光蛋白表达的选择是随机的，相对独立于其他模块，所以多个不同的荧光蛋白以不同的丰度得到表达，随机性导致每个细胞都有自主的、特定的荧光蛋白表达组合，即不同颜色。假如 3 个插入模块有 3 种荧光蛋白，则可以形成的颜色种类的理论上限是 3×3=9。由于成像分辨率和灵敏度的限制，实际可区分的颜色更少。这种多种颜色标记大大地提高了标记效率，同时提供了近似于“稀疏标记”的精度或分辨率。

另外，突触作为神经信号跨细胞传递的中转站，具有特殊结构。突触前后细胞膜十分接近，突触特异性分子的种类、数量、分布在突触前后区域均有不同。如果一个神经元表达一种神经递质，而与之靠近的神经元表达相应受体，则两者可能存在连接，其方向是由递质神经元到受体神经元。新的分合 GFP（split-GFP）方法利用了突触间隙小的特点，将 GFP 的两部分加上 linker 和跨膜域（domain），分别表达在两个细胞的表面。这两个 GFP 部分不能独立产生荧光，但是如果两个表面足够近，如位于突触前后膜，则两个蛋白片段反式组合成一个完整的 GFP 分子，发出荧光或可以被抗 GFP 的抗体识别。缺省地认为如果两个神经细胞形成连接，其距离会足够靠近，则能够以此方法被标记；反之，能够被标记的两个细胞，仅仅表明部分表面有接触，不一定有突触或连接。

从结构入手解析神经环路的最具结论性的手段是超分辨重建。电子显微镜（电镜）图像可以清楚、直接地展示亚细胞结构，如突触和突触特异性结构（突触前细胞内的囊泡聚集和突触后细胞内的高密度突触后密度蛋白聚合体）。由于电镜可观察尺度和神经元大小相差极大，为了揭示一个神经元的所有连接，需把这个神经元所在的区域进行连续超薄切片，对每一个切片进行电镜成像，再把所有的二维切片信息重构成三维结构。这种方法可以揭示两个细胞间的神经连接和它们的精细结构、突触数量及其分布。为了实现高通量自动化的电镜成像，一个新的趋势是采用对切削后的表面直接进行扫描成像（SEM），而不是对切下的片子做透射成像（TEM）。实际上，这种方法甚至不收集切掉的部分，从而避免了诸多影响切片质量的因素，因而更利于实现自动化。如果能将一个较大区域的所有突触及所属神经元弄清楚，神经元之间的连接（即神经回路）就比较容易构建了。由于本方法的直接性和普适性，它已成为构建模式动物脑连接组的首选方法。发展对海量数据处理进行三维重构和定量分析的算法及软件成为研究热点。

神经回路的特性可以被病毒（如狂犬病病毒）利用，通过跨突触传播，感染整个通路。采用改造后的病毒颗粒逆向和顺向透过突触进入下一级神经元，再检测病毒颗粒或其标记在初始被转染细胞之外的扩散，给我们提供了与起始神经元在同一个通路上各级神经元的信息。尽管该方法看起来简洁明了，但大规模地应用到脑连接组测定还未见报道。

光遗传学（optogenetics）的出现提供了利用神经环路功能来解析其连接结构的新思路。采用病毒侵染或遗传学标记待鉴定的上级神经元，利用极细光束扫描来选择性地激发脑片的一个小区域，使占据这个区域的各个细胞因光照射产生电活动，同时记录靶神经元的电活动。如果被照射和被记录的神经元有上下级关系，那么激活突触前的上游细胞将导致突触后神经元的激活。以此可最大限度地获得一个神经元的所有上游细胞的信息。

上述各方法在应用尺度和可视结构两方面互补，结合起来使用才能进行脑连接组的测定。各方法仅适合于模式动物，并不适合于人类。现在采用功能核磁共振成像（fMRI）方法可以无损测定人脑神经纤维的走向，得到低分辨率的脑连接组图谱的新技术已经出现。

六、成像技术

(一) 超高分辨率光学成像技术

近年来，随着新型荧光分子探针的出现和成像方法的改进，光学成像的分辨率得到极大的改进，达到可以与电子显微镜相媲美的精度，其中基于单分子定位成像的超高分辨率光学成像技术，包括光敏定位显微技术（photo-activated localization microscopy，PALM）和随机光学重构显微技术（stochastic optical reconstruction microscopy，STORM）（Rust et al.，2006）。通过改变点扩散函数来提高成像分辨率的方法包括受激发射损耗显微技术（stimulated emission depletion，STED）和饱和结构照明显微技术（saturated structure illumination microscopy，SSIM）。

PALM 显微镜的分辨率仅仅受限于单分子成像的定位精度，理论上来说可以达到 1 个纳米的数量级。但是 PALM 的成像方法只能用来观察外源表达的蛋白，而无法分辨细胞的内源蛋白质的定位。STORM 方法也存在缺陷。由于用抗体来标记内源蛋白并非一对一的关系，所以 STORM 不能量化胞内蛋白分子的数量，同时也不能用于活细胞测量。不管是 PALM 还是 STORM 的超分辨率成像方法，其点扩散函数成像仍然与传统显微成像一致。由于需要反复激活-淬灭荧光分子，所以使得实验大多数在固定的死细胞上完成。最近，PALM 实现了在活细胞内的成像，但其时间分辨率仍然较低。

STED 的实现过程就是用一束激发光使荧光物质（既可以是化学合成的染料也可以是荧光蛋白）发光的同时，用另外的高能量脉冲激光器发射一束重叠的、环型的、波长较长的激光将第一束光斑中大部分的荧光物质通过受激发射损耗过程淬灭，从而减少荧光光点的衍射面积，显著地提高了显微镜的分辨率。STED 成像技术的最大优点是可以快速地观察活细胞内实时变化的过程，因此在生命科学中应用广泛。目前，STED 作为一种成熟的方法，已经可以高速地监测活细胞内的高分辨率图像。STED 成像的主要缺陷在于设备昂贵，需要特殊的光学探针，对系统的稳定性要求很高。

改变光学的点扩散函数来突破光学极限的另一个方法是利用 SSIM。这种成像模式相比于 PALM、STORM，在成像速度上有了很大的提高；相比于 STED，SSIM 在实现上更简单，成本也较低。但是实际应用中 SSIM 也存在一些缺点，例如，饱和激发会加剧荧光分子的光漂白，尽管激发光强比双光子要低 3 个数量级，短波长激发也会大大增加对细胞的光损害。

（二）核磁共振成像

核磁共振成像（nuclear magnetic resonance imaging，NMRI）又称自旋成像（spin imaging），也称磁共振成像（magnetic resonance imaging，MRI），是利用核磁共振原理，依据所释放的能量在物质内部不同结构环境中不同的衰减，通过外加梯度磁场检测所发射出的电磁波，即可得知构成这一物体原子核的位置和种类，据此可以绘制成物体内部的结构图像。将这种技术用于人体内部结构的成像，就产生出一种革命性的医学诊断工具（Lauterbur，1973）。从发现核磁共振现象到MRI技术成熟这几十年期间，有关核磁共振的研究曾在3个领域（物理、化学、生理学或医学）内获得了6次诺贝尔奖，足以说明此领域及其衍生技术的重要性。

磁共振成像的最大优点在于，它是目前少有的对人体没有任何伤害的安全、快速、准确的临床诊断方法。如今，全球每年至少有6000万病例利用核磁共振成像技术进行检查。其特点主要体现在：①对软组织具有极好的分辨率；②各种参数都可以用来成像，多个成像参数能提供丰富的诊断信息，这使得医疗诊断与对人体代谢和功能的研究方便有效；③通过调节磁场可以自由选择所需剖面，可以得到其他成像技术所不能接近或难以接近部位的图像；④对人体没有电离辐射损伤；⑤原则上所有自旋不为零的核元素都可用以成像。

其缺点主要有：①MRI也是解剖性影像诊断，很多病变单凭核磁共振检查仍难以确诊；②费用高昂；③扫描时间长，空间分辨力不够理想；④MRI的强磁场导致其对体内有磁金属或起搏器的特殊病人不适用。

快速扫描技术的研究与应用，将使经典MRI成像方法扫描病人的时间由几分钟、十几分钟缩短至几毫秒，从而忽略因器官运动对图像造成的影响；MRI血流成像利用流空效应使MRI图像将血管的形态鲜明地呈现出来，使测量血管中血液的流向和流速成为可能；MRI波谱分析可利用高磁场实现人体局部组织的波谱分析技术，从而增加帮助诊断的信息；脑功能成像利用高磁场共振成像，研究脑的功能及其发生机制是脑科学中最重要的课题。

（三）电子断层扫描三维重构

除了螺旋管样品、二维晶体样品和具有全同结构的单颗粒样品外，人们希望对更加复杂的生物超分子体系的结构进行研究，如线粒体、染色质、高尔基体等。此外还有很多生物样品无法利用螺旋重构、电子晶体学和单颗粒三维重构方法解析三维结构，如HIV病毒和流感病毒等没有全同形态的大分子复合体（Chang et al.，2010）。处理这类样品的电子显微方法叫做电子断层扫描三维重构技术（cryoelectron tomography）。

在电子断层三维重构密度图的基础上，人们进一步发展出三维密度图的分子识别、分类与平均技术，应用这项技术可以进一步拓展电子断层技术的应用范围，并将其分辨率从 5 纳米提高到 2 纳米左右，填补了活体细胞或细胞器三维结构与离体生物分子高分辨率结构之间的沟壑，使人们能够获得生物大分子复合体在细胞内部的天然结构（McEwen et al.，2001）。2002 年，Baumeister 研究组发表了基于模板的相关识别算法，成功区分了囊泡内的不同组分复合物，证明了这种方法的可行性（Frangakis et al.，2002）。2003 年，Grunewald 等获得单纯疱疹病毒电子断层结构，并利用三维密度平均技术对核蛋白壳进行计算处理，极大地提高了重构分辨率，保证了结构分析的可靠性（Grunewald et al.，2003）。Forster 等（2005）发展了一种迭代三维平均算法并考虑缺失楔，利用此方法他们获得了小鼠白血病逆转录酶病毒包膜蛋白三聚体复合物 2.7 纳米分辨率的三维结构。

（四）相干拉曼散射光学显微成像技术

拉曼散射探测的是光和物质非弹性散射后发生的频率移动，具有很好的化学特异性，非常适合化学和生物体系的鉴别和观察。但是，自发拉曼散射产生效率不高，而相干拉曼散射（coherent Raman scattering，CRS）方法利用非线性光学四波混频，可以大大提高信号检测的灵敏度，比自发拉曼散射高 1000 倍以上，这为生物医学成像提供了一个无须标记而进行高分辨率、高灵敏度、高特异性观察的可能。

受激拉曼散射（stimulated Raman scattering，SRS）显微术是基于相干拉曼散射的另一显微成像技术，是在相干反斯托克斯拉曼散射（coherent anti-stokes Raman scattering，CARS）显微术不断发展的基础上衍生出来的一种新方法（Djaker et al.，2006）。谢晓亮研究组于 2009 年首先研制出 SRS 显微术，这一进步在很大程度上摆脱了 CARS 显微术面临的一些困难，成为相干拉曼散射显微术领域新的突破口（Krafft et al.，2009）。

相干拉曼散射光学显微成像技术在现代生命科学的研究中是一个重要的发展方向。这一技术最重要的优点在于样品无须进行标记，对于观察动态的生命过程意义重大。除此之外，这一方法还具有如下重要优点。第一，在近红外的泵浦光和斯托克斯光的共同作用下，样品中产生了波长更短的 CARS 信号。长波的激发光能够获得更大的穿透深度，同时减少对样品的光致损伤。

更高的单光子能量则有利于进行高效率地探测。第二，作为三阶非线性光学效应，信号只能产生于光束能量密度最大的地方，即焦点处。因此，如同多光子显微技术一样，CARS 和 SRS 具有三维成像的能力。第三，CARS 信号由于非共振背景的存在，图像的信噪比受到了限制，对实验图像的解释也相应复杂，但是 SRS 信号完全没有这样的限制和影响，使得 SRS 显微术监视动态过程更加准确；而信号强度与浓度的简单线性关系简化了图像数据的处理与定量分析，可以获得更多信息。

CARS 和 SRS 显微术都是基于相干拉曼散射的非标记光学成像技术，两者具有很多相似点。通过探测化学键的振动，CARS 和 SRS 显微术能够提供化学衬度的图像，而不需要引入荧光标记。利用近红外区域的激光光源，相干拉曼散射在穿透深度上优于单光子荧光，有利于组织水平和活体模式生物的成像。而非线性的强度依赖还能够提供内部的三维成像能力，分辨率可以与多光子显微镜比拟。在泵浦光和斯托克斯光两束激光照射样品的情况下，CARS 和 SRS 信号是同时产生的，两种显微术通过光路上的一些改动，分别探测相应的信号，可以在一套系统上同时实现 CARS 和 SRS 图像采集。与此同时，CARS 和 SRS 还具备了视频帧率的图像采集速度，实现了活体成像。这些优势使它们表现出了巨大的应用前景。

七、计算与系统生物学技术

（一）芯片技术和微流控技术

自 20 世纪 90 年代以来，芯片技术（chip technique）得到了迅猛的发展和大规模的应用，已经成为一种非常重要的高通量分子生物学检测技术。这种技术是把探针固定在一定材料的基底上，利用探针与目标样品中特定成分的相互作用对样品进行检测。根据探针的不同，又可以分为 DNA 芯片、蛋白质芯片、基因组 Tiling 芯片、mRNA 表达谱芯片等。以较常用的 DNA 芯片为例，在基底上固定单链 DNA 片断，利用碱基配对的原则对经荧光标记的样品中的互补 DNA 片断进行检测。探针与被检测目标间结合的强度决定于二者序列的匹配程度。在洗掉非特异结合的非匹配序列之后，芯片上各个位置的荧光强度能够相对定量地反映出精确匹配的目标 DNA 含量。对于双通道探测芯片，可以采用两个目标 DNA 样品进行不同的荧光标记，检测过程中利用荧光的波长区分信号，通过两种荧光亮度的不同获得特定基因在两个样本之间的含量差异。

芯片可以通过合成后点样或者原位合成的方式进行制作。合成点样方法是给定序列的探针合成后再固定到芯片上，而原位合成方法则是直接在芯片上进行探针的合成。合成点样方法技术相对成熟，具有较高的灵活性，缺点是点样密度不高，芯片均一性也不能得到很好的保证。而原位合成法能够批量生产，探针密度较高，但不适用于较长序列的探针。目前，在几个平方厘米的芯片上已经可以精确排列上百万个不同序列的探针，使得检测效率可以做到高通量。

微流控技术（microfluidic chips）与芯片技术差不多同时开始发展。它是在微米或亚微米尺度对流体和颗粒进行控制，因此流体的体积为纳升量级甚至更少。微流控芯片把探针固定到微流控系统中，使得它能够在极少消耗样品的情况下进行快速和精确的检测。目前，这种技术的发展已经使对单个细胞的高通量检测成为可能，而单个细胞表达谱、转录组及 DNA 修饰检测必将是以后几年芯片技术发展的目标。此外，光学和微流控技术的结合也正在成为单分子生物物理学的有力工具。

芯片技术和微流控技术的应用产生了海量的检测数据，单细胞检测更将会使数据量成倍增加，对这些数据的整合与分析并获得有价值的信息成了急需解决的问题，迫切需要建立切实可行的生物信息学分析方法。

（二）Meta -分析

为了全面了解生物体的整个生命活动，近 30 年来，国际生命科学领域开展了基因组学、表观遗传组学、转录组学、蛋白质组学、糖组学、脂组学等多个组学范畴的研究，并获得了海量数据，建立了众多数据库。虽然这些组学数据库的资源非常丰富，但是如果不能将它们有机地整合到一起，提高人们对生命过程的整体认识，那么人们对于生物体的认识将只能停留在“盲人摸象”的水平。人们看到的可能只是类似“象鼻”、“象腿”这样的生物体局部，而非“大象”这一生命体的全貌。这是组学后时代生命科学领域面临的最大挑战。

为了解决这一问题，Nicole Rusk（2008）在《自然-方法》的“新技术观察”中提出了“组学 Meta-网络”（a meta-network of-omics）的概念，建议利用“Meta -分析”（meta-analysis）方法将各个组学研究产生的海量数据整合成为一个信息扩展的、真实的“Meta -数据库”，从而建立一个囊括和综合现有生命科学知识的、容易操作的 Meta -网络数据库，便于不同学科的科学家最优化地利用自己专业以外的知识，将各种组学知识有机地融合在一起，完整地解释生命现象。

Meta-分析是一种利用统计学方法和计算机技术对现有研究结果进行二次挖掘和综合分析、实现量化综述的过程。其优点是通过增大样本含量来增加结论的可信度，解决研究结果的不一致性（刘军，2008）。

它的主要技术路线如下：①确定课题，关注存在争议的领域；②收集文献，明确单个研究的入选及排除标准，明确查阅文献的方法及要采取的统计学分析方法等；③质量评定和筛选，根据具体的目的和专业知识等制定评价标准，如确定受试对象的标准、样本量、随机分组方法、盲法观察、变量之间的关系（单变量、双变量、还是多变量关系）、自由度等；④文献编码，建立 Meta-数据库；⑤资料综合，将各项研究不同的指标转化为统一的指标，即效应值（effect sizes），它是 Meta-分析的核心概念；⑥总结成文，详细陈述分析的目的、文献查找方法及取舍标准、所综合的单个研究的特征、所应用的统计学方法，包含有各个研究统计结果的图表，提供灵敏度分析结果、结论可能遇到的偏倚及处理方法，讨论分析结果应用价值等。

Meta-分析最初出现于教育学，随后在临床医学中得到了大量运用。Meta-分析在诊断、治疗、危险度评价、干预措施、预防对策等方面起着独特的作用，并逐步渗透到生态学、心理学等各个开始量化研究的学科领域。

如果“组学 Meta-网络数据库”建设完成，将为生命科学的研究带来极大的便利。当科学家选择一个蛋白质进行研究时，他可利用“组学 Meta-网络数据库”获得关于这个蛋白质的一切相关信息：如基因序列信息、表观遗传状态信息、不同组织和不同物种的表达信息、结构生物学信息、翻译后修饰信息、功能作用信息、同族或同功能的关联蛋白质信息、疾病和常见突变中的作用信息、基因敲除动物的信息等，然后对这个蛋白质进行完整系统的研究。

现在，虽然国际生物学界的许多研究领域已经开始了建设“Meta-数据库”方面的工作，如建立连接临床表型和基因组结构、基因序列及基因表达方式的小型“Meta-数据库”。但是，要浓缩现有的整个基因组学、蛋白质组学等各种组学的不同数据库形成一个“组学 Meta-网络”，还需要新的独创性思维、新的计算方法和资金支持。

目前，虽然国际社会还没有开始大规模的“组学 Meta-网络”科学计划，但是，这是生命科学组学后时代发展的必然选择，我国应该在 Meta-分析技术方法的发展上有所储备。

（三）蛋白质结构预测

后基因组时代的今天，蛋白质序列数据急剧增加，这为我们理解蛋白质的结构和功能创造了条件。但是，相对于序列而言，蛋白质三维结构的解析速度还相当缓慢。随着蛋白序列与结构数据之间差距的日益增大，以及蛋白质结构模型在功能分析和机制研究中的日益重要，快速有效地预测蛋白质的三维结构显得越发迫切。蛋白质的结构预测研究已经有 50 多年的历史，经过多年的积累，蛋白质三维结构预测方法的运用范围越来越广泛，在蛋白质药物设计、蛋白质相互作用研究、蛋白质结构确定、大分子复合物组装等诸多领域发挥着非常重要的作用，已经成为生物信息学领域的一个重要研究方向。因此，发展有效的蛋白质三维结构预测方法具有重要的理论价值和应用前景。

当前蛋白质三维结构预测方法可以分为三类（Zhang，2008，2009）：①针对高序列相似性的同源建模（homology modeling）；②针对低序列相似性的折叠识别（fold recognition），又称之为穿线法（threading method）；③不依赖于模板而利用物理定律直接进行从头计算（ab initio or de novo modeling）。前两类方法统一称之为“基于模板的蛋白结构预测”（template-based modeling，TBM），对应地，第三种方法有时候也被称为“不依赖模板的蛋白结构预测”（template-free model modeling，FM）。目前这三类方法适用条件各不相同，同源模建在预测序列同源性大于 30％的结构模板时，一般能得到比较好的预测结果；折叠识别理论不依赖于序列同源性，而依赖于模板空间折叠类别的完备性和序列-结构匹配算法的有效性，因此有可能在低同源性序列上得到比较好的结果；同源模建和折叠识别都难以对新折叠子（new folds）进行预测，而对于新折叠子的预测正是从头预测方法的优势所在。从头预测方法还可以模拟蛋白质的动态折叠过程和系综行为，但计算量庞大，难以对较大的蛋白分子进行研究，有意义的预测工作一般集中在预测一些单结构域的小蛋白上。在技术成熟的蛋白质三维结构预测方法中，为了达到预测效果的最优化，一般还会采用一些方法来提高预测模型的质量，如整合其他结构预测服务器结果的 meta-server 方法、多模板整合技术、全原子优化（all-atom refinement）技术等。

八、合成生物学技术

（一）合成生物学

“合成生物学”一词最早出现于 1911 年的科学论文。1995 年之后，随着大规模基因组测序技术和分析方法的成熟，生命科学研究进入了基因组时代。合成生物学就是在以基因组技术为核心的生物技术基础上，以系统生物学思想为指导，综合化学、物理技术和生物信息技术，利用基因和基因组的基本要素及其组合，设计、改造、重建或制造生物分子、生物体部件、生物反应系统、代谢途径与过程乃至整个生命活动的细胞和生物个体的学科。人造生命的特点是按人类要求进行设计，能在人工环境或细胞环境下独立生存、繁殖，可预测、可调控地完成人类要求的任务。

合成生物学是在现代生物学和系统科学基础上发展起来的一个工程生物学的崭新研究领域。它依据基因组和系统生物学的知识进行生物设计，采用现代生物技术和相关物理、化学技术，建造优化的生物系统。它既是多学科的交叉综合，又是充满挑战和机遇的创新研究。目前，合成生物学的研究主要朝两个方向发展：一是设计、建造具有生物功能的元件，如生物分子或反应系统、生物装置和基因网络、多元件组成的功能单位及其更高级复杂系统的组装等；二是开发建立生物制造所需要的技术，如大分子基因组合成技术、生物功能元件的分析与测试技术、生物体信息的捕获与处理技术、系统模拟与控制技术等。

作为一门学科，合成生物学还很年轻，但它囊括了与人类自身和社会发展相关的各个研究方向和内容，以解决人类可持续发展所面临的重大挑战性问题（如生物医学、药物合成、可循环化工、环境与能源、生物材料和生物反恐等）作为其当前发展所追求的主要目标，而具有巨大的应用开发潜力，受到多方关注，发展极为迅速。有人把合成生物学的现状看成是计算机和信息工业的早期研究阶段，预言其为未来生物技术经济发展的主要推动力。

近年来，利用人工化学合成的手段合成生物遗传物质的研究进展非常迅速。2002 年，美国 Wimmer 实验室首次通过化学方法合成了脊髓灰质炎病毒的 cDNA，并反转录成有感染活性的病毒 RNA，开辟了利用已知基因组序列（即不需要天然模板）从化学单体合成感染性病毒的道路。2003 年，美国 Venter 实验室只用了两周就合成了 5386 碱基对的 ΦX174 噬菌体基因组。2008 年，Venter 实验室合成了 582 970 碱基对的生殖道支原体（mycoplasma genitalium）全基因组。为了突出这是人工合成的基因组，他们在基因组的多处插入了“水印”序列。至此，人工化学合成病毒和细菌基因组均已实现，预示着人类可以通过人工设计和构建生命体的时代已经到来。这为运用合成生物学改造、制成目标细菌，用来消除水污染、清除垃圾、处理核废料等开辟了新的途径。

合成生物学首先被应用在天然药物的生物合成、生物能源和生物基化学品领域。例如，2006 年，美国 Keasling 实验室将改造了的多个青蒿素生物合成基因导入大肠杆菌和酵母菌中，均生成了青蒿酸，并通过对代谢途径（网络）不断的改造和优化，使产量实现了若干数量级的提高，具有了工业生产的潜力。美国杜邦（Dupont）公司利用大肠杆菌合成了重要的工业原料丙二醇等。

现在合成生物学还通过采用“定向进化”的方法，将基因网络插入细胞内，有选择性地促进细胞生长，这有可能通过修复细胞功能、消除肿瘤、刺激细胞生长和使某些决定性细胞再生，实现治疗各种疾病的目的。

（二）定向进化技术

功能蛋白质和由其构成的蛋白质复合体是生物功能展现的主要成分，它们的设计具有极大的挑战性。蛋白质的识别和构象变化是区别于其他分子的关键特征，对于生命活动不可或缺。这两个特征均依赖于复杂原子群的空间排布和特异有序变化。每个蛋白质的这些特征的形成是通过数百万年到数亿年的漫长生物进化而产生的。如今，合成生物学方法仅可粗略设计酶活性中心、蛋白质相互作用界面，多数情况下设计出来的蛋白质没有或仅具有极低的功能活性。就构象变化而言，现在还没有系统的理论，因而谈不上设计。美国华盛顿大学的 David Baker 教授设计成功多个功能蛋白质，是蛋白质设计领域的知名专家。他总结说：计算机模型的问题是没有好到保证每个设计出来的蛋白质均具有预想的功能。Baker 教授（2011）近来设计了许多抗流感 HA 抗原的一个保守区域的抗体。检测的 76 个设计的抗体中只有 2 个抗体有很低的活性。通过快速体外人工进化，他的实验室将这 2 株抗体的亲和力提高了 40 倍和 1600 倍以上，使其具有真正的抗病毒功能。有意思的是，这 2 个抗体的氨基酸残基突变具有明显趋同性。这些共同突变是设计时没有预测到的。由以上例子可知，蛋白质设计必须与人工进化相结合才能成功。设计为蛋白质提供实现功能的“方向”，人工进化使其功能化或功能大幅提升。

体外人工进化包括细胞功能和大分子功能进化。细胞进化是非理性的，不需要预先设计。细胞进化可以提高工程细胞对苛刻培养条件的耐受性、增加目标物产量等，如啤酒酵母对酒精的耐受能力和产油绿藻的油脂产量。细胞进化最常用的程序为：①用物理或化学方法使细胞诱变细胞；②用气/液相、琼脂糖涂板、多孔培养板或高速流式筛选目标细胞克隆。蛋白质进化前需要对其功能进行设计定位。蛋白质分子进化程序为：①用易错 PCR、基因洗牌等方法突变基因并建库；②用气/液相、琼脂糖涂板、多孔培养板或高速流式筛选目标细胞克隆。目前，大分子人工进化应用最成功的是抗体亲和力优化。突变基因载体包括细胞、噬菌体、核糖体和微脂（油）包水囊等。采用油包水囊的好处是不需考虑表达蛋白质对生物和亚生物系统的毒性，但是其操作的效率和简易性需要大幅度提高。筛选方法的单个实验通量排序为：流式分选（10^9）＞琼脂糖涂板（10^6）＞多孔培养板（10^5）＞气/液相（10^4）。流式分选具有高速、精确定量和多参数的优点，在大分子功能活性优化、专一性优化和优化复杂功能方面有巨大优势。随着荧光标记技术和油包水囊包载技术的提升，流式分选进化的巨大潜力有望得以释放。

在合成生物学发展的早期，人们热情地强调并积极投入设计和制造生物器件的活动。经过十多年的实践发现，设计出来的绝大多数生物器件是没有功能的或功能极其低下的。人们开始意识到设计后的人工进化是合成生物学发展的瓶颈问题，因此，快速优化各类生物功能的人工进化技术的发展将有力推动合成生物学的发展。

第三节　我国新技术、新方法发展现状

近年来，我国越来越重视新技术方法的研究与发展，各大研究计划如“973”计划及重大研究计划、国家自然科学基金委员会的各类项目等都强调对发展新技术方法的支持。值得一提的是，最近国家自然科学基金委员会、科技部、国家发展和改革委员会等部门还先后启动了科学仪器研制专项。相应地，我国在新技术、新方法的研究上也取得了显著的进展。

在基因组测序技术发展方面，具有自主知识产权的新一代测序仪的开发具有重要意义。目前，国内开展基因测序仪研发的机构主要有中国科学院北京基因组研究所联合中国科学院半导体研究所（BIGIS系列测序仪）、无锡艾吉因生物信息技术有限公司（AG-100型测序仪）和深圳华因康基因科技有限公司（PSTAR-Ⅱ型测序仪）。中国科学院北京基因组研究所正在与浪潮集团共同研制国产第三代基因测序仪，通过单分子测序而减少繁杂的生物学反应，实现对基因序列的廉价和快速的解读。此外，作为全世界拥有最多高通量测序仪的基因组中心，深圳华大基因研究院通过自主研发测序技术、设备、试剂及超级计算的数据处理系统等，建立了测序能力超强的技术平台。

锌指核酸酶技术越来越受到研究人员的重视，已成功应用于动植物细胞、胚胎的基因改造等。目前，中国科学院广州生物医药与健康研究院赖良学教授领导的研究团队与美国密歇根大学心血管研究中心陈育庆教授领导的研究

团队合作，将锌指核酸酶技术应用于大动物，成功产生了世界首例内源性基因敲除猪的模型。

中国科学院大连化学物理研究所的张玉奎院士多年来一直从事色谱基础理论及新技术开发应用的研究工作。20 世纪 90 年代以来，他主要开展生物分子的高效分离与高灵敏检测的研究，将研究的重点集中在发展多维分离体系上。近年来，他主要开展了蛋白质的高效分离与高灵敏检测的研究，重点集中于多维液相色谱、多维毛细管电泳与质谱联用技术在蛋白质组学研究中的应用，为蛋白质组研究的高效分离与高灵敏表征提供了一系列新的研究手段。

质谱技术在生命科学研究中发挥着越来越重要的作用。在我国，越来越多的科研机构，如军事医学科学院（北京蛋白质组研究中心）、中国科学院上海生命科学研究院和中国科学院生物物理研究所、复旦大学等，都在积极发展以质谱技术为基础的科学研究。我国科研人员积极参与人类蛋白质组计划，在肝脏蛋白质组研究等领域取得了瞩目的成就。军事医学科学院贺福初院士倡导并领衔了“人类肝脏蛋白质组计划”，由他率领成立的军事医学科学院蛋白质组学国家重点实验室和北京蛋白质组学研究中心，专门进行人类肝脏蛋白质组学研究及其研究技术的开发，他们建立和完善了一系列技术平台和关键技术，主要包括：高通量、高灵敏度的蛋白质组表达谱技术平台，高分辨率、优势互补的蛋白质组表达谱技术策略，规模化、高通量蛋白质相互作用研究技术平台等。

此外，复旦大学的科研人员在世界上首次发现乙酰化修饰是生物代谢的重要调控手段，这是我国科学家在蛋白质组学研究领域获得的重大突破，《科学》杂志同时发表两篇关于这项成果的论文。

在结构生物学方面，上海同步辐射光源的建设对蛋白质晶体结构解析的发展带来了重大契机。国家科技部“973”项目——“基于上海同步辐射光源的结构生物学技术和方法研究”，正在上海光源的基础上开展一系列 X 射线晶体学新技术和新方法的研究，包括最前沿的微聚焦 X 射线光源、线束站自动化和远程化、利用弱反常散射解决相位问题等。在第四代同步辐射光源技术方面，中国科学院物理研究所和中国科学院生物物理研究所（简称中国科学院生物物理所）的研究人员也开展了一些探索性的研究。中国科学院武汉物理与数学研究所在国内开创了核磁共振波谱学研究及核磁共振谱仪的研制，在核磁共振技术的研发、固体核磁共振技术、代谢组学及生物大分子动力学研究等方面都取得了重要的成果。中国科技大学以施蕴渝院士为首的研究团队在国内开创了核磁共振技术在生物大分子领域的应用，主要包括蛋白质结构解析和动力学研究等。最近五年来，中国的低温电子显微三维重构研究获得了快速的发展。中国科学院和清华大学目前已建成具有世界先进水平的冷冻低温透射电镜。生物物理所朱平和孙飞研究组合作获得了近原子分辨率的病毒电子显微三维结构，表明我国在冷冻电镜技术结构解析方面达到了国际先进水平。

近年来，我国科学家在干细胞研究中取得了一批有重要国际影响的成果：在国际上首次利用 iPS 细胞通过四倍体囊胚注射得到存活并具有繁殖能力的小鼠，从而在世界上第一次证明了 iPS 细胞具有类似胚胎干细胞的发育全能性；在国际上首次将大鼠的成体细胞“重新编程”，获得符合多能干细胞标准的细胞系，为制备人类重要疾病动物模型提供了重要基础；在国际上首次完成猪 iPS 细胞的建系，这是世界上第一次报道经过严格证明的有蹄动物诱导性多能干细胞系的建立，该研究成果对人类健康和动物育种具有广泛的意义。

目前，超高分辨率发展的趋势主要集中在三个方面：①活细胞超高分辨技术；②更高的分辨率，达到几个纳米或亚纳米的分辨率；③厚样品的三维超高分辨成像。中国科学院生物物理所自 2006 年开展 PALM 成像技术研究以来，已成功自主研制了“光敏定位超高分辨率显微成像系统”，并开展运用 PALM 成像回答细胞生物学问题。中国科学院化学研究所方晓红实验室利用单分子荧光技术研究了膜受体二聚化在跨膜信号转导中的作用，并开展了 STED 成像技术研究。北京大学生物动态光学成像中心（BIOPIC）为国内首家发展相干拉曼散射光学显微成像技术的单位，成功实现了 CARS 和 SRS 显微成像，以及针对固定细胞、活细胞、组织切片、活体动物等样本的非标记化学衬度观察。

中国科学院生物物理研究所陈润生院士较早在我国开展以基因组为对象的生物信息学研究。30 年来，他从生物大分子结构模拟和预测开始，先后在基因标注、生物进化、SNP 数据分析、生物网络、非编码基因等生物信息学的重要方面进行了系统、深入的研究。生物物理所蒋太交研究员利用与发展计算结构生物学和系统生物学方法研究流感、HIV 等病毒演化规律及其分析机理，特别是流感病毒和 HIV 复杂分子机器和网络形成的结构基础、动态行为和调控机制。中国科学院上海生命科学研究院吴家睿研究员近年来致力于推动系统生物学在中国的发展，倡导用系统生物学的研究策略来研究生物复杂系统和复杂性疾病，目前正在用系统生物学的研究策略进行糖尿病发病机制方面的研究。此外，中国科技大学、华中科技大学、复旦大学等单位相继组建了系统生物学系，开展了计算与系统生物学的教学和科研。

随着中国科学院于 2009 年 1 月在上海生命科学研究院植物生理生态研究所成立了我国首个合成生物学研究基地——中国科学院合成生物学重点实验室，我国的合成生物学正式踏上征程（中国科学院上海生命科学研究院，2008）。该实验室主要在系统生物学理论的指导下，通过整体分析和全面鉴定不同水平的生物学体系来发展合成生物学的理论，并利用合成生物学的工具来整合系统生物学的理论，以指导通过改造或合成新型的或改良的生物学体系（细胞工厂和分子机器）来生产生物材料、生物医药及生物燃料。国内其他一些单位，如中国科学院天津工业微生物研究所、青岛海洋所、生物物理所，中国科技大学等都相继开展了细胞工厂、生物能源、分子机器等方面的合成生物学研究。

第四节　我国在新技术、新方法领域发展中存在的问题

目前，我国生命领域新技术、新方法发展存在的问题主要有以下几个方面。

1. 国家对新技术、新方法研究的支持力度不足

在发达国家，公共财政支持科技发展的经费中有 40％用于支持科学方法和科学仪器的研究。在我国，国家主体科技计划对这方面研究项目的支持明显不足。

2. 缺乏与基础学科、交叉学科的有效沟通与合作机制

生命领域新技术、新方法的发展离不开数学、物理、化学等基础学科的支持，生命领域许多重大发现都是基于基础学科的理论和技术手段的发展。目前，我国生物界和国内的仪器制造业、数学、物理、化学界等缺乏有力有效的沟通交流机制与合作渠道，彼此不了解相互的需求，无法进行有效的合作，这样也造成了人才和资源的浪费。

3. 生命科学研究仪器空心化严重

我国制造业水平不高，几乎所有的大型研究仪器设备都依靠进口，中档

科学仪器、国产设备稳定性和可靠性不高，软件配套性较差，缺乏具有自主知识产权的科学仪器。制造技术基础薄弱，设计技术、可靠性技术、制造工艺流程、基础材料、基础机械零部件和电子元器件、基础制造装备、仪器仪表及标准体系等发展滞后，这些都制约了制造业的发展，也限制了我国生物技术方法的自主创新。从国外购买成熟的仪器，使科研工作停留在跟踪和效仿的水平；一流的、引领性的科研成果，必须在仪器方法学上实现自主创新。

4. 对科技成果、人才绩效的评价方法有待改进

目前，科研院所对科技成果和科研人员研究能力的评价体系尚不合理，过分重视SCI论文发表，将其作为个人评职晋级和衡量高校、科研院所科研实力强弱的主要依据之一，使得技术创新型人才也需要花费大量精力进行科学研究，而对那些难度大、周期长的思维性、方法性和工具性问题敬而远之，从而滋生了学术浮躁之风。同时，缺乏对技术创新型人才的应有的重视，技术型人才待遇普遍偏低，造成好的技术人才回不来、留不住的局面，导致生物技术方法创新人才、特别是高端技术人才的短缺。

第五节　对我国新技术、新方法领域未来发展的建议

针对制约我国生命领域新技术、新方法发展的各种因素，我们提出以下几方面措施，以期推动新技术、新方法的发展。

1. 加大对技术方法学研究的支持力度

设立与重大研究计划、重大专项等体量相当的新技术、新方法研究计划。鼓励科研院所、企业、地方等多渠道资金对新技术、新方法的研发进行支持，对于难度大、周期长、风险大而同时收益大的技术方法研究要特别给予稳定支持，同时在评价体系上允许失败。

2. 扶持制造业

国产仪器制造业的资金压力大，整个行业呈现的多、散、弱的市场特征。政府相关部门洒水式的项目资金支持，并不能有效改变这种行业现状。若要整个行业有效发展，需要相关部门在资金、人才方面重点扶持有竞争力的骨干企业，使它们做大做强。

3. 建立行之有效的学科交叉研究合作机制

科研主管部门顶层设计、设立交叉研究计划，对学科交叉研究合作给予支持；建立双方互惠互利、共同发展的合作机制，推动生命科学与物理学、数学、化学、信息学等学科的交叉，推动重大前沿创新，带动重大技术突破。

4. 改进评价方法

改变现有的对科研机构、科技成果、科技人员以 SCI 论文发表为主的评价体系；建立合理、有效的综合评价体系，使科研机构和科技人员能够安心钻研。

5. 建设一流的技术平台和研发基地

针对国际和国内热点领域，以及我国发展态势良好、具有竞争性的领域，依托优势科研机构，建立相应的技术平台或研发基地，集中力量在相关领域取得突破。

参考文献

陈宜张，林其谁 . 2005. 生命科学中的单分子行为及细胞内实时检测 . 北京：科学出版社.

李兰芬等 . 2007. 蛋白质晶体学技术的发展与展望 . 生物物理学报，23（4）：246-255.

刘军 . 2008. Meta－分析：过程及意义 . http：//www. cabit. com. cn/help/read. asp？ id＝129［2011-7-4］.

赛尔文 P R，河泽集 . 2009. 单分子技术实验指南 . 罗建红译 . 北京：科学出版社 .

施蕴渝，吴季辉 . 2007. 核磁共振波谱应用于结构生物学的研究进展 . 生物物理学报，23（4）：240-245.

肖安等 . 2011. 人工锌指核酸酶介导的基因组定点修饰技术 . 遗传，33（7）：1-5.

徐永春，师晓丽，方晓红 . 2008. 原子力显微镜单分子力谱研究生物分子间相互作用 . 生命科学，20（1）：39-45.

杨新星，赵新生 . 2008. 生物过程化学机制的单分子荧光探测 . 生命科学，20（1）：22-27.

张凯等 . 2010. 电子显微三维重构技术发展与前沿 . 生物物理学报，26（7）：533-559.

张普敦，任吉存 . 2005. 荧光相关光谱及其在单分子检测中的应用进展 . 分析化学，33（6）：875-880.

张志毅等 . 2007. 荧光共振能量转移技术在生命科学中的应用及研究进展 . 电子显微学报，

26 (6): 620-625.

赵南明，周海梦．2000. 生物物理学．北京：高等教育出版社．

中国科学院上海生命科学研究院．2008. 中国科学院合成生物学重点实验室简介．http://www.sippe.ac.cn/klsb/cp1.asp [2011-7-2].

Andreas G T, et al. 2006. NMR techniques for very large proteins and RNAs in solution. Annu Rev Biophys Biomol Struct, 35: 319-342.

Ashline D J, et al. 2007. Carbohydrate structural isomers analyzed by sequential mass spectrometry. Anal Chem, 9 (10): 3830-3842.

Banks J F. 1997. Recent advances in capillary electrophoresis/ electrospray/mass spectrometry. Electrophoresis, 18 (12-13): 2255-2266.

Banning C, et al. 2010. A flow cytometry-based FRET assay to identify and analyse protein-protein interactions in living cells. PLoS One, 5 (2): e9344.

Bartel D P. 2004. MicroRNAs: genomics, biogenesis, mechanism, and function. Cell, 116: 281-297.

Berland K M, Gratton E. 1996. Two-photo flucorescence correlation spectroscopy: Methodand application to the intracellular envivoment. Biophys J, 68: 694-701.

Berland K M, et al. 1996. Scanning two-photon fluctuation correlation spectroscopy: Particle counting measurements for detection of molecular aggregation. Biophys J, 71: 410-420.

Branton D, et al. 2008. The potential and challenges of nanopore sequencing. Nat Biotechnol, 26: 1146-1153.

Braslavsky I, et al. 2003. Sequence information can be obtained from single DNA molecules. PNAS, 100: 3960-3964.

Brown C M, et al. 2008. Raster image correlation spectroscopy (RICS) for measuring fast protein dynamics and concentrations with a commercial laser scaning confocal microscope. J Mrcrosc, 229: 78-91.

Bulina M E, et al. 2006. A genetically encoded photosensitizer. Nat Biotechnol, 24 (1): 95-99.

Bürckstümmer T, et al. 2006. An efficient tandem affinity purification procedure for interaction proteomics in mammalian cells. Nature Methods, 3: 1013-1019.

Cantin G T, et al. 2008. Combining protein-based IMAC, peptide-based IMAC, and MudPIT for efficient phosphoproteomic analysis. J Proteome Res, 7: 1346-1351.

Carthew R W, Sontheimer E J. 2009. Origins and mechanisms of microRNAs and siRNAs. Cell, 136: 642-655.

Cavanagh J. 2007. Protein NMR spectroxcopy: principles and practice. 2nded. Boston: Academic Press, Amsterdam: XXV, 885.

Chang W H, et al. 2010. Zernike phase plate cryoelectron microscopy facilitates single particle analysis of unstained asymmetric protein complexes. Structure，18：17-27.

Chen J，et al. 2002. Integration of capillary isoelectric focusing with capillary reversed-phase liquid chromatography for two-dimensional proteomics separation. Electrophoresis，23：3143-3148.

Cui X，et al. 2011. Targeted integration in rat and mouse embryos with zinc-finger nucleases. Nat Biotechnol，29：64-67.

Digman M A，et al. 2005. Fluctuation correlation spectroscopy with a laser-scanning microscope：exploiting the hidden time structure. Biophys J，88（5）：L33-36.

Digman M A，et al. 2009. Detecting protein complexes in living cells from laser scanning confocal image sequences by the cross correlation raster image spectroscopy method. Biophys J，96（2）：707-716.

Djaker N，et al. 2006. Stimulated Raman microscopy（CARS）：From principles to applications. Med Science，22（10）：853-858.

Doyon Y，et al. 2008. Heritable targeted gene disruption in zebrafish using designed zinc-finger nucleases. Nat Biotechnol，26：702-708.

Doyon Y，et al. 2010. Transient cold shock enhances zinc-finger nuclease-mediated gene disruption. Nat Methods，7：459-460.

Doyon Y，et al. 2011. Enhancing zinc-finger-nuclease activity with improved obligate heterodimeric architectures. Nat Methods，8：74-79.

Driscoll R J，Youngquist M G，Baldeschwieler J D. 1990. Atomic-scale imaging of DNA using scanning tunnelling microscopy. Nature，346：294-296.

Eid J，et al. 2009. Real-time DNA sequencing from single polymerase molecules. Science，323：133-138.

Elia G. 2008. Biotinylation reagents for the study of cell surface proteins. Proteomics，8：4012-4024.

Ellinger I，et al. 2002. Different temperature sensitivity of endosomes involved in transport to lysosomes and transcytosis in rat hepatocytes：Analysis by free-flow electrophoresis. Electrophoresis，23：2117-2129.

Faca V，et al. 2007. Contribution of protein fractionation to depth of analysis of the serum and plasma proteomes. J Proteome Res，6：3558-3565.

Feng W，et al. 2011. Combination of NMR spectroscopy and X-ray crystallography offers unique advantages for elucidation of the structural basis of protein complex assembly. Science China，54（2）：101-111.

Fenselau C，Vestling M M，Cotter R J. 1993. Mass spectrometric analysis of proteins. Curr Opin Biotechnol，4（1）：14-19.

Forster F，et al. 2005. Retrovirus envelope protein complex structure in situ studied by cryo-electron tomography. PNAS，102：4729-4734.

Frangakis A S，et al. 2002. Identification of macromolecular complexes in cryoelectron tomograms of phantom cells. PNAS，99：14153-14158.

Fuller B F，et al. 2009. Separation of the neuroproteome by ion exchange chromatography. Methods Mol Biol，566：193-200.

Gao M，et al. 2008. Large scale depletion of the high-abundance proteins and analysis of middle-and low-abundance proteins in human liver proteome by multidimensional liquid chromatography. Proteomics，8：939-947.

Geurts A M，et al. 2009. Knockout rats via embryo microinjection of zinc-finger nucleases. Science，325：433.

Gong Y，et al. 2006. Different immunoaffinity fractionation strategies to characterize the human plasma proteome. J Proteome Res，5：1379-1387.

Grunewald K，et al. 2003. Three-dimensional structure of herpes simplex virus from cryo-electron tomography. Science，302：1396-1398.

Haasnoot J，Westerhout E M，Berkhout B. 2007. RNA interference against viruses：strike and counterstrike. Nat Biotechnol，25：1435-1443.

Huang Y F，et al. 2006. Capillary electrophoresis-based separation techniques for the analysis of proteins. Electrophoresis，27：3503-3522.

Irvine G B. 1997. Size-exclusion high-performance liquid chromatography of peptides：A review. Anal Chim Acta，352：387-397.

Islinger M，et al. 2010. Peroxisomes from the heavy mitochondrial fraction：Isolation by zonal free flow electrophoresis and quantitative mass spectrometrical characterization. J Proteome Res，9：113-124.

Jethwaney D，et al. 2007. Proteomic analysis of plasma membrane and secretory vesicles from human neutrophils. Proteome Sci，5：12.

Jiang L，et al. 2008. Direct quantification of fusion rate reveals a distal role for AS160 in insulin-stimulated fusion of GLUT4 storage vesicles. J Biol Chem，283（13）：8508-8516.

Kaufmann R. 1995. Matrix-assisted laser desorption ionization (MALDI) mass spectrometry：a novel analytical tool in molecular biology and biotechnology. J Biotechnol，41（2-3）：155-175.

Klug A. 2010. The discovery of zinc fingers and their development for practical applications in gene regulation and genome manipulation. Q Rev Biophys，43：1-21.

Kolch W，et al. 2005. Capillary electrophoresis-mass spectrometry as a powerful tool in clinical diagnosis and biomarker discovery. Mass Spectrom Rev，24：959-977.

Koltermann A，et al. 1998. Rapid assony processing by integration of dualcolor fluorescence cross-correlation spectvoscopy：High throughput screening for enzyme activity. PNAS，95（4）：1421-1426.

Krafft C，et al. 2009. Raman and CARS microspectroscopy of cells and tissues. Analyst，134（6）：1046-1057.

Krapfenbauer K，et al. 2001. Changes in the levels of low-abundance brain proteins induced by kainic acid. Eur J Biochem，268：3532-3537.

Larsen M R，et al. 2005. Highly selective enrichment of phosphorylated peptides from peptide mixtures using titanium dioxide microcolumns. Mol Cell Proteomics，4：873-886.

Lauterbur P C. 1973. Voltage-sensitive magnetic gels as magnetic resonance monitoring agents. Nature，242：190.

Lei T，et al. 2008. Heparin chromatography to deplete high-abundance proteins for serum proteomics. Clin Chim Acta，388：173-178.

Lemeer S，et al. 2008. Online automated in vivo zebrafish phosphoproteomics：from large-scale analysis down to a single embryo. J Proteome Res，7：1555-1564.

Li Y，et al. 2011. Simultaneous analysis of glycosylated and sialylated prostate-specific antigen revealing differential distribution of glycosylated prostate-specific antigen isoforms in prostate cancer tissues. Anal Chem，83（1）：240-245.

Liu H，Lin D，Yates J R 3rd. 2002. Multidimensional separations for protein/peptide analysis in the post-genomic era. Biotechniques，32：898-911.

Liu N，Paulus A. 2008. Enriching basic and acidic rat brain proteins with ion exchange mini spin columns before twodimensional gel electrophoresis. Methods Mol Biol，424：157-166.

Livet J，et al. 2007. Transgenic strategics forcombinatorial expression of fluorescent proteins in the nervous system. Nature，450（7166）：56-62.

Luo L. 2007. Fly MARCM and mouse MADM：genetic methods of labeling and manipulating single neurons. Brain Res Rev，55（2）：220-227.

Maeder M L，et al. 2009. Oligomerized pool engineering（OPEN）：An ‘open-source’ protocol for making customized zinc-finger arrays. Nat Protoc，4：1471-1501.

Matsuo T，Seyama Y. 2000. Introduction to modern biological mass spectrometry. J Mass Spectrom，35（2）：114-130.

McDonald C A，et al. 2009. Combining results from lectin affinity chromatography and glycocapture approaches substantially improves the coverage of the glycoproteome. Mol Cell Proteomics，8：287-301.

McEwen B F，et al. 2001. The emergence of electron tomography as an important tool for investigating cellular ultrastructure. J Histochem Cytochem，49：553-564.

Mello C C，Conte D Jr. 2004. Revealing the world of RNA interference. Nature，431：338-342.

Miller J C，et al. 2007. An improved zinc-finger nuclease architecture for highly specific genome editing. Nat Biotechnol，25：778-785.

Moritz R L, et al. 2005. Application of 2-D free-flow electrophoresis/RPHPLC for proteomic analysis of human plasma depleted of multi high-abundance proteins. Proteomics, 5: 3402-3413.

Murakoshi H, Wang H, Yasuda R. 2011. Local, persistent activation of Rho GTPases during plasticity of single dendritic spines. Nature, 472 (7341): 100.

Patzel V, et al. 2005. Design of siRNAs producing unstructured guide-RNAs results in improved RNA interference efficiency. Nat Biotechnol, 23: 1440-1444.

Pavlou M P, et al. 2010. Nipple aspirate fluid proteome of healthy females and patients with breast cancer. Clin Chem, 56: 848-855.

Pepaj M, et al. 2006. Two-dimensional capillary liquid chromatography: pH gradiention exchange and reversed phase chromatography for rapid separation of proteins. J Chromatogr A, 1120: 132-141.

Picotti P, et al. 2009. Full dynamic range proteome analysis of S. cerevisiae by targeted proteomics. Cell, 138 (4): 795-806.

Picotti P, et al. 2009. High-throughput generation of selected reaction-monitoring assays for proteins and proteomes. Nat Methods, 7 (1): 43-46.

Porteus M H, Carroll D. 2005. Gene targeting using zinc finger nucleases. Nat Biotechnol, 23: 967-973.

Postma H W. 2010. Rapid sequencing of individual DNA molecules in graphene nanogaps. Nano Lett, 10: 420-425.

Reiter L, et al. 2011. mProphet: automated data processing and statistical validation for large-scale SRM experiments. Nat Methods, 8 (5): 430-435.

Reynolds A, et al. 2004. Rational siRNA design for RNA interference. Nat Biotechnol, 22: 326-330.

Righetti P G, et al. 2003. Prefractionation techniques in proteome analysis. Proteomics, 3: 1397-1407.

Righetti P G, et al. 2005. Prefractionation techniques in proteome analysis: the mining tools of the third millennium. Electrophoresis, 26: 297-319.

Rocchiccioli S, et al. 2010. A gel-free approach in vascular smooth muscle cell proteome: perspectives for a better insight into activation. Proteome Sci, 8: 15.

Roy R, et al. 2008. A practical guide to single-molecule FRET. Nat Methods, 5 (6): 508.

Rusk N. 2008. A meta-network of-omics. Nature Methods, 5, 25, doi: 10.1038/nmeth1165.

Rust M J, et al. 2006. Sub-diffraction-limit imaging by stochastic optical reconstruction microscopy (STORM). Nat Methods, 3: 793-796.

Sali A, et al. 2003. From words to literature in structural proteomics. Nature, 422 (6928): 216-225.

Sander J D, et al. 2011. Selection-free zinc-finger-nuclease engineering by context-dependent assembly (CoDA) . Nat Methods, 8: 67-69.

Sanders K L, et al. 2009. Targeting individual subunits of the FokI restriction endonuclease to specific DNA strands. Nucleic Acids Res, 37: 2105-2115.

Schiess R, Wollscheid B, Aebersold R. 2009. Targeted proteomic strategy for clinical biomarker discovery. Mol Oncol, 3 (1): 33-44.

Scigelova M, Makarov A. 2009. Advances in bioanalytical LC-MS using the Orbitrap™ mass analyzer. Bioanalysis, 1 (4): 741-754.

Seidelt B, et al. 2009. Structural insight into nascent polypeptide chain-mediated translational stalling. Science, 326 (5958): 1412-1415.

Senis Y A, et al. 2007. A comprehensive proteomics and genomics analysis reveals novel transmembrane proteins in human platelets and mouse megakaryocytes including G6b-B, a novel immunoreceptor tyrosine-based inhibitory motif protein. Mol Cell Proteomics, 6: 548-564.

Shan G, et al. 2008. A small molecule enhances RNA interference and promotes microRNA processing. Nat Biotechnol, 26: 933-940.

Shao Z, Zhang Y. 1999. Biological cryo atomic force microscopy: a brief review. Ultramicroscopy, (66): 141-152.

Shen Y, et al. 2007. Highefficiency capillary isoelectric focusing of peptides. Anal Chem, 72: 2154-2159.

Shroff H, et al. 2008. Live-cell photoactivated localization microscopy of nanoscale adhesion dynamics. Nat Methods, 5: 417-423.

Shu X, et al. 2011. A Genetically Encoded Tag for Correlated Light and Electron Microscopy of Intact Cells, Tissues, and Organisms. PLoS Biol, 9 (4): e1001041.

Simpson D C, Smith R D. 2005. Combining capillary electrophoresis with mass spectrometry for applications in proteomics. Electrophoresis, 26: 1291-1305.

Su X, et al. 2007. Liquid chromatography mass spectrometry profiling of histones. J Chromatogr B Analyt Technol Biomed Life Sci, 850: 440-454.

Takahashi K, Yamanaka S. 2006. Induction of pluripotent stem cells from mouse embryonic and adultfibroblast cultuves by defined factors. cell, 126 (4): 663-676.

Tanaka H, Kawai T. 2009. Partial sequencing of a single DNA molecule with a scanning tunnelling microscope. Nat Nanotechnol, 4: 518-522.

Voet D, Voet J G, Pratt C W. 1999. Fundamentals of Biochemistry. New York: Wiley.

von Brocke A, Nicholson G, Bayer E. 2001. Recent advances in capillary electrophoresis/electrospray-mass spectrometry. Electrophoresis, 22 (7): 1251-1266.

Wang W, et al. 2007. Membrane proteome analysis of microdissected ovarian tumor tissues using capillary isoelectric focusing/reversedphase liquid chromatography-tandem MS. Anal Chem, 79: 1002-1009.

Washburn M P，Wolters D，Yates J R 3rd. 2001. Large-scale analysis of the yeast proteome by multidimensional protein identification technology. Nat Biotechnol，19：242-247.

Weber G，et al. 2004. Efficient separation and analysis of peroxisomal membrane proteins using free-flow isoelectric focusing. Electrophoresis，25：1735-1747.

Weber G，Wildgruber R. 2008. Free-flow electrophoresis system for proteomics applications. Methods Mol Biol，384：703-716.

Westphal V，et al. 2008. Video-rate far-field optical nanoscopy dissects synaptic vesicle movement. Science，320：246.

Wiseman P W，Petersen N O. 1999. Image correlation spectroscopy. II. Optimization for ultrasensitive detection of preexisting platelet-derived growth factor-beta receptor oligomers on intact cells. Biophys J，76（2）：963-977.

Wolters D A，Washburn M P，Yates J R 3rd. 2001. An automated multidimensional protein identification technology for shotgun proteomics. Anal Chem，73：5683-5690.

Woolley A T，et al. 2000. Structural biology with carbon nanotube AFM probes. Chem Biol，7：R193-204.

Yang S，et al. 2011. Development of FRET assay into quantitative and high-throughput screening technology platforms for protein-protein interactions. Annals of Biomedical Engineering，39（4）：1224-1234.

Yates J R，Ruse C I，Nakorchevsky A. 2009. Proteomics by mass spectrometry：approaches，advances，and applications. Annu Rev Biomed Eng，11：49-79.

Zhang X，et al. 2010. A cryo-EM structure of a nonenveloped virus reveals a priming mechanism for cell entry. Cell，141（3）：472-482.

Zhang Y. 2008. Progress and challenges in protein structure prediction. Curr Opin Struc Biol，18：342-348.

Zhang Y. 2009. Protein structure prediction：when is it useful? Curr Opin Struc Biol，19：145-155.

Zhou F，Hanson T E，Johnston M V. 2007. Intact protein profiling of Chlorobium tepidum by capillary isoelectric focusing，reversed-phase liquid chromatography，and mass spectrometry. Anal Chem，79：7145-7153.

Zhou X，et al. 2010. The next-generation sequencing technology：a technology review and future perspective. Sci China Life Sci，53：44-57.

Zou J，et al. 2011. Oxidase-deficient neutrophils from X-linked chronic granulomatous disease iPS cells：functional correction by zinc finger nuclease-mediated safe harbor targeting. Blood，117：5561-5572.